高职高专建筑工程技术专业系列教材

建 筑 结 构

马怀忠 主编

中国建材工业出版社

图书在版编目（CIP）数据

建筑结构/马怀忠主编. —北京：中国建材工业出版社，2010.1
（高职高专建筑工程技术专业系列教材）（2013.1 重印）
ISBN 978-7-80227-528-7

Ⅰ.①建…　Ⅱ.①马…　Ⅲ.①建筑结构—高等学校：技术学校—教
材　Ⅳ.①TU3

中国版本图书馆 CIP 数据核字（2009）第 228464 号

内 容 简 介

　　本书的主要内容为建筑结构总论、建筑结构材料、混凝土结构、砌体结构、钢
结构、建筑结构抗震。本书内容精练，重点突出，注意实际应用，具有一定的特色。
　　本书可作为高职院校建筑工程技术、工程造价、房地产、工程管理、建筑企业
经济管理等专业的教材，也可以作为广大土建设计、施工和管理人员学习和工作的
参考书。

建筑结构
马怀忠　主编

出版发行：中国建材工业出版社
地　　址：北京市西城区车公庄大街 6 号
邮　　编：100044
经　　销：全国各地新华书店
印　　刷：北京雁林吉兆印刷有限公司
开　　本：787mm×1092mm　　1/16
印　　张：22
字　　数：346 千字
版　　次：2010 年 1 月第 1 版
印　　次：2013 年 1 月第 3 次
书　　号：ISBN 978-7-80227-528-7
定　　价：49.00 元

本社网址：www.jccbs.com.cn
本书如出现印装质量问题，由我社发行部负责调换。联系电话：(010)88386906

《高职高专建筑工程技术专业系列教材》
编 委 会

《建筑结构》编委会

序　言

2009 年 1 月，温家宝总理在常州科教城高职教育园区视察时深情地说："国家非常重视职业教育，我们也许对职业教育偏心，去年（2008 年）当把全国助学金从 18 亿增加到 200 亿的时候，把相当大的部分都给了职业教育，职业学校孩子的助学金比例，或者说是覆盖面达到 90% 以上，全国平均 1500 元到 1600 元，这就是国家的态度！国家把职业学校、职业教育放在了一个重要位置，要大力发展。在当前应对金融危机的情况下，其实我们面临两个最重要的问题，这两个问题又互相关联。一个问题就是如何保持经济平稳较快发展而不发生大的波动；第二就是如何保证群众的就业而不致造成大批的失业，解决这两个问题的根本是靠发展，因此我们采取了一系列扩大内需，促进经济发展的措施。但是，我们还要解决就业问题，这就需要在全国范围内开展大规模培训，培养适用人才，提高他们的技能，适应当前国际激烈的产业竞争和企业竞争，在这个方面，职业院校就承担着重要任务。"

大力发展高等职业教育，培养一大批具有必备的专业理论知识和较强的实践能力，适应生产、建设、管理、服务岗位等第一线急需的高等职业应用型专门人才，是实施科教兴国战略的重大决策。高等职业教育院校的专业设置、教学内容体系、课程设置和教学计划安排均应突出社会职业岗位的需要、实践能力的培养和应用型的教学特色。其中，教材建设是基础和关键。

《高职高专建筑工程技术专业系列教材》是根据最新颁布的国家规范和行业标准、规范，按照高等职业教育人才培养目标及教材建设的总体要求、课程的教学要求和大纲，由中国建材工业出版社组织全国部分有多年高等职业教育教学体会与工程实践经验的教师编写而成。

本套教材是按照 3 年制（总学时 1600～1800）、兼顾 2 年制（总学时 1100～1200）的高职高专教学计划和经反复修订的各门课程大纲编写的。共计 11 个分册，主要包括：《建筑材料与检测》、《建筑识图与构造》、《建筑力学》、《建筑结构》、《地基与基础》、《建筑施工技术》、《建筑工程测量》、《建筑施工组织》、《高层建筑施工》、《建筑工程计量与计价》、《工程项目招标投标与合同管理》。基础理论课程以应用为目的，以必需、够用为度，以讲清概念、强化应用为重点；专业课以最新颁布的国家和行业标准、规范为依据，反映国内外先进的工程技术和教学经验，加强实用性、针对性和可操作性，注意形象教学、实验教学和现代教学手段的应用，加强典型工程实例分析。

本套教材适用范围广泛，努力做到一书多用。在内容的取舍上既可作为高职高专教材，又可作为电大、职大、业大和函大的教学用书，同时，也便于自学。本套教材在内容安排和体系上，各教材之间既是有机联系和相互关联的，又具有各自的独立性和完整性。因此，各地区、各院校可根据自己的教学特点择优选用。

本套教材参编的教师均为教学和工程实践经验丰富的双师型教师，经验丰富。为了突出高职高专教育特色，本套教材在编写体例上增加了"上岗工作要点"，特别是引导师生关注岗位工作要求，架起了"学习"和"工作"的桥梁。使得学生在学习期间就能关注工作岗位的能力要求，从而使学生的学习目标更加明确。

　　我们相信，由中国建材工业出版社出版发行的这套《高职高专建筑工程技术专业系列教材》一定能成为受欢迎的、有特色的、高质量的系列教材。

赵宝江

2009 年 10 月

前　言

　　《建筑结构》是建筑工程技术、工程造价、房地产、工程管理、建筑企业经济管理等专业的重要的专业基础课。

　　全书主要内容为：建筑结构总论、建筑结构材料、混凝土结构、砌体结构、钢结构、建筑结构抗震。

　　编写过程中，编者力求坚持"少而精"的原则，加强基本理论、基本技能和基本知识的训练，同时又注意体系的完整性。重视应用专业的基本要求，对涉及计算理论的内容做概括性论述，力求避免公式的详细推导和论证，重点放在结论的应用和培养解决工程实际问题的能力上。结合应用专业的上岗要求，在构造要求方面作了适当的加强。

　　本书内容精练充实，重点突出，语言简明，适用性强。在编写方法上既考虑到学习规律又兼顾设计工作的特点，力求由浅入深，循序渐进，联系实际讲清物理概念，既讲理论又讲构造，并编写了一定量的例题，每章后面附有习题和复习题供教学使用。

　　本书编写过程中除参考各种《规范》及其有关资料外，还参考了已出版的各类教材，在此谨向书中参考和引用的公开发表的文献资料的各位作者表示感谢。

　　由于水平有限，不妥之处在所难免，欢迎读者批评指正。

编　者
2009 年 10 月

目　　录

第1章 建筑结构总论

重 点 提 示

1. 掌握结构的分类。

2. 掌握荷载的分类，荷载的代表值，荷载的标准值和设计值。

3. 理解结构上的作用、作用效应、结构抗力及其分布概率，从而明确度量结构可靠度的含义。

4. 理解内力组合的含义。

5. 掌握两种极限状态实用表达式的应用。

1.1 建筑结构概述

1.1.1 建筑结构

建造各种各样的房屋，是为了给人们的生活、生产活动提供既不受外界恶劣气候条件影响又能满足各项内部功能要求的空间，这些空间是通过各种覆盖、围护和分隔部件形成的。是否有了这些建筑部件就能满足使用要求的空间，事实上，如果没有房屋的骨架把这些建筑部件支撑起来，并使之形成一个整体的建筑物，这些空间将无法形成。因此，无论是简单的建筑物，还是功能复杂的建筑物，关键在于有没有相应的结构把它支撑起来。能够支撑起建筑物的骨架称为建筑结构。

建筑结构一般由若干个构件（梁、板、墙、柱和基础）经过相应的连接而组成。建筑结构能够承受各种作用，这些作用通过建筑结构传递到地基中，并保证建筑物满足承载力、刚度和稳定性的要求。

建筑结构是建筑物的骨架，是建筑物的基本组成部分，是工程结构的一部分。

1.1.2 建筑结构的分类

建筑结构可按所用材料和承重结构的类型来分类。

（1）按结构所用的材料分类

1）混凝土结构

混凝土结构是指以混凝土为主建成的结构。混凝土结构包括素混凝土结构、钢筋混凝土结构和预应力混凝土结构。钢筋混凝土结构和预应力混凝土结构是由钢筋和混凝土两种材料组成。

钢筋混凝土结构是应用最广泛的结构之一，除一般工业与民用建筑外，其他许多特种结构也广泛采用钢筋混凝土结构。

混凝土结构的缺点是自重大、抗裂性能差。

2）砌体结构

砌体结构是指由块材和砂浆砌筑而成的结构。块材主要有石材、砖、砌块，具有就地取材及成本低等优点。砌体结构的耐久性和耐火性好，广泛应用在民用建筑中的住宅、旅馆、办公楼、教学楼。此外，还应用在烟囱、水塔及重力式挡土墙中。

砌体结构的缺点是自重大，强度低，施工速度慢，抗震性能差。

3) 钢结构

钢结构是以钢材为主建成的结构。钢结构具有自重轻、强度高、抗震性能好、施工快等优点。钢结构主要应用于大跨度结构、高层结构中。

钢结构的缺点是易腐蚀，防火性能差，使用中需采取防火和防腐措施。

4) 木结构

木结构是指以木材为主建成的结构。木结构现已不再广泛应用。

（2）按承重结构的类型分类

1) 混合结构

混合结构是指墙体（或柱）采用砌体结构，而楼盖、屋盖等采用钢筋混凝土结构。混合是指由两种材料或两种以上的材料组成。

由于混合结构具有就地取材、施工方便、造价低等特点，在我国应用十分广泛。

2) 框架结构

框架结构是由梁柱连接所组成的结构。可用钢材制成框架结构，也可用钢筋和混凝土制成钢筋混凝土框架。框架结构平面布置灵活，可以任意分隔空间，满足生产工艺和使用要求，且框架结构构件简单，制作方便，故应用十分广泛。

框架结构具有较好的延性，抗震性能好。

3) 剪力墙结构

剪力墙结构是由纵、横钢筋混凝土墙组成的结构。剪力墙的抗侧刚度大，整体性好。它主要用来抵抗水平荷载和承担竖向荷载，同时也起分隔和围护的作用。

4) 框架-剪力墙结构

框架结构侧向刚度差，但它具有平面布置灵活，立面处理易于变化等优点。而剪力墙结构恰好相反，抗侧力刚度大，但剪力墙间距小，平面布置不灵活、自重大。把框架结构和剪力墙结构两者结合起来，取长补短，即在框架中设置少量的剪力墙，就构成了框架-剪力墙结构。

框架-剪力墙结构无论从受力性能上还是从使用功能上，都是一种较好的结构形式，在公共建筑和办公楼等建筑中得到广泛应用。

5) 筒体结构

用钢筋混凝土墙围成筒体组成的结构，称为筒体结构。筒体和筒体还可以组成筒中筒结构、组合筒体结构，筒体和框架组成框架-筒体结构。

6) 排架结构

排架结构是由屋架（屋面梁）、柱和基础组成。屋架铰接于柱顶，柱与基础刚接。排架结构主要用于装配式单层工业厂房中。

7) 其他形式的结构

其他形式的结构主要有壳体结构、网架结构、悬索结构等。

1.2 建筑结构上的作用

建筑结构在使用和施工的过程中，要承受各种施加在结构上的"作用"。我们将直接施加在结构上的力（结构自重、人群、家具、设备、风、雪等）称为直接作用，也称为荷载；把引起结构外加变形或约束变形的原因（温度变化、地基变形、焊接变形、地震等）称为间接作用。

1.2.1 荷载的分类

荷载可以分为下列三类：

（1）永久荷载（恒荷载）

在结构使用期间，其值不随时间变化，或其变化与平均值相比可以忽略不计，或其变化是单调的并能趋于限值的荷载，称为永久荷载。例如结构的自重、土压力、固定设备的自重等。

永久荷载长期作用在结构上，其位置长期不变。

（2）可变荷载（活荷载）

在结构使用期间，其值随时间变化，且其变化与平均值相比不可以忽略不计的荷载，称为可变荷载。例如楼面活荷载、屋面积灰荷载、吊车荷载、风荷载、雪荷载等。

可变荷载的大小随时间而变，作用位置可变，如风荷载、吊车荷载等能引起结构振动，使结构产生加速度。

（3）偶然荷载

在结构使用期间内不一定出现，一旦出现，其值很大且持续时间很短的荷载，称为偶然荷载。例如爆炸力、撞击力等。

1.2.2 荷载的代表值

荷载代表值是指在结构设计中，根据不同的设计要求，对不同的荷载采用不同的代表值。《建筑结构荷载规范》（GB 50009—2001）（以下简称《荷载规范》）规定的荷载代表值有：荷载标准值、可变荷载频遇值、可变荷载准永久值和可变荷载组合值。

（1）荷载标准值

荷载标准值是结构设计基准期内，可能出现的最大荷载值。

1）永久荷载标准值

永久荷载的变异性不大，故其标准值按构件或构造层的设计尺寸和材料的单位体积的自重计算确定。对于常用材料和构件的自重按《荷载规范》附录 A 给出的数据采用。

下面给出几种常用材料的单位体积的重量：

水泥砂浆：20kN/m³；

素混凝土：22～24kN/m³；

钢筋混凝土：25kN/m³；

石灰砂浆、混合砂浆：17kN/m³。

2）可变荷载标准值

①民用建筑楼面均布活荷载

楼面活荷载是指作用在楼面上的人员、家具、设备等活荷载。由于其类型繁多，作用位置多变，故《荷载规范》按典型情况所处的最不利位置，按楼面等效均布活荷载的确定方法，将实际荷载换算为等效均匀分布活荷载，在经过统计分析后，确定活荷载的标准值。民用建筑楼面荷载标准值按表 1-1 采用。

表 1-1　民用建筑楼面均布活荷载标准值及其组合值系数、频遇值系数和准永久值系数

项次	类　别	标准值 (kN/m²)	组合值系数 ψ_c	频遇值系数 ψ_f	准永久值系数 ψ_q
1	（1）住宅、宿舍、旅馆、办公楼、医院病房、托儿所、幼儿园			0.5	0.4
	（2）教室、试验室、阅览室、会议室、医院门诊室	2.0	0.7	0.6	0.5
2	食堂、餐厅、一般资料档案室	2.5	0.7	0.6	0.5
3	（1）礼堂、剧场、影院、有固定座位的看台	3.0	0.7	0.5	0.3
	（2）公共洗衣房	3.0	0.7	0.6	0.5
4	（1）商店、展览厅、车站、港口、机场大厅及其旅客等候室	3.5	0.7	0.6	0.5
	（2）无固定座位的看台	3.5	0.7	0.5	0.3
5	（1）健身房、演出舞台	4.0	0.7	0.6	0.5
	（2）舞厅	4.0	0.7	0.6	0.3
6	（1）书库、档案库、贮藏室	5.0	0.9	0.9	0.8
	（2）密集柜书库	12.0			
7	通风机房、电梯机房	7.0	0.9	0.9	0.8
8	汽车通道及停车库： （1）单向板楼盖（板跨不小于 2m） 　客车 　消防车 （2）双向板楼盖（板跨不小于 6m×6m）和无梁楼盖（柱网尺寸不小于 6m×6m） 　客车 　消防车	 4.0 35.0 2.5 20.0	 0.7 0.7 0.7 0.7	 0.7 0.7 0.7 0.7	 0.6 0.6 0.6 0.6
9	厨房： （1）一般的 （2）餐厅的	 2.0 4.0	 0.7 0.7	 0.6 0.7	 0.5 0.7
10	浴室、厕所、盥洗室： （1）第 1 项中的民用建筑 （2）其他民用建筑	 2.0 2.5	 0.7 0.7	 0.5 0.6	 0.4 0.5
11	走廊、门厅、楼梯： （1）宿舍、旅馆、医院病房、托儿所、幼儿园、住宅 （2）办公楼、教学楼、餐厅，医院门诊部 （3）当人流可能密集时	 2.0 2.5 3.5	 0.7 0.7 0.7	 0.5 0.6 0.5	 0.4 0.5 0.3
12	阳台： （1）一般情况 （2）当人群有可能密集时	 2.5 3.5	 0.7	 0.6	 0.5

注：1. 本表所给各项活荷载适用于一般使用条件，当使用荷载较大或情况特殊时，应按实际情况采用。

2. 第 6 项书库活荷载当书架高度大于 2m 时，书库活荷载尚应按每米书架高度不小于 2.5kN/m² 确定。

3. 第 8 项中的客车活荷载只适用于停放载人少于 9 人的客车；消防车活荷载是适用于满载总重为 300kN 的大型车辆；当不符合本表的要求时，应将车轮的局部荷载按结构效应的等效原则，换算为等效均布荷载。

4. 第 11 项楼梯活荷载，对预制楼梯踏步平板，尚应按 1.5kN 集中荷载验算。

5. 本表各项荷载不包括隔墙自重和二次装修荷载。对固定隔墙的自重应按恒载考虑，当隔墙位置可灵活自由布置时，非固定隔墙的自重可取每延米长墙重（kN/m）的 1/3 作为楼面活荷载的附加值（kN/m²）计入，附加值不小于 1.0kN/m²。

民用建筑楼面上均布活荷载的标准值是正常使用情况下的最大值,在使用中,达到满载的可能性很小,故《荷载规范》规定,对住宅、宿舍办公楼等楼面梁设计时,当其从属面积超过 25m² 时,楼面活荷载应乘以 0.9 的折减系数。对教室、商店等楼面梁的从属面积超过 50m² 时,楼面活荷载应乘以 0.9 的折减系数。

②屋面活荷载

屋面上的活荷载因"上人"和"不上人"而不同。上人屋面承受人群和施工等荷载,不上人屋面只承受施工检修时的检修人员以及堆放材料等荷载。屋面均布活荷载按表 1-2 采用。

表 1-2 屋面均布活荷载

项　次	类　别	标准值 (kN/m²)	组合值系数 ψ_c	频遇值系数 ψ_f	准永久值系数 ψ_q
1	不上人屋面	0.5	0.7	0.5	0
2	上人屋面	2.0	0.7	0.5	0.4
3	屋顶花园	3.0	0.7	0.6	0.5

注:1. 不上人的屋面,当施工或维修荷载较大时,应按实际情况采用;对不同结构应按有关设计规范的规定,将标准值作 0.2kN/m² 的增减。

　　2. 上人的屋面,当兼作其他用途时,应按相应楼面活荷载采用。

　　3. 对于因屋面排水不畅、堵塞等引起的积水荷载,应采用构造措施加以防止;必要时,应按积水的可能深度确定屋面活荷载。

　　4. 屋顶花园活荷载不包括花圃土石等材料自重。

当施工检修荷载较大时,应按实际情况确定荷载值。

③雪荷载

雪荷载是指房屋上由积雪产生的荷载。《荷载规范》规定,屋面雪荷载标准值按下式进行计算:

$$s_k = \mu_r s_0 \tag{1-1}$$

式中　s_k——雪荷载标准值;

　　　μ_r——屋面积雪分布系数;

　　　s_0——基本雪压。

基本雪压是以当地一般空旷平坦地面上统计所得 50 年一遇最大积雪自重确定的。因各地气候的差异性,积雪深度和密度不同。《荷载规范》中编制了"全国基本雪压分布图",设计时按《荷载规范》附录 D.4 中给出的雪压采用。

屋面上的积雪分布情况与空旷平坦地面上的分布情况不同。如屋面坡度越大,积雪越薄,雪压越小,但屋面的天沟、阴角、高低跨处等可能形成雪堆,使局部雪压增大。风向和风力的大小也将影响屋面上积雪的分布。因此屋面上的雪荷载标准值并不等于基本雪压,而是将基本雪压乘以屋面积雪分布系数。设计时应根据不同类型的屋面形式,根据表 1-3 确定屋面积雪分布系数。

④风荷载

当风受到建筑物的阻挡时,在建筑物的表面就会形成压力或吸力,这种压力或吸力就是建筑物所受的风荷载。

表 1-3 屋面积雪分布系数

项次	类别	屋面积雪形式及积雪分布系数 μ_r
1	单跨单坡屋面	 α ≤25° 30° 35° 40° 45° ≥50° μ_r 1.0 0.8 0.6 0.4 0.2 0
2	单跨双坡屋面	均匀分布的情况 μ_r 不均匀分布的情况 $0.75\mu_r$ $1.25\mu_r$ μ_r 按第 1 项规定采用
3	拱形屋面	$\mu_r=\dfrac{1}{8f}$ $(0.4\leqslant\mu_r\leqslant1.0)$ 50° f l
4	带天窗的屋面	均匀分布的情况 1.0 不均匀分布的情况 1.1 0.8 1.1
5	带天窗有挡风板的屋面	均匀分布的情况 1.0 不均匀分布的情况 1.0 1.4 0.8 1.4 1.0
6	多跨单坡屋面（锯齿形屋面）	均匀分布的情况 1.0 不均匀分布的情况 0.6 1.4 0.6 1.4 0.6 1.4 $l/2$ $l/2$ l l

项次	类 别	屋面积雪形式及积雪分布系数 μ_r
7	双跨双坡屋面 或拱形屋面	 μ_r 按第 1 或第 3 项规定采用
8	高低屋面	 $a=2h$，但不小于 4m，不大于 8m

注：1. 第 2 项单跨双坡屋面仅当 $20°\leqslant\alpha\leqslant30°$ 时，可采用不均匀分布情况。

2. 第 4、5 项只适用于坡度 $\alpha\leqslant25°$ 的一般工业厂房屋面。

3. 第 7 项双跨双坡或拱形屋面，当 $\alpha\leqslant25°$ 或 $f/l\leqslant0.1$ 时，只采用均匀分布情况。

4. 多跨屋面的积雪分布系数，可参照第 7 项的规定采用。

风荷载的大小与基本风压、风压高度变化系数、风荷载系数和风振系数有关。《荷载规范》规定，垂直于建筑物表面上的风荷载标准值，应按下式计算：

$$w_k=\beta_z\mu_s\mu_z w_0 \tag{1-2}$$

式中　w_k——风荷载标准值（kN/m²）；

　　　β_z——z 高度处的风振系数，对多层建筑物取 $\beta_z=1.0$；

　　　μ_z——风压高度变化系数；

　　　μ_s——风荷载体型系数；

　　　w_0——基本风压（kN/m²）。

a. 基本风压

基本风压是以当地比较空旷平坦地面上离地 10m 高度处，统计所得 50 年一遇 10min 平均最大风速 v_0（m/s）为标准，按 $w_0=\frac{1}{2}\rho v_0^2$ 确定的风压，此处 ρ 为空气的重力密度（t/m³），可按《荷载规范》附录 D 确定。

基本风压应按《荷载规范》中全国基本风压分布图和附录 D 给出的数据采用，但不应小于 0.3kN/m²。

b. 风压高度变化系数

对于平坦或稍有起伏的地形，风压高度变化系数应按表 1-4 确定。

《荷载规范》将地面的粗糙度划分为 A、B、C、D 四类。

A 类指近海面和海岛、海岸、湖岸及沙漠地区；

B 类指田野、乡村、丛林、丘陵以及房屋比较稀疏的乡镇和城市郊区；

C类指有密集建筑群的城市市区；

D类指有密集建筑群且房屋较高的城市市区。

表 1-4　风压高度变化系数 μ_z

离地面或海平面高度 （m）	地面粗糙程度类型			
	A	B	C	D
5	1.17	1.00	0.74	0.62
10	1.38	1.00	0.74	0.62
15	1.52	1.14	0.74	0.62
20	1.63	1.25	0.84	0.62
30	1.80	1.42	1.00	0.62
40	1.92	1.56	1.13	0.73
50	2.03	1.67	1.25	0.84
60	2.12	1.77	1.35	0.93
70	2.20	1.86	1.45	1.02
80	2.27	1.95	1.54	1.11
90	2.34	2.02	1.62	1.19
100	2.40	2.09	1.70	1.27
150	2.64	2.38	2.03	1.61
200	2.83	2.61	2.30	1.92
250	2.99	2.80	2.54	2.19
300	3.12	2.97	2.75	2.45
350	3.12	3.12	2.94	2.68
400	3.12	3.12	3.12	2.91
≤450	3.12	3.12	3.12	3.12

c. 风荷载体型系数

风荷载体型系数是指风作用在建筑物表面上所引起的实际压力或吸力与基本风压的比值。它表示建筑物表面在稳定风压作用下的静态压力的分布规律，主要与建筑物的体型和尺寸有关，按《荷载规范》的规定采用。表 1-5 给出了部分风荷载体型系数。

表 1-5　部分建筑物的风荷载体型系数

序号	名　称	建筑物体型系数 μ_s
1	封闭式落地双坡屋面	
2	封闭式双坡屋面	

8

序号	名　　称	建筑物体型系数 μ_s
3	封闭式带天窗 双坡屋面	

（2）可变荷载准永久值

可变荷载准永久值是指在设计基准期内，其超越的总时间约为设计基准期一半的荷载值。

可变荷载准永久值等于可变荷载标准值乘以可变荷载准永久值系数。其表达式为：

$$Q_q = \psi_q Q_k \tag{1-3}$$

式中　Q_q——可变荷载准永久值；

ψ_q——可变荷载准永久系数，按表 1-2 采用；

Q_k——可变荷载标准值。

（3）可变荷载组合值

当结构同时承受两种或两种以上的可变荷载作用时，由于各种可变荷载同时达到最大值的可能性很小，因此除起主导作用的可变荷载取标准值外，对其他可变荷载应取小于其标准值的组合值。

可变荷载组合值按下式计算：

$$Q_c = \psi_c Q_k \tag{1-4}$$

式中　Q_c——可变荷载组合值；

ψ_c——可变荷载组合值系数，按表 1-2 采用；

Q_k——可变荷载标准值。

（4）可变荷载频遇值

可变荷载频遇值是指结构上在规定的设计基准期内，时而出现的总时小于荷载标准值的较大荷载。它具有较短的总持续时间，或较少的发生次数的特性，从而减缓结构破坏。可变荷载频遇值按下式计算：

$$Q_f = \psi_f Q_k \tag{1-5}$$

式中　Q_f——可变荷载频遇值；

ψ_f——可变荷载频遇值系数；

Q_k——可变荷载标准值。

1.2.3　荷载分项系数及荷载设计值

（1）荷载分项系数

荷载标准值是指结构在正常使用情况下出现的最大荷载值，而在非正常情况下和偶然情况下，仍有可能出现超过标准值可能。荷载分项系数就是考虑荷载超过标准值的可能性，以及调整对结构计算可能造成的可靠度的差异。

永久荷载分项系数以 γ_G 表示，可变荷载分项系数以 γ_Q 表示。《荷载规范》规定，基本效应组合的荷载分项系数，应按下列规定采用：

1）永久荷载分项系数 γ_G

①当其效应对结构不利时：

a. 对由可变荷载控制的组合，取 $\gamma_G=1.2$；

b. 对由永久荷载控制的组合，取 $\gamma_G=1.35$。

②当其效应对结构有利时：

a. 一般情况下，取 $\gamma_G=1.0$；

b. 在验算结构的倾覆、滑移或漂浮时，取 $\gamma_G=0.9$。

2）可变荷载分项系数 γ_Q

①一般情况下，取 1.4；

②各类建筑楼面均布活荷载，标准值 $\geqslant 4.0 \mathrm{kN/m^2}$，取 $\gamma_Q=1.3$。

（2）荷载设计值

荷载标准值与荷载分项系数的乘积为荷载设计值。

1.3　建筑结构设计方法

建筑结构设计是指在预定的荷载及材料性能一定的条件下，确定结构构件依功能要求所需要的截面尺寸、配筋布置以及构造措施。设计的目的是在现有的技术基础上用最少的人力、物力获得满足功能要求和足够可靠度的结构。结构的基本功能由其用途决定。

1.3.1　结构的功能要求和极限状态

（1）结构的安全等级

根据建筑结构破坏后果的影响程度，将其分为三个安全等级，见表1-6。

表1-6　建筑结构安全等级

安全等级	破坏后果的影响程度	建筑物的类型
一级	很严重	重要建筑物
二级	严重	一般建筑物
三级	不严重	次要建筑物

（2）设计使用年限

1）设计使用年限的概念

结构的设计使用年限是指设计规定的结构或构件不需要进行大修即可按预定目的使用的年限，它是计算结构可靠的依据。

2）设计使用年限的分类

设计使用年限可按我国《建筑结构可靠度设计统一标准》（GB 50068—2001）（以下简称《统一标准》）确定，见表1-7。注意，设计使用年限与结构物的寿命虽有一定的联系，但不等同。因为当使用年限达到或超过设计使用年限后，并不意味着结构物不能再使用了，只是它完成结构功能的能力降低了。

表1-7　设计使用年限分类

类　别	设计使用年限	示　例
1	5	临时建筑
2	25	易于替换的结构构件
3	50	普通房屋和构筑物
4	100 年以上	纪念性建筑和特别重要的建筑结构

（3）结构的功能要求

1）安全性

结构应能承受在正常施工和正常使用可能出现的各种作用，且不破坏；在偶然事件发生时及发生后，建筑结构虽有局部损伤但不发生倒塌，并能保持必要的整体稳定性。

2）适用性

结构在正常使用过程中应具有良好的工作性。例如，不产生影响使用的过大变形或振幅，不发生足以让使用者不安的过宽的裂缝。

3）耐久性

结构在正常维护条件下应有足够的耐久性，完好地使用到设计规定的年限（即设计使用年限）。例如，不发生严重的混凝土碳化和钢筋锈蚀。

良好的结构设计应满足上述功能要求，这样设计的结构才是安全可靠的。

上述功能要求统称结构的可靠性。

《统一标准》将房屋设计的基准期规定为50年。结构在规定的时间内，在规定的条件下完成预定功能的概率，称为结构的可靠度。结构的可靠度是结构可靠性的概率度量。

（4）结构功能的极限状态

结构的一部分或整个结构超过某一特定状态就不能满足设计规定的某一功能要求，此特定的状态称为该功能的极限状态。

《建筑结构设计规范》将结构的极限状态分为下列两类：

1）承载力极限状态

当结构或结构构件达到最大承载力，或达到不适合继续承载的变形状态时，称该结构或构件达到承载能力极限状态。当出现下列状态之一时，即认为超过了承载力极限状态。

①整个结构或其中的一部分作为刚体失去平衡。

②结构构件或其连接应力超过材料强度而破坏，或因过度塑性变形而不适应继续承载。

③结构转变为机动体系而丧失承载力。

④结构或构件达到临界荷载而丧失稳定。

当结构超过承载力极限状态后，结构或构件就不能满足安全性要求。

2）正常使用极限状态

结构或构件达到正常使用或耐久性能中某项规定限度的状态称为正常使用极限状态。当出现下列状态之一时，即认为超过了正常使用极限状态：

①影响正常使用或外观的变形。

②影响正常使用或耐久性能的局部损坏。

③影响正常使用的振动。

④影响正常使用的其他特定状态。

结构或构件按承载能力极限状态进行计算后，还需按正常使用极限状态进行验算。

1.3.2 极限状态设计方法

不同的结构或结构构件其极限状态各有特点。在进行结构设计时，应针对不同的极限状态，根据结构的特点和使用要求，给出具体的标志及限制，以作为结构设计的依据。这种以相应于结构各种功能要求的极限状态作为结构设计依据的设计方法，称为"极限设计方法"。

（1）极限状态方程

1）荷载效应 S

荷载效应是指作用于结构或结构构件上的各种荷载使结构构件产生内力、变形、裂缝和应力等。荷载效应可用工程力学的方法计算。

影响作用效应的因素是荷载的变异性，荷载效应具有随机性。

2）结构抗力 R

结构构件抵抗各种结构上作用效应的能力称为结构抗力。

影响结构抗力的主要因素是结构所用的材料的性能和结构的几何参数。由于材料的变异性、结构构件制作和安装误差，设计中选用的截面抗力计算方法与实际抵抗能力之间也会存在着某种差别，因此，结构抗力也具有随机性。

3）极限状态方程

①结构功能函数

结构构件的工作状态可以用 R 和 S 的关系式来描述，这种表达式称为结构的功能函数，以 Z 表示如下：

$$Z=R-S \tag{1-6}$$

结构功能函数表达式可用来判别结构的工作状态，如图 1-1 所示。

当 $Z>0$ 时，结构处于可靠状态。

当 $Z=0$ 时，结构处于极限状态。

当 $Z<0$ 时，结构处于失效状态。

②结构极限状态方程

$Z=0$ 为结构处于极限状态时的功能函数表达式，也称为结构极限状态方程。它是结构失效的标准。

结构设计必须满足功能要求，即结构不应超过极限状态，要满足：

$$Z\geqslant0 \tag{1-7}$$

（2）失效概率与可靠指标

由于 R、S 都是随机变量，故功能函数也是随机变量。因此，在结构设计时要绝对保证 $Z\geqslant0$，即绝对的安全是办不到的，但可以做到在大多数情况下结构是处于可靠状态的。从概率论的观点来看，可靠度就是在结构出现失效的可能性足够小，即出现失效状态的概率足够小到规定的水平。

设基本变量 R 和 S 均为正态分布，则功能函数 Z 也服从正态分布，如图 1-2 所示，其中，纵坐标轴以左的分布曲线围成的面积表示结构的失效概率 p_f，纵坐标以右分布曲线所围

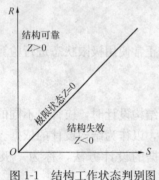

图 1-1　结构工作状态判别图

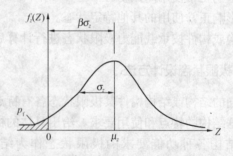

图 1-2　可靠概率、失效概率和可靠指标

12

成的面积表示结构的可靠概率 p_z，则表示为：

$$p_f = \int_{-\infty}^0 f(z)\,\mathrm{d}z$$

$$p_z = \int_0^{+\infty} f(z)\,\mathrm{d}z$$

$$p_f + p_z = 1$$

在大量分析的基础上，《统一标准》对各类结构的允许失效概率 p_f 做了规定，见表1-8。以结构的失效概率来度量结构的可靠性具有明显的物理意义，能够较好地反映问题的实质，但 p_f 计算相当复杂，故改用一种可靠指标 β 来代替 p_f 来度量结构的可靠性，见表1-8。

表1-8　可靠指标与失效概率的对应关系

β	p_f	β	p_f	β	p_f
1.0	1.59×10^{-1}	2.7	3.47×10^{-3}	3.7	1.08×10^{-5}
1.5	6.68×10^{-2}	3.0	1.35×10^{-3}	4.0	3.17×10^{-5}
2.0	2.28×10^{-2}	3.2	6.87×10^{-4}	4.2	1.33×10^{-6}
2.5	6.21×10^{-3}	3.5	2.33×10^{-4}	4.5	3.40×10^{-6}

结构和构件的破坏类型分为延性破坏和脆性破坏两类。延性破坏有明显的预兆，可靠指标可以定低一些。脆性破坏没有明显的预兆，可靠指标可以定得高一些。《统一标准》根据结构的安全等级和破坏类型，在对代表性构件进行分析的基础上，规定了按承载力极限状态设计时的目标可靠指标 $[\beta]$，见表1-9。

表1-9　构件承载能力极限状态的目标可靠指标 $[\boldsymbol\beta]$

破坏类型	安　全　等　级		
	一　　级	二　　级	三　　级
延性破坏	3.7	3.2	2.7
脆性破坏	4.2	3.7	3.2

（3）极限状态实用设计表达式

用概率极限状态设计法直接设计，由于计算复杂而且不符合设计人员的设计习惯，为了设计简便起见，《统一标准》给出了以各种基本变量标准和多个分项系数表示的实用表达式，并应按承载力极限状态和正常使用极限状态分别进行设计。

1）承载力极限状态设计表达式

①一般公式

$$\gamma_0 S \leqslant R \tag{1-8}$$

式中　γ_0——结构构件的重要系数；对安全等级为一级、二级、三级的结构构件，分别取
　　　　　　1.1、1.0、0.9；

　　　S——荷载效应组合设计值；

　　　R——结构构件的承载力设计值。

②荷载效应组合设计值

《统一标准》规定，对于承载力极限状态应采用荷载效应的基本组合和偶然组合进行设计。

《荷载规范》规定，对于基本效应组合，荷载效应组合设计值应从由可变荷载效应控制的组合和由永久荷载效应控制的两组组合中取最不利值确定。

对由可变荷载效应控制的组合，其效应组合设计表示为：

$$S = \gamma_G S_{Gk} + \gamma_{Q1} S_{Q1k} + \sum_{i=2}^{n} \gamma_{Qi} \psi_{ci} S_{Qik} \tag{1-9}$$

对由永久荷载效应控制的组合，其效应组合设计表示为：

$$S = \gamma_G S_{Gk} + \sum_{i=1}^{n} \gamma_{Qi} \psi_{ci} S_{Qik} \tag{1-10}$$

式中　γ_G——永久荷载分项系数；

　γ_{Q1}，γ_{Qi}——可变荷载分项系数；

　　S_{Gk}——永久荷载标准值引起的效应；

S_{Q1k}，S_{Qik}——第一种可变荷载、其他可变荷载的标准值引起的效应；

　　ψ_{ci}——可变荷载的组合值系数。

2）正常使用极限状态设计表达式

按正常使用极限状态设计，主要是验算构件的变形和抗裂度或裂缝宽度。按正常使用极限状态设计时，变形过大或裂缝过宽都影响正常使用，但危害程度不及承载力引起的结构破坏造成的损失那么大，所以，可以适当降低对可靠度的要求。《统一标准》规定计算时取荷载的标准值。应根据不同的设计要求，采用荷载的标准效应组合、频遇效应组合或准永久效应组合。

①按荷载的标准组合时，荷载效应组合的设计值 S 应按下式计算：

$$S = S_{Gk} + S_{Q1k} + \sum_{i=2}^{n} \psi_{ci} S_{Qik} \tag{1-11}$$

式中，永久荷载及第一个可变荷载采用标准值，其他可变荷载均采用组合值。ψ_{ci} 为可变荷载组合值系数。

②按荷载的频遇组合时，荷载效应组合的设计值 S 应按下式计算：

$$S = S_{Gk} + \psi_{f1} S_{Q1k} + \sum_{i=2}^{n} \psi_{qi} S_{Qik} \tag{1-12}$$

式中　ψ_{f1}——可变荷载频遇值系数。

③按荷载的准永久值组合时，荷载效应组合设计值 S 应按下式计算：

$$S = S_{Gk} + \sum_{i=1}^{n} \psi_{qi} S_{Qik} \tag{1-13}$$

式中　ψ_{qi}——可变荷载准永久值系数。

上岗工作要点

1. 以实用设计表达式为重点，掌握承载能力极限状态和正常使用极限状态下的效应组合式。

2. 充分理解荷载分项系数、组合系数和结构重要性系数的取值。

14

复 习 题

1-1 什么叫建筑结构?

1-2 建筑结构按材料和承重结构可分为哪些类型?

1-3 说明建筑结构上的作用有哪些种类。

1-4 荷载具有哪些特性? 荷载作用可分为哪几种类型?

1-5 什么是荷载代表值? 荷载代表值有哪几种?

1-6 什么是荷载标准值? 荷载标准值有哪几种? 它们各有什么含义?

1-7 说明荷载标准值的取值方法。

1-8 建筑结构必须满足哪些功能要求?

1-9 我国《统一标准》对于结构的可靠度是怎样定义的?

1-10 什么是结构的极限状态? 结构的极限状态分哪两类?

1-11 结构超过承载力极限状态的标志有哪些?

1-12 结构超过正常使用极限状态的标志有哪些?

1-13 何谓作用效应? 何谓结构抗力?

1-14 写出按承载力极限状态进行设计的实用设计表达式,并对公式中符号的物理意义进行解释。

第2章 建筑结构材料

2.1 钢 材

2.1.1 钢材的机械性能

钢材的机械性能是钢材在各种作用下反映的各种特性，包括强度、塑性和韧性等方面，需由试验确定。

(1) 钢材的拉伸试验

钢材在常温静载条件下，单向均匀受拉试验时的应力-应变曲线如图 2-1 所示。从图中可以看出钢材受力的几个阶段：弹性阶段 oa；屈服阶段 cf；强化阶段 df；破坏（颈缩）阶段 de。a 点称比例极限，b 为屈服上限，c 为屈服下限，d 点的应力称为抗拉极限强度或极限强度，与 c 点对应的钢筋应力称为屈服强度 f_y。

1) 强度指标

一个是 c 点的屈服强度 f_y，它是确定钢材强度设计值的依据。另一个强度指标是 d 点的钢材的极限强度 f_u，一般情况下作为材料的实际破坏强度。

2) 伸长率

是为一定标距 δ_{10} 或 δ_5 条件下的单位伸长。$\varepsilon = (l_1 - l_0)/l_0$，$l_0$ 为标距，l_1 为试件拉断后，该标距的伸长值。试件伸长率越大，表示钢材塑性越好。

(2) 钢材的冷弯试验

在常温下将钢材绕直径为 D 的钢辊弯转 α 角度，而不出现裂缝的试验过程。通常以 α 和 D 与 d 的比值来反映钢筋的塑性性能。如图 2-2 所示，当弯心直径 D 越小，α 值越大，

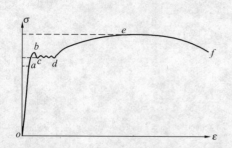

图 2-1　低碳钢单向均匀拉伸的应力-应变曲线

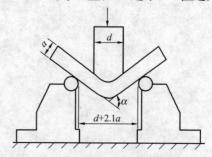

图 2-2　钢材冷弯试验示意图

则钢筋塑性性能越好。

（3）冲击试验

通过冲击试验确定钢筋的韧性，如图2-3所示。它是衡量钢材抵抗脆性破坏的机械性能指标。冲击韧性除了和钢材的质量密切相关外，还与钢材的轧制方向有关。由于顺着轧制方向的内部组织较好，在这个方向切取的试件冲击韧性较高，横向则较低。现行钢材标准规定采用纵向。

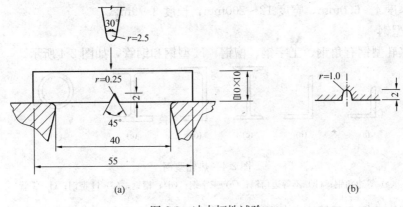

图2-3　冲击韧性试验

（a）夏比试件试验；（b）梅氏试件U形缺口

2.1.2　钢材的种类

钢材的品种很多，按化学成分可分为碳素钢和合金钢，按用途钢材分为结构钢、工具钢和特殊用钢等。适合建筑结构采用的钢材是碳素钢和低合金钢。

（1）碳素结构钢

《碳素结构钢》（GB/T 700—2006）规定碳素钢牌号的表示方法是由代表屈服强度的字母、屈服强度数值、质量等级符号、脱氧方法符号四个部分按顺序组成。分别用下列符号表示：

Q——钢材屈服点"屈"字汉语拼音首位字母；

A，B，C，D——分别为质量等级；

F——沸腾钢；"沸"字汉语拼音首位字母；

Z——镇静钢，"镇"字汉语拼音首位字母；

TZ——特殊镇静钢，"特镇"两字汉语拼音首位字母。

在牌号组成表示方法中，"Z"与"TZ"符号予以省略。根据上述牌号表示方法，如Q235AF表示屈服强度为235N/mm²、质量等级为A级的沸腾钢；Q235B表示屈服强度为235N/mm²、质量等级为B级的镇静钢。

碳素结构钢的牌号共分为四种，即Q195、Q215、Q235、Q275。

（2）低合金结构钢

低合金高强度结构钢牌号的表示方法采用同碳素结构钢相同的牌号表示方法，共五种，即Q295、Q345、Q390、Q420、Q460。

2.1.3　钢材规格及设计指标

（1）钢材的规格

钢材的型材有热轧成型的钢板和型钢以及冷弯（或冷压）成型薄壁型钢和压型钢板。

1）钢板

钢板分厚钢板、薄钢板和扁钢，其规格用符号"一"和宽度×厚度毫米数表示。如一300×10表示宽度为300mm、厚度为10mm的钢板。

厚钢板：厚度4.5～60mm，宽度600～3000mm，长度4～12m；

薄钢板：厚度0.35～4.0mm，宽度500～1500mm，长度0.5～4m；

扁钢：厚度4～6.0mm，宽度12～200mm，长度3～9m。

2）热轧型钢

常用的热轧型钢有角钢、工字钢、槽钢、H型钢和钢管，如图2-4所示。

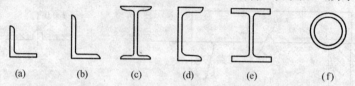

图2-4　热轧型钢

(a) 等边角钢；(b) 不等边角钢；(c) 工字钢；(d)；槽钢；(e) H型钢；(f) 钢管

角钢分等边角钢和不等边角钢两种。等边角钢的表示方法为，在符号"∟"后加肢宽×厚度毫米数表示，如∟100×10为肢宽100mm、肢厚10mm的等边角钢。不等边角钢的表示方法为，在符号"∟"后加长肢宽×短肢宽×肢厚的毫米数表示。如∟100×80×8为长肢宽100mm，短肢宽80mm，肢厚8mm的不等边角钢。

工字钢有普通工字钢和轻型工字钢之分。用符号"Ⅰ"和"QⅠ"号数表示，号数代表截面高度的厘米数。同一号数有三种腹板厚度，分别为a、b、c三类。如Ⅰ36a表示截面高度为36cm、腹板厚度为a类的工字钢。

槽钢分为普通槽钢和轻型槽钢两种。用符号"["和号数来表示，号数代表截面高度的厘米数。如[36a表示截面高度为36cm，腹板厚度为a类的槽钢。号码相同的轻型槽钢，其翼缘较普通槽钢宽而薄，腹板也较薄，回转半径大，重量轻。

H型钢亦称为宽翼缘工字钢，其翼缘较工字钢宽，因此在宽度方向的惯性矩和回转半径大为增加。由于截面合理，使钢材更能发挥效能。我国H型钢分为宽翼缘H型钢、窄翼缘H型钢和H型钢桩三类。其代号分别为：HK、HZ和HU。型号以公称高度的毫米数表示，其后标注a，b，c……表示该公称高度下的相应规格。如HK320a表示公称高度为32mm a类规格的宽缘的工字钢。

钢管有无缝钢管和焊接钢管两种，用符号"Φ"后加"外径×厚度"表示，如Φ400×6，单位为毫米。

3）冷弯型和压型钢板

建筑中使用的冷弯型钢常用厚度为1.5～5mm的薄型钢板或钢带经轧或模压而成，故也称冷弯薄壁型钢。其截面形式如图2-5所示。压型钢板是冷弯型钢的另一种形式，它是用

图2-5　冷弯薄壁型钢

厚度为 0.4～2mm 的钢板、镀锌钢板、彩色涂层钢板经冷轧成的各种类型的波型板，如图 2-6 所示。

V形　　　W形

各种规格钢材见附录1。

（2）钢材设计指标

1）钢材强度设计值（表 2-1）

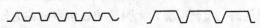

图 2-6　压型钢板

表 2-1　钢材强度设计值

钢　材		抗拉、抗压和抗弯 f	抗剪 f_v	端面承压 （刨平顶紧） f_{ce}
牌　号	厚度或直径 （mm）			
Q235 钢	≤16	215	125	325
	>16～40	205	120	
	>40～60	200	115	
	>60～100	190	110	
Q345 钢	≤16	310	180	400
	>16～35	295	170	
	>35～50	265	155	
	>50～100	250	145	
Q390 钢	≤16	350	205	415
	>16～35	335	190	
	>35～50	315	180	
	>50～100	295	170	
Q420 钢	≤16	380	220	440
	>16～35	360	210	
	>35～50	340	195	
	>50～100	325	185	

注：表中厚度系指计算点的钢材厚度，对轴心受拉和轴心受压构件系指截面中较厚板件的厚度。

2）钢材的物理性能指标（表 2-2）

表 2-2　钢材的物理性能指标

弹性模量 （N/mm²）	剪变模量 （N/mm²）	线膨胀系数 （以每 1℃计）	质量密度 （kg/m²）
206×10^3	79×10^3	12×10^{-6}	7850

2.1.4　钢筋

（1）钢筋的种类

目前，钢筋按加工工艺分为热轧钢筋、冷拉钢筋、热处理钢筋和钢丝四种。按钢筋的力学性能分为有明显屈服点的钢筋和无明显屈服点的钢筋两大类。按化学成分可分为热轧碳素钢和普通低合金钢。

1）热轧碳素钢

热轧碳素钢的化学成分以铁为主，含有少量的碳、硅、锰、磷、硫。按含碳量的多少，将碳素钢分为：低碳钢，含碳量低于 0.25％；中碳钢，含碳量 0.26％～0.60％；高碳钢，含碳量＞0.6％。低、中碳钢，强度低，质韧而软，有明显的屈服点，常称为软钢；高碳钢，强度高，质硬而脆，无明显的屈服点，称为硬钢。

2）普通低合金钢

在碳素钢成分中加入少量的锰、钛、钒等合金元素，以提高强度，改善塑性。建筑工程中常用的普通低合金钢有：20 锰硅、25 锰钛、45 硅 2 钛、40 硅 2 锰钛、45 锰硅钒等。

（2）国产普通钢筋的级别、性能和特点

1）HPB235 级钢筋

HPB235（Q235），即热轧光面钢筋，属Ⅰ级钢筋，代号Φ。由碳素钢 Q235 经热轧而成的光面圆钢筋，质量稳定，塑性性能好，易焊接，易加工成型，以直条或盘圆交货，大量用于钢筋混凝土板和小型构件的受力钢筋以及各种构件的构造钢筋，由于它的屈服强度较低，不宜用于大型钢筋混凝土构件的受力钢筋。

2）HRB335 级钢筋

HRB335（20MnSi），即热轧带肋钢筋，属Ⅱ级钢筋，代号Φ。为了增加钢筋与混凝土之间的粘结力，钢筋的表面轧制成外形为等高肋（螺纹），现在生产的外形均为月牙肋，如图 2-7 所示，其表面一般有强度等级的标志（以阿拉伯数字 2 表示）。这种钢筋强度比 HPB235 级高，塑性、焊接性能比较好，易加工成型，主要用于大中型钢筋混凝土结构构件的受力钢筋和构造钢筋以及预应力混凝土结构构件中的非预应力钢筋，特别适应于承受多次重复荷载、地震作用以及其他振动和冲击荷载结构构件的受力钢筋，是我国钢筋混凝土结构构件钢筋用材最主要的品种之一。

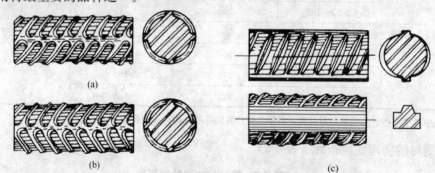

图 2-7 热轧带肋钢筋表面及截面形状

（a）螺旋纹钢筋；（b）人字纹钢筋；（c）月牙肋钢筋

3）HRB400 级钢筋

HRB400（20MnSiV、20MnSiNb、20MnTi），热轧带肋钢筋，属于新Ⅲ级钢筋，代号Φ。钢筋表面外形为月牙肋，表面有"3"的标志，这种钢筋具有强度高和塑性好以及良好的加工和焊接性能，主要用于大中型钢筋混凝土结构和高强度混凝土结构构件的受力钢筋，是我国今后钢筋混凝土结构构件受力钢筋用材最主要的品种之一。

4）RRB400 级钢筋

RRB400（K20MnSi），即余热处理钢筋，属Ⅲ级钢，代号Φ^R。这种钢筋是用 HRB335 级钢筋经过热轧后，穿过生产作业线上的高压水流管进行快速冷却，再利用钢筋芯部的余热自行回火而成的钢筋。这种钢筋的特点是强度高，同时保持有足够的塑性和韧性。

（3）钢筋设计指标

1）钢筋强度标准值

钢筋强度标准值应按符合规定质量的钢筋强度总体分布的 0.05 分位确定，即保证率不小于 95%。为了使结构设计时采用的钢筋强度与国标规定的钢筋出厂检验强度相一致，规范规定以国标规定的数值作为确定钢筋强度标准值的依据。钢筋强度标准值见表 2-3。

表 2-3　钢筋强度标准值（N/mm²）

种　　类		符　号	直径 d（mm）	f_{yk}
热轧钢筋	HPB235（Q235）	Φ	8～20	235
	HRB335（20MnSi）	Φ	6～50	335
	HRB400（20MnSiV、20MnSiNb、20MnTi）	Φ	6～50	400
	RRB400（K20MnSi）	ΦR	8～40	400

2）钢筋强度设计值

钢筋强度的设计值与其标准值之间的关系为：

$$f_y = \frac{f_{yk}}{\gamma_s} \tag{2-1}$$

式中　f_y——钢筋强度的设计值；

f_{yk}——钢筋强度的标准值；

γ_s——钢材的材料系数。

钢筋强度设计值见表 2-4。

表 2-4　钢筋强度设计值（N/mm²）

种　　类		符　号	f_y	f_y'
热轧钢筋	HPB235（Q235）	Φ	210	210
	HRB335（20MnSi）	Φ	300	300
	HRB400（20MnSiV、20MnSiNb、20MnTi）	Φ	360	360
	RRB400（K20MnSi）	ΦR	360	360

注：1. 在钢筋混凝土结构中，轴心受拉和小偏心受拉构件的钢筋抗拉强度设计值大于 300N/mm² 时，仍应按 300N/mm² 取用。

2. 构件中配有不同种类的钢筋时，每种钢筋采用各自的强度设计值。

3）钢筋的弹性模量（表 2-5）

表 2-5　钢筋的弹性模量 E_s（N/mm²）

种　　类	E_s
HPB235 级钢筋	2.1×10^5
HRB335 级钢筋、HRB400 级钢筋、RRB400 级钢筋、热处理钢筋	2.0×10^5
消除应力钢丝（螺旋肋钢丝、刻痕钢丝、光面钢丝）	2.05×10^5
钢绞线	1.95×10^5

2.2　混　凝　土

2.2.1　混凝土的强度

混凝土是由水泥、水、砂石等材料按一定的配合比，经混合搅拌，入模浇捣并养护硬化后形成的人造石材。

（1）混凝土的强度

1）立方体抗压强度

为设计施工和质量检验的需要，必须对混凝土的强度规定统一的级别，即混凝土强度等级。用立方体试块的单轴抗压强度作为确定强度等级的度量标准，称为混凝土立方体抗压强度。

《普通混凝土力学性能试验方法标准》（GB/T 50081—2002）规定，混凝土立方体抗压强度是以边长 150mm 的标准立方体试块，在标准条件下（温度 20℃±2℃，相对湿度 95％以上）养护 28d，在压力机上以标准试验方法［中心加载，平均速度为 0.3～0.8 N/(mm² · s)，试件上下表面不涂润滑剂］测得的具有 95％保证率的破坏时的平均压应力为混凝土立方体抗压强度。我国《混凝土结构设计规范》（GB 50010—2002）规定，混凝土强度等级按立方体抗压强度标准值确定，用符号 $f_{cu,k}$ 表示，共 14 个等级，即 C15，C20，C25，C30，C35，C40，C45，C50，C55，C60，C65，C70，C75，C80。例如，C35 表示立方体抗压强度标准值为 35N/mm²，其中 C50 及 C50 以上属高强混凝土。

2）棱柱体轴心抗压强度

由于实际工程中的混凝土构件高度通常比截面边长大很多，因此柱体受压试件更接近实际构件的受力状况。同样边长的混凝土试件，随着高度的增加，其抗压强度将下降，但高宽比 h/b 超过 3 以后，降低的幅度不是很大。根据试验资料表明，用试件高宽比 $h/b=3$ 的棱柱体测得的抗压强度与以受压为主的混凝土构件中混凝土抗压强度基本一致。因此，可将它作为以受压为主的混凝土结构构件的抗压强度。

《混凝土结构设计规范》（GB 50010—2002）（以下简称《混凝土结构规范》）规定以上述棱柱体试件试验测得的具有 95％保证率的抗压强度为混凝土轴心抗压强度标准值，用符号 f_{ck} 表示。

轴心抗压强度是混凝土结构最基本的强度指标之一，但在工程中很少直接测量，而是根据测定立方体强度进行换算。其原因是立方体试块有节约材料，便于试验时加荷、对中，操作简便，试验数据离散小等优点。

通过对比试验数据分析，考虑到实际结构构件制作、养护和受力情况，实际构件强度与试件强度之间的差异，轴心抗压强度标准值与立方体抗压强度标准值的关系按下式确定：

$$f_{ck}=0.88\alpha_{c1}\alpha_{c2}f_{cu,k} \tag{2-2}$$

式中　α_{c1}——棱柱体强度与立方体强度之比值，对 C50 及 C50 以下混凝土取 $\alpha_{c1}=0.76$；对 C80 混凝土取 $\alpha_{c1}=0.82$，中间按线性规律变化；

α_{c2}——C40 以上混凝土脆性折减系数，对 C40 取 $\alpha_{c2}=1.0$，对 C80 取 $\alpha_{c2}=0.87$，中间按线性规律变化；

0.88——考虑实际构件与试件混凝土强度之间的差异，对混凝土强度的修正系数。

3）轴心抗拉强度

混凝土的抗拉强度是确定混凝土构件抗裂能力的重要指标，在抗扭、抗冲切等计算中也要用到这个指标。测定混凝土轴心抗拉强度的方法一般有两种：

①直接受拉

如图 2-8 所示试件，试验机夹紧两端伸出的钢筋，使构件受拉，破坏时在试件中部产生横向裂缝，其平均拉应力即为混凝土轴心抗拉强度。这种试件制作时，预埋钢筋对中较困难，由于偏心的影响，一般所得的抗拉强度比实际强度略低。

②劈裂试验

为避免偏心对抗拉强度的影响，国内外也常以圆柱体或立方体试件做劈裂试验来测定混凝土轴心抗拉强度。如图 2-9 所示，通过上下两根截面为 5mm×5mm 的方钢条对平放的圆柱体或立方体对中施加线荷载，由弹性理论，试件在竖直中面上除两端局部区域外将产生均匀水平拉应力，试件劈裂时的水平拉应力即为混凝土轴心抗拉强度，用公式表达为：

$$f_{t,s} = \frac{2F}{\pi dl} \tag{2-3}$$

式中　F——破坏荷载；

　　　d——立方体边长或圆柱体直径；

　　　l——立方体边长或圆柱体试件的长度。

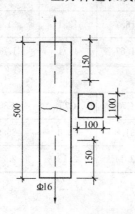

图 2-8　直接受拉试验
示意图

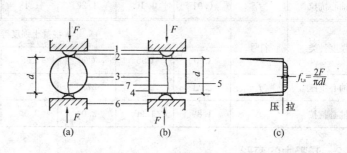

图 2-9　混凝土劈裂试验示意图

(a) 圆柱体试件；(b) 立方体试件；(c) 试件竖直中面的应力分布

1—压力机上压板；2—弧形垫条及垫层各一条；3—试件；4—浇模顶面；5—浇模底面；6—压力机下压板；7—试件破裂线

试验表明，劈裂抗拉强度略大于直接受拉强度，劈裂试件的尺寸对强度有一定影响，若用边长 100mm 的立方体试件代替边长 150mm 的立方体试件，其结果应乘 0.85 的折减系数。

轴心抗拉强度标准值 f_{tk} 与立方体抗压强度标准值 $f_{cu,k}$ 的关系为

$$f_{tk} = 0.88 \times 0.395 f_{cu,k}^{0.55} (1 - 1.645\delta)^{0.45} \times \alpha_{c2} \tag{2-4}$$

式中，δ 为变异系数，0.88 和 α_{c2} 的取值和定义同式 (2-2)。

（2）混凝土强度的标准值、设计值

1）混凝土强度标准值（表 2-6 和表 2-7）

表 2-6　混凝土强度标准值（N/mm²）

强度种类	符　号	混凝土强度等级						
		C15	C20	C25	C30	C35	C40	C45
轴心抗压	f_{ck}	10.0	13.4	16.7	20.1	23.4	26.8	29.6
轴心抗拉	f_{tk}	1.27	1.54	1.78	2.01	2.20	2.39	2.51

强度种类	符 号	混凝土强度等级						
		C50	C55	C60	C65	C70	C75	C80
轴心抗压	f_{ck}	32.4	35.5	38.5	41.5	44.5	47.5	50.2
轴心抗拉	f_{tk}	2.64	2.74	2.85	2.93	2.99	3.05	3.11

2）混凝土强度设计值

表 2-7　混凝土强度设计值（N/mm²）

强度种类	符号	混凝土强度等级						
		C15	C20	C25	C30	C35	C40	C45
轴心抗压	f_c	7.2	9.6	11.9	14.3	16.7	19.1	21.1
轴心抗拉	f_t	0.91	1.10	1.27	1.43	1.57	1.71	1.80

强度种类	符号	混凝土强度等级						
		C50	C55	C60	C65	C70	C75	C80
轴心抗压	f_c	23.1	25.3	27.5	29.7	31.8	33.8	35.9
轴心抗拉	f_t	1.89	1.96	2.04	2.09	2.14	2.18	2.22

2.2.2　混凝土的变形

（1）一次短期加荷下混凝土的变形性能

混凝土棱柱体试件在一次短期加荷下的受压应力-应变全曲线，如图 2-10 所示。曲线由上升段 OC 和下降段 CE 两部分组成。

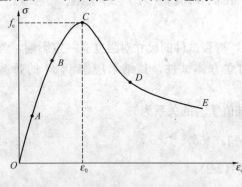

图 2-10　混凝土应力-应变曲线

上升段 OC：$\sigma < 0.3 f_c$ 时，即 OA 段，应力-应变关系接近直线，称为弹性阶段；当 σ 在 $0.3 f_c \sim 0.8 f_c$ 之间时，即 AB 段，应力-应变曲线开始凸向应力轴，混凝土表现出明显的塑性性质。随荷载不断增加，应变加大，表现为混凝土体积加大，直至应力峰值点 C，此时对应的应变为 ε_0，通常取 0.002。

下降段 CE：C 点以后，裂缝迅速开展，应力逐渐变小，应变持续增加。D 点以后，试件破裂，但破裂的碎块逐渐挤密，仍保持一定的应力。

（2）混凝土的变形模量

1）混凝土的弹性模量

通过混凝土应力-应变曲线的原点 O 作切线，该切线的斜率称为混凝土的弹性模量，用如图 2-11 所示。由于原点处的切线的斜率不易确定，实际测定采用简易的方法：取应力上限为 $0.5 f_c$，反复加荷 5～10 次，变形趋于稳定，应力-应变关系接近直线，其斜率即为混凝

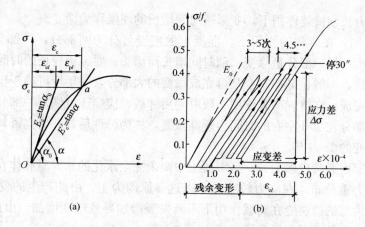

图 2-11 混凝土的弹性模量和变形模量及其简易测定法

（a）混凝土的弹性模量和变形模量；（b）混凝土弹性模量的测定方法

土的弹性模量 E_c。各种不同强度等级的混凝土弹性模量经验计算公式为：

$$E_c = \frac{10^5}{2.2 + \frac{34.7}{f_{cu,k}}}$$ (2-5)

式中 E_c——混凝土的弹性模量（N/mm²）；

$f_{cu,k}$——混凝土立方体抗压强度标准值。

按式（2-5）计算的不同强度的混凝土弹性模量见表 2-8。

表 2-8 混凝土弹性模量 E_c（×10⁴ N/mm²）

强度等级	C15	C20	C25	C30	C35	C40	C45	C50	C55	C60	C65	C70	C75	C80
E_c	2.20	2.55	2.80	3.00	3.15	3.25	3.35	3.45	3.55	3.60	3.65	3.70	3.75	3.80

根据现有试验资料，混凝土受拉弹性模量与受压弹性模量基本相等。

2）混凝土的变形模量

如图 2-11 所示，混凝土应力-应变曲线上的任一点 C 的应力 σ_c 和应变 ε_c 之比值，称为该点的变形模量 E'_c。

$$E'_c = \frac{\sigma_c}{\varepsilon_c} = \tan\alpha$$

因为混凝土的应变 ε_c 包括了弹性应变 ε_e 和塑性应变 ε_p 两部分，即 $\varepsilon_c = \varepsilon_{el} + \varepsilon_{pl}$，而应力 $\sigma_c = E_c \times \varepsilon_e = E_c \times \varepsilon_c$，故变形模量 E'_c 与弹性模量 E_c 的关系为 $E'_c = \frac{\varepsilon_e}{\varepsilon_c} E_c = \nu E_c$。$\nu$ 为混凝土的弹性系数。当应力值很小时，$\nu = 1$，当应力值增大时，塑性变形发展，ν 将小于1。当混凝土中应力接近抗压强度时，ν 为 $0.4 \sim 0.7$。

（3）长期荷载作用下混凝土的变形性能（徐变）

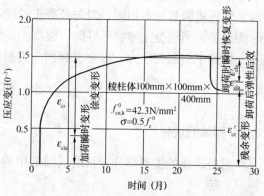

图 2-12 混凝土的徐变

（应变与时间关系曲线）

在不变的应力长期持续作用下，变形随时间增长的现象称为徐变。

由图 2-12 可知，在荷载的作用下，混凝土的应变可分为两部分：一部分是瞬时应变，在加荷后立即发生；另一部分是徐变，随时间增长而增长，要经历较长的时间才能完成。徐变在早期发展较快，一般在最初 6 个月可完成徐变的大部分，一年后可趋于稳定，其余在以后的几年内逐渐完成。在持续荷载作用一段时间后卸载，应变还可恢复一部分，其中一部分瞬时恢复，另一部分在 20d 左右的时间内逐渐恢复，称为弹性后效，研究资料表明，徐变应变值约为瞬时应变的 1～4 倍。

产生徐变的原因通常理解为：一是混凝土中尚未完全水化的水泥凝胶体在荷载作用下的黏性流动引起应力重分布，在应力较小时，以这一原因为主，由此产生的变形一部分可恢复；二是混凝土内部的微裂缝在荷载作用下不断发展增加导致应变增加，由此产生的变形，一般不可恢复，应力较大时，以此原因为主。

影响徐变的因素可归为四个方面：

1）内在因素：混凝土的组成成分和配比。例：集料越坚硬，徐变越小；水灰比越大，徐变越大；水泥用量越多，徐变越大。

2）环境因素：混凝土养护时，温度高，湿度大，水泥水化充分，徐变减小。

3）应力条件：试验表明，混凝土徐变与混凝土应力大小密切相关。当 $\sigma_c \leqslant 0.5f_c$ 时，徐变与 σ_c 成正比，称为线性徐变；当 $\sigma_c > 0.5f_c$ 时，徐变与 σ_c 已不再成线性关系，徐变变形比应力增长要快，称为非线性徐变；当 σ_c 达到 $0.8f_c$ 左右时，徐变变形急剧增长，不再收敛，其增长会超出混凝土变形能力而导致混凝土破坏，成为非稳定的徐变。

4）时间因素：加荷龄期越早，徐变越大。

由于混凝土的徐变性能，它会造成材料在长期荷载作用下变形的加大、刚度的降低，引起偏压构件附加偏心距的增大，在预应力构件中引起预应力的损失，也可在结构构件中引起内力重分布。

（4）混凝土的收缩和膨胀

混凝土在空气中硬结，在一段时间内体积要缩小。在水中硬结，在一段时间内体积略有增大。通常收缩值比膨胀值要大得多。

混凝土的收缩由两部分组成：一是水泥凝胶体本身体积的收缩，二是混凝土内自由水分蒸发引起的收缩。混凝土的膨胀是由于混凝土吸附水分而产生的变形。

影响混凝土收缩的因素主要有内在因素和环境因素。这两个因素与影响混凝土徐变的内在因素和环境因素基本相同，但与混凝土徐变不同的是，混凝土收缩的大小与应力状态和加荷时间无关。当混凝土养护不好时，混凝土的收缩会导致混凝土表面裂缝，收缩能够在钢筋混凝土构件中引起初应力，也会引起预应力损失。

2.3 砌　　体

2.3.1　砌体的块材

块材是砌体的主要部分，目前我国常用的块材分为砖、砌块和石材三大类。

（1）砖

1）砖的种类

砖的种类包括烧结普通砖、蒸压实心硅酸盐砖和承重空心砖。

①烧结普通砖

是用黏土、煤矸石、页岩和粉煤灰制胚干燥后烧结而成的实心黏土砖、煤矸石砖、页岩砖、粉煤灰砖。尺寸为 240mm×115mm×53mm。

②蒸压实心硅酸盐砖

用硅酸盐材料压制成型后经高压釜蒸养而成。尺寸与标准黏土砖相同。

③烧结黏土多孔砖

具有不同孔洞形状和孔隙率大于 15％的承重黏土多孔砖，其型号分为 M 型和 P 型两种，常用以下三种型号：

KM1：尺寸为 190mm×190mm×190m

KP1：尺寸为 240mm×115mm×90mm

KP2：尺寸为 240mm×180mm×115mm

字母 K 表示空心，M 表示模数，P 表示普通。

2）砖的强度等级

砖的强度等级以"MU"表示，单位为 MPa。烧结普通砖和多孔砖的强度等级是根据受压试验方法测得的抗压强度，并考虑了规定的抗折强度，划分为：MU30、MU25、MU20、MU15 和 MU10 五级。蒸压灰砂砖和蒸压粉煤灰砖的强度等级为：MU25、MU20、MU15 和 MU10 四级。

（2）砌块

砌块一般指混凝土空心砌块、加气混凝土砌块及硅酸盐实心砌块。通常把高度为 180～350mm 的称为小型砌块，360～900mm 称为中型砌块。砌块的强度等级划分为五级，即 MU20、MU15、MU10、MU7.5 和 MU5.0，砌块的强度等级是根据单个砌块的抗压破坏荷载，按毛截面计算的抗压强度确定的。

（3）天然石材

天然石材可分为料石和毛石两种。料石又可分为细料石、半细料石、粗料石和不规则的毛料石。料石的叠砌面凹入深度依次不应大于 10mm、15mm、20mm 和 25mm，截面宽度、高度不宜小于长度的 1/4。毛石是形状不规则、中部不应小于 200mm 的石材。

石材的强度等级可分为 MU100、MU80、MU60、MU50、MU40、MU30 和 MU20 七个等级。

2.3.2　砂浆

（1）砂浆的种类

砂浆的作用是将块材粘结成整体，使其共同工作。砂浆按组成成分可分为三类：

1）水泥砂浆

由水泥、砂和水拌合而成。它具有强度高、硬化速度快、耐久性好的特点，但和易性较差，水泥用量大。通常用于潮湿环境中的砌体。

2）混合砂浆

由水泥、石灰、砂和水拌合而成。它的保水性能、流动性能比水泥砂浆好，便于施工，适用于墙、柱砌体。

3）石灰砂浆

由石灰、砂和水拌合而成。它具有保水性、流动性好的特点。但强度低、耐久性差。适用于低层建筑和不受潮的地上砌体。

（2）砂浆的强度等级

砂浆的强度等级是用 70.7mm 的立方体标准试块，在温度为 20℃±3℃ 和相对湿度在 90％以上（水泥砂浆），或相对湿度在 60％～80％（混合砂浆）的环境下硬化，龄期为 28d 的抗压强度确定的。砂浆的强度等级符号以"M"表示，单位为 MPa。《砌体结构设计规范》（GB 50003—2001）将砂浆的强度等级分为五级：M15、M10、M7.5、M5 和 M2.5。

2.3.3 砌体种类和强度指标

由不同尺寸和形状的块体用砂浆砌筑而成的墙、柱称为砌体。根据块体的类别和砌筑形式，砌体主要分为以下几类：

（1）砌体种类

1）砖砌体

由砖和砂浆砌筑而成的砌体称为砖砌体。

①砌体尺寸

墙厚：180mm、240mm、370mm、490mm、620mm、740mm。

②墙体的砌筑形式

一顺一丁、三顺一丁、梅花丁和三三一砌法，如图 2-13 所示。

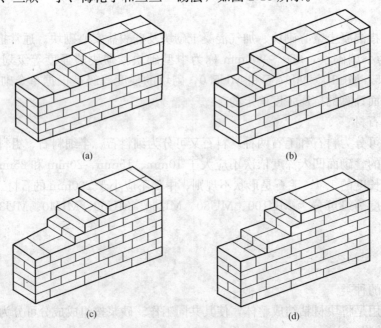

图 2-13　普通砖墙砌筑形式
（a）多顺一丁式；（b）一顺一丁式；（c）十字式（梅花丁式）；（d）三三一式

2）砌块砌体

由砌块和砂浆砌筑而成的砌体称为砌块砌体。我国目前采用较多的有混凝土中、小型砌块砌体，硅酸盐和粉煤灰砌块属中型砌块砌体。

3）天然石砌体

由天然石和砂浆砌筑而成的砌体称为石砌体。石砌体分为料石砌体和毛料石砌体。

4）配筋砌体

为了提高砌体的承载力和减小构件的截面尺寸，可在砌体内配置适量钢筋形成配筋砌体。配筋砌体有横向配筋砌体和组合配筋砌体等。在砖柱或墙体的水平灰缝中配置一定数量的钢筋网，称为横向配筋砌体，也称网状配筋砌体，如图2-14（a）所示。在竖向灰缝内或在预留的竖槽内配置纵向钢筋和浇筑混凝土，形成组合配筋砌体，也称为纵向配筋砌体，如图2-14（b）所示。

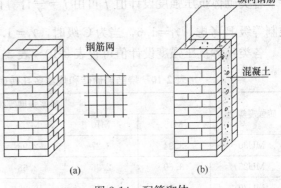

图 2-14　配筋砌体

（a）横向配筋砌体；（b）组合配筋砌体

（2）砌体抗压强度

1）各类砌体轴心抗压强度的平均值

《砌体结构设计规范》（GB 50003—2001）（以下简称《砌体结构规范》）给出通用表达式：

$$f_{\mathrm{m}} = k_1 f_1^{\alpha}(1 + 0.07 f_2)k_2 \tag{2-6}$$

式中　f_1，f_2——用标准试验方法测得的块体和砂浆的抗压强度等级值或平均值，对混凝土块体的轴心抗压强度平均值，当 $f_2 > 10\mathrm{MPa}$ 时，应乘系数 $1.1 \sim 0.01$，MU20 的砌体应乘以 0.95 且满足 $f_1 \geqslant f_2$，$f_1 \leqslant 20\mathrm{MPa}$；

　　　　k_1——砌体类型影响系数；

　　　　α——块材厚度影响系数；

　　　　k_2——低强度等级砂浆砌体的强度降低系数。

k_1，α，k_2 值由表 2-9 查得。

表 2-9　k_1，k_2，α 值

块体类型	k_1	α	k_2
烧结普通砖、烧结多孔砖、蒸压灰砂砖	0.78	0.5	当 $f_2 < 1$ 时，$k_2 = 0.6 + 0.4 f_2$
混凝土砌块	0.46	0.9	当 $f_2 = 0$ 时，$k_2 = 0.8$
毛料石	0.79	0.5	当 $f_2 < 1$ 时，$k_2 = 0.6 + 0.4 f_2$
毛石	0.22	0.5	当 $f_2 < 2.5$ 时，$k_2 = 0.4 + 0.24 f_2$

注：k_2 在表列条件以外时均等于 1。

2）各类砌体轴心抗压强度的标准值

各类砌体的抗压强度标准值统一取为强度分布的 95% 下分位值，即有 95% 保证率，其计算公式为：

$$f_{\mathrm{k}} = f_{\mathrm{m}}(1 - 1.645 \delta_{\mathrm{f}}) \tag{2-7}$$

式中　f_{m}——砌体抗压强度平均值；

　　　　δ_{f}——砌体强度的变异系数，其值通过试验结果统计确定。

3）各类砌体轴心抗压强度的设计值

各类砌体抗压强度设计值 f 可由 $f=\dfrac{f_k}{\gamma_f}$ 计算而得。砌体材料性能分项系数 γ_f，宜按施工控制等级 B 考虑，$\gamma_f=1.6$，当为 C 级时，$\gamma_f=1.8$。

各类砌体抗压强度设计值可查表 2-10～表 2-15。

表 2-10　烧结普通砖和烧结多孔砖砌体的抗压强度设计值（MPa）

砖强度等级	砂浆强度等级					砂浆的强度
	M15	M10	M7.5	M5	M2.5	0
MU30	3.94	3.27	2.93	2.59	2.26	1.15
MU25	3.60	2.98	2.68	2.37	2.06	1.05
MU20	3.22	2.67	2.39	2.12	1.84	0.94
MU15	2.79	2.31	2.07	1.83	1.60	0.82
MU10	—	1.89	1.69	1.50	1.30	0.67

表 2-11　蒸压灰砂砖和蒸压粉煤灰砖砌体的抗压强度设计值（MPa）

砖强度等级	砂浆强度等级				砂浆的强度
	M15	M10	M7.5	M5	0
MU25	3.60	2.98	2.68	2.37	1.05
MU20	3.22	2.67	2.39	2.12	0.94
MU15	2.79	2.31	2.07	1.83	0.82
MU10	—	1.89	1.69	1.50	0.67

表 2-12　单排孔混凝土和轻集料混凝土砌块砌体的抗压强度设计值（MPa）

砌块强度等级	砂浆强度等级				砂浆的强度
	Mb15	Mb10	Mb7.5	Mb5	0
MU20	5.68	4.95	4.44	3.94	2.33
MU15	4.61	4.02	3.61	3.20	1.89
MU10	—	2.79	2.50	2.22	1.31
MU7.5	—	—	1.93	1.71	1.01
MU5	—	—	—	1.19	0.70

注：1. 对错孔砌筑的砌体，应按表中数值乘以 0.8。

2. 独立柱或厚度方向为双排组砌的砌块砌体，应按表中数值乘以 0.7。

3. 对 T 形截面砌体，应按表中数值乘以 0.85。

4. 表中轻集料混凝土砌块为煤矸石和水泥煤渣混凝土砌块。

表 2-13　轻集料混凝土砌块砌体的抗压强度设计值（MPa）

砌块强度等级	砂浆强度等级			砂浆的强度
	Mb10	Mb7.5	Mb5	0
MU10	3.08	2.76	2.45	1.44
MU7.5	—	2.13	1.88	1.12
MU5	—	—	1.31	0.78

注：1. 表中的砌块为火山渣、浮石和陶粒轻集料混凝土砌块。

2. 对厚度方向为双排组砌的轻集料混凝土砌块砌体的抗压强度设计值，应按表中数值乘以 0.8。

表 2-14 毛料石砌体的抗压强度设计值（MPa）

毛料石强度等级	砂浆强度等级			砂浆强度
	M7.5	M5	M2.5	0
MU100	5.42	4.80	4.18	2.13
MU80	4.85	4.29	3.73	1.91
MU60	4.20	3.71	3.23	1.65
MU50	3.83	3.39	2.95	1.51
MU40	3.43	3.04	2.64	1.35
MU30	2.97	2.63	2.29	1.17
MU20	2.42	2.15	1.87	0.95

注：对下列各类料石砌体，应按表中的数值分别乘以以下系数：

细料石砌体 1.5；半细料石砌体 1.3；粗料石砌体 1.2；干砌勾缝石砌体 0.8。

表 2-15 毛石砌体的抗压强度设计值（MPa）

毛石强度等级	砂浆强度等级			砂浆强度等级
	M7.5	M5	M2.5	0
MU100	1.27	1.12	0.98	0.34
MU80	1.13	1.00	0.87	0.30
MU60	0.98	0.87	0.69	0.26
MU50	0.90	0.80	0.62	0.23
MU40	0.80	0.71	0.53	0.21
MU30	0.69	0.61	0.44	0.18
MU20	0.56	0.51	1.87	0.15

4）影响砌体抗压强度的主要因素

①砌块的强度越高，砌体的抗压强度也越高。

②砌块的高度越高，砌体的抗压强度也越高。

③块体外形平整，砌体强度相对提高。

④砂浆的强度等级越高，砌体的强度越高。

⑤砂浆的和易性和保水性越好，砌体的强度越高。

（3）砌体的轴心抗拉、弯曲抗拉及抗剪强度

砌体的抗压强度比抗拉、抗弯、抗剪强度高得多，因此砌体大多用于受压构件，以充分利用其抗压强度。但有时在实际工程中遇到受拉、受弯、受剪的情况，如用砌体砌筑圆形水池，池壁受到液体的压力，在池壁内引起环向拉力；砌体挡土墙受到侧向土压力使墙体壁承受弯矩作用；拱支座处受到剪力作用等，如图 2-15 所示。设计时按表 2-16 采用。

31

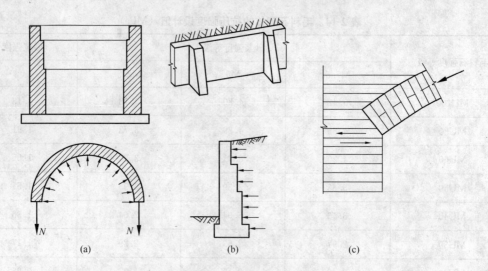

图 2-15　砌体的受力形式

（a）池壁受力；（b）挡土墙受力；（c）拱支座受力

表 2-16　沿砌体灰缝截面破坏时砌体的轴心抗拉强度设计值、

弯曲抗拉强度设计值和抗剪强度设计值

强度类别	破坏特征及砌体种类		砂浆的强度等级			
			≥M10	M7.5	M5	M2.5
轴心抗拉	沿齿缝	烧结普通砖、烧结多孔砖	0.19	0.16	0.13	0.09
		蒸压灰砂砖、蒸压粉煤灰砖	0.12	0.10	0.08	0.06
		混凝土砌块	0.09	0.08	0.07	—
		毛石	0.08	0.07	0.06	0.04
弯曲抗拉	沿齿缝	烧结普通砖、烧结多孔砖	0.33	0.29	0.23	0.17
		蒸压灰砂砖、蒸压粉煤灰砖	0.24	0.20	0.16	0.12
		混凝土砌块	0.11	0.09	0.08	—
		毛石	0.13	0.11	0.09	0.07
	沿通缝	烧结普通砖、烧结多孔砖	0.17	0.14	0.11	0.08
		蒸压灰砂砖、蒸压粉煤灰砖	0.12	0.10	0.08	0.06
		混凝土砌块	0.08	0.06	0.05	—
抗剪	烧结普通砖、烧结多孔砖		0.17	0.14	0.11	0.08
	蒸压灰砂砖、蒸压粉煤灰砖		0.12	0.10	0.08	0.06
	混凝土砌块		0.09	0.08	0.06	—
	毛石		0.21	0.19	0.16	0.11

注：1. 对于形状规则的块体砌体，当搭接长度与块体高度的比值小于 1 时，其轴心抗拉强设计值 f_t 和弯屈抗拉强度设计值 f_{tm} 应按表中的数值乘以搭接长度与块体高度比值后采用。

2. 对孔洞率不大于 35% 的双排孔轻集料混凝土砌块的抗剪强度设计值，可按表中混凝土砌块的抗剪强度设计值乘以 1.1。

3. 对蒸压灰砂砖、蒸压粉煤灰砖砌体，当有可靠的试验数据时，表中的强度设计值，允许做适当的调整。

4. 对烧结页岩砖、烧结煤矸石砖、烧结粉煤灰砖砌体，当有可靠的试验数据时，表中强度设计值，允许做适当的调整。

（4）砌体强度设计值的调整系数

在某些特定情况下，砌体强度设计值需加以调整，《砌体结构设计规范》规定，下列情况各类砌体，其强度设计值应乘以调整系数 γ_a：

1）有吊车房屋砌体、跨度不小于9m的梁下烧结普通砖砌体、跨度不小于7.5m的梁下烧结多孔砖、蒸压灰砂砖、蒸压粉煤灰砖砌体、混凝土和轻集料混凝土砌块砌体，γ_a 为0.9。

2）对无筋砌体构件，其截面面积小于 $0.3m^2$ 时，γ_a 为截面面积加0.7。对配筋砌体构件，当其中砌体截面面积小于 $0.2m^2$ 时，γ_a 为其截面面积加0.8。构件截面面积以 m^2 计。

3）当砌体用水泥砂浆砌筑时，对表2-10～表2-16中的数值，γ_a 为0.9，对表2-17中的数值，γ_a 为0.8，对配筋砌体，当其中的砌体采用水泥砂浆砌筑时，仅对砌体的强度设计值乘以调整系数 γ_a。

4）当施工质量控制等级为C级时，γ_a 为0.89；

5）当验算施工中房屋的构件时，γ_a 为1.1。

（5）砌体的弹性模量、摩擦系数、线膨胀系数和气体质量控制等级（表2-17～表2-20）

表 2-17 砌体的弹性模量

砌 体 种 类	砂浆的强度等级			
	≥M10	M7.5	M5	M2.5
烧结普通砖、烧结多孔砖砌体	$1600f$	$1600f$	$1600f$	$1390f$
蒸压灰砂砖、蒸压粉煤灰砖砌体	$1060f$	$1060f$	$1060f$	$960f$
混凝土砌块	$1700f$	$1600f$	$1500f$	—
粗料石、毛料石、毛石料	7300	5650	4000	2250
细石料、半细石料	22000	17000	12000	6750

注：轻集料混凝土砌块砌体的弹性模量，可按表中混凝土砌块砌体的弹性模量采用。

表 2-18 砌体的线膨胀系数和收缩系数

砌 体 类 型	线膨胀系数 $(10^{-6}/℃)$	收缩系数 (mm/m)
烧结黏土砖砌体	5	−0.1
蒸压灰砂砖、蒸压粉煤灰砖砌体	8	−0.2
混凝土砌块砌体	10	−0.3
轻集料混凝土砌块砌体	10	−0.3
料石和毛料石砌体	8	—

注：表中的收缩系数由达到收缩允许标准的块体砌筑28d的砌体的收缩率，当地方有可靠的砌体收缩试验数据时，亦可采用当地试验数据。

表 2-19 砌体的摩擦系数

材 料 类 别	摩 擦 面 情 况	
	干 燥	潮 湿
砌体沿砌体或混凝土滑动	0.70	0.60
木材沿砌体滑动	0.60	0.50
钢沿砌体滑动	0.45	0.35
砌体沿砂浆或卵石滑动	0.60	0.35
砌体沿粉土滑动	0.55	0.40
砌体沿黏土滑动	0.50	0.30

表 2-20　砌体施工质量控制等级

项　目	施　工　质　量　控　制　等　级		
	A	B	C
现场质量管理	制度健全，并严格执行，非施工方质量监督人员经常到现场，或现场设有常驻代表；施工方有在岗专业技术管理人员，人员齐全，并持证上岗	制度基本健全，并能执行，非施工方质量监督人员间断地到现场进行质量控制，施工方有在岗专业技术管理人员，并持证上岗	有制度，非施工方质量监督人员很少作现场控制，施工方有在岗专业技术管理人员
砂浆、混凝土强度	试块按规定制作，强度满足验收规定，离散性小	试块按规定制作，强度满足验收规定，离散性较小	试块强度满足验收规定，离散性大
砂浆拌合方式	机械拌合；配合比计量控制严格	机械拌合；配合比计量控制一般	机械拌合；配合比计量控制较差
砌筑工人	中级工以上，其中高级工不少于20%	中高级工不少于70%	初级工以上

上岗工作要点

1. 掌握钢材、钢筋的强度，受拉性能。

2. 掌握混凝土的立方体抗压强度和轴心抗压强度，混凝土强度等级的确定，混凝土的受压性能。

3. 掌握砖砌体受压性能。

复　习　题

2-1　钢材有哪些机械性能指标？各项指标可用来衡量钢材哪些方面的性能？

2-2　碳素结构钢和低合金结构钢的钢牌号是如何表示的？

2-3　钢筋按外形分为哪两类？

2-4　混凝土的强度等级是如何确定的，《混凝土结构规范》是如何规定的？

2-5　混凝土的弹性模量是如何确定的？

2-6　混凝土的徐变对混凝土结构有何影响？如何减小徐变？

2-7　砌体结构中块材与砂浆的作用是什么？

2-8　砌体的种类有哪些？

第3章 混凝土结构

重 点 提 示

1. 熟练掌握受弯构件、受压构件承载力计算方法。
2. 了解受弯构件变形和裂缝宽度的验算方法，以及减少构件变形和裂缝宽度的措施。
3. 掌握梁、板、柱的构造要求。
4. 了解纯扭构件的受力特点。
5. 熟悉连续梁、板的截面计算特点和构造要求。
6. 了解单层厂房的组成、特点以及排架结构的传力途径。
7. 掌握框架结构计算简图的确定，掌握荷载计算方法，掌握框架节点构造。
8. 理解预应力混凝土的基本概念及其优缺点。

3.1 概　　述

3.1.1 混凝土结构的概念

混凝土结构是由钢筋和混凝土两种物理力学性能完全不同的材料组成，混凝土抗压强度高，抗拉强度低，钢筋抗拉强度高。当结构构件采用素混凝土构件时，出现拉应力时，混凝土极易开裂破坏。混凝土结构构件在受拉的部位配置受力钢筋，当混凝土开裂后，拉力由钢筋承受，压力仍由混凝土承受，这样能充分发挥钢筋的抗拉性能和混凝土的抗压性能。

两种物理力学性质完全不同的材料能够共同工作是因为：

（1）混凝土硬化后与钢筋之间具有良好的粘结力；

（2）钢筋与混凝土具有相近的温度线膨胀系数；

（3）混凝土包裹钢筋免受大气侵蚀，保证构件的耐久性。

混凝土结构的优点是可塑性、耐久性、耐火性、整体性好，易于就地取材，价格较低，但其自重大，施工比较复杂，工序多，工期长，易产生裂缝。

混凝土结构是由各种构件组成，常用的混凝土结构构件有板、梁、柱、墙、基础，也可以由直杆组成平面桁架，或由曲杆和支座组成拱，或由曲板与边缘构件组成壳。

3.1.2 钢筋与混凝土之间的粘结力作用

钢筋与周围混凝土之间的相互作用称为钢筋与混凝土的粘结，粘结使钢筋与混凝土变形一致，共同受力。如果粘结遭到破坏，就会使构件的变形增加，裂缝剧烈开展甚至提前破坏。在重复荷载特别是强烈地震的作用下，由于粘结破坏及锚固失效使很多结构发生破坏。

钢筋与混凝土的粘结力是通过拉拔钢筋试验来进行的。试验表明，粘结力主要由胶结力、摩擦力、机械咬合力三部分组成。

（1）胶结力

混凝土中水泥凝胶体和钢筋表面发生化学变化产生的吸附作用力，这种作用力很弱，一旦钢筋与混凝土接触面上发生相对滑移即消失。

（2）摩阻力

混凝土包裹钢筋，混凝土中的粗颗粒和钢筋表面之间阻止滑动的摩擦力，这种摩擦力与压应力、接触界面的粗糙程度有关，随滑移和颗粒的磨碎而衰减。

（3）机械咬合力

由于钢筋表面凹凸不平与混凝土之间产生的作用力。

光面钢筋的粘结强度，在钢筋与混凝土发生相对滑移之前，主要取决于化学胶结力；滑移后，取决于摩阻力，变形钢筋虽存在前两者，但粘结力主要来源于机械咬合力。

3.1.3 保证钢筋混凝土之间粘结的构造措施

（1）保证粘结的构造措施

由于粘结破坏机理复杂，影响因素比较多，目前尚无完整的粘结力计算，《混凝土结构规范》采用不进行粘结力计算，而用构造措施保证混凝土与钢筋粘结力的方法。

保证粘结力的构造措施有如下几个方面：

1）对不同等级混凝土和钢筋，要保证最小搭接长度和锚固长度；

2）为了保证混凝土与钢筋之间有足够的粘结，必须满足钢筋的最小间距和混凝土保护层最小厚度；

3）在钢筋搭接的范围内加密箍筋；

4）为了保证足够的粘结，在钢筋端部应设置弯钩。

（2）基本锚固长度

钢筋混凝土结构中，钢筋主要承受拉力，因此，《混凝土结构规范》规定以纵向受拉钢筋的锚固长度作为钢筋的基本锚固长度 l_a，它与钢筋强度、混凝土抗拉强度、钢筋的表面形状有关，可按下式计算：

$$l_a = \alpha \cdot \frac{f_y}{f_t} \cdot d \tag{3-1}$$

式中　l_a——受拉钢筋锚固长度；

　　　f_y——钢筋的抗拉强度设计值；

　　　f_t——混凝土轴心抗拉强度设计值，当混凝土强度等级高于 C40 时，按 C40 取值，以控制强度高的混凝土中锚固长度不致过短；

　　　d——锚固钢筋的直径；

　　　α——锚固钢筋的外形系数，按表 3-1 取用。

表 3-1　锚固钢筋的外形系数 α

钢筋类型	光面钢筋	带肋钢丝	刻痕钢筋	螺旋肋钢丝	三股钢绞线	七股钢绞线
α	0.16	0.14	0.19	0.13	0.16	0.17

注：1. 光面钢筋系指 HPB235 钢筋，其末端应成 180°弯钩，弯后平直段长度不应小于 3d，但作受压钢筋时，可不做钩；带肋钢筋系指 HRB335、HRB400、RRB400 级热轧钢筋及余热处理钢筋。
　　2. 当 HRB335、HRB400 和 RRB400 级钢筋的直径大于 25mm 时，算得的锚固长度应乘以系数 1.1。
　　3. 当 HRB335、HRB400 和 RRB400 级钢筋的环氧树脂涂层钢筋，其锚固长度应乘以修正系数 1.25。
　　4. 当钢筋在混凝土施工过程中易受扰动（如滑模施工）时，其锚固长度应乘以修正系数 1.1。
　　5. 当 HRB335、HRB400 和 RRB400 级钢筋在锚固区的混凝土保护层厚度大于钢筋直径 3 倍且配有箍筋时，其锚固长度可以乘以修正系数 0.8。
　　6. 除构造需要的锚固长度外，当纵向受力钢筋的实际配筋面积大于其设计计算面积时，如有充分依据和可靠措施，其锚固长度可乘以设计计算面积与实际配筋面积的比值。但对有抗震设防要求及直接承受动力荷载的结构构件，不得修正。

3.2 混凝土受弯构件承载力计算

3.2.1 概述

仅承受弯矩和剪力的构件称为受弯构件。在建筑结构中，常见的梁、板是典型的受弯构件，也是混凝土结构中用量最多的构件。

钢筋混凝土受弯构件在荷载作用下，沿最大弯矩截面破坏时，破坏截面与构件的轴线垂直，称为正截面破坏；沿剪力最大的截面破坏时，破坏截面与梁轴线斜交，称为斜截面破坏，如图 3-1 所示。

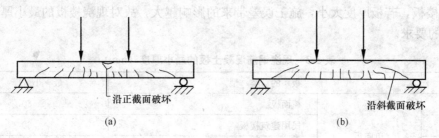

图 3-1 受弯构件破坏

（a）正截面破坏；（b）斜截面破坏

受弯构件在荷载作用下将产生挠度且在受拉区产生裂缝。所以，在进行受弯构件设计时应进行下列计算和验算：

(1) 承载力极限状态计算

1) 正截面承载力计算

2) 斜截面承载力计算

(2) 正常使用极限状态验算

1) 挠度验算

2) 裂缝宽度验算

受弯构件除了要进行上述两类计算和验算外，还必须采取一系列构造措施，才能保证构件各个部分都有足够的抗力，才能使构件具有必要的适应性和耐久性。

所谓构造措施，是指那些在结构计算中为考虑或很难定量计算而忽略了其影响的因素，而在保证构件安全、施工方便及经济合理等前提下所采取的技术补救措施。在工程中，由于不注意构造措施而出现事故的不在少数。

3.2.2 钢筋混凝土受弯构件的一般构造

(1) 板的构造规定

1) 板的厚度

板的厚度除应满足承载力、刚度和抗裂度的要求外，还应满足使用要求、施工方便和经济等方面的因素。

①板的最小厚度

A. 按挠度要求确定

对于现浇民用建筑楼板，当板的厚度与计算跨度比值满足表 3-2 要求时，则可以认为板的刚度基本满足要求，而不需进行挠度验算。

表 3-2　单向板的最小厚度 h

项　次	支座构造特点	板的最小厚度
1	简支板	$h \geqslant \dfrac{l_0}{30}$
2	连续板	$h \geqslant \dfrac{l_0}{40}$
3	悬臂板	$h \geqslant \dfrac{l_0}{12}$

注：表中 l_0 为板的计算跨度。

B. 按施工要求确定

现浇楼板，若板厚度太小，施工误差带来的影响越大，故对现浇楼板的最小厚度，应满足表 3-3 的要求。

表 3-3　现浇钢筋混凝土板的最小厚度（mm）

项次	板 的 类 型		最 小 厚 度
1	单向板	屋面板	60
2		民用建筑楼板	60
3		工业建筑楼板	70
4		行车道下的楼板	80
5	双向板		80
6	密肋板	肋间距小于或等于 70mm	40
7		肋间距大于 70mm	50
8	悬臂板	板的悬臂长度小于或等于 500mm	60
9		板的悬臂长度大于 500mm	80
10	无梁楼盖		150

②板的常用厚度

工程中单向板常用厚度有 60mm、70mm、80mm、100mm、120mm。

2）钢筋

板截面相对较大，抗剪能力较强。所以，板中不需要配置箍筋。在单向板中，只需配置受力钢筋和分布钢筋。

①受力钢筋

A. 直径：板中的受力钢筋通常采用 HPB235、HRB335 钢筋，常用的钢筋直径为 6mm、8mm、10mm、12mm。在同一构件中，当采用不同直径钢筋时，其钢筋的种类不宜多于两种，以便于施工。

B. 间距：板中的受力钢筋的间距不宜过大或过小。间距过小，则不易浇注混凝土，且钢筋与混凝土之间的可靠粘结难以保证；间距过大，则不能正常地分担内力，板的受力不均匀，钢筋与混凝土之间可能引起局部破坏。板内受力钢筋的间距一般为 70～200mm，当板厚大于 150mm 时，间距可取 1.5h，但也不得大于 250mm。

②分布钢筋

板中分布钢筋的主要作用是固定受力钢筋的位置，抵抗混凝土因温度变化及收缩产生的拉应力，将板上的荷载有效地传到受力钢筋上去。

分布钢筋按构造配置。《混凝土结构规范》规定：单位长度上分布钢筋的截面面积不宜小于单位宽度上受力钢筋截面面积的 15%，且不宜小于该方向板截面面积的 0.15%；分布钢筋的间距不宜大于 250mm，分布钢筋的直径不宜小于 6mm；对集中荷载较大的情况，分布钢筋的截面面积应适当增加，其间距不宜大于 200mm。

3）混凝土的保护层厚度

为了保证钢筋和混凝土能共同工作，保证混凝土结构的耐久性，《混凝土结构规范》根据构件的类型、构件所处的环境条件和混凝土的强度等级规定了混凝土的保护层最小厚度，按表 3-4 确定。

表 3-4　纵向受力钢筋的混凝土最小保护层厚度（mm）

环境类型		板、墙、壳			梁			柱		
		≤C20	C25～C45	≥C50	≤C20	C25～C45	≥C50	≤C20	C25～C45	≥C50
一		20	15	15	30	25	25	30	30	30
二	a	—	20	20	—	30	30	—	30	30
	b	—	25	20	—	35	30	—	35	30
三		—	30	25	—	40	35	—	40	35

注：基础中纵向受力钢筋的混凝土保护层厚度不应小于 40mm；当无垫层时不应小于 70mm。

（2）梁的构造规定

1）截面形式及尺寸

①截面形式

梁最常用的截面形式有矩形和 T 形。此外还可以根据需要做成花篮形、I 形、倒 T 形、倒 L 形等，如图 3-2 所示。

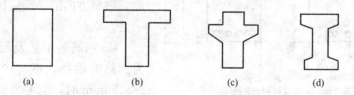

图 3-2　梁的截面形式

(a) 矩形；(b) T 形；(c) 花篮形 (d) I 形

②截面尺寸

A. 截面最小高度：梁的最小截面高度按表 3-5 采用。

表 3-5　梁 的 截 面 高 度

项次	构件的种类		简支	两跨连续	悬臂
1	整体肋形梁	次梁	$\frac{l_0}{16}$	$\frac{l_0}{20}$	$\frac{l_0}{8}$
		主梁	$\frac{l_0}{12}$	$\frac{l_0}{15}$	$\frac{l_0}{6}$
2	独立梁		$\frac{l_0}{12}$	$\frac{l_0}{15}$	$\frac{l_0}{8}$

注：l_0 为梁的计算跨度，当梁的跨度大于 9m 时表中数值应乘以 1.2。

B. 常用梁高：常用梁高为 200mm、250mm、350～750mm、800mm、1000mm 等。

截面高度 h≤800mm 时，取 50mm 为模数；

截面高度 $h>800$mm 时，取 100mm 为模数。

C. 常用梁宽：梁高确定以后，梁宽可由常用的高宽比确定。

矩形截面：$\dfrac{h}{b} = 2.0 \sim 3.5$

T 形截面：$\dfrac{h}{b} = 2.5 \sim 4.0$

常用梁宽为 150mm、180mm、200mm、250mm，当梁宽 $b>200$mm，应取 50mm 的倍数。

2）钢筋

在一般钢筋混凝土梁中，通常配置的钢筋有纵向受力钢筋、箍筋、架立钢筋及梁侧配置附加筋。

①纵向受力钢筋：纵向受力钢筋的作用是承受弯矩在梁内所产生的拉力，应设置在梁的受拉的一侧，其数量通过计算来确定。常采用 HPB235 和 HRB335 钢筋。

A. 直径：梁中常用的纵向受力钢筋直径为 10～25mm，一般不宜大于 28mm，以免造成梁的裂缝过宽。同一构件中钢筋直径的种类不宜超过三种，其直径相差不宜小于 2mm，以便施工识别，同时直径也不应相差过大，以免钢筋受力不均匀。

B. 净距：梁上部的纵向受力钢筋的净距，如图 3-3 所示，不应小于 30mm，也不小于 1.5d（d 为受力钢筋的最大直径）。梁下部纵向受力钢筋的净距，不应小于 25mm，也不应小于 d。构件下部纵向受力钢筋的配置多于两层时，自第三层起，水平方向的净距应比下两层的净距大一倍。

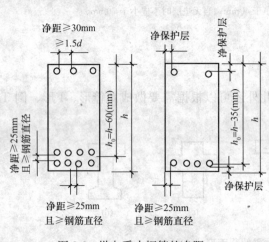

图 3-3　纵向受力钢筋的净距

C. 钢筋的根数及层数：梁内纵向受力钢筋的根数，不应少于两根，当梁宽 $b<150$mm 时，也可为一根。纵向受力钢筋的层数，与梁的宽度、钢筋根数、直径、间距及混凝土保护层的厚度等因素有关，通常要求将钢筋沿梁宽均匀布置，并尽可能排成一排，以增大梁截面的内力臂，提高梁的抗弯能力。只有当钢筋的根数较多，排成一排不能满足钢筋净距和混凝土保护层厚度时，才考虑将钢筋排成两排。

D. 受力钢筋的混凝土保护层最小厚度：按表 3-4 确定。

②架立钢筋

架立钢筋一般为两根，布置在梁截面受压区的角部。架立钢筋的作用：固定箍筋的位置，与纵向受力钢筋构成钢筋骨架，并承受因温度变化、混凝土收缩而产生的拉应力，以防止发生裂缝。

架立钢筋的直径：当梁的跨度不小于 4m 时，直径不宜小于 8mm；当梁的跨度在 4～6m 时，直径不宜小于 10mm；当梁的跨度大于 6m 时，直径不宜小于 12mm。

③梁侧构造钢筋

当梁的腹板高度 $h_w \geqslant 450$ mm，在梁的两个侧面应沿高度配置纵向构造钢筋，每侧纵向构造钢筋（不包括梁上、下不受力钢筋及架立钢筋）的截面面积不应小于腹板截面面积 bh_w 的 1‰，且其间距不宜大于 200mm。

④纵向受拉钢筋的配筋百分率

纵向受拉钢筋的配筋率按下式计算：

$$\rho = \frac{A_s}{bh_0}(\%) \tag{3-2}$$

式中　A_s——纵向受拉钢筋的截面面积；

　　　b——截面的宽度；

　　　h_0——截面的有效高度，$h_0 = h - a_s$；

　　　a_s——受拉钢筋合力作用点到截面受拉边缘的距离。

纵向受拉钢筋配筋率在一定程度上标志了截面上纵向受拉钢筋与混凝土之间的面积比率，它是对梁的受力性能有很大影响的一个重要的指标。

3.2.3　受弯构件正截面承载力计算

3.2.3.1　受弯构件正截面受弯试验结果

试验表明，由于纵向受拉钢筋的配筋率的不同，受弯构件正截面受弯破坏形态有适筋梁破坏、超筋梁破坏、少筋梁破坏三种破坏形态。这三种破坏形态的弯矩-截面曲率曲线，如图 3-4 所示。

（1）适筋梁破坏——钢筋先屈服，混凝土后压碎

适筋梁从加荷载到试件破坏，其截面受力经历三个阶段，各阶段截面受力特点如下：

1）第Ⅰ阶段

从开始加载到受拉混凝土开裂，其主要受力特点

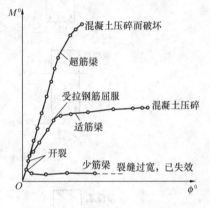

图 3-4　适筋梁破坏、超筋梁破坏、少筋梁破坏的弯矩-截面曲率曲线

是：受压区混凝土的压应力图形是直线，受拉区混凝土的拉应力图形在第Ⅰ阶段前期是直线，后期是曲线，如图 3-5（a）、（b）所示。

2）第Ⅱ阶段

从受拉区混凝土开裂到纵向受拉钢筋即将屈服，其受力特点是：在裂缝截面处，混凝土退出工作，拉力由纵向受力钢筋承受，但钢筋没有屈服；受压区混凝土已产生塑性变形，但不充分，压应力图形只有上升段曲线，如图 3-5（c）所示。

3）第Ⅲ阶段

从纵向受拉钢筋屈服至受压区混凝土压碎，截面破坏，其受力特点是：受拉区的纵向受拉钢筋屈服，受压区混凝土压碎使截面破坏，破坏时截面受压区应力图形基本符合单轴向受压时的应力-应变关系，即有上升段和下降段，压应力峰值不在受压区边缘，而是在离边缘不远的内侧，如图 3-5（d）、（e）所示。

综上所述，适筋梁的破坏是受拉钢筋首先屈服，继而进入塑性阶段，产生很大塑性变形，梁的挠度和变形也随之增大，致使在纵向受拉钢筋屈服的截面形成一条迅速向上发展的垂直裂缝，于是该处的受压高度将迅速减小，受压区边缘的混凝土应变值达到受压极限应变值，混凝土压碎，如图 3-6（a）所示。可见，适筋梁的破坏不是突然的，而是有一个变形过

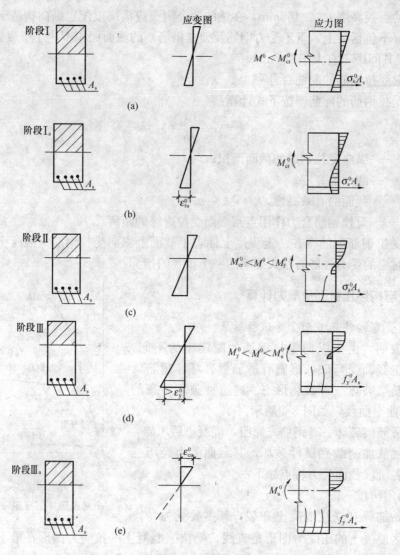

图 3-5　钢筋混凝土梁工作的三个阶段

程。在这个过程中，虽然弯矩增加不是很大，但变形却增加较大，破坏有明显预兆，属于延性破坏。由于适筋梁的材料强度能充分发挥，符合安全可靠、经济合理的要求，故梁在实际工程中应设计成适筋梁。

（2）超筋梁破坏形态——混凝土先压碎，钢筋不屈服

如果纵向钢筋配置过多，在受压区边缘的混凝土达到受压极限应变时，纵向受拉钢筋尚未屈服，因此，梁由于受压混凝土先压碎而造成破坏。破坏时，梁的变形很小，裂缝宽度不大，破坏突然，没有明显预兆，属于脆性破坏类型，如图 3-6（b）所示。超筋梁虽配置了过多的纵向受拉钢筋，但由于梁在破坏时其应力低于屈服强度，不能充分发挥作用，造成钢材的浪费。这不仅不经济，且破坏前没有预兆，故设计中不允许采用超筋梁。

比较适筋梁和超筋梁的破坏形态，可以发现，两者相同之处是破坏时都是以受压区的混凝土被压碎作为标志，不同的地方是适筋梁在破坏时受拉钢筋已达到其屈服强度，而超筋梁在破坏时受拉钢筋的应力达不到屈服强度。因此，在钢筋和混凝土的强度确定后，一根梁总会有一个特定的配筋率，它使得梁在受拉钢筋的应力到达屈服强度的同时，受压区边缘纤维

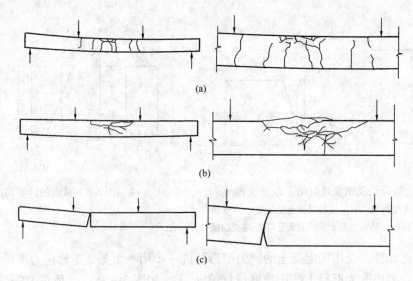

图 3-6　正截面受弯的三种破坏形态

(a) 适筋破坏；(b) 超筋破坏；(c) 少筋破坏

应变也恰好到达混凝土受压时的极限压应变值，即存在一个配筋率，它使得受拉钢筋达到屈服强度和受压区混凝土被压碎同时发生。这时梁的破坏叫做"界限破坏"，此也即适筋梁与超筋梁的界限，或称为"平衡配筋梁"。故这个特定的配筋率实际上就限制了适筋梁的最大配筋，我们称它为适筋梁的最大配筋率，用 ρ_b 表示。因此，当梁的实际配筋率 $\rho \leqslant \rho_b$ 时，梁受压区混凝土受压破坏时受拉钢筋可以达到屈服强度，属适筋梁破坏；当 $\rho > \rho_b$ 时，梁受压区混凝土受压破坏时受拉钢筋达不到屈服强度，属超筋梁破坏；而当 $\rho = \rho_b$ 时，受拉钢筋应力到达屈服强度的同时受压区混凝土压碎而致梁破坏，属界限破坏。为了在设计中不出现超筋梁，则应满足 $\rho \leqslant \rho_b$。

（3）少筋截面破坏形态——一裂就坏

受拉区混凝土一开裂，就将原来所承担的那一部分力传给纵向受拉钢筋，使纵向受拉钢筋应力应变突然增大。如果纵向受拉钢筋配置过少，以致混凝土一旦开裂，突然增大的拉应力就使纵向受拉钢筋屈服，并将经历整个流幅而进入强化阶段。这时裂缝只有一条，不仅裂缝宽度很大，而且延伸很高，梁挠度也很大，所以即使受压区混凝土还未压碎，也应认为梁已破坏。这种破坏是很突然的，也属脆性破坏，故在实际工程中不允许采用少筋截面梁。

3.2.3.2　正截面承载力计算的基本原理

（1）基本假定

1）截面应变保持平面。

2）不考虑混凝土的抗拉强度。

3）混凝土受压应力-应变曲线：当压应变 $\varepsilon_c \leqslant \varepsilon_0$ 时，应力-应变关系曲线为抛物线；当压应变 $\varepsilon_c > \varepsilon_0$ 时，应力-应变曲线呈水平线。当混凝土强度等级不大于 C50 时，$\varepsilon_0 = 0.002$，极限应变 $\varepsilon_{cu} = 0.0033$，相应的最大压应力取混凝土抗压强度设计值，如图 3-7（a）所示。

4）受拉区纵向受拉钢筋的应力取值等于钢筋应变 ε_s 与其弹性模量 E_s 的乘积，但不得大于其抗拉强度设计值 f_y，极限拉应变应取 0.001，如图 3-7（b）所示。

根据上述四点基本假定，截面的计算简图如图 3-8 所示。

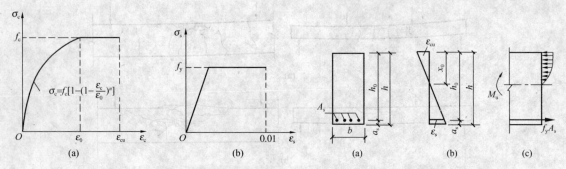

图 3-7 混凝土及钢筋理想化应力-应变曲线

（a）《混凝土结构规范》采用的混凝土受压应力-应变曲

线；（b）《混凝土结构规范》采用的钢筋应力-应变曲线

图 3-8 截面的计算简图

为了简化计算，受压区混凝土的应力图形可进一步用一个等效矩形应力图形代替。矩形应力图形的应力仍取为混凝土抗压强度设计值 $\alpha_1 f_c$，如图 3-9 所示。所谓"等效"，是指这两个图不但压应力合力的大小相等，而且合力的作用位置也完全相同。

根据上述简化假定，可以求得按等效矩形应力图形计算的受压区高度 x 与按平截面假定确定的受压区高度 x_c 之间存在下列关系：

$$x = \beta_1 x_c \tag{3-3}$$

式中，β_1 取值：当混凝土强度等级不大于 C50 时，取 $\beta_1 = 0.8$；当混凝土强度等级等于 C80 时，取 $\beta_1 = 0.74$；其间按直线内差法取用。

（2）界限相对受压高度 ξ_b 及最大配筋率 ρ_b

1）界限破坏时相对受压区高度 ξ_b

如前所述，适筋梁与超筋梁的界限为：梁破坏时，钢筋的应力达到屈服强度 f_y 的同时，受压区边缘混凝土的压应变也恰好达到极限压应变 ε_{cu}。

设界限破坏时受压区的高度为 x_{cb}，钢筋开始屈服时的应变为 ε_y，则根据图 3-10，由比例关系可得：

$$\frac{x_{cb}}{h_0} = \frac{\varepsilon_{cu}}{\varepsilon_{cu} + \varepsilon_y} \tag{3-4}$$

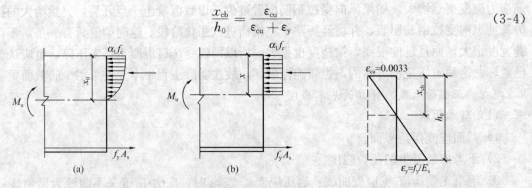

图 3-9 截面受压区混凝土的等效应力图

（a）理论应力图形；（b）应力计算图形

图 3-10 界限配筋梁破坏时的正截面平均应变图

将 $x_b = \beta_1 x_{cb}$ 代入式（3-4）得：

$$\frac{x_b}{\beta_1 h_0} = \frac{\varepsilon_{cu}}{\varepsilon_{cu} + \varepsilon_y} \tag{3-5}$$

设 $\xi_b = \dfrac{x_b}{h_0}$，将 $\varepsilon_y = \dfrac{f_y}{E_s}$，$\varepsilon_{cu} = 0.0033$ 代入上式，得：

$$\xi_b = \frac{x_b}{h_0} = \beta_1 \frac{\varepsilon_{cu}}{\varepsilon_{cu} + \varepsilon_y} = \frac{\beta_1}{1 + \dfrac{f_y}{0.0033 E_s}} \tag{3-6}$$

式中　h_0 ——截面有效高度；

　　　x_b ——界限受压区高度；

　　　f_y ——纵向受拉钢筋的抗拉强度设计值。

由式（3-6）算得的值见表 3-6。

表 3-6　相对界限受压高度 ξ_b 和截面最大抵抗系数 α_b

混凝土强度等级	≤C50			C60			C70			C80		
钢筋的级别	HPB235	HRB335	HRB400	HPB235	HRB335	HRB400	HPB235	HRB335	HRB400	HPB235	HRB335	HRB400
ξ_b	0.614	0.550	0.518	0.594	0.531	0.499	0.575	0.512	0.481	0.555	0.493	0.463
α_b	0.426	0.399	0.384	0.418	0.390	0.375	0.410	0.381	0.365	0.401	0.372	0.356

当相对受压区高度 $\xi > \xi_b$ 时，属于超筋破坏梁。

2) 最大配筋率 ρ_b

当 $\xi = \xi_b$ 时，属于界限情况，与此对应的纵向受拉钢筋的配筋率为最大配筋率 ρ_b，又称界限配筋率 ρ_b。此时，考虑截面平衡条件，有

$$\alpha_1 f_c b x_b = f_y A_s$$

$$\rho_b = \frac{A_s}{bh_0} = \alpha_1 \xi_b \frac{f_c}{f_y} \tag{3-7}$$

（3）最小配筋率 ρ_{min}

为了保证受弯构件不出现少筋梁，必须使截面的配筋率不小于某一界限配筋率 ρ_{min}。《混凝土结构规范》规定的最小配筋率见表 3-7。

表 3-7　纵向受力钢筋的最小配筋百分率（％）

受　力　类　型		最小配筋百分率
受压构件	全部纵向钢筋	0.6
	一侧纵向钢筋	0.2
受弯构件、偏心受拉、轴心受拉构件一侧的钢筋		0.2 和 45 f_t/f_y 中的较大值

当计算所得的 $\rho < \rho_{min}$ 时，应按构造要求配置纵向钢筋并不小于 ρ_{min}。

3.2.3.3　单筋矩形截面受弯构件正截面承载力计算

（1）基本计算公式

基本计算公式按简化后截面应力图形建立计算公式，简化图如图 3-11 所示。

由 $\sum X = 0$ 得　　　　　　　　　$\alpha_1 f_c b x = f_y A_s$ （3-8）

由 $\sum M = 0$ 得　　　　　　　$M = \alpha_1 f_c b x \left(h_0 - \dfrac{x}{2} \right)$ （3-9）

或　　　　　　　　　　　　　$M = f_y A_s \left(h_0 - \dfrac{x}{2} \right)$ （3-10）

45

式中　　M ——计算截面的弯矩设计值；

f_c ——混凝土强度设计值；

f_y ——钢筋强度设计值；

A_s ——纵向受拉钢筋截面面积；

b ——截面宽度；

x ——受压高度；

h ——截面高度；

h_0 ——截面有效高度。

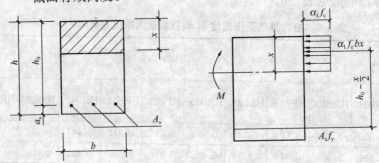

图 3-11　单筋矩形截面受弯构件正截面承载力计算简图

（2）适用条件

1）为了防止超筋梁，应满足

$$\rho \leqslant \rho_b = \alpha_1 \xi_b \frac{f_c}{f_y} \qquad (3\text{-}11)$$

2）为了防止少筋梁，应满足

$$\rho \geqslant \rho_{\min} \qquad (3\text{-}12)$$

（3）计算方法

1）截面设计

已知：截面尺寸 b 和 h，混凝土强度等级 $\alpha_1 f_c$，钢筋的种类 f_y，弯矩设计值 M。

计算：纵向受拉钢筋 A_s。

解法一：直接计算法

按式（3-8）、式（3-9）求解。

由式（3-9）求出混凝土受压区高度 x，可利用一元二次方程式的求根公式

$$x = h_0 - \sqrt{h_0^2 - \frac{2M}{\alpha_1 f_c b}} \qquad (3\text{-}13)$$

验算适用条件 1）：

若 $x \leqslant \xi_b h_0$，则由式（3-8）求出纵向受拉钢筋的截面面积：

$$A_s = \frac{\alpha_1 f_c b x}{f_y}$$

若 $x > \xi_b h_0$，则属于超筋梁，说明截面尺寸过小，应加大截面尺寸重新设计。

验算适用条件 2）：

若 $\rho = \dfrac{A_s}{bh_0} \geqslant \rho_{\min}$ 时，应按计算钢筋截面选配钢筋；

46

若 $\rho = \dfrac{A_s}{bh_0} < \rho_{\min}$ 时，则应按最小配筋率配筋，即取：

$$A_s = \rho_{\min}bh \qquad (3\text{-}14)$$

解法二：简化计算法

由式（3-9）得出：

$$M = \alpha_1 f_c bx\left(h_0 - \frac{x}{2}\right) = \alpha_1 f_c bh_0^2 \xi(1-0.5\xi) = \alpha_1 \alpha_s f_c bh_0^2 \qquad (3\text{-}15)$$

式中　α_s——截面抵抗系数，$\alpha_s = \xi(1-0.5\xi)$。 $\qquad (3\text{-}16)$

由式（3-10）得出：

$$M = f_y A_s\left(h_0 - \frac{x}{2}\right) = f_y A_s h_0(1-0.5\xi) = f_y A_s \gamma_s h_0 \qquad (3\text{-}17)$$

式中　γ_s——截面的力臂系数，$\gamma_s = 1-0.5\xi$。 $\qquad (3\text{-}18)$

由式（3-15）得：

$$\alpha_s = \frac{M}{\alpha_1 f_c bh_0^2} \qquad (3\text{-}19)$$

由式（3-16）可得：

$$\xi = 1-\sqrt{1-2\alpha_s} \qquad (3\text{-}20)$$

将 ξ 代入式（3-18）可得：

$$\gamma_s = \frac{1+\sqrt{1-2\alpha_s}}{2} \qquad (3\text{-}21)$$

可见，α_s，γ_s 与 ξ 之间存在着一一对应的关系，只要求得其中一个，另外两个即可求出。钢筋截面面积 A_s 也可求得，即：

$$A_s = \frac{M}{f_y \gamma_s h_0} \qquad (3\text{-}22)$$

或由式（3-8）求得：

$$A_s = \frac{\alpha_1 f_c bx}{f_y} = \frac{x}{h_0}bh_0\frac{\alpha_1 f_c}{f_y} = \xi bh_0\frac{\alpha_1 f_c}{f_y} \qquad (3\text{-}23)$$

求出 A_s 后，就可以按构造要求进行纵向钢筋的选配。

2）截面复核

已知：截面尺寸 b 和 h，混凝土的强度等级，钢筋的类别，纵向受拉钢筋截面面积 A_s，弯矩设计值 M。

求：截面能承受的弯矩 M_u。

实际计算时，可直接用公式计算。由式（3-8），可求得：

$$x = \frac{f_y A_s}{\alpha_1 f_c b}$$

若 $x \leqslant \xi_b h_0$，则由式（3-9）　　$M_u = \alpha_1 f_c bx(h_0 - 0.5x)$

若 $x > \xi_b h_0$，则说明此梁属于超筋梁，应取 $x = \xi_b h_0$，代入式（3-9）计算 M_u。

计算出 M_u 后，与梁实际承受的弯矩 M 比较，若 $M_u \geqslant M$，则截面安全；若 $M_u < M$，则截面不安全。

（4）计算例题

【例 3-1】　已知：矩形截面梁的尺寸为 $b=250\text{mm}$，$h=550\text{mm}$，承受最大弯矩设计值为 $M=180\text{kN}\cdot\text{m}$，混凝土强度等级为 C20，纵向受力钢筋采用 HRB335 钢筋。求：纵向受力钢筋面积。

47

【解】 由已知条件可知，$f_c = 9.6 \text{N/mm}^2$，$f_t = 1.10 \text{N/mm}^2$，$f_y = 300 \text{N/mm}^2$。假设纵向钢筋排一排，则 $h_0 = 550 - 35 = 515 \text{mm}$，混凝土强度等级小于 C50，$\xi_b = 0.55$，$\alpha_1 = 1.0$。

（1）用基本公式求解

由式（3-13）得：

$$x = h_0 - \sqrt{h_0^2 - \frac{2M}{\alpha_1 f_c b}} = 515 - \sqrt{515^2 - \frac{2 \times 180 \times 10^6}{1.0 \times 9.6 \times 250}}$$

$$= 175.6 \text{mm} < \xi_b h_0 = 0.55 \times 515 = 283.3 \text{mm}$$

$$A_s = \frac{\alpha_1 f_c b x}{f_y} = \frac{1 \times 9.6 \times 250 \times 175.6}{300} = 1404.8 \text{mm}^2$$

查附录 2，选用 $2\,\Phi\,20 + 2\,\Phi\,22$（$A_s = 1388 \text{mm}^2$）。

验算最小配筋率 $\rho = \dfrac{A_s}{bh_0} \times 100\% = \dfrac{1388}{250 \times 515} \times 100\% = 1.08\% > 0.20\%$

且大于 $45 \times \dfrac{f_t}{f_y} \times 100\% = 45 \times \dfrac{1.1}{300} \times 100\% = 0.165\%$，满足要求。

（2）用简化方法求解

由式（3-19）得：

$$\alpha_s = \frac{M}{\alpha_1 f_c b h_0^2} = \frac{180 \times 10^6}{1.0 \times 9.6 \times 250 \times 515^2} = 0.282$$

由式（3-20）得：

$$\xi = 1 - \sqrt{1 - 2\alpha_s} = 1 - \sqrt{1 - 2 \times 0.282} = 0.340 < \xi_b h_0 = 0.55$$

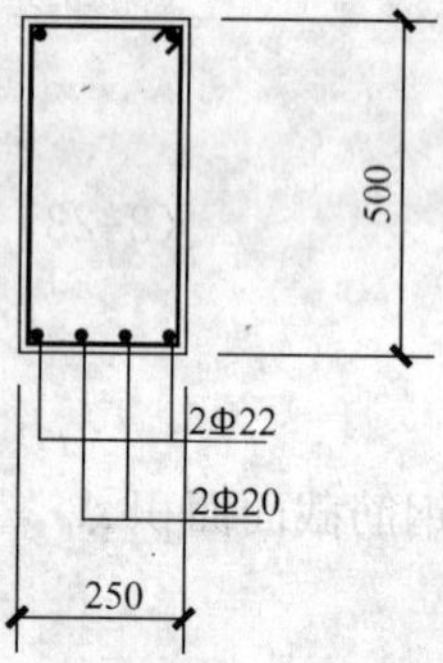

由式（3-23）得：

$$A_s = \xi b h_0 \frac{\alpha_1 f_c}{f_y} = 0.340 \times 250 \times 515 \times \frac{1.0 \times 9.6}{300} = 1400.8 \text{mm}^2$$

查附录 2，选用 $2\,\Phi\,20 + 2\,\Phi\,22$（$A_s = 1388 \text{mm}^2$）

验算最小配筋率 $\rho = \dfrac{A_s}{bh_0} \times 100\% = \dfrac{1388}{250 \times 515} \times 100\% = 1.08\% > 0.20\%$

且大于 $45 \times \dfrac{f_t}{f_y} \times 100\% = 45 \times \dfrac{1.1}{300} \times 100\% = 0.165\%$，满足要求。

配筋图如图 3-12 所示。

图 3-12　例 3-1 图

【例 3-2】 已知钢筋混凝土现浇简支板，板厚 $h = 100 \text{mm}$，计算跨度 $l_0 = 2.4 \text{m}$，承受均布活荷载标准值 $p_k = 5 \text{kN/m}^2$，混凝土强度等级为 C25（$f_c = 11.9 \text{N/mm}^2$，$f_t = 1.27 \text{N/mm}^2$），采用热轧钢筋 HPB235（$f_y = 210 \text{N/mm}^2$），$\gamma_G = 1.2$，$\gamma_Q = 1.4$，钢筋混凝土重力密度为 25kN/m^3，$\xi_b = 0.614$。求纵向受拉钢筋截面面积 A_s。

【解】 取 1m 板宽作为计算单元，即 $b = 1000 \text{mm}$

（1）荷载计算

永久荷载设计值　　　　　　　$1.2 \times 0.1 \times 25 = 3 \text{kN/m}$

活荷载设计值　　　　　　　　$1.4 \times 5 = 6 \text{kN/m}$

（2）内力计算

$$M = \frac{1}{8}(3 + b) \times 2.4^2 = 6.48 \text{kN} \cdot \text{m}$$

（3）配筋计算

$$h_0 = h - a_s = 100 - 25 = 75\text{mm}$$

$$\alpha_s = \frac{M}{\alpha_1 f_c b h_0^2} = \frac{6.48 \times 10^6}{1 \times 11.9 \times 1000 \times 75^2} = 0.096$$

$$\xi = 1 - \sqrt{1 - 2\alpha_s} = 1 - \sqrt{1 - 2 \times 0.096} = 0.101 < \xi_b = 0.614$$

$$A_s = \xi b h_0 \frac{\alpha_1 f_c}{f_y} = 0.101 \times 1000 \times 75 \times \frac{1 \times 11.9}{210} = 429.3\text{mm}^2$$

查附录 2，选取 $\Phi 8/\Phi 10@150$（$A_s = 429\text{mm}^2$）。

验算最小配筋率 $\rho = \frac{A_s}{bh} \times 100\% = \frac{429}{1000 \times 100} \times 100\%$

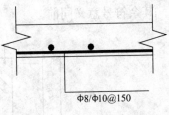

$= 0.429\% > 0.2\%$

且大于 $45 \times \frac{f_t}{f_y} \times 100\% = 45 \times \frac{1.27}{210} \times 100\% = 0.272\%$，满

足要求。

$\Phi 8/\Phi 10@150$

图 3-13　例 3-2 图

配筋图如图 3-13 所示。

【例 3-3】 已知办公楼预制钢筋混凝土走道板，板厚 $h = 100\text{mm}$，板宽度 $b = 500\text{mm}$，计算宽度 $l_0 = 2100\text{mm}$，混凝土强度等级为 C20（$f_c = 9.6\text{N/mm}^2$，$f_t = 1.10\text{N/mm}^2$），配有 5Φ6 热轧钢筋 HPB235（$f_y = 210\text{N/mm}^2$，$\xi_b = 0.614$），当使用荷载和自重在板中产生最大弯矩 $M = 1.2\text{kN} \cdot \text{m}$ 时，试计算该截面的承载力是否足够。

【解】 （1）计算截面有效高度

$$h_0 = h - \left(c + \frac{d}{2}\right) = 100 - (20 + 3) = 77\text{mm}$$

（2）计算受压区高度

查附录 2，　5Φ6（$A_s = 142\text{mm}^2$）

$$x = \frac{f_y A_s}{\alpha_1 f_c b} = \frac{210 \times 142}{1 \times 9.6 \times 500} = 6.21\text{mm}$$

（3）计算截面承载力

$$M_u = \alpha_1 f_c b x (h_0 - 0.5x) = 1 \times 9.6 \times 500 \times 6.21 \times (77 - 0.5 \times 6.21)$$

$$= 2202662\text{N} \cdot \text{mm} = 2.20\text{kN} \cdot \text{m} > M = 1.2\text{kN} \cdot \text{m}$$

故承载力足够。

3.2.3.4　双筋矩形截面梁正截面承载力计算

在梁截面的受压区和受拉区同时配置纵向受力钢筋的梁，称为双筋截面梁。梁中用钢筋来承担压力是不经济的。因此，双筋截面仅适用于下面几种情况：

①截面承受的设计弯矩较大，按单筋截面计算致使 $x > \xi_b h_0$，而截面尺寸和材料强度等级又不可能提高时。

②梁的同一截面内受变向的弯矩。

③因构造要求，在截面受压区配置受压钢筋。

（1）基本计算公式

双筋矩形梁的正截面应力图形与单筋矩形梁的基本公式相同，不同的是在受压区配置了纵向受拉钢筋的拉力 $f'_y A'_s$，图 3-14 为双筋矩形梁在极限承载力时的截面应力状态。由平

49

衡条件得:

$$\Sigma X = 0 \qquad f_y A_s = \alpha_1 f_c bx + f'_y A'_s \tag{3-24}$$

$$\Sigma M = 0 \qquad M = \alpha_1 f_c bx(h_0 - 0.5x) + f'_y A'_s(h_0 - a'_s) \tag{3-25}$$

式中　f'_y——受压区纵向受压钢筋的强度设计值;

　　　A'_s——受压区纵向受力钢筋的截面面积;

　　　a'_s——受压区纵向受力钢筋的合力点至受压区边缘的距离。

其余符号意义同前。

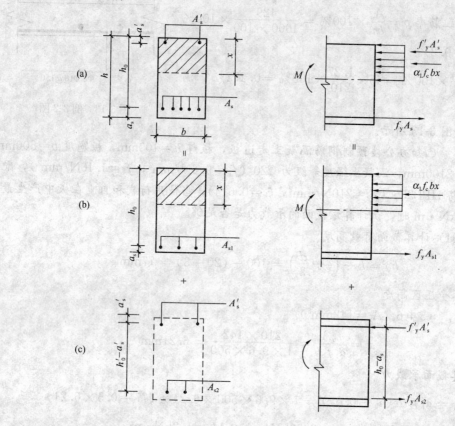

图 3-14　双筋截面梁应力图

(2) 适用条件

1) 防止超筋破坏

$$x \leqslant \xi_b h_0 \tag{3-26}$$

2) 保证受压区受压钢筋达到规定的抗压设计强度

$$x \geqslant 2a'_s \tag{3-27}$$

在设计中,若出现 $x < 2a'_s$ 时,则说明此时受压钢筋所受到的压力太小,压应力达不到抗压强度设计值 f'_y。此时,可取 $x = 2a'_s$,由下式计算:

$$M \leqslant M_u = f_y A_s(h_0 - a'_s) \tag{3-28}$$

(3) 计算方法

50

1）截面设计

①已知：弯矩设计值 M，材料强度等级（$\alpha_1 f_c$，f_y，f'_y），截面尺寸（b，h）。

求：纵向受拉钢筋的截面面积。

A. 判别是否采用双筋截面梁

若 $M > \alpha_1 f_c bh_0^2 \xi_b(1-0.5\xi_b)$，则按双筋截面梁设计，否则按单筋截面设计。

B. 当 $M > \alpha_1 f_c bh_0^2 \xi_b(1-0.5\xi_b)$ 时，按双筋截面设计。由于基本计算公式中有三个未知数 A_s，A'_s，x，尚需补充一个条件才能求解。为了充分发挥混凝土的抗弯能力，减少钢筋的总用量（$A_s + A'_s$），可令 $\xi = \xi_b$，再计算 A_s 与 A'_s。

C. 计算纵向受力钢筋的截面面积

$$A'_s = \frac{M - \alpha_1 f_c bh_0^2 \xi_b(1-0.5\xi_b)}{f'_y(h_0 - a'_s)}$$

若 $A'_s > \rho'_{min}bh$ 时，将 A'_s 代入式（3-24），即可求出 A_s。

若 $A'_s < \rho'_{min}bh$ 时，则取 $A'_s = \rho'_s bh$。由于这时 A'_s 已是计算所得数值，故 A_s 应按已知情况求解，见下。

②已知：弯矩设计值 M，材料强度等级（$\alpha_1 f_c$，f_y，f'_y），截面尺寸（b，h）和受压钢筋的截面面积 A'_s。

求：受拉钢筋的截面面积 A'_s。

A. 由式（3-25）得：

$$x = h_0 - \sqrt{h_0^2 - \frac{2\left[M - f'_y A'_s (h_0 - a'_s)\right]}{\alpha_1 f_c b}}$$

B. 若 $x \leqslant \xi_b h_0$ 且 $x > 2a'_s$

直接由式（3-24）求得 A_s。

C. 若 $x < 2a'_s$，说明已知的 A'_s 数量过多，使得 A'_s 的应力达不到 f'_y，此时不能用式（3-25）求解，而应取 $x = 2a'_s$，按式（3-28）求解。

D. 若 $x > \xi_b h_0$，说明 A'_s 的数量不足，应增加的 A'_s 数量或按未知 A'_s 的情形求 A'_s 和 A_s 的数量。

2）截面复核

已知：截面尺寸（b，h），材料强度（$\alpha_1 f_c$，f_y 及 f'_y），钢筋的截面面积（A_s，A'_s）。

求：截面能够承受的弯矩设计值 M_u。

①由式（3-24）求解 x。

②若 $x \leqslant \xi_b h_0$ 且 $x \geqslant 2a'_s$，直接由式（3-25）求 M_u。

③若 $x > \xi_b h_0$，说明截面属于超筋梁。此时应取 $x = \xi_b h_0$ 代入式（3-25）求 M_u。

④ $x < 2a'_s$，说明 A'_s 的应力达不到 f'_y，此时应取 $x = 2a'_s$，由式（3-28）求 M_u。

⑤将求出的 M_u 与截面实际承受的弯矩 M 相比较，若 $M_u > M$ 则截面安全，若 $M_u < M$ 则截面不安全。

（4）计算例题

【例3-4】 一楼面梁截面尺寸 $b \times h = 250\text{mm} \times 550\text{mm}$，混凝土强度等级 C20（$f_c = 9.6\text{N/mm}^2$），采用热轧钢筋 HRB400（$f'_y = 360\text{N/mm}^2$，$f_y = 360\text{N/mm}^2$，$\xi_b = 0.518$），截面承受的弯矩设计值为 $M = 300\text{kN·m}$，求截面所需的受力钢筋截面面积。

【解】 （1）判别是否需要设计成双筋截面梁

受拉钢筋考虑按两排放置 $h_0=550-60=490\text{mm}$

单筋截面所能承受的最大弯矩为：

$$M_{ub}=\alpha_1 f_c b h_0^2 \xi_b(1-0.5\xi_b)$$

$$=1\times9.6\times250\times490^2\times0.518\times(1-0.5\times0.518)=2.21\times10^8\text{N}\cdot\text{mm}$$

$$=221\text{kN}\cdot\text{m}<M=300\text{kN}\cdot\text{m}$$

因此，应将截面设计成双筋梁。

（2）计算所需受拉和受压纵筋的截面面积

设受压钢筋按一排考虑，由式（3-25），把 $x=\xi_b h_0$ 代入得：

$$A'_s=\frac{M-\alpha_1 f_c b h_0^2 \xi_b(1-0.5\xi_b)}{f'_y(h_0-a'_s)}$$

$$=\frac{300\times10^6-1\times9.6\times250\times470^2\times0.518\times(1-0.5\times0.518)}{360\times(470-35)}=616\text{mm}^2$$

$$A'_s=616\text{mm}^2>\rho'_{min}bh=0.2\%bh=0.2\%\times250\times550=275\text{mm}^2$$

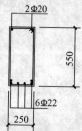

图 3-15 例
3-4 图

由式（3-24）得：

$$A_s=\frac{f'_y A'_s+\alpha_1 f_c b\xi_b h_0}{f_y}$$

$$=\frac{360\times616+1\times9.6\times250\times0.518\times470}{360}$$

$$=2239.1\text{mm}^2$$

查附录2，选钢筋：

受拉钢筋：6Φ22（$A_s=2281\text{mm}^2$），受压钢筋：2Φ20（$A'_s=620\text{mm}^2$）。
配筋图如图3-15所示。

【例3-5】 本例题已知与例3-1相同的梁，但在受压区已经配置了 2Φ18（$A'_s=509\text{mm}^2$）的受压钢筋，求截面所需配置的受拉钢筋的截面面积。

【解】 （1）求受压区高度

假定受拉钢筋与受压钢筋均按一排布置，由式（3-25）得：

$$x=h_0-\sqrt{h_0^2-\frac{2\left[M-f'_y A'_s(h_0-a'_s)\right]}{\alpha_1 f_c b}}$$

$$=490-\sqrt{490^2-\frac{2\left[180\times10^6-360\times509\times(490-35)\right]}{1\times9.6\times250}}$$

$$=490-399=91\text{mm}<\xi_b h_0=0.518\times490=253.82\text{mm}$$

且 $x>2a'_s=2\times35=70\text{mm}$

（2）计算受拉钢筋截面面积

由式（3-25）得：

$$A_s=\frac{f'_y A'_s+\alpha_1 f_c bx}{f_y}=\frac{360\times509+9.6\times250\times106.6}{360}$$

$$=1219.7\text{mm}^2>\rho_{min}bh=0.2\%\times250\times550=275\text{mm}^2$$

查附录2，选用 2Φ20+2Φ22（$A_s=1388\text{mm}^2$）。配筋图如图
3-16所示。

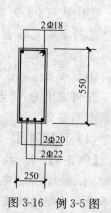

图 3-16 例 3-5 图

【例 3-6】　某商场一楼面梁截面尺寸及配筋如图 3-17 所示，混凝土强度等级为 C20（$f_c = 9.6\text{N/mm}^2$），弯矩设计值为 $M = 130\text{kN·m}$，试计算梁的正截面承载力是否可靠。

【解】　（1）计算受压区高度 x

$b = 200\text{mm}$，$h_0 = 400 - 35 = 365\text{mm}$，$A_s = 1473\text{mm}^2$，$A_s' = 628\text{mm}^2$

$f_y = f_y' = 360\text{N/mm}^2$，$f_c = 9.6\text{N/mm}^2$

由于混凝土强度等级小于 C50，所以 $\alpha_1 = 1.0$，$\xi_b = 0.518$

由式（3-24）得：

$$x = \frac{f_y A_s - f_y' A_s'}{\alpha_1 f_c b} = \frac{360 \times 1473 - 360 \times 628}{1 \times 9.6 \times 200}$$

$$= 158\text{mm} < \xi_b h_0 = 0.518 \times 365 = 189\text{mm}$$

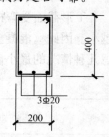

图 3-17　例 3-6 图

且 $x > 2a_s' = 2 \times 35 = 70\text{mm}$

（2）计算截面所能承受的弯矩

由式（3-25）得：

$$M_u = \alpha_1 f_c b x \left(h_0 - \frac{x}{2}\right) + f_y' A_s'(h_0 - a_s')$$

$$= 1 \times 9.6 \times 200 \times 158 \times (365 - 0.5 \times 158) + 360 \times 628 \times (365 - 35)$$

$$= 1.61 \times 10^8 \text{N·mm} = 161\text{kN·m} > M = 130\text{kN·m}$$

正截面承载力可靠。

3.2.3.5　T 形截面梁承载力计算

T 形截面梁在实际工程中应用是很广泛的，厂房中的吊车梁、现浇楼盖中的主、次梁，还有工字形截面梁（如薄腹梁）、槽形板、空心板、现浇楼梯平台梁（属倒 L 形截面）等均按 T 形截面计算，如图 3-18 所示。当 T 形截面翼缘位于受拉区时，因不考虑受拉区混凝土承担拉力，则按宽度为 b（梁肋宽）的矩形截面计算（图 3-18）。

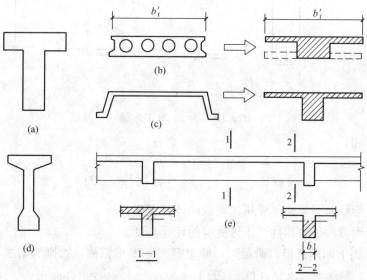

图 3-18　各种不同的 T 形截面

53

（1）T形截面的翼缘计算宽度及分类

1）T形截面的翼缘计算宽度 b_f'

T形截面受弯构件翼缘的纵向压应力沿翼缘计算宽度方向分布是非均匀的，离肋部越远越小。因此《混凝土结构规范》对T形截面翼缘计算宽度的取值做了限定，按表3-8中所考虑几种情况的最小值取用，并假定此宽度内的压应力均匀分布。

表 3-8　T形、工形及倒 L 形截面受弯构件翼缘计算宽度 b_f'

情　况		T形、工形截面		倒 L 形截面
		肋形梁（板）	独立梁	肋形梁（板）
按计算跨度 l_0 考虑		$l_0/3$	$l_0/3$	$l_0/6$
按梁（肋）净距 S_n 考虑		$b+S_n$	—	$b+S_n/2$
按翼缘高度 h_f' 考虑	当 $b_f'/h_0 \geqslant 0.1$	—	$b+12b_f'$	—
	当 $0.1 > b_f'/h_0 \geqslant 0.05$	$b+12h_f'$	$b+6h_f'$	$b+5h_f'$
	当 $b_f'/h_0 < 0.05$	$b+12h_f'$	b	$b+5h_f'$

注：1. 表中 b 为腹板宽度。
　　2. 如肋形梁在梁跨内设有间距小于纵肋间距的横肋时，则可不遵守表列情况 3 的规定。
　　3. 对有加腋的 T形、工形和倒 L 形截面，当受压区加腋的高度 $h_f \geqslant h_f'$ 且加腋的宽度 $b_f \leqslant 3h_h$ 时，则其翼缘计算宽度可按表列情况 3 的规定分别增加 $2b_f'$（T形截面和工形截面）和 b_f（倒 L 形截面）。
　　4. 独立梁受压区的翼缘板在荷载作用下经验算沿纵肋方向可能产生裂缝时，其计算宽度应取腹板宽度 b。

2）T形截面分类

根据中和轴所在位置的不同，T形截面可分为两种类型。

第一类：中和轴在翼缘内，即 $x \leqslant h_f'$；

第二类：中和轴在腹板内，即 $x > h_f'$。

如图 3-19 所示情况是中和轴恰好位于翼缘下边缘，为两类 T 形截面的界限情况，即 $x = h_f'$。

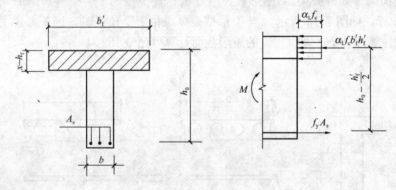

图 3-19　$x = h_f'$ 的 T 形梁

由平衡条件得：

$$\sum x = 0 \qquad \alpha_1 f_c b_f' h_f' = f_y A_s \tag{3-29}$$

$$\sum M = 0 \qquad M = \alpha_1 f_c b_f' h_f' \left(h_0 - \frac{h_f'}{2}\right) \tag{3-30}$$

式中　b_f'——T形截面受弯构件受压区翼缘的计算宽度；

　　　h_f'——T形截面受弯构件受压区翼缘的计算高度。

由此可知，当下面两式得以满足时，即为第一类 T 形截面，否则为第二类 T 形截面。

$$M \leqslant \alpha_1 f_c b_f' h_f' \left(h_0 - \frac{h_f'}{2}\right) \qquad （截面设计时用）$$

$$f_y A_s \leqslant \alpha_1 f_c b'_f h'_f \qquad\qquad （截面校核时用）$$

（2）基本计算公式及适用条件

1）第一类 T 形截面计算公式

第一类 T 形截面受弯承载力等同于宽度为 b'_f 的矩形截面，根据图 3-20 的平衡条件得计算公式：

$$\Sigma x = 0 \qquad \alpha_1 f_c b'_f x = f_y A_s \tag{3-31}$$

$$\Sigma M = 0 \qquad M \leqslant \alpha_1 f_c b'_f x \left(h_0 - \frac{x}{2} \right) \tag{3-32}$$

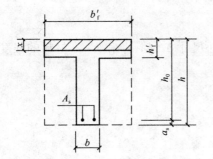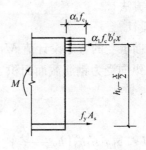

图 3-20　第一类 T 形截面

适用条件：

① $x \leqslant \xi_b h_0$（一般均能满足，不必验算）

② $A_s \geqslant \rho_{min} bh$

2）第二类 T 形截面计算公式

第二类 T 形截面计算公式由图 3-21 根据平衡条件得：

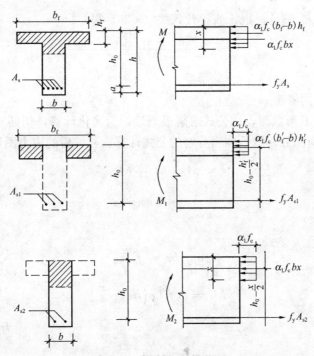

图 3-21　第二类 T 形截面

$$\Sigma X = 0 \qquad \alpha_1 f_c b x + \alpha_1 f_c (b'_f - b) h'_f = f_y A_s \tag{3-33}$$

$$\Sigma M = 0 \qquad M \leqslant \alpha_1 f_c b x \left(h_0 - \frac{x}{2}\right) + \alpha_1 f_c (b'_f - b) h'_f \left(h_0 - \frac{h'_f}{2}\right) \tag{3-34}$$

适用条件:

① $\rho \leqslant \rho_{max}$ 或 $\xi = \dfrac{x}{h_0} \leqslant \xi_b$; $\tag{3-35}$

② $A_s \geqslant \rho_{min} bh$（一般均能满足，不必验算）。

（3）计算方法

1）截面设计

已知: 截面承受的弯矩设计值 M，截面尺寸 b，h，b'_f 和 h'_f，材料的强度等级 α_1，f_c，f_y，a_s。求: 纵向受力钢筋截面面积 A_s。

①解法一:

判别类型

A. 若: $M \leqslant \alpha_1 f_c b'_f h'_f \left(h_0 - \dfrac{h'_h}{2}\right)$

按 $b'_f \times h$ 的单筋矩形截面梁的方法计算;

B. 若: $M > \alpha_1 f_c b'_f h'_f \left(h_0 - \dfrac{h'_h}{2}\right)$

则属第二类 T 形截面，其计算步骤与双筋梁类似，可利用公式直接求解。

由式（3-35）得:

$$x = h_0 - \sqrt{h_0^2 - \frac{2\left[M - \alpha_1 f_c (b'_f - b) h'_f \left(h_0 - \dfrac{h'_f}{2}\right)\right]}{\alpha_1 f_c b}} \tag{3-36}$$

若求出的 $x \leqslant \xi_b h_0$ 满足，把 x 直接代入式（3-36）得:

$$A_s = \frac{\alpha_1 f_c b x + \alpha_1 f_c (b'_f - b) h'_f}{f_y}$$

②解法二:

A. 判别类型，同解法一。

B. 对于第二类 T 形截面，用公式求解很繁琐，为简化计算，仿照双筋梁的办法，将基本计算公式分解成两部分，然后利用分解的公式计算。分解后的应力图形如图 3-21 所示。

令 $\qquad M = M_1 + M_2 \tag{3-37}$

$$A_s = A_{s1} + A_{s2} \tag{3-38}$$

第一部分为:

$$\alpha_1 f_c b x = f_y A_{s1} \tag{3-39}$$

$$M_1 = \alpha_1 f_c b x \left(h_0 - \frac{x}{2}\right) \tag{3-40}$$

第二部分为:

$$\alpha_1 f_c (b'_f - b) h'_f = f_y A_{s2} \tag{3-41}$$

56

$$M_2 = \alpha_1 f_c (b'_f - b) h'_f \left(h_0 - \frac{h'_f}{2} \right) \qquad (3\text{-}42)$$

C. 由式（3-41），求得 A_{s2}

由式（3-42），求得 M_2

由式（3-37），求得 $M_1 = M - M_2$

求　　$\alpha_s = \dfrac{M_1}{\alpha_1 f_c b h_0^2}$

求　　$\xi = 1 - \sqrt{1 - 2\alpha_s} \leqslant \xi_b$

求　　$A_{s1} = \xi b h_0 \dfrac{\alpha_1 f_c}{f_y}$

D. $A_s = A_{s1} + A_{s2}$

2）截面复核

已知：截面承受的弯矩设计值 M，截面尺寸 b，h，b'_f 和 h'_f，材料的强度等级和配筋 α_1，f_c，A_s，f_y，α_s。求：M_u（是否安全）。

解：①判别类型

若：$f_y A_s \leqslant \alpha_1 f_c b'_f h'_f$，按 $b'_f \times h$ 的单筋矩形截面梁的方法计算；

若：$f_y A_s > \alpha_1 f_c b'_f h'_f$，则属第二类 T 形截面，可利用基本公式直接计算。

②由式（3-34），求得 x

若 $x \leqslant \xi_b h_0$，由式（3-34）求得 M_u；

若 $x > \xi_b h_0$，则取 $x = \xi_b h_0$ 代入（3-34）求得 M_u。

将求出的 M_u 与给定的设计弯矩 M 相比较，若 $M \leqslant M_u$，截面安全；若 $M > M_u$，截面不安全。

（4）计算例题

【例 3-7】　现浇肋形楼盖中的次梁，跨度为 6m，间距为 2.4m，截面尺寸见图 3-22。跨中截面的最大正弯矩设计值 $M = 100$kN·m，混凝土强度等级为 C20（$f_c = 9.6$N/mm^2），钢筋为 HRB400（$f_y = 360$N/mm^2，$\xi_b = 0.518$）。计算次梁的受拉钢筋面积 A_s。

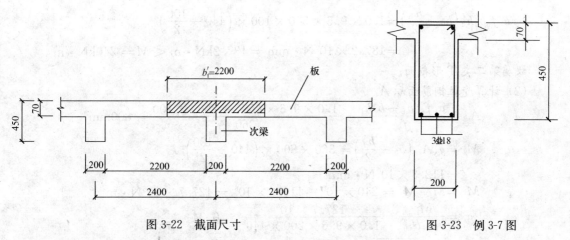

图 3-22　截面尺寸　　　　　　　图 3-23　例 3-7 图

【解】　（1）确定翼缘宽度

翼缘计算宽度根据表 3-7 确定：

按梁跨度考虑 $b'_f = \dfrac{l_0}{3} = \dfrac{6000}{3} = 2000\text{mm}$

按梁间距考虑 $b'_f = b + S_n = 200 + 2200 = 2400\text{mm}$

按翼缘厚度考虑 $h_0 = 450 - 35 = 415\text{mm}$，$\dfrac{h'_f}{h_0} = \dfrac{70}{415} = 0.169 > 0.1$

故翼缘宽度的确定不受 h'_f 的限制。

最后，翼缘的计算宽度取前两项结果中的较小值，即：$b'_f = 2000\text{mm}$。

（2）判别 T 形截面类型

$$\alpha_1 f_c b'_f h'_f \left(h_0 - \dfrac{h'_h}{2}\right) = 1.0 \times 9.6 \times 2000 \times 70 \times \left(415 - \dfrac{70}{2}\right)$$

$$= 510.7 \times 10^6 \text{N} \cdot \text{mm} = 510.7\text{kN} \cdot \text{m} > M = 100\text{kN} \cdot \text{m}$$

故属于第一类 T 形截面。

（3）求受拉钢筋面积 A_s

$$\alpha_s = \dfrac{M}{\alpha_1 f_c b'_f h_0^2} = \dfrac{100 \times 10^6}{1.0 \times 9.6 \times 2000 \times 415^2} = 0.03$$

$$\xi = 1 - \sqrt{1 - 2\alpha_s} = 0.03 \leqslant \xi_b = 0.518$$

$$A_s = \xi b'_f h_0 \dfrac{\alpha_1 f_c}{f_y} = 0.03 \times 2000 \times 415 \times \dfrac{1.0 \times 9.6}{360} = 664\text{mm}^2$$

查附录 2，选用 3 Φ 18（$A_s = 763\text{mm}^2$）。

（4）验算适用条件

$$\rho = \dfrac{A_s}{bh} \times 100\% = \dfrac{763}{200 \times 415} \times 100\% = 0.92\% > \rho_{\min} = 0.2\%$$

满足适用条件。配筋图如图 3-23 所示。

【例 3-8】 T 形截面梁，$b'_f = 500\text{mm}$，$h'_f = 100\text{mm}$，$b = 200\text{mm}$，$h = 500\text{mm}$。混凝土强度等级为 C20（$f_c = 9.6\text{N/mm}^2$），钢筋为 HRB400（$f_y = 360\text{N/mm}^2$，$\xi_b = 0.518$）。截面所承受的弯矩设计值 $M = 240\text{kN} \cdot \text{m}$。求所需的受拉钢筋面积 A_s。

【解】 设钢筋两排布置，于是 $h_0 = 500 - 60 = 440\text{mm}$

（1）判别 T 形截面类型

$$\alpha_1 f_c b'_f h'_f \left(h_0 - \dfrac{h'_h}{2}\right) = 1.0 \times 9.6 \times 500 \times 100 \times \left(440 - \dfrac{100}{2}\right)$$

$$= 187.2 \times 10^6 \text{N} \cdot \text{mm} = 187.2\text{kN} \cdot \text{m} < M = 240\text{kN} \cdot \text{m}$$

故属第二类 T 形截面。

（2）计算受拉钢筋面积 A_s

$$A_{s2} = \dfrac{\alpha_1 f_c (b'_f - b) h_f}{f_y} = \dfrac{1.0 \times 9.6 \times (500 - 200) \times 100}{360} = 800\text{mm}^2$$

$$M_2 = f_y A_{s2} \left(h_0 - \dfrac{h'_f}{2}\right) = 360 \times 800 \times \left(440 - \dfrac{100}{2}\right)$$

$$= 112.3 \times 10^6 \text{N} \cdot \text{mm}$$

$$M_1 = M - M_2 = 240 \times 10^6 - 112.3 \times 10^6 = 127.7 \times 10^6 \text{N} \cdot \text{m}$$

$$\alpha_s = \dfrac{M_1}{\alpha_1 f_c b h_0^2} = \dfrac{127.7 \times 10^6}{1.0 \times 9.6 \times 200 \times 440^2} = 0.34$$

$$\xi = 1 - \sqrt{1 - 2\alpha_s} = 0.434 \leqslant \xi_b = 0.518$$

$$A_s = \xi b h_0 \dfrac{\alpha_1 f_c}{f_y} = 0.434 \times 200 \times 440 \times \dfrac{1.0 \times 9.6}{360} = 1018\text{mm}^2$$

$$A_s = A_{s1} + A_{s2} = 800 + 1018 = 1818mm^2$$

查附录2，选用 5 Φ 22（$A_s = 1900mm^2$）放置成两排，与原假定相符。配筋图如图 3-24 所示。

【**例 3-9**】 已知一 T 形截面梁，梁的截面尺寸 $b = 200mm$，$h = 600mm$，$b_f' = 400mm$，$h_f' = 100mm$。混凝土强度等级为 C20，在受拉区已配有 5 Φ 22（$A_s = 1900mm^2$），如图 3-25 所示。承受的弯矩设计值 $M = 240kN \cdot m$，试验算正截面承载力是否满足要求。

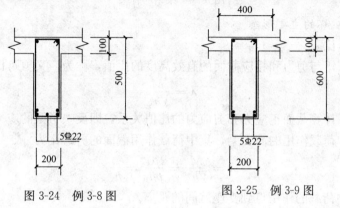

图 3-24 例 3-8 图　　　　图 3-25 例 3-9 图

【**解**】　　$f_c = 9.6N/mm^2$，$f_y = 360N/mm^2$，$\xi_b = 0.518$，$\alpha_1 = 1.0$

（1）判别 T 形梁类型

$h_0 = 600 - 60 = 540mm$

$\alpha_1 f_c b_f' h_f' = 1.0 \times 9.6 \times 400 \times 100$

$\quad\quad = 384000N \cdot m < f_y A_s = 360 \times 1900 = 684000N \cdot m$

所以属于第二类 T 形截面。

（2）由式（3-24）求 x

$$x = \frac{f_y A_s - \alpha_1 f_c (b_f' - b) h_f'}{\alpha_1 f_c b}$$

$$= \frac{360 \times 1900 - 1.0 \times 9.6 \times (400 - 200) \times 100}{1.0 \times 9.6 \times 200}$$

$$= 256.3mm < \xi_b h_0 = 0.518 \times 540 = 279.7mm$$

（3）由式（3-25）求 M_u

$$M_u = \alpha_1 f_c bx \left(h_0 - \frac{x}{2}\right) + \alpha_1 f_c (b_f' - b) h_f' \left(h_0 - \frac{h_f'}{2}\right)$$

$$= 1.0 \times 9.6 \times 200 \times 256.3 \times \left(540 - \frac{256.3}{2}\right) + 1.0 \times 9.6 \times (400 - 200) \times$$

$$100 \times \left(540 - \frac{100}{2}\right) = 296.7 \times 10^6 N \cdot mm$$

$$= 296.7kN \cdot m > M = 240kN \cdot m$$

所以正截面承载力满足要求。

3.2.4　受弯构件斜截面承载力计算

3.2.4.1　概述

为了防止梁发生斜截面破坏，除了梁的截面应满足一定的要求外，还需在梁中配置腹筋（箍筋、弯起钢筋统称为腹筋）。箍筋、纵向受力钢筋、架立钢筋等形成一个钢性的钢筋骨架，使梁内的各种钢筋在施工时能保持正确的位置，如图 3-26 所示。

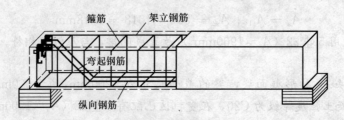

图 3-26 梁钢筋骨架

3.2.4.2 斜截面破坏的主要形态

(1) 广义剪跨比 λ

计算截面的弯矩与剪力和相应截面的有效高度的比值,称为广义剪跨比 λ。

$$\lambda = \frac{M}{Vh_0} \tag{3-43}$$

剪跨比反映了计算截面正应力和剪应力的比值关系,即反映了梁的应力状态。

对于承受集中荷载作用的简支梁,集中荷载作用截面的剪跨比为

$$\lambda = \frac{M}{Vh_0} = \frac{pa}{ph_0} = \frac{a}{h_0} \tag{3-44}$$

式中　a——集中荷载的作用点到支座之间的距离。

(2) 配箍率 ρ_{sv}

箍筋截面面积与对应的混凝土面积的比值,称为配筋率 ρ_{sv}。

$$\rho_{sv} = \frac{A_{sv}}{bs} \times 100\% \tag{3-45}$$

式中　A_{sv}——配置在同一截面内的箍筋的截面面积。

$$A_{sv} = na_{sv}$$

n——同一截面内箍筋的肢数;

a_{sv}——单肢箍筋的截面面积;

s——箍筋沿梁长方向的间距。

(3) 斜截面破坏的三种主要形态

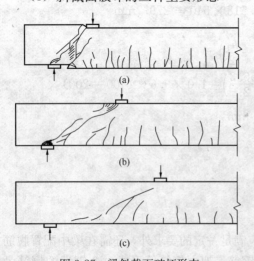

图 3-27　梁斜截面破坏形态

(a) 斜压破坏;(b) 剪压破坏;(c) 斜拉破坏

1) 斜压破坏

这种破坏形态多发生在剪力较大而弯矩较小的区段〔即剪跨比较小(λ<1)〕时,或剪跨比适中但配置的箍筋过多(即配筋 ρ_{sv} 较大)时,以及腹板宽度较窄的 T 形或工形截面。

发生斜压破坏的过程首先是在梁腹部出现若干条平行的斜裂缝,随着荷载的增加,梁腹部的这些裂缝将梁分割成若干个斜向短柱,最后这些斜向短柱由于混凝土达到其抗压强度而遭到破坏,如图 3-27 (a) 所示,这种破坏的承载力取决于混凝土的强度及截面尺寸,而破坏时箍筋的应力往往达不到屈服强度。斜压破坏很突然,属于脆性破坏类型,在设计中应避免。为了防止这种破坏,要求截面尺寸不能太小,配箍率不能

过多。

2）剪压破坏

这种破坏通常发生在剪跨比适中（$\lambda = 1 \sim 3$），梁所配置的腹筋（主要是箍筋）适当，即配箍率 ρ_{sv} 合适时。

这种破坏的过程是：随着荷载的增加，截面出现多条斜裂缝，其中一条延伸长度较大，开裂宽度较宽的斜裂缝，称为"临界斜裂缝"。到破坏时，与临界斜裂缝相交的箍筋首先达到屈服强度。最后，由于斜裂缝顶端剪压区的混凝土在压应力、剪应力共同作用下达到剪压复合受力时的极限强度而破坏，梁也就失去承载力，如图 3-27（b）所示。梁发生剪压破坏时，混凝土和箍筋的强度均能得到充分发挥，破坏时的脆性性质不如斜压破坏时明显。为了防止剪压破坏，可通过斜截面抗剪承载力计算，配置适量的箍筋来防止。值得注意的是，为了提高斜截面的延性和充分利用钢筋强度，不宜采用高强度的钢筋做箍筋。

3）斜拉破坏

这种破坏多发生在剪跨比较大（$\lambda > 3$），或腹筋配置过少即配箍率 ρ_{sv} 较小时发生。

发生斜拉破坏的过程是：一旦梁腹部出现斜裂缝，很快就形成临界斜裂缝，与其相交的梁箍筋随即屈服，箍筋对斜裂缝开展的限制已不起作用，导致斜裂缝迅速向梁上方受压区延伸，梁将沿斜裂缝裂成两部分而破坏，如图 3-27（c）所示。即使不裂成两部分，也将因临界斜裂缝的宽度过大而不能使用。因为斜拉破坏的承载力很低，并且一裂就破坏，故此种破坏属于脆性破坏。为了防止出现斜拉破坏，要求梁所配置的箍筋数量不能太少，间距不能过大。

3.2.4.3 梁的斜截面受剪承载计算

（1）计算公式

在梁斜截面的各种破坏形态中，可以通过配置一定数量箍筋（即最小配箍率 ρ_{svmin}），且限制箍筋的间距不能太大，来防止斜拉破坏；通过限制截面尺寸不能太小（相当于控制最大配箍率）来防止斜压破坏。对于常见的剪压破坏，因为它们承载能力的变化范围较大，设计时要进行必要的斜截面承载力计算。《混凝土结构规范》给出的基本计算公式就是根据剪压破坏的受力特征建立的。

《混凝土结构规范》给出的计算公式采用下列表达式：

$$V \leqslant V_{cs} = V_{cs} + V_{sb} \tag{3-46}$$

式中　V——构件计算截面的剪力设计值；

V_{cs}——构件斜截面上混凝土和箍筋受剪承载力；

V_{sb}——与斜裂缝相交的弯起钢筋的受剪承载力。

1）均布荷载下矩形、T 形和工字形截面的简支梁，当配置腹筋时，斜截面受剪承载力的计算公式如下：

$$V \leqslant 0.7 f_t b h_0 + 1.25 f_{yv} \frac{A_{sv}}{s} h_0 + 0.8 f_y A_{sb} \sin \alpha_s \tag{3-47}$$

式中　f_t——混凝土轴心抗拉强度设计值；

f_{yv}——箍筋抗拉强度设计值；

A_{sv}——配置在同一截面内箍筋各肢的全部截面面积；

b——矩形截面的宽度、T 形或工形截面的腹板的宽度；

h_0——构件截面的有效高度。

α_s——弯起钢筋与梁的纵轴线之间的夹角。一般取 $\alpha_s = 45°$，当梁的截面高度超过 800mm 时，取 $\alpha_s = 60°$。

这里所指均布荷载，也包括作用有多种荷载，但其中集中荷载对支座边缘截面或结点边缘所产生的剪力不应小于总剪力值的 75%。

2）对集中荷载作用下的矩形、T 形和工形截面的独立简支梁（包括作用有多个集中荷载，且其中集中力对支座截面或节点边缘产生的剪力值占总剪力值的 75% 以上的情况），斜截面受剪承载力计算公式如下：

$$V \leqslant \frac{1.75}{\lambda + 1} f_t b h_0 + f_{yv} \frac{A_{sv}}{s} h_0 + 0.8 f_y A_{sb} \sin\alpha_s \qquad (3\text{-}48)$$

（2）计算公式的适用范围（上下限）

上述公式是建立在剪压破坏的基础上，为防止斜压破坏和斜拉破坏，还规定其上下限。

1）上限值——最小截面尺寸（配筋率上限）：

当 $\dfrac{h_w}{b} \leqslant 4$ 时：（一般梁）

$$V \leqslant 0.25\beta_c f_c b h_0 \qquad (3\text{-}49)$$

当 $\dfrac{h_w}{b} \geqslant 6$ 时：（薄腹梁）

$$V \leqslant 0.20\beta_c f_c b h_0 \qquad (3\text{-}50)$$

当 $4 < \dfrac{h_w}{b} < 6$ 时：

$$V \leqslant \beta_c \left(0.35 - 0.0025 \frac{h_w}{b} \right) f_c b h_0 \qquad (3\text{-}51)$$

式中 V——截面最大剪力设计值；

b——矩形截面的宽度，T 形、工形截面的腹板宽度；

h_w——截面腹板高度，矩形截面区有效高度；T 形截面取有效高度减去翼缘高度；工形截面取腹板高度。

2）下限值：

$$\rho_{sv} > \rho_{sv,min} = 24 \times \frac{f_t}{f_{yv}} \times 100\% \qquad (3\text{-}52)$$

3）按构造配筋箍筋：

当 $V \leqslant 0.7 f_t b h_0$，按构造配置箍筋。

（3）计算位置

在进行受剪承载力计算时，计算截面的位置按下列规定确定：

1）支座边缘处的截面；

2）受拉区弯起钢筋弯起点的截面；

3）箍筋直径和间距变化处；

4）截面腹板宽度改变处。

（4）仅配箍筋梁的斜截面抗剪承载力计算方法

1）截面承载力计算

已知：计算截面剪力 V，截面尺寸 $b \times h$，混凝土的强度等级（f_t、f_c），箍筋的类别（f_{yv}）；

求：箍筋的数量。

①截面尺寸的复核

截面尺寸一般由正截面强度和刚度决定。这里的复核，即控制使之不发生斜压破坏，满足以下条件：

当 $\dfrac{h_w}{b} \leqslant 4$ 时，（一般梁）　应满足 $V \leqslant 0.25\beta_c f_c bh_0$；

当 $\dfrac{h_w}{b} \geqslant 6$ 时，（薄腹梁）　应满足 $V \leqslant 0.20\beta_c f_c bh_0$；

当 $4 < \dfrac{h_w}{b} < 6$ 时，应满足 $V \leqslant \beta_c\left(0.35 - 0.0025\dfrac{h_w}{b}\right)f_c bh_0$；

若不满足以上条件：加大截面尺寸或提高混凝土强度等级。

②验算是否按计算配置箍筋

当 $V \leqslant 0.7 f_t bh_0$ 时，按构造配置箍筋；否则，按计算配置箍筋。

或当 $V \leqslant \dfrac{1.75}{\lambda + 1.0} f_t bh_0$ 时，按构造配置箍筋；否则，按计算配置箍筋。

③计算箍筋的数量

由 $V \leqslant 0.7 f_t bh_0 + 1.25\dfrac{A_{sv1}}{s} f_{yv} h_0$

或由 $V \leqslant \dfrac{1.75}{\lambda + 1.0} f_t bh_0 + \dfrac{A_{sv1}}{s} f_{yv} h_0$

计算箍筋的数量，并满足最小配箍率的要求：

$$\rho_{sv} = \dfrac{A_{sv}}{bs} \times 100\% \geqslant \rho_{sv,min} = 24 \times \dfrac{f_t}{f_{yv}} \times 100\%$$

选出的箍筋直径及间距，满足构造要求。

2）截面复核

①验算截面限制条件，防止"斜压破坏"；

②验算配筋率限制条件，防止"斜拉破坏"；

③验算抗剪承载力，代入有关公式，计算是否满足 $V \leqslant V_{cs}$。

（5）例题

【例 3-10】　有一钢筋混凝土矩形截面梁，该梁承受均布荷载设计值 100kN/m（包括自重），如图 3-28 所示。混凝土强度等级为 C20（$f_c = 9.6\mathrm{N/mm}^2$，$f_t = 1.1\mathrm{N/mm}^2$），箍筋为 HPB235 级钢筋（$f_{yv} = 210\mathrm{N/mm}^2$）。求：箍筋的数量。

【解】　（1）计算剪力设计值

支座边缘处截面的剪力最大

$$V_{max} = \frac{1}{2} q l_n = \frac{1}{2} \times 100 \times 3.56 = 178\mathrm{kN}$$

（2）验算截面尺寸

$$h_w = h_0 = 550 - 35 = 515\mathrm{mm}$$

$$\frac{h_w}{b} = \frac{515}{250} = 2.06 < 4$$

属于一般梁，应按公式计算：

混凝土强度等级为 C20，取 $\beta_c = 1.0$

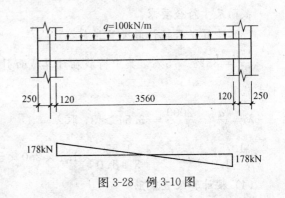

图 3-28　例 3-10 图

$0.25\beta_c f_c bh_0 = 0.25 \times 1.0 \times 9.6 \times 250 \times 515 = 309000\text{N} = 309\text{kN} > V_{max} = 178\text{kN}$

截面尺寸满足要求。

（3）验算是否按计算配置箍筋

$0.7 f_t bh_0 = 0.7 \times 1.1 \times 250 \times 515 = 99138\text{N} = 99.14\text{kN} < V_{max} = 178\text{kN}$

按计算配置箍筋。

（4）箍筋计算

$$\frac{A_{sv}}{s} \geqslant \frac{V - 0.7 f_t bh_0}{1.25 f_{yv} h_0} = \frac{178 \times 10^3 - 99140}{1.25 \times 210 \times 515} = 0.583\text{mm}^2/\text{mm}$$

采用 $n = 2$ 箍筋直径 $d = 8\text{mm}$ $a_{sv} = 50.3\text{mm}^2$

$$s = \frac{2 \times 50.3}{0.583} = 172.6\text{mm} \quad 取 s = 170\text{mm}$$

配箍率 $\rho_{sv} = \dfrac{na_{sv}}{bs} \times 100\% = \dfrac{2 \times 50.3}{250 \times 170} \times 100\% = 0.24\% > \rho_{svmin} = 24 \times \dfrac{f_t}{f_{yv}} \times 100\% =$

$0.24 \times \dfrac{1.1}{210} = 0.126\%$

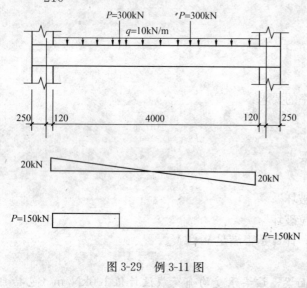

图 3-29 例 3-11 图

【例 3-11】 有一钢筋混凝土矩形截面独立简支梁，跨度为 4m，截面尺寸 $250\text{mm} \times 600\text{mm}$，如图 3-29 所示，采用 C20 混凝土（$f_c = 9.6\text{N/mm}^2$，$f_t = 1.1\text{N/mm}^2$，$\beta_c = 1.0$），箍筋采用 HPB235 级钢筋。

求：配置箍筋。

【解】 （1）计算截面剪力值

$$V_{max} = \frac{1}{2} q l_n + \frac{1}{2} p$$

$$= \frac{1}{2} \times 10 \times 4 + \frac{1}{2} \times 300$$

$$= 20 + 150$$

$$= 170\text{kN}$$

（2）验算截面尺寸。

$0.25\beta_c f_c bh_0 = 0.25 \times 1.0 \times 9.6 \times 250 \times 565 = 339000\text{N} = 339\text{kN} > 170\text{kN}$

截面尺寸符合要求。

（3）验算是否按计算配置箍筋

$\dfrac{150}{170} = 88\% > 75\%$，集中荷载在计算截面引起的剪力值占总剪力的百分比大于 75%，按

下式验算：

$\lambda = \dfrac{a}{h_0} = \dfrac{2000}{565} = 3.54 > 3$，取 $\lambda = 3$

$\dfrac{1.75}{\lambda + 1.0} \times f_c bh_0 = \dfrac{1.75}{3 + 1.0} \times 1.1 \times 250 \times 565 = 67976.56\text{N} = 67.98\text{kN} < V = 170\text{kN}$

（4）按计算配置箍筋

$$\frac{A_{sv}}{s} = \frac{V - \frac{1.75}{\lambda + 1.0} f_t bh_0}{f_{yv} h_0} = \frac{170 \times 10^3 - 67.98 \times 10^3}{210 \times 565} = 0.86 \text{mm}^2/\text{mm}$$

取 $n = 2$ 箍筋直径 $d = 8$mm 截面面积 $a_{sv} = 50.3$mm^2

$$s = \frac{A_{sv}}{0.86} = \frac{2 \times 50.3}{0.86} = 172.6 \text{mm} \quad 取 s = 170 \text{mm}$$

配箍率 $\rho_{sv} = \frac{A_{sv}}{bs} \times 100\% = \frac{2 \times 50.3}{250 \times 170} \times 100\% = 0.24\% > \rho_{svmin} = 24 \times \frac{f_t}{f_{yv}} \times 100\% = 24 \times$

$\frac{1.1}{210} \times 100\% = 0.126\%$

3.2.4.4 构造措施

（1）箍筋的构造要求

1）形式和肢数

箍筋的形式有封闭式和开口式两种，如图 3-30 所示，一般采用封闭式。对现浇 T 形梁，当不承受扭矩和动荷载时，在跨中截面上部为受压区的梁段内，可采用开口式。若梁中配有计算的受压钢筋时，均应采用封闭式；箍筋的间距不应大于 15d（d 为纵向受压钢筋的最小直径），同时不应大于 400mm；当一层内纵向受压钢筋多于 5 根且直径大于 18mm 时，箍筋间距不应大于 10d。

箍筋的肢数有单肢、双肢和四肢等。一般采用双肢，当梁宽 $b > 400$mm 且一层内纵向受压钢筋多于 3 根时，或当梁的宽度不大于 400mm 但一层内的纵向受压钢筋多于 4 根时，应设置复合箍。单肢箍只在梁宽很小时采用。

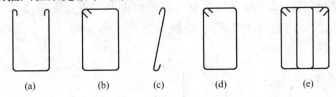

(a)　　　　(b)　　　　(c)　　　　(d)　　　　(e)

图 3-30　箍筋的形式和肢数

2）具体要求

对矩形、T 形和工字形截面梁，当 $V \leqslant 0.7 f_t bh_0$ 时，或对符合规定、集中荷载作用下的独立梁，当 $V \leqslant 1.75 f_t bh_0/(\lambda + 1)$ 时，应按下列规定配置构造箍筋：

①当截面高度 $h < 150$mm 时，可不设置箍筋；

②当 $150\text{mm} \leqslant h \leqslant 300\text{mm}$ 时，可仅在构件端部各四分之一跨度范围内设置箍筋，但当构件中部二分之一跨度范围内有集中荷载作用时，则应沿梁全长设置箍筋；

③当 $h > 300$mm 时，应沿梁全长设置箍筋。

箍筋的最大间距可参考表 3-9 确定。

最小箍筋直径可参考表 3-10 取值。当梁中配有计算需要的纵向受压钢筋时，箍筋直径尚不应小于 $d/4$，d 为纵向受压钢筋中的最小直径。

表 3-9　梁中箍筋最大间距 s_{max}（mm）

梁高 h	$150 < h \leqslant 300$	$300 < h \leqslant 500$	$500 < h \leqslant 800$	$h > 800$
$V \leqslant 0.7 f_t bh_0$	200	300	350	400
$V > 0.7 f_t bh_0$	150	200	250	300

表 3-10 梁中箍筋最小直径（mm）

梁高 h	$h \leqslant 800$	$h > 800$
箍筋直径	6	8

（2）纵向钢筋的锚固

1）钢筋末端的锚固措施

光面钢筋末端应做 180° 标准弯钩，但焊接骨架、焊接网中的光面钢筋可不做弯钩，如图 3-31 所示。

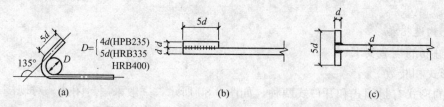

图 3-31 钢筋机械锚固的形式及构造要求

当 HRB335、HRB400 和 RRB400 纵向受拉钢筋末端采用机械锚固措施时，包括附加锚固端头在内的锚固长度应取计算锚固长度的 0.7 倍。

2）纵向钢筋在支座处的锚固

①在简支板或连续板支座处，下部纵向受力钢筋应伸入支座，其锚固长度 l_{as} 不应小于 $5d$，d 为下部纵向受力钢筋的直径。

当采用焊接网配筋时，其末端至少应有一根横向钢筋配置在支座边缘内 [图 3-32（a）]；当不能符合上述要求时，应将受力钢筋末端制成弯钩 [图 3-32（b）] 或在受力钢筋末端加焊附加的横向锚固钢筋 [图 3-32（c）]。

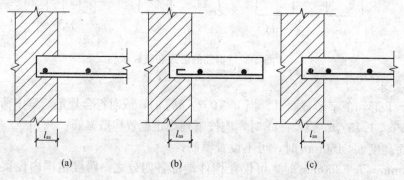

图 3-32 焊接网在板的自由支座上的锚固

当 $V > 0.7 f_t b h_0$ 时，配置在支座边缘内的焊接网横向锚固钢筋不应少于 2 根，其直径不应小于纵向受力钢筋的一半。

②简支梁和连续梁简支端的下部纵向受力钢筋伸入梁支座范围内的锚固长度 l_{as} 如图3-33所示，应符合下列规定：

当 $V \leqslant 0.7 f_t b h_0$ 时，$l_{as} \geqslant 5d$

当 $V > 0.7 f_t b h_0$ 时，带肋钢筋 $l_{as} \geqslant 12d$，光面钢筋 $l_{as} \geqslant 15d$

式中 d——纵向受力钢筋的直径。

如纵向受力钢筋伸入梁支座范围内的锚固长度不符合上述规定时，应采取在钢筋上加焊锚固钢板，或将钢筋端部焊接在梁端的预埋件上等有效锚固措施。

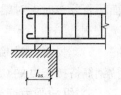

支承砌体结构上的钢筋混凝土独立梁，在纵向受力钢筋的锚固长度 l_{as} 范围内，应配置不少于两个箍筋，其直径不宜小于纵向受力钢筋最大直径的 0.25 倍，间距不宜大于纵向受力钢筋最小直径的 10 倍。

采用机械锚固措施时，其间距不应大于纵向受力钢筋最小直径的 5 倍。

图 3-33　纵筋在梁支座内的锚固

如焊接骨架中采用光面钢筋作为纵向受力钢筋时，则在锚固长度 l_{as} 内应加焊横向钢筋：当 $V \leqslant 0.7 f_t b h_0$ 时，至少 1 根；当 $V > 0.7 f_t b h_0$ 时，至少 2 根；横向钢筋直径不应小于纵向受力钢筋直径的 1/2；同时，加焊在最外边的横向钢筋，应靠近纵向钢筋的末端。

混凝土强度等级小于或等于 C25 的简支梁和连续梁的简支端，在距支座边 1.5h 范围内作用有集中荷载，且 $V > 0.7 f_t b h_0$ 时，对带肋钢筋宜采用附加锚固措施，或取锚固长度 $l_{as} \geqslant 15d$。

（3）钢筋的连接

1）钢筋的连接可分为两类，绑扎搭接，机械连接或焊接。受力钢筋的接头宜设置在受力较小处，在同一根钢筋上宜少设接头。

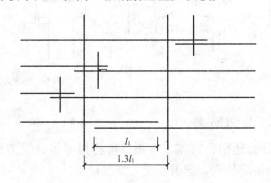

图 3-34　同一连接区段内纵向受拉钢筋绑扎搭接接头

注：图中所示同一连接区段内的搭接接头为 2 根，当钢筋直径相同时，钢筋搭接接头面积百分率为 50%

当受拉钢筋直径大于 28mm 及受压钢筋的直径大于 32mm 时，不宜采用绑扎的搭接接头。

2）同一构件中相邻钢筋的绑扎搭接接头宜相互错开。钢筋绑扎搭接接头连接区段的长度为 1.3 倍搭接长度，凡搭接接头中点位于该连接区段长度内的搭接接头均属于同一连接区段，同一连接区段内纵向钢筋搭接接头面积百分率为该区段内有搭接接头的纵向受力钢筋截面面积与全部纵向受力钢筋截面面积的比值（图 3-34）。

3）受拉钢筋绑扎搭接接头的搭接长度应根据位于同一连接区段内的钢筋搭接接头面积百分率按下式计算，且不应小于 300mm。

$$l_1 = \zeta l_a$$

式中　l_1——纵向受拉钢筋的搭接长度；

　　　l_a——纵向受拉钢筋的锚固长度；

　　　ζ——纵向受拉钢筋搭接长度修正系数，按表 3-11 取用。

表 3-11　纵向受拉钢筋搭接长度修正系数 ζ

纵向钢筋搭接接头面积百分率（%）	$\leqslant 25$	50	100
搭接长度修正系数 ζ	1.2	1.45	1.6

4）位于同一连接区段内的受拉钢筋搭接接头面积百分率，对梁类、板类及墙类构件，不宜大于 25%；对于柱类构件，不宜大于 50%。当工程中确有必要增大受拉钢筋搭接接头

面积百分率时，对梁类构件，不应大于50%；对于板类、墙类及柱类构件，可根据实际情况放宽。

5）对构件中的纵向受压钢筋，当采用搭接接头时，其受压搭接长度不应小于按纵向受拉钢筋搭接长度的0.7倍，且在任何情况下不应小于200mm。

6）纵向受力钢筋机械连接接头或焊接接头宜互相错开，且两者接头连接区长度均为35d（d为纵向受力钢筋较大直径），对焊接接头还不应小于500mm。凡接头中点位于该连接区段内的机械连接接头或焊接接头均属于同一连接区段，同一连接区段内的纵向受拉钢筋机械连接接头面积百分率不宜大于50%，而焊接接头面积百分率不应大于50%。二者的纵向受压钢筋接头面积百分率可不受此限制。

3.3 混凝土受扭构件承载力计算

一般地说，凡是在截面中有扭矩作用的构件都属于受扭构件。雨篷梁、吊车梁和现浇框架的边梁均为受扭构件，如图3-35所示。

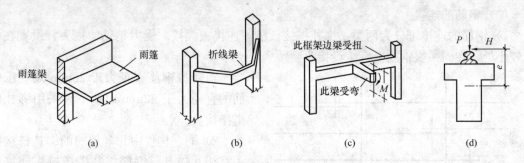

图 3-35 常见受扭构件示例

受扭构件根据截面上存在的内力情况可分为纯扭、剪扭、弯扭、弯剪扭等多种受力情况。而在实际工程中，纯扭、剪扭和弯扭受力情况较少，弯剪扭受力情况最多。

3.3.1 素混凝土纯扭构件受力性能

（1）弹性分析方法

由于扭矩作用，构件中将产生剪应力及相应的主拉应力 σ_{tp} 和主压应力 σ_{cp}，且分别与构件轴线成45°方向，其大小为 $\sigma_{tp}=\sigma_{cp}=\tau_{max}$。由于混凝土抗拉强度比抗压强度低得多，因此，在构件长边侧面中点处垂直于主拉应力 σ_{tp} 方向将首先被拉裂。如图3-36所示。

按弹性理论中扭矩 T 与剪应力 τ_{max} 的数量关系，可导出素混凝土纯扭构件的抗扭承载力计算式。但是随后的历次试验结果表明，这样算得的抗扭承载力总比实测强度低，这表明用弹性分析方法将低估了构件抗扭承载力。

（2）塑性分析方法

用弹性方法分析计算抗扭承载力低的原因是没有考虑混凝土的塑性性质；若考虑混凝土理想的塑性性质，则构件的抗扭承载力为：

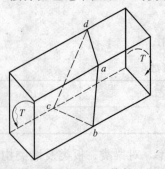

图 3-36 素混凝土纯扭构件破坏图

$$T_p = f_t W_t \tag{3-53}$$

68

式中 f_t——混凝土的抗拉强度；

W_t——截面抗扭塑性抵抗矩。

但按上式计算的抗扭承载力比实测结果偏大，说明混凝土并非理想塑性材料，它的实际承载力应介于弹性分析与塑性分析结果之间。

3.3.2　钢筋混凝土纯扭构件受力性能

（1）受扭钢筋的形式

一般是采用由靠近构件表面设置的横向钢筋和沿构件周边均匀对称布置的纵向钢筋共同组成的抗扭钢筋骨架，恰好与构件中的抗弯钢筋和抗剪钢筋配置方式相协调。

（2）钢筋混凝土纯扭构件的破坏特征归纳为四种类型

1）当箍筋和纵筋或者其中之一配置过少时，配筋构件的抗扭承载力与素混凝土的构件无实质差别，属脆性破坏。

2）当箍筋和纵筋适量时，属延性破坏。

3）当箍筋或纵筋过多时，属部分超配筋破坏。

4）当箍筋和纵筋过多时，属完全超配筋破坏。

因此，在实际工程中，尽量把构件设计成（2）、（3）情况，避免出现（1）、（4）情况。

（3）抗扭钢筋配筋率对受扭构件受力性能影响

《混凝土结构规范》采用纵向钢筋与箍筋的配筋强度比值 ζ 进行控制（$0.6 \leqslant \zeta \leqslant 1.7$）

$$\zeta = \frac{f_y A_{stl} s}{f_{yv} A_{st1} u_{cor}} \tag{3-54}$$

式中 A_{stl}——受扭计算中对称布置的全部纵向钢筋截面面积；

A_{st1}——受扭计算中沿截面周边所配置箍筋的单肢截面面积；

f_y——抗扭纵筋抗拉强度设计值；

f_{yv}——抗扭箍筋抗拉强度设计值；

s——箍筋间距；

u_{cor}——截面核芯部分周长，$u_{cor} = 2(b_{cor} + h_{cor})$，其中，$b_{cor}$ 和 h_{cor} 分别为截面核芯短边与长边长度，如图 3-37 所示。

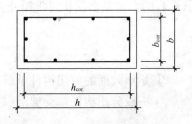

图 3-37　矩形受扭构件截面

（4）矩形截面钢筋混凝土纯扭构件承载力计算

1）计算模型

受扭情况相当于变角空间桁架模型。纵筋为桁架的弦杆，箍筋相当于桁架的竖杆，裂缝间混凝土相当于桁架的斜腹杆。

2）计算公式

$$T \leqslant 0.35 f_t W_t + 1.2 \sqrt{\zeta} f_{yv} \frac{A_{st1} A_{cor}}{s} \tag{3-55}$$

式中 T——扭矩设计值；

f_t——混凝土抗拉强度设计值；

ζ——对钢筋混凝土纯扭构件，其 ζ 值应符合 $0.6 \leqslant \zeta \leqslant 1.7$ 的要求，当 $\zeta > 1.7$ 时，取 $\zeta = 1.7$；

A_{cor}——截面核芯部分的面积；$A_{cor} = b_{cor} \cdot h_{cor}$，此处 b_{cor}、h_{cor} 为箍筋内表面范围内截面核芯部分的短边、长边尺寸；

W_t——截面的抗扭塑性抵抗矩；$W_t = \dfrac{b^3}{6}(3h - b)$，其中 h 和 b 应分别取为矩形的长边尺寸和短边尺寸。

（5）矩形截面剪扭构件承载力计算

1）剪扭相关性

若构件既受扭、又受剪，那么由于剪力的存在，使构件的抗扭承载力将有所降低，同样，由于扭矩的存在，也会引起构件抗剪承载力降低。这便是剪力和扭矩的相关性。

2）计算模式

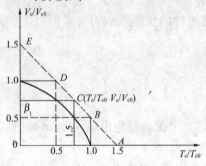

图 3-38　混凝土部分剪扭
承载力相关计算模式

V_{c0} 和 T_{c0} 分别为无腹筋构件在单纯受剪力或扭矩作用时的抗剪和抗扭承载力，V_c 和 T_c 则为同时受剪力和扭矩作用时的抗剪和抗扭承载力。从图 3-38 可看出，抗剪和抗扭承载力相关关系大致按 1/4 圆弧规律变化。

3）简化计算方法

①当 $T_c/T_{c0} \leqslant 0.5$ 时，取 $V_c/V_{c0} = 1.0$，或者当 $T_c \leqslant 0.5$，$T_{c0} = 0.175 f_t W_t$ 时，取 $V_c = V_{c0} = 0.35 f_t b h_0$，此时，可忽略扭矩影响，仅按受弯构件的斜截面受剪承载力公式进行计算。

②当 $V_c/V_{c0} \leqslant 0.5$ 时，取 $T_c/T_{c0} = 1.0$。或者当 $V_c \leqslant 0.5 V_{c0} = 0.35 f_t b h_0$ 或 $V \leqslant \dfrac{0.875 f_t b h_0}{\lambda + 1}$ 时，取 $T_c = T_{c0} = 0.35 f_t W_t$，此时，忽略剪力的影响，仅按纯扭构件的受扭承载力公式计算。

③当 $0.5 < T_c/T_{c0} \leqslant 1.0$ 或 $0.5 < V_c/V_{c0} \leqslant 1.0$，要考虑剪扭相关性。引入系数 β_t（$0.5 \leqslant \beta_t \leqslant 1.0$），它是剪扭构件混凝土强度降低系数：

$$\beta_t = \frac{1.5}{1 + 0.5 \times \dfrac{V W_t}{T b h_0}} \tag{3-56}$$

其矩形截面的剪扭构件承载力按以下步骤进行。

④一般剪扭构件，受剪承载力可按下式计算：

$$V \leqslant (1.5 - \beta_t) 0.7 f_t b h_0 + 1.25 f_{yv} \frac{A_{sv}}{s} h_0 \tag{3-57}$$

受扭承载力可按下式计算：

$$T \leqslant 0.35 \beta_t f_t W_t + 1.2 \sqrt{\zeta} f_{yv} \frac{A_{stl} A_{cor}}{s} \tag{3-58}$$

⑤集中荷载作用下独立的混凝土剪扭构件，受剪承载力按下式计算：

$$V \leqslant (1.5 - \beta_t) \frac{1.75}{\lambda + 1} f_t b h_0 + f_{yv} \frac{A_{sv}}{s} h_0$$

受扭承载力可按下式计算：

$$T \leqslant 0.35 \beta_t f_t W_t + 1.2 \sqrt{\zeta} f_{yv} \frac{A_{stl} A_{cor}}{s}$$

但此时，公式中的系数应改按下式来计算：

$$\beta_t = \frac{1.5}{1 + 0.2(\lambda + 1)\dfrac{VW_t}{Tbh_0}} \qquad (3\text{-}59)$$

式中　λ——计算剪跨比，当 $\beta_t < 0.5$ 时，取 $\beta_t = 0.5$；当 $\beta_t > 1$ 时，取 $\beta_t = 1$。

4）按照叠加原则计算剪扭的箍筋用量和纵筋用量。

（6）矩形截面的弯扭和弯剪扭构件承载力计算

对弯扭及弯剪扭共同作用下的构件，当按变角度空间桁架模型计算时，是十分繁琐的。在国内大量试验研究及模型分析的基础上，《混凝土结构规范》规定了弯扭及弯剪扭构件的实用配筋计算方法。

1）对于弯扭构件的配筋计算，二者之间也存在相关性，按纯弯和纯扭计算所需的纵筋和箍筋，然后将相应钢筋截面面积叠加的计算方法。因此，弯扭构件的纵筋用量为受弯所需的纵筋（按前边讲过的受弯构件计算）和受扭所需的纵筋（按前边所讲纯扭构件计算）截面面积之和，而箍筋用量则由受扭箍筋所决定。

2）对于弯剪扭构件的配筋，三者之间也存在相关性，情况较为复杂；《混凝土结构规范》规定，其纵筋截面面积由受弯承载力和受扭承载力所需的钢筋截面面积相叠加，箍筋截面面积则由受剪承载力和受扭承载力所需的箍筋截面面积相叠加，其具体计算方法如下：

①弯矩作用下，按照第 3.2.1 中有关方法计算；

②在剪力和扭矩作用下（只考虑剪扭相关），按前面讲的矩形截面剪扭构件承载力计算方法进行计算；

③构件的配筋为 1）、2）两种计算所需钢筋的叠加。

（7）构造要求

1）截面尺寸限制条件

为了避免受扭构件配筋过多而发生完全超配筋性质的脆性破坏，《混凝土结构规范》规定了构件截面承载力上限，即对受扭构件截面尺寸和混凝土强度等级应符合下式要求：

当 $h_w/b \leqslant 4$ 时，　　　$\dfrac{V}{bh_0} + \dfrac{T}{0.8W_t} \leqslant 0.25\beta_c f_c \qquad (3\text{-}60)$

当 $h_w/b = 6$ 时，　　　$\dfrac{V}{bh_0} + \dfrac{T}{0.8W_t} \leqslant 0.2\beta_c f_c \qquad (3\text{-}61)$

当 $4 < \dfrac{h_w}{b} < 6$ 时，按线性内插法确定。

式中符号意义同前。

当不满足上式要求时，应增大截面尺寸或提高混凝土强度等级。

2）构造配筋条件

对纯扭构件中，当 $T \leqslant 0.7f_t W_t$ 时，可不进行抗扭计算，而只需按构造配置抗扭钢筋。

对于弯剪扭构件，当 $\dfrac{V}{bh_0} + \dfrac{T}{W_t} \leqslant 0.7f_t$ 时，可不进行构件剪扭承载力计算，而只需按构造配置纵向钢筋和箍筋。

3）最小配筋率

为了防止构件中发生"少筋"性质的脆性破坏，在弯剪扭构件中箍筋和纵筋配筋率和构造上的要求要符合下列规定：

①箍筋（剪扭箍筋）的最小配箍率

$$\rho_{sv} = \frac{A_{sv}}{bs} \times 100\% \geqslant \rho_{sv,min} = \frac{A_{sv,min}}{bs} \times 100\% = 28 \times \frac{f_t}{f_{yv}} \times 100\% \qquad (3\text{-}62)$$

箍筋的间距应符合 3.2.4.4 表 3-8 中规定。其中受扭所需的箍筋必须为封闭式，且沿截面周边布置，当采用绑扎骨架时，受扭所需箍筋的末端应做成 135°的弯钩，弯钩端头平直段长度不应小于 10d（d 为箍筋直径）。

②纵向钢筋的配筋率

不应小于受弯构件纵向受力钢筋最小配筋率与受扭构件纵向受力钢筋的最小配筋率之和。

受扭纵向受力钢筋最小配筋率为：

$$\rho_{tl} = \frac{A_{stl}}{bh} \geqslant \rho_{tl,min} = \frac{A_{stl,min}}{bh} = 0.6\sqrt{\frac{T}{Vb}} \frac{f_t}{f_y} \qquad (3\text{-}63)$$

其中，b 为矩形截面的宽度，或 T 形截面、工形截面的腹板宽度，当 $T/Vb > 2$ 时，取为 2。受扭纵向受力钢筋间距不应大于 200mm 和梁截面宽度（短边长度）；在截面四角必须设置受扭纵向受力钢筋，并沿截面周边均匀对称布置。

（8）弯、剪、扭构件配筋计算步骤

当已知截面内力（M、T、V），并初步选定截面尺寸和材料强度等级后，可按以下步骤进行：

1）验算截面尺寸。

①求 W_t。

②验算截面尺寸。若截面尺寸不满足时，应增大截面尺寸后再验算。

2）确定是否需进行受扭和受剪承载力计算。

①确定是否需进行剪扭承载力计算，则不必进行②、2）步骤；

②确定是否进行受剪承载力计算；

③确定是否进行受扭承载力计算。

3）确定箍筋用量。

①混凝土受扭能力降低系数 β_t；

②计算受剪所需单肢箍筋的用量 A_{sv1}/s_v；

③计算受扭所需单肢箍筋的用量 A_{st1}/s_t；

④计算剪扭箍筋的单肢总用量 A_{svt1}/s，并选箍筋；

⑤验算箍筋最小配箍率。

4）确定纵筋用量。

①计算受扭纵筋的截面面积 A_{stl}，并验算最小配筋量；

②计算受弯纵筋的截面面积 A_s，并验算最小配筋量；

③弯、扭纵筋相叠加，并选筋；叠加原则：A_s 配在受拉边，A_{stl} 沿截面周边均匀对称布置。

（9）计算例题

【例 3-12】 承受均布荷载的弯、剪、扭构件，截面尺寸 $b \times h = 250\text{mm} \times 600\text{mm}$，混凝土强度等级为 C20（$f_t = 1.1\text{N/mm}^2$，$f_c = 9.6\text{N/mm}^2$），纵筋为 HRB400（$f_y = 360$

N/mm²），箍筋为 HPB235（$f_y = 210$N/mm²）。已求得支座处负弯矩设计值 $M = 100$kN·m，剪力设计值 $V = 68$kN，扭矩设计值 $T = 25$kN·m。试设计该构件。

【解】（1）验算截面尺寸

$$W_t = \frac{b^2}{6}(3h - b) = \frac{250^2}{6}(3 \times 600 - 250) = 1.615 \times 10^7 \, \text{mm}^3$$

$$\frac{h_w}{b} = \frac{h_0}{b} = \frac{565}{250} = 2.26 < 4$$

$$\frac{V}{bh_0} + \frac{T}{0.8W_t} = \frac{68 \times 10^3}{250 \times 565} + \frac{25 \times 10^6}{0.8 \times 1.615 \times 10^7} = 0.481 + 1.935$$

$$= 2.416 \text{N/mm}^2 < 0.25\beta_c f_c = 0.25 \times 1.0 \times 9.6 = 2.4 \text{N/mm}^2$$

截面尺寸满足要求。

（2）确定是否需要进行受扭和受剪承载力计算

$$\frac{V}{bh_0} + \frac{T}{W_t} = \frac{68 \times 10^3}{250 \times 565} + \frac{25 \times 10^6}{1.615 \times 10^7} = 2.029 > 0.7f_t = 0.7 \times 1.1 = 0.77$$

需剪扭计算。

$$0.35f_t bh_0 = 0.35 \times 1.1 \times 250 \times 565 = 54.38 \text{kN} < V = 68 \text{kN}$$

需受剪计算。

$$0.175f_t W_t = 0.175 \times 1.1 \times 1.615 \times 10^7 = 3.11 \text{kN·m} < T = 25 \text{kN·m}$$

需受扭计算。

（3）确定箍筋用量

$$\beta_t = \frac{1.5}{1 + 0.5\dfrac{VW_t}{Tbh_0}} = \frac{1.5}{1 + 0.5 \times \dfrac{68 \times 10^3 \times 1.615 \times 10^7}{25 \times 10^6 \times 250 \times 565}}$$

$$= 1.3 > 1, \text{取}\ \beta_t = 1$$

$$V = (1.5 - \beta_t)0.7f_t bh_0 + 1.25f_{yv}\frac{A_{sv1}}{s_v}h_0$$

$$68000 = (1.5 - 1) \times 0.7 \times 1.1 \times 250 \times 565 + 1.5 \times 210 \times \frac{2a_{sv}}{s_v} \times 565$$

$$\frac{a_{sv1}}{s_v} = \frac{68000 - 54381}{1.5 \times 210 \times 2 \times 565} = 0.038$$

取 $\zeta = 1.2$

$$T = 0.35\beta_t f_t W_t + 1.2\sqrt{\zeta}f_{yv}\frac{A_{st1}A_{cor}}{s_t}$$

$$25 \times 10^6 = 0.35 \times 1.0 \times 1.1 \times 1.615 \times 10^7 + 1.2\sqrt{1.2} \times 210\frac{A_{st1}}{s_t} \times 200 \times 550$$

$$\frac{A_{st1}}{s_t} = \frac{25 \times 10^6 - 6.218 \times 10^6}{30.365 \times 10^6} = 0.619$$

故

$$\frac{A_{svt1}}{s} = \frac{a_{sv}}{s_v} + \frac{A_{st1}}{s_t} = 0.038 + 0.619 = 0.657$$

选用 Φ10 箍筋，$A_{stv1} = 78.5 \text{mm}^2$，则 $s = \dfrac{78.5}{0.657} = 119 \text{mm}$，取 $s = 100 \text{mm}$

$$\rho_{svt,min} = 0.28f_t/f_{yv} = 0.28 \times 1.1/210 = 0.00147$$

实配箍筋配筋率为：

$$\rho_{svt} = \frac{nA_{svt1}}{bs} = \frac{2 \times 78.5}{250 \times 100} = 0.00628 > \rho_{svt,min}$$

满足要求。

（4）确定纵筋用量

$$A_{stl} = \frac{\zeta f_{yv} A_{st1} u_{cor}}{f_y s_t} = \frac{1.2 \times 210 \times 0.619 \times (200 + 550)}{360} = 650 \text{mm}^2$$

$$> \rho_{stl,min} bh = 0.6 \sqrt{\frac{T}{Vb}} \frac{f_t}{f_y} bh = 0.6 \times \sqrt{\frac{25 \times 10^6}{68 \times 10^3 \times 250}} \times \frac{1.1}{360} \times 250 \times 600 = 333 \text{mm}^2$$

$$\alpha_s = \frac{M}{\alpha_1 f_c bh_0^2} = \frac{100 \times 10^6}{1.0 \times 9.6 \times 250 \times 565^2} = 0.1305$$

$$\xi = 1 - \sqrt{1 - 2\alpha_s} = 1 - \sqrt{1 - 2 \times 0.1305} = 0.140 < \xi_b = 0.518$$

$$A_s = \xi bh_0 \frac{\alpha_1 f_c}{f_y} = \frac{0.140 \times 250 \times 565 \times 1.0 \times 9.6}{360} = 527 \text{mm}^2$$

$$> \rho_{min} bh = 0.002 \times 250 \times 600 = 300 \text{mm}^2$$

$h/b = 600/250 > 2$，为使受扭纵筋的间距不大于梁宽，需将受扭纵筋沿截面高度四等分，则截面上、中、下所需的配筋量为：

下部：$A_s + 0.25 A_{stl} = 527 + 0.25 \times 650 = 690 \text{mm}^2$ 选用 3 Φ 18（763mm²）

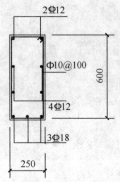

图 3-39　截面配筋图

中部：（两排）每排 $0.25 A_{stl} = 163 \text{mm}^2$ 选用 2 Φ 12（226mm²）

上部：$0.25 A_{stl} = 163 \text{mm}^2$ 选用 2 Φ 12（226mm²）

截面配筋如图 3-39 所示。

3.4　钢筋混凝土受压构件承载力计算

承受轴向压力的构件称为受压构件。受压构件按其受力情况可分为：轴心受压构件、单向偏压构件和双向偏压构件。

在实际结构中，轴心受压构件很少见，常见受压构件为偏心受压构件。

3.4.1　构造要求

（1）材料的强度等级

混凝土抗压强度较高，为了减少柱截面尺寸，节约钢筋用量，应该采用强度等级较高的混凝土。一般采用 C25、C30、C35、C40。

纵向钢筋一般采用 HRB335、HRB400 和 RRB400 级，不宜采用高强度的钢筋，这是由于钢筋与混凝土共同工作时，一般不能充分发挥其高强度的作用。箍筋一般采用 HPB235、HRB335 级钢筋。

（2）截面形式及尺寸

受压构件一般常采用正方形或矩形截面，只是在建筑上有要求时才采用圆形及其他截面形式。为了施工方便，截面尺寸一般不小于 250mm×250mm，而且要符合模数要求，800mm 以下采用 50mm 的模数，800mm 以上则采用 100mm 模数。

（3）纵向钢筋的直径与配筋率

纵向钢筋是钢筋骨架的主要组成部分，为便于施工和保证骨架有足够的刚度，纵筋直径不宜小于 12mm，通常选用 16～28mm。纵筋不得少于 4 根。全部受压钢筋的最小配筋率为 0.6%，一侧的纵向钢筋最小配筋率为 0.2%。纵筋间距一般不小于 50mm。当构件在水平位置浇注时，纵筋净距不应小于 30mm 和 1.5 倍纵筋直径。

（4）箍筋直径与间距

在柱中及其他受压构件中的箍筋应为封闭式。箍筋直径不应小于 $d/4$（d 为纵向钢筋的最大直径），且不应小于 6mm。箍筋间距不应大于 400mm，且不应大于构件截面的短边尺寸；同时，在绑扎骨架中，不应大于 15d；在焊接骨架中，不应大于 20d（d 为纵向钢筋的最小直径）。当柱中全部纵向钢筋配筋率超过 3% 时，箍筋直径不宜小于 8mm，间距不应大于纵向钢筋最小直径的 10 倍，且不应大于 200mm。箍筋应焊成封闭环式，或在箍筋末端做成不小于 135° 的弯钩，弯钩末端平直段长度不小于 10 倍箍筋直径。当柱截面短边大于 400mm 且各边纵向钢筋多于 3 根时，或当柱截面短边未超过 400mm 但各边纵向钢筋多于 4 根时，应设置复合箍筋，如图 3-40 所示。

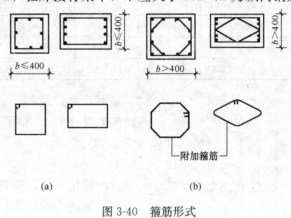

图 3-40　箍筋形式

3.4.2　轴心受压构件承载力计算

钢筋混凝土轴心受压构件按箍筋的配置形式分普通箍筋和密排环形箍筋两种类型，如图 3-41 所示。在工程中一般采用普通箍筋柱。

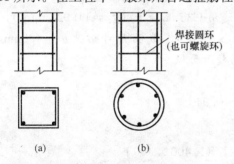

图 3-41　轴心受压构件的类型
（a）普通箍筋柱；（b）密排式箍筋

3.4.2.1　配置普通箍筋的轴心受压构件

（1）试验结果

钢筋混凝土受压构件和其他材料的受压构件一样，存在着纵向弯曲问题。纵向弯曲会使受压构件的承载能力降低，其降低程度随构件的长细比的增大而增大。

根据纵向弯曲对构件承载力的影响程度，可将钢筋混凝土受压构件分为"短柱"和"长柱"两种。钢筋混凝土轴心受压构件，当其长细比满足以下要求时为短柱，否则即为长柱。

矩形截面 $l_0/b \leqslant 8$

圆形截面 $l_0/d \leqslant 7$

任意截面 $l_0/i \leqslant 28$

式中　l_0——构件的计算长度；

　　　b——矩形截面的短边尺寸；

　　　d——圆形截面的直径；

　　　i——任意截面的最小回转半径。

试验表明：钢筋混凝土轴心受压短柱的纵向弯曲影响很小，可忽略不计。当混凝土的强度达轴心抗压强度 f_c 时，构件破坏。

钢筋混凝土轴心受压长柱的试验表明：纵向弯曲的影响不可忽略。其承载力对于长柱的承载能力低于相同条件下的短柱承载能力。目前采用稳定系数 φ 来考虑这个因素，φ 值随着长细比的增大而减小，可查表 3-12。

表 3-12　钢筋混凝土受压构件的稳定系数 φ

l_0/b	≤8	10	12	14	16	18	20	22	24	26	28	30	32	34	36	38
l_0/d	≤7	8.5	10.5	12	14	15.5	17	19	21	22.5	24	26	28	29.5	31	33
l_0/i	≤28	35	42	48	55	62	69	76	83	90	97	104	111	118	125	132
φ	1.00	0.98	0.95	0.92	0.87	0.81	0.76	0.70	0.65	0.60	0.56	0.52	0.48	0.44	0.40	0.36

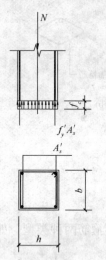

图 3-42　轴心受压
柱计算图

（2）基本计算公式

在轴向力设计值 N 作用下，轴心受压构件承载力可按式（3-64）计算（图 3-42）。

$$N \leqslant 0.9\varphi(f_c A + f_y' A_s') \qquad (3\text{-}64)$$

式中　φ——稳定系数，按表 3-12 取用；

N——轴向力设计值；

f_y'——钢筋抗压强度设计值，$f_y' \leqslant 400\text{N/mm}^2$；

f_c——混凝土轴心抗压强度设计值；

A_s'——纵向受压钢筋截面面积；

A——混凝土截面面积，当纵向钢筋配筋率大于 3% 时，A 改用 $A_c = A - A_s'$。

【例 3-13】　某钢筋混凝土柱，承受轴心压力设计值 $N = 2600\text{kN}$，若柱的计算长度为 5.0m，选用 C25 混凝土（$f_c = 11.9\text{N/mm}^2$）；热轧钢筋 HRB400（$f_y' = 360\text{N/mm}^2$），截面尺寸 $b \times h = 400\text{mm} \times 400\text{mm}$，试求该柱所需钢筋截面面积。

【解】　（1）确定稳定系数 φ

由 $l_0/b = 5000/400 = 12.5$，查表 3-12 得：$\varphi = 0.94$

（2）由公式 $N = 0.9\varphi(f_c A + f_y' A_s')$ 得：

$$A_s' = \frac{\left(\dfrac{N}{0.9\varphi} - f_c A\right)}{f_y'} = \frac{\left(\dfrac{2600000}{0.9 \times 0.94} - 11.9 \times 400 \times 400\right)}{360} = 3248\text{mm}^2$$

选用钢筋 4 ⊈ 25＋4 ⊈ 20（$A_s' = 3220\text{mm}^2$）

（3）验算配筋率

$$\rho' = \frac{A_s'}{A} \times 100\% = \frac{3220}{400 \times 400} \times 100\% = 2.01\% > 0.6\% \text{ 且} < 3\%$$

截面配筋图如图 3-43 所示。

3.4.2.2　配置密排环式箍筋的轴心受压构件

由于施工较困难且不够经济，该种箍筋柱仅用于轴力很大，截面尺寸又受限制（建筑造型或使用要求），采用普通箍筋柱会使纵筋配筋率过高，而混凝土强度等级又不宜再提高的情况。此时，截面形状一般为圆形或正八边形。箍筋为螺旋环或焊接圆环，其间距较密。

图 3-43 截面配筋图

（1）受力特点

密排环式箍筋可约束其内部混凝土的横向变形，使之处于三向受压状态，从而间接地提高混凝土的纵向抗压强度。当混凝土纵向压缩时横向产生膨胀，该变形受到密排箍筋的约束，在箍筋中产生拉力而在混凝土中产生侧向压力。当构件的压应变超过无约束混凝土的极限应变后，尽管箍筋以外的表层混凝土会开裂甚至剥落而退出工作，但箍筋以内的混凝土（又称核心混凝土）尚能继续承担更大的压力，直至箍筋屈服。显然，混凝土抗压强度的提高程度与箍筋的约束力的大小有关。为了使箍筋对混凝土有足够大的约束力，箍筋应为圆形（以最小的周长获得最大的内部面积，对内部混凝土的约束性能好），当为圆环时要进行焊接。箍筋一般仍采用 HPB235 钢筋，间距应较密（详见构造要求）。由于此种箍筋间接地起到了纵向受压钢筋的作用，故又称之为间接钢筋。

（2）正截面承载力计算公式

根据圆柱体三向受压试验的结果，在侧向均匀压力 σ_r 的作用下，约束混凝土的轴心抗压强度，f_{cc} 比无约束时的强度 f_c 约增大 $4\sigma_r$，即：

$$f_{cc} = f_c + 4\sigma_r \tag{3-65}$$

当密排环形箍筋柱的箍筋屈服时，核心混凝土所受的侧向压力可由图 3-44 求得。由于每道箍筋所受约束的混凝土柱的高度为箍筋的间距，故有以下平衡方程式：

$$\sigma_r d_{cor} s = 2 f_y A_{ss1}$$

图 3-44　混凝土对箍筋
的反作用力

式中　A_{ss1}——螺旋式或焊接环式单根间接钢筋的截面面积；

f_y——箍筋的抗拉强度设计值；

d_{cor}——构件的核心直径。

于是有

$$\sigma_r = \frac{2 f_y A_{ss1}}{d_{cor} s} \tag{3-66}$$

将上式代入式（3-65）便得到核心混凝土的抗压强度：

$$f_{cc} = f_c + \frac{8 f_y A_{ss1}}{d_{cor} s} \tag{3-67}$$

由于箍筋屈服时，外围混凝土已开裂甚至脱落而退出工作，所以，承受压力的混凝土截面面积应该取核心混凝土的面积 A_{cor}，于是根据轴向力的平衡条件，可得密排环箍柱的极限承载力：

$$N_u = f_{cc} A_{cor} + f_y' A_s' \tag{3-68}$$

再将式（3-67）代入上式，则得：

$$N_u = f_c A_{cor} + \frac{8 f_y A_{ss1}}{d_{cor} s} A_{cor} + f_y' A_s' \tag{3-69}$$

该式右端第二项即为密排环箍（又称间接钢筋）的作用，为了将此间接钢筋的作用与直接承受轴向力的纵向钢筋的作用对比，以及使式（3-69）便于记忆，可将间距为 s 的箍筋按体积相等的原则换算成纵向钢筋，设其换算后的截面面积为 A_{cor}，则应有：

$$A_{cor} = \frac{\pi d_{cor} A_{ss1}}{s} \tag{3-70}$$

在式（3-69）右端第二项中，$A_{cor} = \pi d_{cor}^2/4$，故该项可改为：

$$\frac{8f_y A_{ss1}}{d_{cor} s} \cdot \frac{\pi d_{cor}^2}{4} = \frac{2f_y \pi d_{cor} A_{ss1}}{s} = 2f_y A_{ss1}$$

于是式（3-69）可记为：

$$N \leqslant N_u = 0.9(f_c A_{cor} + 2\alpha f_y A_{ss0} + f_y' A_s') \tag{3-71}$$

式中 A_{ss0}——螺旋式或焊接环式间接钢筋的换算截面面积；

α——间接钢筋对混凝土的约束折减系数；当混凝土的强度等级不超过 C50 时，取 1.0，当混凝土强度等级为 C80 时，取 0.85，其间按线性内插法确定。

从式（3-71）可知，采用密排式环箍筋柱后，尽管混凝土的受压面积有减少，但由于间接钢筋的作用一般较大，可以使构件承载力得到较大的提高。

（3）公式的适用条件

在使用公式（3-71）时应注意满足下列条件：

1）按式（3-71）算得的构件受压承载力设计值不应大于按公式（3-64）算得的构件受压承载力设计值的 1.5 倍。不满足该条件时，构件在破坏前，混凝土保护层可能过早地脱落而影响正常使用。此时，可适当提高混凝土强度等级、增大纵筋面积或增大截面尺寸，或采用其他类型的构件（例如钢管混凝土柱等）。

2）柱的计算长度与构件直径之比应不大于 12。由于纵向弯曲的影响，构件破坏时，截面上压应力很不均匀，在相当大的面积上，压应力并不大，因而不能充分发挥其增强作用，故不能按式（3-71）计算。此时，可适当增大 d、设法减小 l_0，或采用其他类型的构件。

3）间接钢筋按式（3-70）换成纵向钢筋所得的换算截面面积不应小于纵筋截面面积的 25%，即 $A_{ss0} \geqslant 0.25 A_s'$。否则，说明间接钢筋过少，对核心混凝土的约束效果较差，不能按式（3-71）计算。此时，应加大箍筋直径或减小箍筋间距。

尚需指出，当截面较小而混凝土保护层较厚时，有可能出现按式（3-71）的计算结果反而低于式（3-64）的计算结果的现象。此时，按式（3-64）计算，亦即按普通箍筋柱来考虑。

【例 3-14】 某大楼底层门厅现浇钢筋混凝土柱，已求得轴向力设计值 $N = 2750$kN，计算高度 $l_0 = 4.2$m；根据建筑设计要求，柱为圆形截面，直径 $d = 400$mm；环境类别为一类；采用 C30 混凝土，$f_c = 15$N/mm²；纵向钢筋采用 HRB335，$f_y' = 300$N/mm²；箍筋采用 HPB235，$f_y = 210$N/mm²。已按普通箍筋柱设计，发现配筋率过高，且混凝土等级不宜再提高。试按密排环箍柱进行设计。

【解】 （1）判别密排环箍柱是否适用

$$\frac{l_0}{d} = \frac{4200}{400} = 10.5 < 12 \text{(适用)}$$

（2）选用 A_s'

$$A = \frac{\pi d^2}{4} = \frac{\pi \times 400^2}{4} = 125600 \text{mm}^2$$

取 $\rho' = 0.025$，则 $A_s' = \rho' A = 0.025 \times 125600 = 3140$mm²

选用 10 Φ 20，$A_s' = 3142$mm²。

（3）求所需的间接钢箍筋换算面积 A_{ss0}，并验算其用量是否过少。

取混凝土保护层厚度为 30mm，
$$d_{cor} = 400 - 2 \times 30 = 340mm$$
$$A_{cor} = \frac{\pi \times 340^2}{4} = 90746mm^2$$

采用公式（3-71），可得：

$$A_{ss0} = \frac{\frac{N}{0.9} - (f_c A_{cor} + f'_y A'_s)}{2\alpha f'_y} = \frac{2750000/0.9 - (15 \times 90746 + 300 \times 3142)}{2 \times 1.0 \times 210} = 1790mm^2$$

$$0.25A'_s = 0.25 \times 3142 = 768mm^2 < A_{ss0} = 1790mm^2$$

（4）确定环箍的直径和间距

选用直径 $d = 10mm$，则单肢截面积 $A_{ss1} = 78.5mm^2$，由公式（3-70）可得：

$$s = \frac{\pi d_{cor} A_{ss1}}{A_{ss0}} = \frac{3.14 \times 340 \times 78.5}{1790} = 46.8mm \quad 取 s = 40mm$$

（5）复核混凝土保护层是否过早脱落

由 l_0/d 查表 3-12，得 $\varphi = 0.95$

$$1.5\varphi(f_c A + f'_y A'_s) = 1.5 \times 0.95(15 \times 125664 + 300 \times 3142)$$
$$= 4033548N = 4034kN > 2750kN$$

满足要求。

3.4.3 偏心受压构件正截面承载力计算

3.4.3.1 试验研究分析

根据大量试验研究，钢筋混凝土偏心受压构件破坏分为两种情况。

（1）受拉破坏形态

受拉破坏又称大偏心受压破坏，当轴向力的相对偏心距较大，且受拉钢筋配置的不太多时，发生的破坏属大偏压破坏。这种破坏特点是受拉区纵向钢筋屈服，受压区混凝土压碎，受压区的钢筋达到屈服构件破坏。如图 3-45（a）所示。

（2）受压破坏形态

受压破坏又称小偏心受压破坏，当纵向力偏心距较小或很小时，或者虽然相对偏心距较大，但此时配置了很多的受拉钢筋时，发生的破坏属小偏压破坏。这种破坏特点是靠近纵向力那一端的钢筋能达到屈服，混凝土被压碎；而远离纵向力那一端的钢筋不管是受拉还是受

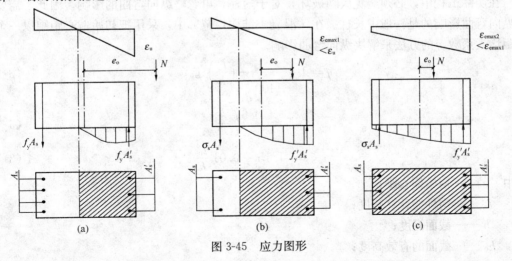

图 3-45　应力图形

压，一般情况下达不到屈服。如图 3-45 （b）和 （c）所示。

3.4.3.2 界限破坏及大小偏心受压的分界及附加偏心距

（1）界限破坏

在大偏心受压破坏和小偏心受压破坏之间，从理论上考虑存在一种"界限破坏"状态：当受拉区的受拉钢筋达到屈服时，受压区边缘混凝土的压应变刚好达到极限压应变值 ε_{cu}，这种破坏称为界限破坏。这种特殊状态可作为区分大小偏压的界限。二者本质区别在于受拉区的钢筋是否屈服。

（2）大小偏心受压的分界

由于大偏心受压与受弯构件的适筋梁破坏特征类同，因此，也可用相对受压区高度比值大小来判别。

当 $\xi\left(\xi=\dfrac{x}{h_0}\right)\leqslant\xi_b\left(\xi_b=\dfrac{\beta_1}{1+\dfrac{f_y}{E_s\varepsilon_{cu}}}\right)$ 时，截面属于大偏压； $\qquad$ (3-72)

当 $\xi>\xi_b$ 时，截面属于小偏压。 $\qquad$ (3-73)

（3）附加偏心距

由于工程中实际存在着荷载作用位置的不定性、混凝土的不均匀性及施工的偏差等因素，都可能产生附加偏心距。因此，在偏心受压构件正截面承载力计算中，应计入轴向压力在偏心方向存在的附加偏心距 e_a，其值应取 20mm 和偏心方向截面尺寸的 1/30 两者中的较大值。引进附加偏心距后，在计算偏心受压构件正截面承载力时，应将轴向力作用点到截面形心的偏心距取为 e_i，称为初始偏心距。

$$e_i = e_0 + e_a \qquad (3-74)$$

3.4.3.3 偏心受压长柱的纵向弯曲影响

根据钢筋混凝土偏压柱的长细比大小不同，可分为短柱和长柱。试验表明，钢筋混凝土柱在承受偏心受压荷载后，会产生纵向弯曲。短柱由于纵向弯曲小，可以不考虑纵向弯曲引起的附加弯矩对构件承载力的影响，构件的破坏是材料破坏引起的；长柱由于长细比较大，纵向弯曲较大，其正截面受压承载力与短柱相比降低很多，但构件的最终破坏还是材料破坏；细长柱的破坏已不是由于构件的材料破坏所引起的，而是由于构件的纵向弯曲失去平衡引起破坏，称为失稳破坏。

在实际工程中，必须避免失稳破坏，对于短柱，可忽略纵向弯曲的影响。因此，需要考虑纵向弯曲影响的是一般中长柱。在《混凝土结构规范》中，采用把初始偏心距乘以一个偏心距增大系数 η 的方法来解决纵向弯曲影响。

$$\eta = 1 + \frac{1}{1400\dfrac{e_i}{h_0}}\left(\frac{l_0}{h}\right)^2\zeta_1\zeta_2 \qquad (3-75)$$

$$\zeta_1 = \frac{0.5f_cA}{N} \qquad (3-76)$$

$$\zeta_2 = 1.15 - 0.01\frac{l_0}{h} \qquad (3-77)$$

式中　e_i——初始偏心距；

　　　l_0——构件的计算长度；

　　　h——截面高度；

　　　h_0——截面的有效高度；

ζ_1 ——偏心受压构件截面曲率修正系数；当 $\zeta_1 > 1.0$ 时，取 $\zeta_1 = 1.0$；

ζ_2 ——构件长细比对截面曲率的影响系数；当 $\dfrac{l_0}{h} < 15$ 时，取 $\zeta_2 = 1.0$；

A ——构件截面面积；矩形截面 $A = b \times h$；对于 T 形和工字形截面，均取 $A = bh + 2(b'_f - b)h'_f$；

N ——轴向压力设计值。

对矩形截面，若构件长细比 $\dfrac{l_0}{h} \leqslant 8$ 时，即视为短柱，可不考虑纵向弯曲对偏心距的影响，取 $\eta = 1.0$。

3.4.3.4　矩形截面偏心受压构件正截面受压承载力计算

（1）矩形截面大偏心受压构件正截面承载力计算公式

1）计算公式

图 3-46 为大偏心受压构件的计算应力图形。由平衡条件，可以得到下面两个计算公式：

$$N \leqslant \alpha_1 f_c bx + f'_y A'_s - f_y A_s \tag{3-78}$$

$$Ne \leqslant \alpha_1 f_c bx \left(h_0 - \frac{x}{2} \right) + f'_y A'_s (h_0 - a'_s) \tag{3-79}$$

$$e = \eta e_i + \frac{h}{2} - a_s \tag{3-80}$$

$$e_i = e_0 + e_a \tag{3-81}$$

式中　e ——轴向力作用点到受拉钢筋合力点之间的距离；

η ——偏心受压构件考虑二阶弯矩影响的轴向压力偏心距增大系数；

e_i ——初始偏心距；

a'_s ——受压钢筋合力点到截面受压边缘的距离；

a_s ——受拉钢筋合力点到截面受拉边缘的距离；

e_a ——附加偏心距，其值应取 20mm 和偏心方向截面尺寸的 $l/30$ 两者中的较大值；

e_0 ——轴向压力对截面重心的偏心距：$e_0 = M/N$。

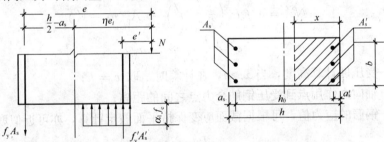

图 3-46　大偏心受压构件正截面承载力计算图形

2）公式的适用条件

①为了保证构件破坏时受拉区钢筋应力先达到屈服强度，要求

$$x \leqslant x_b \tag{3-82}$$

式中　x_b ——界限破坏时，受压区计算高度，$x_b = \zeta_b h_0$。

②为了保证构件破坏时，受压钢筋应力能达到屈服强度和双筋受弯构件相同，要求满足：

$$x \geqslant 2a'_s \tag{3-83}$$

3）当 $x < 2a_s'$ 时，受压钢筋达不到屈服，其正截面的承载力按下式计算：

$$Ne_s' \leqslant f_y A_s (h - a_s - a_s')$$
（3-84）

（2）矩形截面小偏心受压构件正截面承载力计算公式

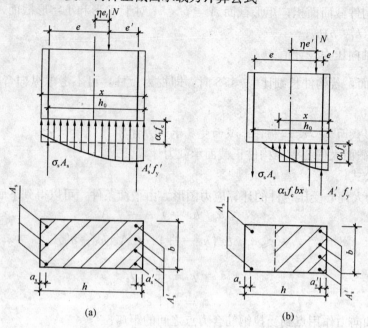

图 3-47 小偏心受压构件正截面承载力计算图形
（a）截面全部受压；（b）截面大部分受压

图 3-47 为小偏心受压构件的计算应力图形，由平衡条件，可以得到下面四个计算公式：

$$N = \alpha_1 f_c bx + A_s' f_y' - A_s \sigma_s$$
（3-85）

$$Ne = \alpha_1 f_c bx \left(h_0 - \frac{x}{2} \right) + A_s' f_y' (h_0 - a_s')$$
（3-86）

$$Ne' = \alpha_1 f_c bx \left(\frac{x}{2} - a_s' \right) - \sigma_s A_s (h_0 - a_s')$$
（3-87）

$$e' = \frac{h}{2} - \eta e_i - a_s'$$
（3-88）

式中　x ——受压区计算高度，当 $x > h$，在计算时，取 $x = h$；

　　　e' ——轴向力作用点到受压钢筋合力点之间的距离；

　　　σ_s ——钢筋的应力值，可根据截面应变保持平面假定计算，亦可近似取

$$\sigma_s = \frac{f_y}{\xi_b - 0.8} (\xi - 0.8)$$
（3-89）

且求出的还应符合：$f_y' \leqslant \sigma_s \leqslant f_y$，当计算的 σ_s 为拉应力且其值大于 f_y 时，取 $\sigma_s = f_y$；当 σ_s 为压应力且其绝对值大于 f_y' 时，取 $\sigma_s = -f_y$。

（3）垂直于弯矩作用平面的受压承载力验算

当轴向压力设计值 N 较大且弯矩作用平面内的偏心距较小时，若垂直于弯矩作用平面的长细比较大或边长较小时，则有可能由垂直于弯矩作用平面的轴心受压承载力起控制作用。因此，《混凝土结构规范》规定：偏心受压构件除应计算弯矩作用平面的受压承载力外，尚应按轴心受压构件验算垂直于弯矩作用平面的受压承载力。此时，可不计入弯矩的作用，但应考虑稳定系数 φ 的影响。

3.4.3.5 矩形截面非对称配筋的计算方法

计算可分为截面设计和承载力验算两类，本节只学习设计题。

截面设计一般指截面配筋计算。在 A_s 及 A'_s 未确定以前，ξ 值是无法直接计算出来的。因此就无法用 ξ 和 ξ_b 做比较来判别是大偏压还是小偏压。根据常用的材料强度及统计资料可知：在一般情况下，当 $\eta e_i > 0.3 h_0$ 时，可按大偏压情况计算 A_s 及 A'_s；当 $\eta e_i \leqslant 0.3 h_0$ 时，可按小偏压情况计算 A_s 及 A'_s。同时，在所有情况下，A_s 及 A'_s 还要满足最小配筋的规定，同时（$A_s + A'_s$）不宜大于 $0.05 b h_0$。

（1）大偏心受压（$\eta e_i > 0.3 h_0$）

A_s 及 A'_s 均未知，可利用基本公式（3-68）、式（3-69）计算，但有三个未知数，A_s、A'_s 和 ξ，即要补充一个条件才能得到唯一解。通常以 $A_s + A'_s$ 的总用量为最小作为补充条件，就应该充分发挥受压混凝土的作用并保证受拉钢筋屈服，此时，可取 $\xi = \xi_b$。

【例3-15】 某钢筋混凝土矩形柱 $b \times h = 400\text{mm} \times 600\text{mm}$，承受轴向压力设计值 $N = 1000\text{kN}$，弯矩设计值 $M = 450\text{kN} \cdot \text{m}$，柱计算长度 $l_0 = 7\text{m}$，该柱采用热轧钢筋 HRB400（$f_y = f'_y = 3600\text{N/mm}^2$，$\xi_b = 0.518$），混凝土强度等级为 C25（$f_c = 11.9\text{N/mm}^2$），取 $a_s = a'_s = 40\text{mm}$。若采用非对称配筋，试求纵向钢筋的截面面积。

【解】 （1）判断破坏类型

1）求初始偏心距 e_i

$$h_0 = h - a_s = 600 - 40 = 560\text{mm}$$

$$e_0 = \frac{M}{N} = 450000/1000 = 450\text{mm}$$

$$\frac{h}{30} = \frac{600}{30} = 20\text{mm} \qquad e_a = 20\text{mm}$$

$$e_i = e_0 + e_a = 450 + 20 = 470\text{mm}$$

2）求偏心距增大系数 η

$$\zeta_1 = \frac{0.5 f_c A}{N} = \frac{0.5 \times 11.9 \times 400 \times 600}{1000 \times 10^3} = 1.428 > 1.0 \text{ 取 } \zeta_1 = 1.0$$

$$\frac{l_0}{h} = \frac{7.0}{0.6} = 11.67 < 15 \qquad \zeta_2 = 1.0$$

$$\eta = 1 + \frac{1}{1400 \frac{e_i}{h_0}} \left(\frac{l_0}{h}\right)^2 \zeta_1 \zeta_2 = 1 + \frac{1}{1400 \times \frac{470}{560}} \times 11.67^2 \times 1 \times 1 = 1.12$$

3）判别大小偏压

$$\eta e_i = 1.12 \times 470 = 526.4 > 0.3 h_0 = 168\text{mm} \quad \text{按大偏压计算}$$

$$e = \eta e_i + \frac{h}{2} - a_s = 526.4 + \frac{600}{2} - 40 = 786.4\text{mm}$$

（2）计算纵向受拉钢筋截面面积

1）求受压钢筋截面面积 A'_s

取 $\xi = \xi_b = 0.518$ 代入基本公式得：

$$A'_s = \frac{Ne - \alpha_1 f_c b h_0^2 \xi_b (1 - 0.5 \xi_b)}{f'_s (h_0 - a'_s)}$$

$$= \frac{1000 \times 10^3 \times 786.4 - 1 \times 11.9 \times 400 \times 560^2 \times 0.518 \times (1 - 0.5 \times 0.518)}{360 \times (560 - 40)}$$

$$= 1095\text{mm}^2$$

2) 求受拉钢筋截面面积 A_s

$$A_s = \frac{\alpha_1 f_c bh_0 \xi_b + f'_y A'_s - N}{f_y} = \frac{1 \times 11.9 \times 400 \times 560 \times 0.518 - 1000000}{360} + 1095$$

$$= 2187 \text{mm}^2$$

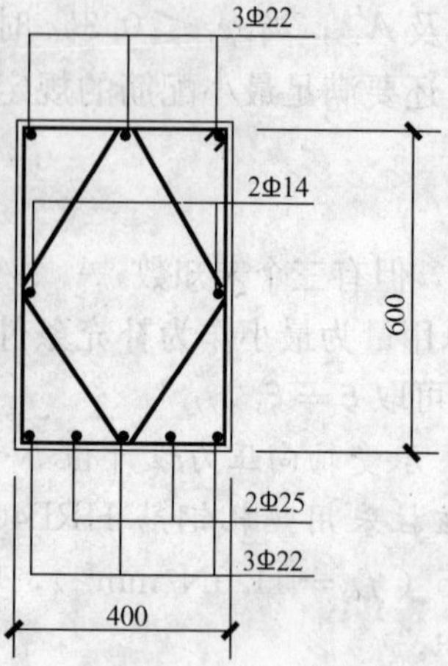

图 3-48　截面配筋图

（3）选配钢筋

实选受压钢筋 3 Φ 22，$A'_s = 1140\text{mm}^2 > 0.002bh = 0.002 \times 400 \times 600 = 480\text{mm}^2$

实选受拉钢筋 2 Φ 25＋3 Φ 22，$A_s = 2122\text{mm}^2 > 0.002bh = 0.002 \times 400 \times 600 = 480\text{mm}^2$

整个纵筋配筋率 $\rho = \frac{A_s + A'_s}{bh} \times 100\% = \frac{1140 + 2122}{400 \times 600} \times 100\% = 1.4\% > \rho_{min} = 0.6\%$

一侧纵向钢筋配筋率 $\rho = \frac{A_s}{bh} \times 100\% = \frac{1140}{400 \times 600} \times 100\% = 0.48\% > \rho_{min} = 0.2\%$

配筋截面如图 3-48 所示。

【例 3-16】　条件同［例 3-15］，但已选定受压钢筋为 3 Φ 25（$A'_s = 1473\text{mm}^2$），试求受拉钢筋的截面面积 A_s。

【解】　步骤（1）同［例 3-13］。

（2）求受压区相对高度 ξ，由基本公式变形得：

$$\xi = 1 - \sqrt{1 - \frac{Ne - f'_y A'_s (h_0 - a'_s)}{0.5\alpha_1 f_c bh_0^2}} = 1 - \sqrt{1 - \frac{1000000 \times 786.4 - 360 \times 1473 \times (560 - 40)}{0.5 \times 1 \times 11.9 \times 400 \times 560^2}}$$

$$= 0.30 < \xi_b = 0.518 > \frac{2a_s}{h_0} = \frac{2 \times 40}{560} = 0.143$$

（3）求受拉钢筋截面面积 A_s

由基本公式得：

$$A_s = \frac{\alpha_1 f_c bh_0 \xi_b + f'_y A'_s - N}{f_y} = \frac{1 \times 11.9 \times 400 \times 560 \times 0.30 - 1000000}{360} + 1473$$

$$= 1907.6 \text{mm}^2$$

（4）实选受拉钢筋 5 Φ 22，$A_s = 1900\text{mm}^2 > 0.002bh = 0.002 \times 400 \times 600 = 480\text{mm}^2$

整个纵筋配筋率 $\rho = \frac{A_s + A'_s}{bh} \times 100\% = \frac{1473 + 1900}{400 \times 600} \times 100\% = 1.41\% > \rho_{min} = 0.6\%$

一侧纵向钢筋配筋率 $\rho = \frac{A'_s}{bh} \times 100\% = \frac{1473}{400 \times 600} \times 100\% = 0.6\% > \rho_{min} = 0.2\%$

配筋截面如图 3-49 所示。

（2）小偏心受压（$\eta e_i \leqslant 0.3h_0$）

情况 1：A_s 及 A'_s 均未知

由基本公式（3-85）、式（3-86）及式（3-89）可看出，未知数总共有四个 A_s、A'_s、σ_s 和 ξ，因此要得出唯一解，需要补充一个条件。与大偏压的截面设计相仿，在 A_s 及 A'_s 均未知时，以 $A_s + A'_s$ 为最小作为补充条件。

而在小偏压时，由于远离纵向力一侧的纵向钢筋不管是受拉还是受压均达不到屈服强度（除非是偏心距过小，且轴向力很大）。因此，一般可取 A_s 为按最小配筋百分率计算出钢筋的截面面积，这样得出的总用钢量为最少。故取：$A_s = \rho_{\min} bh$。这样解联立方程就可求出 A'_s。

情况2：已知 A_s 求 A'_s，或已知 A'_s 求 A_s

这种情况的未知数与可用的基本公式一致，可直接求出 ξ 和 A_s 或 A'_s。

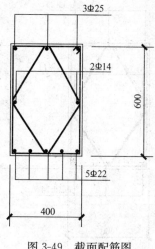

图 3-49　截面配筋图

【例 3-17】 已知在荷载作用下，柱的纵向力设计值为 $N = 2500\text{kN}$，$M = 250\text{kN} \cdot \text{m}$，截面尺寸 $b \times h = 400\text{mm} \times 600\text{mm}$，$a_s = a'_s = 40\text{mm}$，混凝土强度等级为 C25（$f_c = 11.9\text{N/mm}^2$），热轧钢筋 HRB400（$f_y = f'_y = 360\text{N/mm}^2$，$\xi_b = 0.518$），柱计算长度 $l_0 = 4.5\text{m}$，采用非对称配筋，求 A_s 及 A'_s。

【解】 （1）判断破坏类型

1）求初始偏心距 e_i

$$h_0 = h - a_s = 600 - 40 = 560\text{mm}$$

$$e_0 = \frac{M}{N} = \frac{250000}{2500} = 100\text{mm} < 0.3h_0 = 0.3 \times 560 = 168\text{mm}$$

$$e_a = 20\text{mm} \qquad \frac{h}{30} = \frac{600}{30} = 20\text{mm} \qquad e_a = 20\text{mm}$$

$$e_i = e_0 + e_a = 100 + 20 = 120\text{mm}$$

2）求偏心距增大系数 η

$$\frac{l_0}{h} = \frac{4500}{600} = 7.5 < 8 \quad \text{取 } \eta = 1.0$$

3）判别大小偏压

$$\eta e_i = 1.0 \times 120 = 120 < 0.3h_0 = 168\text{mm} \qquad \text{小偏压}$$

$$e = \eta e_i + \frac{h}{2} - a_s = 120 + \frac{600}{2} - 40 = 380\text{mm}$$

（2）求受拉钢筋的截面面积

取 $A_s = \rho_{\min} bh = 0.002bh = 0.002 \times 400 \times 600 = 480\text{mm}^2$

选用 3ϕ16，$A_s = 603\text{mm}^2$

由基本方程

$$N = \alpha_1 f_c bx + f'_y A'_s - \sigma_s A_s$$

$$\sigma_s = \frac{f_y}{\xi_b - 0.8}\left(\frac{x}{h_0} - 0.8\right)$$

$$Ne = \alpha_1 f_c bx\left(h_0 - \frac{x}{2}\right) + f'_y A'_s(h_0 - a'_s)$$

代入数值得：

$$2500 \times 10^3 = 1.0 \times 11.9 \times 400x + 360 \times A'_s - \frac{360}{0.518 - 0.8}\left(\frac{x}{560} - 0.8\right) \times 480$$

$$2500 \times 10^3 \times 380 = 1.0 \times 11.9 \times 400x\left(560 - \frac{x}{2}\right) + 360 \times A'_s(560 - 40)$$

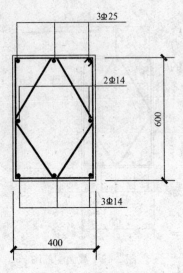

图 3-50　截面配筋图

化简得：　$x^2 + 159.2x - 253331.1 = 0$

解得有效根　$x = 430\text{mm} < h$

代入上式得：$A'_s = 1325.2\text{mm}^2 \approx 1325\text{mm}^2$

实选受压钢筋为 3 Φ 25，$A'_s = 1473\text{mm}^2 > 0.002bh = 0.002 \times 400 \times 600 = 480\text{mm}^2$。截面配筋图如图 3-50 所示。

整个纵筋配筋率　$\rho = \dfrac{A_s + A'_s}{bh} = \dfrac{1473 + 480}{400 \times 600} = 0.8\% > \rho_{\min} = 0.6\%$

（3）垂直弯矩平面方向的验算

$$N \leqslant 0.9\varphi[f_c A + f'_y(A'_s + A_s)]$$
$$= 0.9 \times 0.97[11.9 \times 400 \times 600 + 360(1473 + 480)]$$
$$= 3160563\text{N} > 2500000\text{N}$$

满足要求。

3.4.3.6　矩形截面对称配筋计算方法

计算可分为截面设计和承载力验算（复核题）两类。本节只学习设计题。

截面设计：

对称配筋时，截面两侧的配筋相同，即 $A_s = A'_s$，$f_y = f'_y$

（1）大偏压计算

由式（3-78）可得：

$$x = \frac{N}{\alpha_1 f_c b} \tag{3-90}$$

代入式（3-79）得：

$$A_s = A'_s = \frac{Ne - \alpha_1 f_c bx\left(h_0 - \dfrac{x}{2}\right)}{f'_y(h_0 - a'_s)} \tag{3-91}$$

（2）小偏压计算

$$\xi = \frac{N - \xi_b \alpha_1 f_c b h_0}{\dfrac{Ne - 0.43\alpha_1 f_c b h_0^2}{(\beta_1 - \xi_b)(h_0 - a'_s)} + \alpha_1 f_c b h_0} + \xi_b \tag{3-92}$$

代入式（3-86）得：

$$A'_s = A_s = \frac{Ne - \xi(1 - 0.5\xi)\alpha_1 f_c b h_0^2}{f'_y(h_0 - a'_s)} \tag{3-93}$$

【例 3-18】　一根钢筋混凝土柱，条件与［例 3-15］相同，仅截面改为对称配筋，试求所需纵向钢筋的面积 A_s 及 A'_s。

【解】　η 计算同［例 3-15］。

（1）判别大小偏压

$$x = \frac{N}{a'_1 f_c b} = \frac{1000000}{1.0 \times 11.9 \times 400} = 210.1\text{mm} < \xi_b h_0 = 0.518 \times 565 = 292.7\text{mm}$$

$$x = 210.1\text{mm} > 2a'_s = 2 \times 35 = 70\text{mm}$$

故属于大偏压。

86

（2）求 A_s 及 A'_s 面积

根据公式得：

$$A_s = A'_s = \frac{Ne - \alpha_1 f_c bx\left(h_0 - \dfrac{x}{2}\right)}{f'_y(h_0 - a'_s)}$$

$$= \frac{1000000 \times 791.4 - 1.0 \times 11.9 \times 400 \times 210.1 \times \left(560 - \dfrac{210.1}{2}\right)}{360 \times (560 - 40)}$$

$$= 1737 \text{mm}^2$$

从上面的计算结果可看出，对某一组特定的内力 (M, N) 来讲，对称配筋截面的用钢量要比非对称配筋截面的用钢量多一些。在［例 3-15］中，$A_s + A'_s$ 的计算值为 3272mm²，而在本例中则为 $1737 \times 2 = 3474$mm²，多用 6.2%。

【例 3-19】 一根钢筋混凝土柱，条件与［例 3-17］相同，仅截面改为对称配筋，试求所需纵向钢筋的面积 A_s 及 A'_s。

【解】 η 计算同［例 3-17］

（1）判别大小偏压

$$x = \frac{N}{\alpha_1 f_c b} = \frac{2500000}{1.0 \times 11.9 \times 400} = 525.2 \text{mm} > \xi_b h_0 = 0.518 \times 565 = 292.7 \text{mm}$$

属于小偏压。

（2）计算纵向受力钢筋截面面积

1）计算相对受压区高度

用规范建议的公式求相对受压区高度 ξ

$$\xi = \frac{N - \xi_b \alpha_1 f_c b h_0}{\dfrac{Ne - 0.43 \alpha_1 f_c b h_0^2}{(\beta_1 - \xi_b)(h_0 - a'_s)} + \alpha_1 f_c b h_0} + \xi_b$$

$$= \frac{2500000 - 0.518 \times 1.0 \times 11.9 \times 400 \times 560}{\dfrac{2500000 \times 380 - 0.43 \times 1.0 \times 11.9 \times 400 \times 560^2}{(0.8 - 0.518)(560 - 40)} + 1.0 \times 11.9 \times 400 \times 560} + 0.518$$

$$= 0.751$$

2）求纵向钢筋截面面积 A_s 及 A'_s

$$A'_s = A_s = \frac{Ne - \xi(1 - 0.5\xi)\alpha_1 f_c b h_0^2}{f'_y(h_0 - a'_s)}$$

$$= \frac{2500000 \times 385 - 0.751 \times (1 - 0.5 \times 0.751) \times 1.0 \times 11.9 \times 400 \times 560^2}{360 \times (560 - 40)}$$

$$= 1315 \text{mm}^2$$

本例两侧总用钢量计算值为 2630mm²，比［例 3-17］的总用钢量计算值 $480 + 1325 = 1805$mm² 多了 825mm²。

（3）垂直弯矩平面方向的验算

$0.9\varphi[f_c A + f'_y(A'_s + A_s)] = 0.9 \times 0.97[11.9 \times 400 \times 600 + 360(1315 + 1315)] = 3316387.3\text{N} > 2500000\text{N}$

满足要求。

3.4.4 偏心受压构件斜截面抗剪强度计算

3.4.4.1 试验研究分析

在偏心受压构件中一般都伴随有剪力作用。试验表明，当轴向力不太大时，轴向压力对构件的抗剪强度起有利作用。这是由于轴向压力的存在将使斜裂缝的出现相对推迟，斜裂缝宽度也发展得相对较慢。当 $\dfrac{N}{f_c bh}$ 在 0.3～0.5 范围内时，轴向压力对抗剪强度的有利影响达到峰值；若轴向压力更大，则构件的抗剪强度反而会随着 N 的增大而逐渐下降。

3.4.4.2 偏心受压构件斜截面承载力计算公式

（1）计算公式

$$V = \frac{1.75}{\lambda+1} f_t bh_0 + f_{yv} \frac{A_{sv}}{s} h_0 + 0.07N \tag{3-94}$$

式中　λ——偏心受压构件计算截面的剪跨比；

N——与剪力设计值 V 相对应的轴向压力设计值，当 $N > 0.3 f_c A$ 时，取 $N = 0.3 f_c A$，A 为构件的截面面积。

（2）计算剪跨比的取值

对各类结构的框架柱，宜取 $\lambda = \dfrac{M}{Vh_0}$。对框架结构中的框架柱，当其反弯点在层高范围内时，可取 $\lambda = \dfrac{H_n}{2h_0}$；当 $\lambda < 1$ 时，取 $\lambda = 1$；当 $\lambda > 3$ 时，取 $\lambda = 3$；此处 H_n 为柱净高，M 为计算截面上与剪力设计值 V 相应的弯矩设计值。

对其他偏心受压构件，当承受均布荷载时，取 $\lambda = 1.5$；当承受集中荷载时（包括作用有多种荷载且集中荷载对支座截面或节点边缘所产生的剪力值占总剪力值 75% 以上时），取 $\lambda = \dfrac{a}{h_0}$；当 $\lambda < 1.5$ 时，取 $\lambda = 1.5$；当 $\lambda > 3$ 时，取 $\lambda = 3$；此处，a 为集中荷载至支座或节点边缘的距离。

（3）公式的适用条件

为了防止箍筋充分发挥作用之前产生由混凝土的斜向压碎引起的斜压型剪切破坏，框架柱截面还必须满足下列条件：

$$V \leqslant 0.25 \beta_c f_c bh_0 \tag{3-95}$$

$$V \leqslant \frac{1.75}{\lambda+1.5} f_t bh_0 + 0.07N \tag{3-96}$$

当满足式（3-96）条件时，柱就可不进行斜截面抗剪强度计算，按构造要求配置箍筋。

3.5　钢筋混凝土构件裂缝与变形

3.5.1 概述

钢筋混凝土构件的承载能力极限状态计算是保证结构安全可靠的前提条件，为满足构件安全的要求，而要使构件具有预期的适用性和耐久性，则应进行正常使用极限状态的验算，即对构件进行裂缝宽度及变形验算。

考虑到结构构件不满足正常使用极限状态时所带来的危害性比不满足承载力极限状态时

要小，其相应的可靠指标也要小些，故《混凝土结构规范》规定，验算变形及裂缝宽度时荷载均采用标准值，不考虑荷载分项系数。由于构件的变形及裂缝宽度都随时间而增大，因此验算变形及裂缝宽度时，按荷载效应的标准组合并考虑荷载长期作用影响。

3.5.2 混凝土构件裂缝宽度验算

（1）裂缝控制

由于混凝土的抗拉强度很低，在荷载不大时，混凝土构件受拉区就已经开裂。引起裂缝的原因是多方面的，最主要的是由于荷载产生的内力所引起的裂缝，此外，由于基础的不均匀沉降，混凝土收缩和温度作用而产生的变形受到钢筋或其他构件约束，以及因钢筋锈蚀时而体积膨胀，都会在混凝土中产生拉应力，当拉应力超过混凝土的抗拉强度时即开裂。由此看来，截面受有拉应力的混凝土构件在正常使用阶段出现裂缝是难免的，对于一般的工业与民用建筑来说，是允许构件带有裂缝工作的。之所以要对裂缝的开展宽度进行限制，主要是基于以下两个方面的理由：一是外观的要求；二是耐久性的要求，并以后者为主。

从外观要求考虑，裂缝过宽给人以不安全的感觉，同时也影响对质量的评估；从耐久性要求考虑，如果裂缝过宽，在有水浸入或空气相对湿度很大或所处的环境恶劣时，裂缝处的钢筋将锈蚀甚至严重腐蚀，导致钢筋截面面积减小，使构件的承载力下降。因此必须对构件的裂缝宽度进行控制。

在进行结构构件设计时，应根据使用要求选用不同的裂缝控制等级。《混凝土结构规范》将裂缝控制等级划分为三级：

一级：严格要求不出现裂缝的构件，按荷载效应的标准组合进行计算时，构件受拉边边缘的混凝土不应产生拉应力。

二级：一般要求不出现裂缝的构件，即按荷载效应标准组合进行计算时，构件受拉边缘混凝土的拉应力不应大于混凝土轴心抗拉强度标准值；而按荷载效应准永久组合进行计算时，构件受拉边边缘的混凝土不宜产生拉应力，当有可靠经验时可适当放松。

三级：允许出现裂缝的构件，但荷载效应标准组合并考虑长期作用影响求得的最大裂缝宽度 ω_{max}，不应超过《混凝土结构规范》规定的最大裂缝宽度限值 ω_{lim}。

上述一级、二级裂缝控制属于构件的抗裂能力控制，对于钢筋混凝土构件来说，混凝土在使用阶段一般都是带裂缝工作的，故按三级标准来控制裂缝宽度。

（2）受弯构件裂缝宽度的计算

受弯构件的裂缝包括由弯矩产生的正应力引起的垂直裂缝和由弯矩、剪力产生的主拉应力引起的斜裂缝。对于主拉应力引起的斜裂缝，当按斜截面抗剪承载力计算配置了足够的腹筋后，其斜裂缝的宽度一般都不会超过《混凝土结构规范》所规定的最大裂缝宽度的限值，所以在此主要讨论由弯矩引起的垂直裂缝情况。

1）受弯构件裂缝的出现和开展过程

如图 3-51 所示的简支梁，其 CD 段为纯弯段，设 M 为外荷载产生的弯矩，M_{cr} 为构件沿正截面的开裂弯矩，即构件垂直裂缝即将出现时的弯矩。当 $M < M_{cr}$ 时，构件受拉区边缘混凝土的拉应力 σ_t 小于混凝土的抗拉强度 f_{tk}，构件不会出现裂缝。当 $M = M_{cr}$ 时，由于在纯弯段各截面的弯矩均相等，故理论上来说各截面受拉区混凝土的拉应力都同时达到混凝土的抗拉强度，各截面均进入裂缝即将出现的极限状态。然而实际上由于构件混凝土的实际抗拉强度的分布是不均匀的，故在混凝土最薄弱的截面将首先出现第一条裂缝。

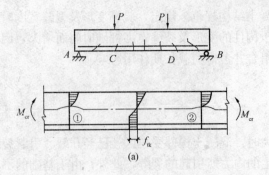
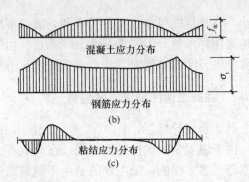

图 3-51 受弯构件裂缝开展过程

在第一条裂缝出现后，裂缝截面处的受拉混凝土退出工作，荷载产生拉力全部由钢筋承担，使开裂截面处纵向受拉钢筋的拉应力突然增大，而裂缝处混凝土的拉应力降为零，裂缝两侧尚未开裂的混凝土必然试图也使其拉应力降为零，从而使该处的混凝土向裂缝两侧回缩，混凝土与钢筋表面出现相对滑移并产生变形差，故裂缝一出现即具有一定的宽度。由于钢筋和混凝土之间存在粘结应力，因而裂缝截面处的钢筋应力又通过粘结应力逐渐传递给混凝土，钢筋的拉应力则相应减小，而混凝土拉应力则随着离开裂缝截面的距离的增大而逐渐增大，随着弯矩的增加，即当 $M > M_{cr}$ 时，在离开第一条裂缝一定距离的截面的混凝土拉应力又达到了其抗拉强度，从而出现第二条裂缝。在第二条裂缝处的混凝土同样朝裂缝两侧滑移，混凝土的拉应力又逐渐增大，当其达到混凝土的抗拉强度时，又出现新的裂缝。按类似的规律，新的裂缝不断产生，裂缝间距不断减小，当裂缝减小到无法使未产生裂缝处的混凝土的拉应力增大到混凝土的抗拉强度时，这时即使弯矩继续增加，也不会产生新的裂缝，因而可以认为此时裂缝出现已经稳定。

当荷载继续增加，即 M 由 M_{cr} 增加到使用阶段荷载效应标准组合的弯矩标准值 M_s 时，对一般梁，在使用荷载作用下裂缝的发展已趋于稳定，新的裂缝将不再增加。最后，各裂缝宽度达到一定的数值，裂缝截面处受拉钢筋的应力达到 σ_{sk}。

2）裂缝宽度验算

①平均裂缝间距

计算构件裂缝宽度时，需先计算裂缝的平均间距。理论分析表明，裂缝间距主要取决于有效配筋率 ρ_{te}，钢筋直径 d 及表面形状。此外，还与混凝土的保护层厚度 c 有关。根据试验结果，平均裂缝间距可按半理论半经验公式计算：

$$l_m = \beta\left(1.9c + 0.08\frac{d_{eq}}{\rho_{te}}\right) \qquad (3\text{-}97)$$

式中　β——系数，对轴心受拉构件 $\beta = 1.1$；对受弯、偏心受压、偏心受拉构件取 $\beta = 1.0$；

　　　c——最外层纵向受拉钢筋外边缘至受拉区底边的距离（即混凝土保护层厚度），当 $c < 20\text{mm}$ 时，取 $c = 20\text{mm}$；当 $c > 65\text{mm}$ 时，取 $c = 65\text{mm}$；

　　　ρ_{te}——按有效受拉混凝土截面计算的纵向受拉钢筋配筋率（简称有效配筋率）；$\rho_{te} = \dfrac{A_s}{A_{te}}$，当计算得出的 $\rho_{te} < 0.01$ 时，取 $\rho_{te} = 0.01$；

　　　A_{te}——受拉区有效混凝土的截面面积如图 3-52 所示，对轴心受拉构件，A_{te} 取构件截面面积；对受弯、偏心受压、偏心受拉构件取 $A_{te} = 0.5bh + (b_f - b)h_f$；其中

b_f、h_f 分别为受拉翼缘的宽度和高度，受拉区为矩形截面时，$A_\mathrm{te} = 0.5bh$；

d_eq ——纵向受拉钢筋的等效直径，mm。

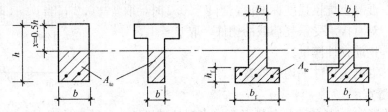

图 3-52　受拉区有效受拉混凝土截面面积 A_te 的取值

②平均裂缝宽度 ω_m

如上所述，裂缝的开展是由于混凝土的回缩造成的，因此两条裂缝之间受拉钢筋的伸长值与同一处受拉混凝土伸长值的差值就是构件的平均裂缝宽度，如图 3-53 所示。由此可推得受弯构件的平均裂缝宽度 ω_m 为：

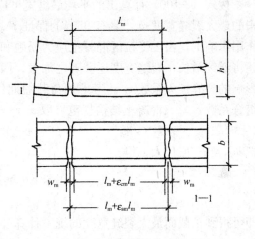

$$\omega_\mathrm{m} = \varepsilon_\mathrm{sm} l_\mathrm{m} - \varepsilon_\mathrm{cm} l_\mathrm{m} = \varepsilon_\mathrm{sm}\left(1 - \frac{\varepsilon_\mathrm{cm}}{\varepsilon_\mathrm{sm}}\right) l_\mathrm{m}$$

$$(3\text{-}98)$$

式中　ε_sm ——纵向受拉钢筋的平均拉应变，

$$\varepsilon_\mathrm{sm} = \psi \frac{\sigma_\mathrm{sk}}{E_\mathrm{s}} ;$$

ε_cm ——与纵向受拉钢筋相同水平处侧表面混凝土的平均拉应变；

图 3-53　平均裂缝计算图式

ε_sm，σ_sk ——荷载效应标准组合下钢筋混凝土构件中受拉区纵向钢筋的应变、应力。

令 $\alpha_\mathrm{c} = 1 - \dfrac{\varepsilon_\mathrm{cm}}{\varepsilon_\mathrm{sm}}$，$\alpha_\mathrm{c}$ 称为裂缝间混凝土自身伸长对裂缝宽度的影响系数，代入式（3-98）后得：

$$\omega_\mathrm{m} = \alpha_\mathrm{c} \psi \frac{\sigma_\mathrm{sk}}{E_\mathrm{s}} l_\mathrm{m}$$

$$(3\text{-}99)$$

试验研究表明，系数虽然与配筋率、截面形状和混凝土保护层等因素有关，但一般情况下，α_c 变化不大且对裂缝开展宽度影响也不大，为简化计算，α_c 可近似取为 0.85，则式（3-99）变为：

$$\omega_\mathrm{m} = 0.85 \psi \frac{\sigma_\mathrm{sk}}{E_\mathrm{s}} l_\mathrm{m}$$

$$(3\text{-}100)$$

上式不仅适用于受弯构件，也同样适用于轴心受拉、偏心受拉和偏心受压构件。

式中　σ_sk ——按荷载效应的标准组合计算的钢筋混凝土受弯构件纵向受拉钢筋的应力，可按下列公式计算：

$$\sigma_\mathrm{sk} = \frac{M_\mathrm{k}}{0.87 h_0 A_\mathrm{s}}$$

$$(3\text{-}101)$$

ψ ——裂缝间纵向受拉钢筋应变不均匀系数，它反映了裂缝之间混凝土协助钢筋抗拉工作的程度。ψ 愈小，裂缝之间的混凝土协助钢筋抗拉工作愈强。《混凝土结构规范》规定，ψ 按下式计算：

$$\psi = 1.1 - \frac{0.65 f_{tk}}{\rho_{te} \sigma_{sk}} \qquad (3-102)$$

式中 f_{tk}——混凝土抗拉强度标准值，当 $\psi < 0.2$ 时，取 $\psi = 0.2$；当 $\psi > 1$ 时，取 $\psi = 1$；
　　　　　　　对直接承受重复荷载的构件，取 $\psi = 1$。

　　　　E_s——钢筋弹性模量；

　　　　l_m——混凝土构件平均裂缝宽度。

③最大裂缝宽度

由于钢筋混凝土材料的不均匀性及裂缝出现的随机性，导致裂缝间距和裂缝宽度的离散性较大，故必须考虑裂缝分布和开展的不均匀性。

按式（3-100）计算出的平均裂缝宽度应乘以考虑裂缝不均匀性扩大系数 τ_s，使计算出来的最大裂缝宽度 ω_{max} 具有95%的保证率。此外，最大裂缝宽度 ω_{max} 尚应考虑在荷载长期作用影响下，由于受拉区混凝土应力松弛和滑移以及混凝土收缩，裂缝间受拉钢筋平均应变还将继续增长，裂缝宽度还会随之加大。因此，短期的最大裂缝宽度还应乘上荷载长期作用影响的裂缝扩大系数 τ_l。考虑到荷载短期作用和荷载长期作用影响的组合作用，尚需乘以组合系数 α_{sl}。《混凝土结构规范》取 $\alpha_{sl} \tau_l = 0.9 \times 1.66 = 1.5$。这样，最大裂缝宽度为：

$$\omega_{max} = \tau_s \alpha_{sl} \tau_l \omega_m \qquad (3-103)$$

把 ω_m 及 l_m 值代入，得：

$$\omega_{max} = 0.85 \tau_s \alpha_{sl} \tau_l \beta \psi \frac{\sigma_{sk}}{E_s} \left(1.9c + 0.08 \frac{d_{eq}}{\rho_{te}} \right) \qquad (3-104)$$

令

$$\alpha_{cr} = 0.85 \tau_s \alpha_{sl} \tau_l \beta$$

即可得到正截面最大裂缝宽度的统一计算公式

$$\omega_{max} = \alpha_{cr} \psi \frac{\sigma_{sk}}{E_s} \left(1.9c + 0.08 \frac{d_{eq}}{\rho_{te}} \right) \qquad (3-105)$$

式中 α_{cr}——构件受力特征系数，取 $\alpha_{cr} = 2.1$；

受拉区纵向钢筋的等效直径

$$d_{eq} = \frac{\sum n_i d_i^2}{\sum n_i v_i d_i} \quad (mm)$$

式中 d_i——受拉区第 i 种纵向钢筋的公称直径，mm；

　　　　n_i——受拉区第 i 种纵向钢筋的根数；

　　　　v_i——受拉区第 i 种纵向钢筋的相对粘结特性系数；光面钢筋取0.7，带肋钢筋取
　　　　　　　1.0。对环氧树脂涂层带肋钢筋，其相对粘结特性系数应考虑折减系数0.8。

按式（3-105）算得的最大裂缝宽度 ω_{max} 不应超过《混凝土结构规范》规定的最大裂缝宽度限制 ω_{lim}，见表3-13。

表3-13   结构构件的裂缝控制等级及最大裂缝限值

环境类别	钢筋混凝土结构	
	裂缝控制等级	ω_{lim} (mm)
一	三	0.3（0.4）
二	三	0.2
三	三	0.2

注：对处于平均相对湿度小于60%地区一类环境下的受弯构件，其最大裂缝宽度限值可采用括号内的数值。

由于在验算裂缝宽度时，构件的材料、截面尺寸及配筋，按荷载效应的标准组合计算的

钢筋应力 σ_{sk}、系数 ψ、E_s、ρ_{te} 均为已知，而保护层厚度 c 值按构造一般变化较小，故 ω_{max} 主要取决于 d、v 这两个参数。因此，当计算得出 $\omega_{max} > \omega_{lim}$ 时，宜选择较细直径的变形钢筋，以增大钢筋与混凝土接触面积，提高钢筋与混凝土的粘结强度。但钢筋直径的选择也要考虑施工的方便。

如采用上述措施不能满足要求时，也可增加钢筋截面面积 A_s，加大有效配筋率 ρ_{te}，从而减小钢筋应力 σ_{sk} 和裂缝间距 l_m，以期符合要求。改变截面形式和尺寸，提高混凝土强度等级，效果甚差，一般不宜采用。

ω_{max} 是指计算在纵向受拉钢筋水平处的最大裂缝宽度，而在结构试验或质量检验时，通常只能观察构件外表面的裂缝宽度，后者比前者约大 k_c 倍，该倍数可按下列经验公式确定：

$$k_c = 1 + 1.5 \frac{a_s}{h} \tag{3-106}$$

式中　a_s——从受拉钢筋截面中心到构件近边缘的距离。

这样就可以最终测算出纵向受拉钢筋水平处的最大裂缝宽度是否超过了《混凝土结构规范》规定的限值 ω_{lim}。

3）验算最大裂缝宽度的步骤

①按荷载效应的标准组合计算弯矩 M_k。

②计算纵向受拉钢筋应力 σ_{sk}。

③计算有效配筋率 ρ_{te}。

④计算受拉钢筋的应力不均匀系数 ψ。

⑤计算最大裂缝宽度 ω_{max}。

⑥验算 $\omega_{max} \leqslant \omega_{lim}$。

【例 3-20】　某教学楼的一根钢筋混凝土简支梁，计算跨度 $l = 6m$，截面尺寸 $b = 250mm$，$h = 650mm$，混凝土强度等级 C20（$E_c = 2.55 \times 10^4 \text{N/mm}^2$，$f_{tk} = 1.54\text{N/mm}^2$），按正截面承载力计算已配置了热轧钢筋 HRB400（$E_s = 2 \times 10^5 \text{N/mm}^2$，$A_s = 1256\text{mm}^2$），梁所承受的永久荷载标准值（包括梁自重）$g_k = 18.6\text{kN/m}$，可变荷载值 $q_k = 14\text{kN/m}$，试验算其裂缝宽度。

【解】　（1）按荷载的标准效应组合计算弯矩 M_k

$$M_k = \frac{1}{8}(g_k + q_k)l_0^2 = \frac{1}{8} \times (18.6 + 14) \times 6^2 = 146.7\text{kN} \cdot \text{m}$$

（2）计算纵向受拉钢筋的应力 σ_{sk}

$$\sigma_{sk} = \frac{M_k}{0.87h_0 A_s} = \frac{146.7 \times 10^6}{0.87 \times 615 \times 1256} = 218.3\text{N/mm}^2$$

（3）计算有效配筋率 σ_{te}

$$A_{te} = 0.5bh = 0.5 \times 250 \times 650 = 81250\text{mm}^2$$

$$\rho_{te} = \frac{A_s}{A_{te}} = \frac{1256}{81250} = 0.0155 > 0.01，取 \rho_{te} = 0.0155$$

（4）计算受拉钢筋应变的不均匀系数 ψ

$$\psi = 1.1 - \frac{0.65 f_{tk}}{\rho_{te}\sigma_{sk}} = 1.1 - \frac{0.65 \times 1.54}{0.0155 \times 218.3} = 0.804 > 0.2 \text{ 且} < 1.0$$

（5）计算最大裂缝宽度 ω_{max}

混凝土保护层厚度 $c = 25mm > 20mm$，HRB400，$v = 1.0$，$d_{eq} = \dfrac{d}{v} = 20mm$

$$\omega_{max} = 2.1\psi\frac{\sigma_{sk}}{E_s}\left(1.9c + 0.08\frac{d_{eq}}{\rho_{te}}\right)$$

$$= 2.1 \times 0.804 \times \frac{218.3}{2 \times 10^5}\left(1.9 \times 25 + 0.08 \times \frac{20}{0.0155}\right)$$

$$= 0.278mm$$

（6）由表 3-12 得最大裂缝宽度的限值 $\omega_{lim} = 0.3mm$，$\omega_{max} = 0.278mm \leqslant \omega_{lim} = 0.3mm$，裂缝宽度满足要求。

3.5.3 受弯构件挠度验算

（1）钢筋混凝土受弯构件挠度计算的特点

由材料力学知，弹性匀质材料梁挠度计算公式的一般形式为

$$f = s \cdot \frac{Ml^2}{EI} \tag{3-107}$$

式中 f——梁跨中最大挠度；

$\qquad s$——是与荷载形式、支撑条件有关的荷载效应系数；

$\qquad M$——跨中最大弯矩；

$\qquad EI$——截面抗弯刚度。当截面尺寸及材料给定后 EI 为常数，亦即挠度 f 与弯矩 M 为直线关系，如图 3-54 所示。

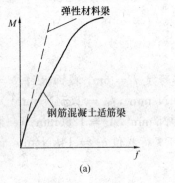 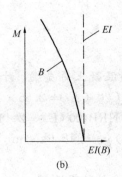

图 3-54　M 与 f，M 与 $EI(B)$ 的关系曲线

(a) M-f 曲线；(b) M-EI 曲线

钢筋混凝土梁的挠度与弯矩的关系是非线性的。因为梁是带裂缝工作的，裂缝处的实际截面减小，即梁的惯性矩减小，导致梁的刚度下降。另一方面，随着弯矩增加，梁塑性变形发展，变形模量也随之减小，即 E 也随之减小。由此可见，钢筋混凝土梁的截面抗弯刚度不是一个常数，而是随着弯矩的大小而变化。同时随着荷载作用持续时间的增加，钢筋混凝土梁的截面抗弯刚度还将进一步减小，梁的挠度还将进一步增大。故不能用 EI 来表示钢筋混凝土的抗弯刚度。为了区别匀质弹性材料受弯构件的抗弯刚度，用 B_s 表示钢筋混凝土梁在荷载标准效应组合作用下的截面抗弯刚度，简称为短期刚度，用 B 表示钢筋混凝土梁在荷载效应标准组合并考虑荷载长期作用下的截面抗弯刚度，称为构件刚度。

计算钢筋混凝土受弯构件的挠度，实质上是计算它的抗弯刚度 B，一旦求出抗弯刚度 B 后，就可以用 B 代替 EI，然后按照弹性材料梁的变形公式即可算出梁的挠度。

（2）受弯构件在荷载效应标准组合下的刚度 B_s

受弯构件的抗弯刚度反映其抵抗弯曲变形的能力。在受弯构件的纯弯段，当弯矩一定时，截面抗弯刚度大，则其弯曲变形小；反之，弯曲变形大。因此，弯矩作用下的截面曲率与其刚度有关。从几何关系分析曲率是由构件截面受拉区伸长，受压区变短而形成。虽然，截面拉、压变形愈大，其曲率也愈大。若知道截面受拉区和受压区的应变值就能求出曲率，再由弯矩与曲率的关系，可求出钢筋混凝土受弯构件截面刚度。

在材料力学中截面刚度 EI 与截面内力（M）及变形有如下关系：

$$\frac{1}{\rho} = \frac{M}{EI} \tag{3-108}$$

式中　ρ——截面曲率半径。

刚度 EI 也就是 M-$\dfrac{1}{\rho}$ 曲线之斜率。

$$B_s = \frac{M}{\dfrac{1}{\rho}} \tag{3-109}$$

通过理论分析，从而可得矩形、T形、倒T形、工字形截面受弯构件短期刚度的公式，即：

$$B_s = \frac{E_s A_s h_0^2}{1.15\psi + 0.2 + \dfrac{6\alpha_E \rho}{1 + 3.5\gamma_f'}} \tag{3-110}$$

式中　ρ——纵向受拉钢筋配筋率；

　　　α_E——钢筋弹性模量与混凝土弹性模量之比值；

　　　γ_f'——T形、工字形截面受压翼缘面积与腹板有效面积之比，计算公式为：

$$\gamma_f' = \frac{(b_f' - b)h_f'}{bh_0} \tag{3-111}$$

b_f'，h_f'——截面受压翼缘的宽度和高度；当 $b_f' > 0.2h_0$ 时，取 $b_f' = 0.2h_0$。

（3）按荷载效应的标准组合并考虑荷载长期作用影响的刚度 B

在长期荷载作用下，钢筋混凝土梁的挠度将随时间而不断缓慢增长，抗弯刚度随时间而不断降低，这一过程往往要持续很长时间。在长期荷载作用下，钢筋混凝土梁挠度不断增长的原因主要是受压区混凝土的徐变变形，造成混凝土的压应变随时间而增长。另外，裂缝之间受压区混凝土的应力松弛、受拉钢筋和混凝土之间粘结滑移徐变，都使得混凝土不断退出工作，从而使受拉钢筋平均应变随时间增大。因此，凡是影响混凝土徐变和收缩的因素，如受压钢筋配筋率、加荷龄期、使用环境的温湿度等，都对长期荷载作用下构件挠度的增长有影响。

《混凝土结构规范》关于变形验算的条件，要求在荷载效应标准组合作用下并考虑荷载长期作用影响后的构件挠度不超过规定挠度的限值，即 $f_{max} \leqslant f_{lim}$。因此，应用构件刚度来计算构件的挠度，按《混凝土结构规范》规定，受弯构件的刚度可按下式计算：

$$B = \frac{M_k}{M_q(\theta - 1) + M_k} B_s \tag{3-112}$$

式中　M_k——按荷载效应的标准组合计算的弯矩，取计算区段内最大弯矩值；

　　　M_q——按荷载效应的准永久组合计算的弯矩，取计算区段内最大弯矩值；

　　　θ——考虑荷载长期作用对挠度增大的影响系数；根据试验结果，《混凝土结构规范》对 θ 取值如下

$$\theta = 1.6 + 0.4\left(1 - \frac{\rho'}{\rho}\right) \tag{3-113}$$

式中　ρ，ρ'——分别为纵向受拉钢筋的配筋率 $\left(\rho = \dfrac{A_s}{bh_0}\right)$ 和受压钢筋的配筋率 $\left(\rho' = \dfrac{A_s'}{bh_0}\right)$。

由于受压钢筋能阻碍受压区混凝土的徐变，因而可减小挠度，上式中的 $\dfrac{\rho'}{\rho}$ 反映了受压钢筋这一有利影响。此外，对于翼缘位于受拉区的倒 T 形截面，θ 应增加 20%。

$f_{\lim}$——受弯构件的挠度限值，见表 3-14。

表 3-14　受弯构件的挠度限值

构件类型	挠度限值	构件类型	挠度限值
		屋盖、楼盖及楼梯构件	
吊车梁；手动吊车	$\dfrac{l_0}{500}$	当 $l_0 < 7\mathrm{m}$ 时	$\dfrac{l_0}{200}\left(\dfrac{l_0}{250}\right)$
电动吊车	$\dfrac{l_0}{600}$	当 $7m \leqslant l_0 \leqslant 9\mathrm{m}$ 时	$\dfrac{l_0}{250}\left(\dfrac{l_0}{300}\right)$
		当 $l_0 > 9\mathrm{m}$ 时	$\dfrac{l_0}{300}\left(\dfrac{l_0}{350}\right)$

注：1. 表中 l_0 为构件的计算跨度。

　　2. 表中括号内的数值适用于使用上对挠度有较高要求的构件。

（4）验算挠度的步骤

1）按受弯构件荷载效应的标准组合并考虑荷载长期作用影响计算弯矩值 M_k，M_q。

2）计算受拉钢筋应变不均匀系数

$$\psi = 1.1 - \frac{0.65 f_{tk}}{\rho_{te}\sigma_{sk}}$$

3）计算构件的短期刚度 B_s

①计算钢筋与混凝土弹性模量比值 $\alpha_E = \dfrac{E_s}{E_c}$；

②计算纵向受拉钢筋配筋率 $\rho = \dfrac{A_s}{bh_0}$；

③计算受压翼缘面积与腹板有效面积的比值 γ'_f

$$\gamma'_f = \frac{(b'_f - b)h'_f}{bh_0}$$

对矩形截面　　　　$\gamma'_f = 0$

④计算短期刚度

$$B_s = \frac{E_s A_s h_0^2}{1.15\psi + 0.2 + \dfrac{6\alpha_E\rho}{1 + 3.5\gamma'_f}}$$

4）计算构件刚度 B

$$B = \frac{M_k}{M_q(\theta - 1) + M_k}B_s$$

5）计算构件挠度，并验算

$$f = s\frac{M_k l^2}{B} \leqslant f_{\lim}$$

【例 3-21】　已知条件同［例 3-20］，可变荷载的准永久系数 $\psi_q = 0.8$，允许挠度为 $f_{\lim} = l_0/250$，验算该梁的挠度是否满足要求。

【解】　由［例 3-20］已求得：

$M_k = 146.7\mathrm{kN \cdot m}$，$\sigma_{sk} = 218.3\mathrm{N/mm^2}$，$A_{te} = 81250\mathrm{mm^2}$，$\rho_{te} = 0.0155$，$\psi_q = 0.8$。

（1）计算按荷载长期效应组合的弯矩值：

$$M_l = \frac{1}{8}(g_k + \psi_q q_k)l_0^2 = \frac{1}{8} \times (18.6 + 0.8 \times 14) \times 6^2 = 134.1 \text{kN} \cdot \text{m}$$

（2）计算构件的短期刚度 B_s

钢筋与混凝土弹性模量的比值：$\sigma_E = \dfrac{E_s}{E_c} = \dfrac{2 \times 10^5}{2.55 \times 10^4} = 7.84$

纵向受拉钢筋配筋率：$\rho = \dfrac{A_s}{bh_0} = \dfrac{1256}{250 \times 615} = 0.0082$

计算短期刚度 B_s：$B_s = \dfrac{E_s A_s h_0^2}{1.15\psi + 0.2 + \dfrac{6\alpha_E \rho}{1 + 3.5\gamma_f}}$

$$= \frac{2.0 \times 10^5 \times 1256 \times 615^2}{1.15 \times 0.804 + 0.2 + \dfrac{6 \times 7.84 \times 0.0082}{1 + 0}}$$

$$= 6.29 \times 10^{13} \text{N} \cdot \text{mm}^2$$

（3）计算构件刚度 B

因为配置受压钢筋，故 $\rho' = 0, \theta = 2.0$

$$B = \frac{M_k}{M_q(\theta - 1) + M_k} \cdot B_s = \frac{146.7}{134.1 \times (2 - 1) + 146.7} \times 6.29 \times 10^{13}$$

$$= 3.29 \times 10^{13} \text{N} \cdot \text{mm}^2$$

（4）计算构件挠度并验算

$$f = \frac{5}{48} \times \frac{M_k l_0^2}{B} = \frac{5}{48} \times \frac{146.7 \times 10^6 \times 6000^2}{3.269 \times 10^{13}} = 16.07 \text{mm} < f_{\lim} = \frac{l_0}{250} = \frac{6000}{250} = 24 \text{mm}$$

构件挠度满足要求。

3.6 钢筋混凝土楼（屋）盖

3.6.1 概述

钢筋混凝土楼（屋）盖按施工方法可分为：装配式、装配整体式和现浇式三种。

（1）装配式

装配式是指钢筋混凝土构件为预制，现场安装。

其优点是：钢筋混凝土构件工厂化生产，质量较好，施工速度快。

其缺点是：整体性差、抗震和防水性差，不便于在预制板上开洞，预制板之间容易产生裂缝。

（2）装配整体式

在装配式楼盖上二次整浇混凝土形成的楼盖为装配整体楼盖。

其优点是：整体性比装配楼盖好，比现浇楼盖节约模板和支撑。

其缺点是：自重大，造价高。

（3）现浇式

现场支模板、绑扎钢筋和浇筑混凝土形成的楼盖为现浇钢筋混凝土楼盖。

其优点是：整体性、抗震性、防水性好。

其缺点是：用钢量、模板和支撑量较大，造价高，施工复杂，施工周期长。

3.6.2 现浇式钢筋混凝土楼屋盖

3.6.2.1 现浇式钢筋混凝土楼盖的分类

（1）单向板与双向板

仅两边支承板为单向板；对于四边支承板，当长边与短边之比小于或等于 2.0 时，为双向板；当该比值大于 2.0 但小于 3.0 时，宜为双向板；当该比值大于或等于 3.0 时，为单向板。

(2) 现浇楼盖的分类

现浇钢筋混凝土楼盖按其支承情况可分为单向板肋梁（屋）楼盖、双向板肋梁楼（屋）盖、井式楼（屋）盖和无梁楼（屋）盖四种。

单向板肋梁楼盖由板、次梁、主梁等组成，楼盖则支承在柱、墙竖向承重构件上，如图 3-55 所示。

双向板肋梁楼盖由板和梁组成，楼盖则支承在柱、墙竖向承重构件上，如图 3-56 所示。

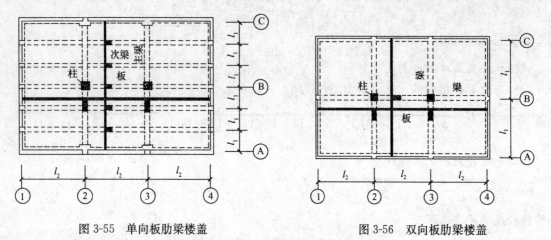

图 3-55 单向板肋梁楼盖   图 3-56 双向板肋梁楼盖

井式楼盖由板和梁组成，楼盖则支承在柱、墙竖向承重构件上，如图 3-57 所示。

无梁楼盖不设梁，是一种板柱结构。由于没有梁，钢筋混凝土板直接支承在柱、墙上，如图 3-58 所示。

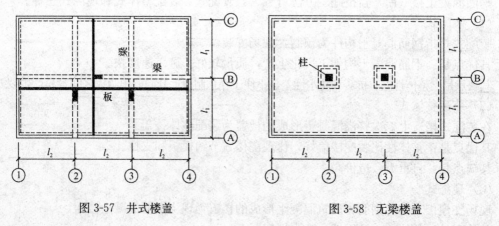

图 3-57 井式楼盖   图 3-58 无梁楼盖

3.6.2.2 单向板肋梁楼盖设计

(1) 结构平面布置

次梁间距即为板的跨度，主梁的间距决定了次梁的跨度，柱和墙的间距决定了主梁的跨度。工程实践表明，单向板、次梁、主梁的常用跨度为：

单向板：1.7～2.5m，荷载较大时取较小值，一般不超过 3m；

次梁：4~6m；

主梁：5~8m。

在进行楼盖布置时，应注意以下问题：

1）受力合理。荷载传递要简捷，梁宜拉通，避免凌乱，主梁跨间最好不要布置一根次梁，以减少主梁跨间的弯矩不均匀；尽量避免把梁搁置在门洞过梁上。

2）满足建筑的要求。

3）方便施工。梁的截面种类不宜太多，梁布置要尽可能地规则，梁的截面尺寸要考虑设置模板方便，特别是采用钢模板。

（2）材料选用

混凝土强度等级 C20、C25；钢筋 HPB235、HRB335。

（3）板、次梁、主梁截面尺寸的确定

1）板

$$h \geqslant \left(\frac{1}{45} \sim \frac{1}{35}\right)l \tag{3-114}$$

式中　l——板的跨度。

2）次梁

根据刚度要求，当连续次梁的高度为 $\frac{l}{20}$ 以上时，一般可不做挠度验算。

$$h = \left(\frac{1}{18} \sim \frac{1}{12}\right)l, \qquad b = \left(\frac{1}{3} \sim \frac{1}{2}\right)h \tag{3-115}$$

式中　l——次梁的跨度。

3）主梁

根据刚度要求，当连续次梁的高度为 $\frac{l}{15}$ 以上时，一般可不做挠度验算。

$$h = \left(\frac{1}{14} \sim \frac{1}{8}\right)l, \qquad b = \left(\frac{1}{3} \sim \frac{1}{2}\right)h \tag{3-116}$$

式中　l——主梁的跨度。

（4）内力计算

连续梁、板的内力计算方法有弹性、塑性计算方法。

1）弹性计算方法

用弹性计算方法计算钢筋混凝土多跨连续梁（板）的内力时，假定钢筋混凝土梁板结构为弹性匀质材料，根据工程力学方法计算。为了计算方便，除跨度和荷载分布特殊的连续梁板外，对于等跨的连续梁板（跨度差≤10％）并承受均匀分布荷载的连续单向板、次梁或承受对称集中荷载的连续主梁，可以按表 3-15 规定的计算方法计算。

①计算简图

A. 支承条件

当板、梁支承在砖墙上时，由于砖墙对板、梁的转角变形限制较小，可以忽略，故按铰支确定。

当板、梁与钢筋混凝土结构构件相连时，则要根据相互之间能否传递弯矩来确定是铰支支座还是固定支座。

B. 计算跨度和计算跨数

计算跨度是指支反力之间的距离，按表 3-15 确定。

表 3-15　连续板梁的计算跨度 l_0

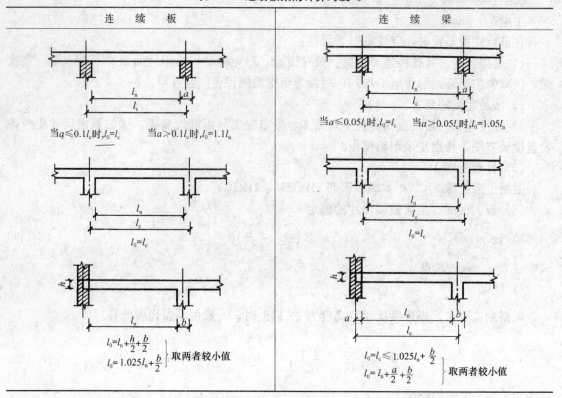

连　续　板	连　续　梁

当 $q \leqslant 0.1l_c$ 时, $l_0=l_c$ 　　当 $a>0.1l_c$ 时, $l_0=1.1l_n$

当 $a \leqslant 0.05l_c$ 时, $l_0=l_c$ 　　当 $a>0.05l_c$ 时, $l_0=1.05l_n$

$l_0=l_c$ 　　　　$l_0=l_c$

$\left.\begin{array}{l} l_0=l_n+\dfrac{h}{2}+\dfrac{b}{2} \\ l_0=1.025l_n+\dfrac{b}{2} \end{array}\right\}$ 取两者较小值

$\left.\begin{array}{l} l_0=l_c \leqslant 1.025l_n+\dfrac{b}{2} \\ l_0=l_n+\dfrac{a}{2}+\dfrac{b}{2} \end{array}\right\}$ 取两者较小值

　　计算跨数：5 跨以内的连续板、梁按实际的跨数确定，超过 5 跨的连续板、梁，当跨度差小于 10％且各跨截面尺寸及荷载相同时，按 5 跨计算，如图 3-59 所示。

　　②荷载

　　作用在楼盖中的荷载有永久荷载和可变荷载。永久荷载指结构的自重和构造做法的重量；活荷载指人群、家具和设备。

　　A. 活荷载最不利位置布置

　　连续梁板上的恒载按实际情况布置，活载需考虑不利布置。根据分析，连续梁、板活载的最不利布置是：

　　a. 某跨中为最大正弯矩时，应在本跨布置，其余各跨每隔一跨布置；

　　b. 求某支座最大负弯矩和支座边缘最大剪力（绝对值）时，则应在该支座相邻两跨布置，其余各跨每隔一跨布置。

　　B. 荷载的调整

　　当连续梁板与其支座整浇时，转动受到了支座约束的影响，设计时采用折算荷载来考虑支座约束的影响。所谓折减荷载，是将活载减小、将恒载加大。连续板和梁的折算荷载可按下式计算：

　　连续板

$$g = g' + \frac{1}{2}p' \tag{3-117}$$

$$p = \frac{1}{2}p' \tag{3-118}$$

　　连续梁

100

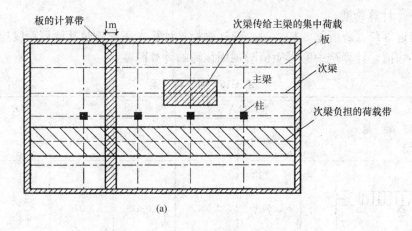

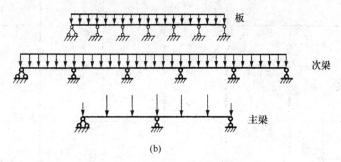

图 3-59　单向板肋形楼盖的计算简图

（a）荷载计算单元；（b）板梁的计算简图

$$g = g' + \frac{1}{4}p' \qquad (3\text{-}119)$$

$$p = \frac{3}{2}p' \qquad (3\text{-}120)$$

式中　　g ——调整后的永久荷载；

　　　　p ——调整后的活荷载；

　　　　g' ——实际计算的永久荷载；

　　　　p' ——实际计算的活荷载。

③内力计算

根据上述法则，活荷载最不利位置布置后，即可由表 3-16 中查得相应的弯矩和剪力系数，代入下列公式，求得等跨连续板和连续梁跨中或支座截面的最大内力。

$$M = K_1 gl^2 + K_2 ql^2 \qquad (3\text{-}121)$$

$$V = K_3 gl + K_4 ql \qquad (3\text{-}122)$$

式中　　g ——单位长度的均布永久荷载；

　　　　q ——单位长度的均布活荷载；

　K_1，K_2 ——荷载作用下的弯矩及剪力系数，由表 3-16～表 3-19 根据各跨布置荷载的情况在相应栏中查得；

　K_3，K_4 ——荷载作用下的弯矩及剪力系数，由表 3-16～表 3-19 根据各跨布置荷载的情况在相应栏中查得；

101

l ——计算跨度。

对于接近等跨（跨度差≤10％时）的连梁板，计算支座弯矩时其计算跨度应取支座相邻两跨度的平均值，计算跨中的弯矩值时则用该跨的计算跨度。

表 3-16　两　跨　梁

荷　载　图	跨内最大弯矩		支座弯矩	剪力		
	M_1	M_2	M_B	V_A	V_{Bl} V_{Br}	V_C
	0.070	0.0703	−0.125	0.375	−0.625 0.625	−0.375
	0.096	—	−0.063	0.437	−0.563 0.063	0.063
	0.048	0.048	−0.078	0.172	−0.328 0.328	−0.172
	0.064	—	−0.039	0.211	−0.289 0.039	0.039
	0.156	0.156	−0.188	0.312	−0.688 0.688	−0.312
	0.203	—	−0.094	0.406	−0.594 0.094	0.094
	0.222	0.222	−0.333	0.667	−1.333 1.333	−0.667
	0.278	—	−0.167	0.833	−1.167 0.167	0.167

表 3-17 三 跨 梁

荷载图	跨内最大弯矩		支座弯矩		剪 力			
	M_1	M_2	M_B	M_C	V_A	V_{Bl} V_{Br}	V_{Cl} V_{Ct}	V_D
	0.080	0.025	−0.100	−0.100	0.400	−0.600 0.500	−0.500 0.600	−0.400
	0.101	—	−0.050	−0.050	0.450	−0.550 0	0 0.555	−0.450
	—	0.075	−0.050	−0.050	0.050	−0.050 0.500	−0.500 0.050	0.050
	0.073	0.054	−0.117	−0.033	0.383	−0.617 0.583	−0.417 0.033	0.033
	0.094	—	−0.067	0.017	0.433	−0.567 0.083	0.083 −0.017	−0.017
	0.054	0.021	−0.063	−0.063	0.183	−0.313 0.250	−0.250 0.313	−0.188
	0.068	—	−0.031	−0.031	0.219	−0.281 0	0 0.281	−0.219
	—	0.052	−0.031	−0.031	0.031	−0.031 0.250	−0.250 0.051	0.031
	0.050	0.038	−0.073	−0.021	0.177	−0.323 0.302	−0.198 0.021	0.021

荷 载 图	跨内最大弯矩		支座弯矩		剪 力			
	M_1	M_2	M_B	M_C	V_A	V_{Bl} V_{Br}	V_{Cl} V_{Ct}	V_D
(三角形分布荷载 q)	0.063	—	−0.042	0.010	0.208	−0.292 0.052	0.052 −0.010	−0.100
(G G G)	0.175	0.100	−0.150	−0.150	0.350	−0.650 0.500	−0.500 0.650	−0.350
(Q _ Q)	0.213	—	−0.075	−0.075	0.425	−0.575 0	0 0.575	−0.425
(Q 中间)	—	0.175	−0.075	−0.075	−0.075	−0.075 0.500	−0.500 0.075	0.075
(Q Q)	0.162	0.137	−0.175	−0.050	0.325	−0.675 0.625	−0.375 0.500	0.500
(Q)	0.200	—	−0.100	0.025	0.400	−0.600 0.125	0.125 −0.025	−0.025
(G G G G G G)	0.244	0.067	−0.267	0.267	0.733	−1.267 1.000	−1.000 1.267	−0.733
(G G G G)	0.289	—	−0.133	−0.133	0.866	−1.134 0	0 1.134	−0.866
(Q Q 中间)	—	0.200	−0.133	−0.133	−0.133	−0.1333 1.000	−1.000 0.133	0.133
(Q Q Q Q)	0.229	0.170	−0.311	−0.089	0.689	−1.311 1.222	−0.778 0.089	0.089
(Q Q)	0.274	—	−0.178	0.044	0.822	−1.178 0.222	0.222 −0.044	−0.044

表 3-18　四　跨　梁

荷载图	跨内最大弯矩				支座弯矩			剪　力				
	M_1	M_2	M_3	M_4	M_B	M_C	M_D	V_A	V_{Bl} / V_{Br}	V_{Cl} / V_{Cr}	V_{Dl} / V_{Dr}	V_E
(A l B l C l D l E, δ)	0.077	0.036	0.036	0.077	−0.107	−0.071	−0.107	0.393	−0.607 / 0.536	−0.464 / 0.464	−0.536 / 0.607	−0.393
(M_1 M_2 M_3 M_4, b)	0.100	—	0.081	—	−0.054	−0.036	−0.054	0.446	−0.554 / 0.018	0.018 / 0.482	−0.518 / 0.054	0.054
(b)	0.072	0.061	—	0.098	−0.121	−0.018	−0.058	0.380	−0.620 / 0.603	−0.397 / −0.040	−0.040 / −0.558	−0.442
(b)	—	0.056	0.056	—	−0.036	−0.107	−0.036	−0.036	−0.036 / 0.429	−0.571 / 0.571	−0.429 / 0.036	0.036
(b)	0.094	—	—	—	−0.067	0.018	−0.004	0.433	−0.567 / 0.085	0.085 / −0.022	0.022 / 0.004	0.004
(b)	—	0.071	—	—	−0.049	−0.054	0.013	−0.049	−0.049 / 0.496	−0.504 / 0.067	0.067 / 0.013	−0.013
(b)	0.062	0.028	0.028	0.052	−0.067	−0.045	−0.067	0.183	−0.317 / 0.272	−0.228 / 0.228	−0.272 / 0.317	−0.183

续表

荷载图	跨内最大弯矩				支座弯矩			剪　力				
	M_1	M_2	M_3	M_4	M_B	M_C	M_D	V_A	V_{Bl} V_{Br}	V_{Cl} V_{Cr}	V_{Dl} V_{Dr}	V_E
	0.067	—	0.055	—	−0.084	−0.022	−0.034	0.217	−0.234 0.011	0.011 0.239	−0.261 0.034	0.034
	0.049	0.042	—	0.066	−0.075	−0.011	−0.036	0.175	−0.325 0.314	−0.186 −0.025	−0.025 0.286	−0.214
	—	0.040	0.040	—	−0.022	−0.067	−0.022	−0.022	−0.022 0.205	−0.295 0.295	−0.205 0.022	0.022
	0.088	—	—	—	−0.042	0.011	−0.003	0.208	−0.292 0.053	0.063 −0.014	−0.014 0.003	0.003
	—	0.051	—	—	−0.031	−0.034	0.008	−0.031	−0.031 0.247	−0.253 0.042	0.042 −0.008	−0.008
	0.169	0.116	0.116	0.169	−0.161	−0.107	−0.161	0.339	−0.661 0.554	−0.446 0.446	−0.554 0.661	−0.330
	0.210	—	0.183	—	−0.080	−0.054	0.080	0.420	−0.580 0.027	0.027 0.473	−0.527 0.080	0.080
	0.159	0.146	—	0.206	−0.181	−0.027	−0.087	0.319	−0.681 0.654	−0.346 −0.060	−0.060 0.587	−0.413

106

荷载图	跨内最大弯矩				支座弯矩			剪　力				
	M_1	M_2	M_3	M_4	M_B	M_C	M_D	V_A	V_{Bl} / V_{Br}	V_{Cl} / V_{Cr}	V_{Dl} / V_{Dr}	V_E
Q Q	—	0.142	0.142	—	-0.054	-0.161	0.054	0.054	-0.054 / 0.393	-0.607 / 0.607	-0.393 / 0.054	0.054
Q	0.200	—	—	—	-0.100	-0.027	-0.007	0.400	-0.600 / 0.127	0.127 / -0.033	-0.033 / 0.007	0.007
Q	—	0.173	—	—	-0.074	-0.080	0.020	-0.074	-0.074 / 0.493	-0.507 / 0.100	0.100 / -0.020	0.020
G G G G G	0.238	0.111	0.111	0.238	-0.286	-0.191	-0.286	0.714	1.286 / 1.095	-0.905 / 0.905	-1.095 / 1.286	-0.714
Q Q	0.286	—	0.222	—	-0.143	-0.095	-0.143	0.857	-1.143 / 0.048	0.048 / 0.952	-1.048 / 0.143	0.143
Q Q Q	0.226	0.194	—	0.282	-0.321	-0.048	-0.155	0.679	-1.321 / 1.274	-0.726 / -0.107	-0.107 / 1.155	-0.845
Q Q Q	—	0.175	0.175	—	-0.095	-0.286	-0.095	-0.095	0.095 / 0.81	-1.190 / 1.190	-0.810 / 0.095	0.095
Q Q	0.274	—	—	—	-0.178	0.048	-0.012	0.822	-1.178 / 0.226	0.226 / -0.060	-0.060 / 0.012	0.012
Q Q	—	0.198	—	—	-0.131	-0.143	0.036	-0.131	-0.131 / 0.988	-1.012 / 0.178	0.178 / -0.036	-0.036

表 3-19 五 跨 梁

荷 载 图	跨内最大弯矩			支 座 弯 矩				剪 力					
	M_1	M_2	M_3	M_B	M_C	M_D	M_E	V_A	V_{Bl} V_{Br}	V_{Cl} V_{Cr}	V_{Dl} V_{Dr}	V_{El} V_{Er}	V_F
	0.078	0.033	0.046	−0.105	−0.079	−0.079	−0.105	0.394	−0.606 0.526	−0.474 0.500	−0.500 0.474	−0.526 0.606	−0.394
	0.100	—	0.085	−0.053	−0.040	−0.040	−0.053	0.447	−0.553 0.013	0.013 0.500	−0.500 −0.013	−0.013 0.553	−0.447
	—	0.079	—	−0.053	−0.040	−0.040	−0.053	−0.053	−0.053 0.513	−0.487 0	0 0.487	−0.513 0.053	0.053
	0.073	$\dfrac{(2)0.059}{0.078}$	—	−0.119	−0.022	−0.044	−0.051	0.380	−0.620 0.598	−0.402 −0.023	−0.023 0.493	−0.507 0.052	0.052
	$\dfrac{(1)}{0.098}$	0.055	0.064	−0.035	−0.111	−0.020	−0.057	0.035	0.035 0.424	0.576 0.591	−0.409 −0.037	−0.037 0.557	−0.443

续表

荷载图	跨内最大弯矩			支座弯矩				剪力					
	M_1	M_2	M_3	M_B	M_C	M_D	M_E	V_A	V_{Bl} / V_{Br}	V_{Cl} / V_{Cr}	V_{Dl} / V_{Dr}	V_{El} / V_{Er}	V_F
	0.094	—	—	−0.067	0.018	−0.005	0.001	0.433	0.567 / 0.085	0.086 / 0.023	0.023 / 0.006	0.006 / −0.001	0.001
	—	0.074	—	−0.049	−0.054	0.014	−0.004	0.019	−0.049 / 0.496	0.505 / 0.068	0.068 / −0.018	−0.018 / 0.004	0.004
	—	—	0.072	0.013	0.053	0.053	0.013	0.013	0.013 / −0.066	−0.066 / 0.500	−0.500 / 0.066	0.066 / −0.013	0.013
	0.053	0.026	0.034	−0.066	−0.049	0.049	−0.066	0.184	−0.316 / 0.266	−0.234 / 0.250	−0.250 / 0.234	−0.266 / 0.316	0.184
	0.067	—	0.059	−0.033	−0.025	−0.025	0.033	0.217	0.283 / 0.008	0.008 / 0.250	−0.250 / −0.006	−0.008 / 0.283	0.217

续表

荷载图	跨内最大弯矩			支座弯矩				剪力					
	M_1	M_2	M_3	M_B	M_C	M_D	M_E	V_A	V_{Bl} V_{Br}	V_{Cl} V_{Cr}	V_{Dl} V_{Dr}	V_{El} V_{Er}	V_F
	—	0.055	—	−0.033	−0.025	−0.025	−0.033	0.033	−0.033 0.258	−0.242 0	0 0.242	−0.258 0.033	0.033
	0.049	(2)0.041 / 0.053	—	−0.075	−0.014	−0.028	−0.032	0.175	0.325 0.311	−0.189 −0.014	−0.014 0.246	−0.255 0.032	0.032
	(1) — / 0.066	0.039	0.044	−0.022	−0.070	−0.013	−0.036	−0.022	−0.022 0.202	−0.298 0.307	−0.198 −0.028	−0.023 0.286	−0.214
	0.063	—	—	−0.042	0.011	−0.003	0.001	0.208	−0.292 0.053	0.053 −0.014	−0.014 0.004	0.004 −0.001	−0.001
	—	0.051	—	−0.031	−0.034	0.009	−0.002	−0.031	−0.031 0.247	−0.253 0.043	0.049 −0.011	−0.011 0.002	0.002

续表

荷载图	跨内最大弯矩			支座弯矩				剪力					
	M_1	M_2	M_3	M_B	M_C	M_D	M_E	V_A	V_{Bl} V_{Br}	V_{Cl} V_{Cr}	V_{Dl} V_{Dr}	V_{El} V_{Er}	V_F
	—	—	0.050	0.008	−0.033	−0.033	0.008	0.008	0.008 −0.041	−0.041 0.250	−0.250 0.041	0.041 −0.008	−0.008
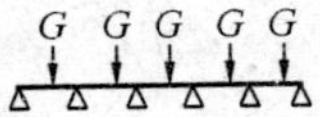	0.171	0.112	0.132	−0.158	−0.118	−0.118	−0.158	0.342	−0.658 0.540	−0.460 0.500	−0.500 0.460	−0.540 0.658	0.342
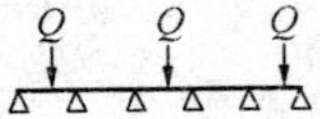	0.211	—	0.191	−0.079	−0.059	−0.059	−0.079	0.421	−0.579 0.020	0.020 0.500	−0.500 −0.020	−0.020 0.579	−0.421
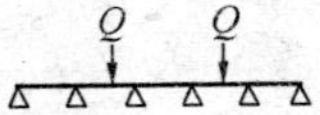	—	0.181	—	−0.079	−0.059	−0.059	−0.079	−0.079	−0.079 0.520	−0.480 0	0 0.480	−0.520 0.079	0.079
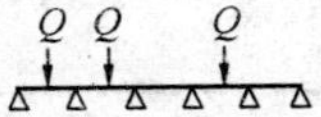	0.160	(2)0.144 / 0.178	—	−0.179	−0.032	−0.066	−0.077	0.321	−0.679 0.647	−0.353 0.034	−0.034 0.489	−0.511 0.077	0.077

111

续表

荷载图	跨内最大弯矩			支座弯矩				剪力					
	M_1	M_2	M_3	M_B	M_C	M_D	M_E	V_A	V_{Bl} / V_{Br}	V_{Cl} / V_{Cr}	V_{Dl} / V_{Dr}	V_{El} / V_{Er}	V_F
	(1)— 0.207	0.140	0.151	-0.052	-0.167	-0.031	-0.086	-0.052	-0.052 / 0.385	-0.615 / 0.637	-0.363 / -0.056	-0.056 / 0.586	0.414
	0.200	—	—	-0.100	0.027	-0.007	0.002	0.400	-0.600 / 0.127	0.127 / -0.031	-0.034 / 0.009	0.009 / -0.002	-0.002
	—	0.173	—	-0.073	-0.081	-0.022	-0.005	-0.073	-0.073 / 0.493	-0.507 / 0.102	0.102 / -0.027	-0.027 / 0.005	0.005
	—	—	0.171	0.020	-0.079	-0.079	0.020	0.020	0.020 / -0.099	-0.099 / 0.500	-0.500 / 0.099	0.090 / -0.020	-0.020
	0.240	0.100	0.122	-0.281	-0.211	0.211	-0.281	0.719	-1.281 / 1.070	-0.930 / 1.000	-1.000 / 0.930	1.070 / 1.281	-0.719

续表

荷载图	M_1	M_2	M_3	M_B	M_C	M_D	M_E	V_A	V_{Bl} / V_{Br}	V_{Cl} / V_{Cr}	V_{Dl} / V_{Dr}	V_{El} / V_{Er}	V_F
					跨内最大弯矩			支座弯矩			剪 力		
 (荷载图1)	0.287	—	0.228	-0.140	-0.105	-0.105	-0.140	0.860	-1.140 / 0.035	0.035 / 1.000	1.000 / -0.035	-0.035 / 1.140	-0.860
 (荷载图2)	—	0.216	—	-0.140	-0.105	-0.105	-0.140	-0.140	-0.140 / 1.035	-0.965 / 0	0.000 / 0.965	-1.035 / 0.140	0.140
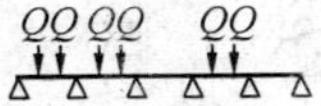 (荷载图3)	0.227	(2) 0.189 / 0.209	0.198	-0.319	-0.057	-0.118	-0.137	0.681	-1.319 / 1.262	-0.738 / -0.061	0.061 / 0.981	-1.019 / 0.137	0.137
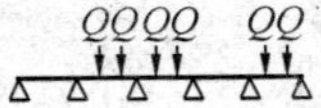 (荷载图4)	(1) — / 0.282	0.172	—	-0.093	-0.297	-0.054	-0.153	-0.093	-0.093 / 0.796	-1.204 / 1.243	-0.757 / -0.099	-0.099 / 1.153	-0.847
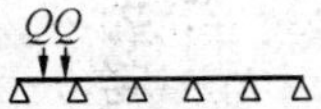 (荷载图5)	0.274	—	—	-0.179	0.048	-0.013	0.003	0.821	-1.179 / 0.227	0.227 / -0.061	-0.061 / 0.016	0.016 / -0.003	-0.003
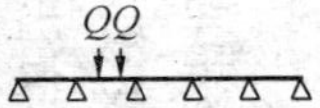 (荷载图6)	—	0.198	—	-0.131	-0.144	0.038	-0.010	-0.131	-0.131 / 0.897	-1.013 / 0.182	0.182 / -0.048	-0.048 / 0.010	0.010
 (荷载图7)	—	—	0.193	0.035	-0.140	-0.140	0.035	0.035	0.035 / -0.175	-0.175 / 1.000	-1.000 / 0.175	0.175 / -0.035	-0.035

注: 表中(1)分子及分母分别为 M_1 及 M_5 的弯矩系数; (2)分子及分母分别为 M_2 及 M_4 的弯矩系数。

④弯矩及剪力计算值

A. 弯矩计算值

按弹性计算方法计算连续板、梁的内力时，计算跨度一般是取支座中心间的距离，此处弯矩为最大，截面高度也为最大，所以此截面并非最危险截面。在支座边缘处弯矩虽小些，但截面高度比支座中心处小得多，因而危险截面在支座边缘处，如图 3-60 中 b—b 截面所示。故支座截面的配筋，应以支座边缘处的弯矩值作为计算的依据。

支座边缘处的弯矩，可取支座一半为脱离体，根据内力平衡条件求得：

$$\sum M_{b-b} = 0 \quad M_b - M + V_b \frac{b}{2} = 0$$

得

$$M_b = M - V_b \frac{b}{2} \tag{3-123}$$

式中 M_b——支座边缘处的弯矩；

  M——支座中心处的弯矩；

  b——支座宽度；

  V——支座处剪力，可近似按单跨简支梁的支座处剪力计算。

当板、次梁的中间支座为砖墙时，或板、次梁搁置在钢筋混凝土结构上时，支座处的危险截面即在支座中心处，计算支座截面的配筋时，支座截面的弯矩不需调整。

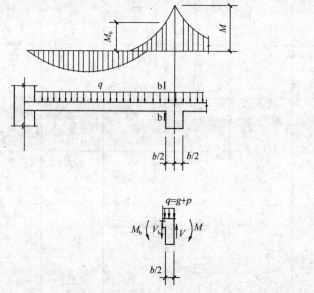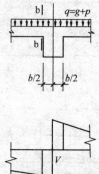

图 3-60 支座边缘处弯矩计算   图 3-61 次梁支座边缘处剪力计算

B. 剪力计算值

连续梁支座处的剪力计算值均采用支座边缘处的剪力，如图 3-61 所示。例如，承受均布荷载的次梁，支座边缘处的剪力为：

$$V_b = V - (g + p) \frac{b}{2} \tag{3-124}$$

式中 V——支座中心处的剪力；

板的抗剪强度较大，一般均能满足抗剪承载力要求，可不进行抗剪承载力计算。

2）塑性计算方法

①弯矩计算

连续梁、板的跨中及支座弯矩均可按下式计算：

114

$$M = \alpha_m (g + p) l_0^2 \qquad (3\text{-}125)$$

式中 α_m——弯矩系数，按图 3-62 采用；

g，p——均布恒荷载、活荷载的设计值；

l_0——计算跨度，两端与支座整浇时取净跨 l_n，对一端搁置在砖墙上时的端跨，板取

$l_0 = l_n + \dfrac{a}{2}$ 和 $l_0 = l_n + \dfrac{h}{2}$ 之较小者，梁取 $l_0 = l_n + \dfrac{a}{2}$ 和 $l_0 = l_n + 0.25 l_n$ 之较

小者，a 为梁板在砖墙上的搁置长度，h 为板厚。

对于宽度差不超过 10% 的不等跨连续梁板，也可近似按上式计算，在计算支座处可取左右跨度的较大值作为计算跨度。

②剪力计算

连续次梁的支座边缘的剪力可按下式计算：

$$V = \alpha_V (g + p) l_n \qquad (3\text{-}126)$$

式中 α_V——剪力系数，按图 3-62 采用；

l_n——梁的净跨度。

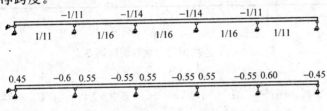

图 3-62　板和次梁按塑性理论的内力系数

③下列结构不宜采用塑性内力计算方法

在使用阶段不允许出现裂缝或对裂缝开展有限制的结构、直接承受动力和重复荷载的结构和要求有较高安全储备的结构。

（5）截面计算特点与构造要求

1）板的计算特点和构造要求

①板的计算特点

A. 可取 1m 宽板带作为计算单元；

B. 因板内剪力较小，通常能满足抗剪要求，故一般不需进行斜截面承载力计算。

C. 四周与梁整浇的单向板，因受支座的反推力作用，其中间跨跨中截面及中间支座的计算弯矩可减少 20%，边跨跨中及第一内支座的弯矩不予降低。

②构造要求

A. 受力筋的配筋方式

连续板受力钢筋的配筋方式有分离式和弯起式两种，如图 3-63 所示。弯起式配筋的板的整体性好，且节约钢筋，但施工复杂，仅在楼面有较大振动荷载时采用。分离式配筋施工简单，在工程中常用，如图 3-63 所示，适用于等跨或跨度相差不超过 20% 的连续板。当支座两边的跨度不等时，支座负筋伸入某一侧的长度应以另一侧的跨度来计算；为简便起见，也可均取支座左右跨较大的跨度计算。

B. 构造钢筋

a. 分布钢筋

分布钢筋沿板的长跨方向布置（与受力钢筋垂直），并放在受力钢筋内侧，其截面面积

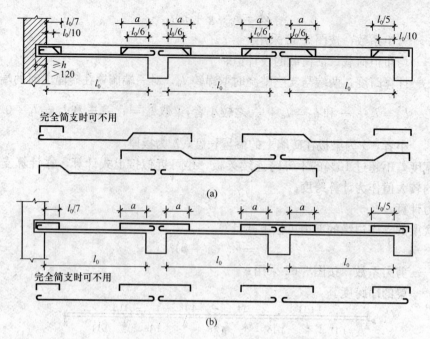

图 3-63　连续板受力钢筋的配筋方式

(a) 弯起式；(b) 分离式

a 值：当 $\frac{p}{g} \leqslant 3$ 时，$a = \frac{1}{4} l_0$；当 $\frac{p}{g} > 3$ 时，$a = \frac{1}{3} l_0$。其中 p 为均布活荷载；g 为均布恒荷载

不应小于受力钢筋截面面积的 15%，且不宜小于该方向板截面面积的 0.15%，分布钢筋的间距不宜大于 250mm，直径不小于 6mm，在弯折处应设置分布筋，如图 3-64 所示。

b. 板面构造负筋

嵌固于墙内的板在内力计算时通常按简支计算。但实际上，距墙一定范围内的板内存在负弯矩，需在此设置板面构造负筋。另外，单向板在长边方向也并非不受弯，在主梁两侧一定范围内的板内存在负弯矩，需设置板面构造负筋。板面构造负筋的数量不得少于单向板受力钢筋的 $\frac{1}{3}$，且不少于 Φ8@200。伸出主梁边的长度为 $\frac{l_n}{4}$，伸出墙边的长度为 $\frac{l_n}{7}$，在墙角处，伸出墙边的长度 $\frac{l_n}{4}$，l_n 为单向板的净跨，如图 3-64 所示。

2）次梁计算特点和构造要求

①计算特点

A. 跨中按 T 形截面计算正截面承载力，支座按矩形截面计算正截面承载力。

B. 一般仅设箍筋抗剪。

②构造要求

次梁的配筋方式有弯起式和分离式两种。对于相邻两跨跨度相差不超过 20%，活荷载与永久荷载的比值 $\frac{p}{g} \leqslant 3$ 的连梁，可按图 3-65 布置钢筋。

3）主梁计算特点和构造要求

①计算特点

A. 跨中按 T 形截面计算正截面承载力，支座按矩形截面计算正截面承载力。

116

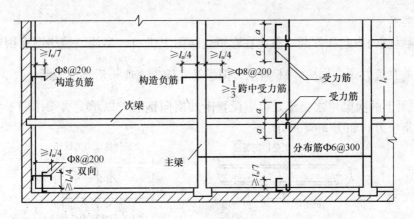

图 3-64　板的构造钢筋

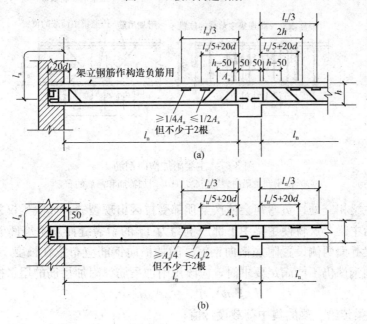

图 3-65　等跨连续次梁的纵向钢筋布置

(a) 分离式；(b) 弯起式

B. 主梁支座处的截面计算高度如图 3-66 所示。

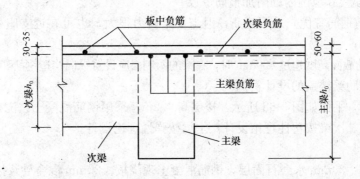

图 3-66　主梁支座处的截面计算高度

117

②构造要求

A. 主梁纵筋的弯起和截断一般应在弯矩包络图上进行，当绘制包络图有困难时，也可参照次梁纵筋布置方式，如图 3-66 所示。但纵筋宜伸出支座 $\dfrac{l_n}{3}$ 后逐渐截断。

B. 在主梁上的次梁与之交接处，应设置附加横向钢筋，以承受次梁作用于主梁截面高度范围内的集中力，如图 3-67 所示。

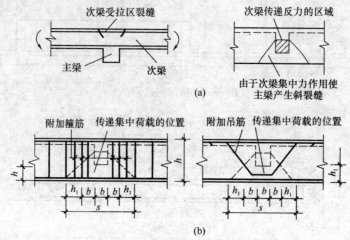

图 3-67 主梁附加横向钢筋

(a) 次梁和主梁的裂缝情况；(b) 附加箍筋和吊筋的布置

在次梁与主梁相交处，负弯矩会使次梁顶部受拉区出现裂缝，而次梁仅靠未裂的下部截面将集中力传给主梁，这将使主梁中下部产生约为 45° 的斜裂缝而发生局部破坏，所以必须在主梁上的次梁截面两侧设置附加横向钢筋。附加横向钢筋应布置在长度 $s=3b+2h_1$ 的范围内。附加横向钢筋仍不能满足要求时，应改用附加吊筋。附加吊筋的用量按下式计算：

$$F \leqslant mA_{sv}f_{yv} + 2A_{sb}f_y\sin\alpha_s \tag{3-127}$$

式中　F——次梁传给主梁的集中荷载设计值；

　f_{yv}，f_y——附加箍筋、吊筋的抗拉强度设计值；

　　A_{sb}——附加吊筋的截面面积；

　　α_s——附加吊筋与梁纵轴线的夹角，一般为 45°，梁高大于 700mm 时为 60°；

　　A_{sv}——每道附加箍筋的截面面积；

　　m——在宽度 s 范围内的附加箍筋道数。

C. 梁的受剪钢筋宜优先采用箍筋，但当主梁剪力很大，也可在近支座处设置部分弯起钢筋或压筋抗剪；

D. 当主梁的截面高度超过 450mm 时，在梁的两侧面应设置纵向构造钢筋和相应的拉筋。

（6）单向板肋梁楼盖的设计实例

某多层仓库，平面如图 3-68 所示，楼层高 4.2m，采用钢筋混凝土整浇楼盖。试进行楼盖设计，其中板、次梁按塑性理论设计，主梁按弹性理论设计。

1）设计资料

①楼面做法：30mm 水磨石面层，钢筋混凝土现浇板，20mm 混合砂浆抹底。

②楼面活载：均布活荷载标准值 7kN/m²。

118

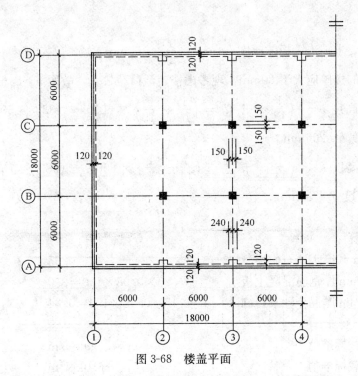

图 3-68　楼盖平面

③材料：混凝强度等级 C25，梁内受力纵筋为 HRB335，其余钢筋为 HPB235。

2）楼盖梁格布置及截面尺寸

①梁格布置：布置如图 3-69 所示，主梁、次梁的跨度分别为 6m，板的跨度为 2m。

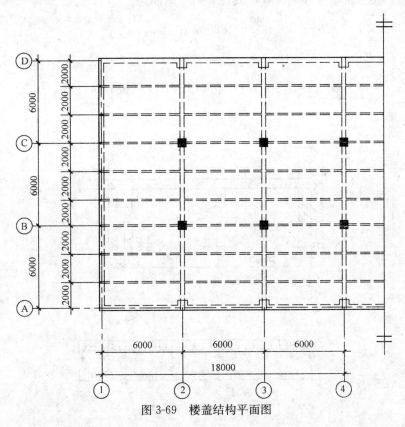

图 3-69　楼盖结构平面图

119

②截面尺寸

板：按刚度要求，连续板的厚度 $h > \dfrac{l}{40} = \dfrac{2000}{40} = 50mm$

对一般楼盖的板厚应大于 60mm。现考虑楼盖活荷载较大，故取 $h = 80mm$。

次梁：截面高度 $h = \left(\dfrac{1}{18} \sim \dfrac{1}{12}\right)l = \left(\dfrac{1}{18} \sim \dfrac{1}{12}\right) \times 6000 = (333 \sim 500)mm$，取 $h = 400mm$；截面宽度 $b = 200mm$。

主梁：截面高度 $h = \left(\dfrac{1}{14} \sim \dfrac{1}{8}\right)l = \left(\dfrac{1}{14} \sim \dfrac{1}{8}\right) \times 6000 = (430 \sim 750)mm$，取 $h = 650mm$；截面宽度 $b = 250mm$。

3) 板的设计

①荷载的计算

30mm 厚水磨石面层	0.65
80mm 厚钢筋混凝土板	$25 \times 0.08 \times 1.0 = 2.0$
20mm 厚混合砂浆粉刷	$17 \times 0.02 \times 1.0 = 0.34$

恒载标准值	$g_k = 2.99 kN/m$
活载标准值	$p_k = 6.0 kN/m$
荷载设计值	$q = 1.2 \times 2.99 + 1.3 \times 6 = 11.39 kN/m$

②内力计算

计算跨度：楼板按塑性理论计算，故计算跨度取净跨。

边跨：$l_0 = 2000 - 120 - 100 + \dfrac{80}{2} = 1820mm$；

中间跨：$l_0 = 2000 - 200 = 1800mm$。

因跨度差 $\dfrac{(1820 - 1800)}{1800} = 1.1\%$，在 10% 以内，故可按等跨计算，如图 3-70 所示。内力计算见表 3-20。

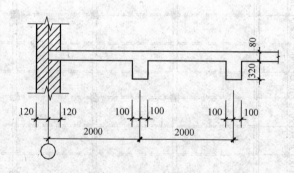

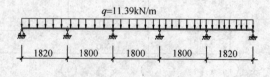

图 3-70　板的计算简图

表 3-20 板的弯矩计算

截面	边跨中	边支座	中间跨中	中间支座
弯矩系数 α	$\dfrac{1}{11}$	$-\dfrac{1}{11}$	$\dfrac{1}{16}$	$-\dfrac{1}{14}$
$M=\alpha ql^2$ (kN·m)	$\dfrac{1}{11}\times 11.39\times 1.82^2$ $=3.43$	$-\dfrac{1}{11}\times 11.39\times 1.8^2$ $=-3.43$	$\dfrac{1}{16}\times 11.39\times 1.8^2$ $=2.31$	$-\dfrac{1}{14}\times 11.39\times 1.8^2$ $=-3.29$

③配筋计算

取 1m 宽板带计算，$b=1000mm$，$h=80mm$，$h_0=80-20=60mm$。采用 HPB235 钢筋 $f_y=210N/mm^2$，C25 混凝土，$\alpha_1=1$，$f_c=11.9N/mm^2$。

②～④轴线间中间区格板与梁整浇，故计算弯矩乘以 0.8 系数，予以折减。板的配筋计算见表 3-21，配筋如图 3-71 所示。

表 3-21 板的配筋计算

截面位置	边跨中	B 支座	中间跨中		中间支座	
			①～②轴线	②～④轴线	①～②轴线	②～④轴线
M (kN·m)	3.43	-3.43	2.31	2.31×0.8	-3.29	-3.29×0.8
$\alpha_s=\dfrac{M}{\alpha_1 f_c b h_0^2}$	0.080	0.080	0.054	0.043	0.077	0.0614
$\xi=1-\sqrt{1-2\alpha_s}$	0.083	0.083	0.056	0.044	0.082	0.063
$A_s=\xi b h_0\dfrac{f_c}{f_y}$	282	282	190.4	149.6	273	214.2
选用钢筋	φ6/φ8@140	φ6/φ8@140	φ6@140	φ6@140	φ6/φ8@140	φ6/φ8@140
实配钢筋面积	281	281	202	202	281	281

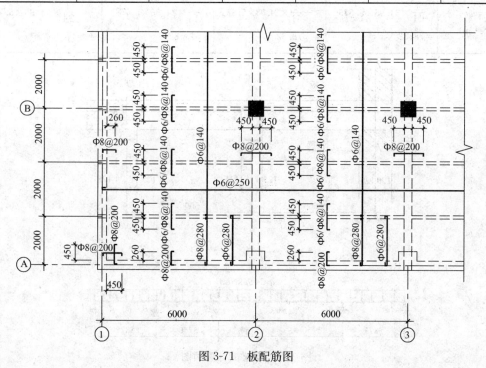

图 3-71 板配筋图

表中 $\xi < 0.35$，A_s 均大于 $0.45 \dfrac{f_t}{f_y} bh_0 = 0.00272 \times 1000 \times 60 = 163.2\text{mm}^2$，满足要求。

4）次梁设计

①荷载

由板传来恒载	2.99×2.0	$=5.98$
次梁自重	$25 \times 0.2 \times (0.4-0.08)$	$=1.6$
次梁粉刷	$17 \times 0.02 \times (0.4-0.08) \times 2$	$=0.218$

恒载标准值	$g_k = 7.80\text{kN/m}$
活载标准值	$p_k = 6 \times 2.0 = 12\text{kN/m}$
荷载设计值	$q = 1.2 \times 7.80 + 1.3 \times 12 = 24.96\text{kN/m}$

②内力计算

边跨　　　$l_{01} = 6000 - \dfrac{250}{2} - 120 + \dfrac{240}{2} = 5875\text{mm}$

中间跨　　$l_{02} = 6000 - 250 = 5750\text{mm}$

跨度差 $\dfrac{(5875-5750)}{5750} = 2.2\% < 10\%$，可按等跨计算，计算简图见图 3-72。内力计算见表 3-22、表 3-23。

表 3-22　次梁弯矩计算

截面	边跨中	B 支座	中间跨中	C 支座
弯矩系数 α	$\dfrac{1}{11}$	$-\dfrac{1}{11}$	$\dfrac{1}{16}$	$-\dfrac{1}{14}$
$M = \alpha q l^2$ （kN·m）	$\dfrac{1}{11} \times 24.96 \times 5.875^2$ $=78.32$	$-\dfrac{1}{11} \times 24.96 \times 5.875^2$ $=-78.32$	$\dfrac{1}{16} \times 24.96 \times 5.75^2$ $=51.58$	$-\dfrac{1}{14} \times 24.96 \times 5.75^2$ $=-58.95$

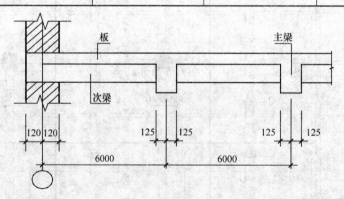

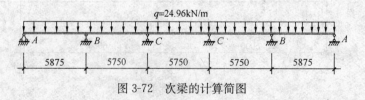

图 3-72　次梁的计算简图

表 3-23　次梁剪力计算

截　面	A 支座	B 支座（左）	B 支座（右）	C 支座
剪力系数 β	0.45	0.6	0.55	0.55
$V=\beta ql$ （kN）	$0.45\times24.96\times5.875$ $=65.99$	$0.6\times24.96\times5.875$ $=87.98$	$0.55\times24.96\times5.75$ $=78.94$	$0.55\times24.96\times5.75$ $=78.94$

③配筋计算

A. 正截面配筋计算：选用 HRB300 钢筋，$f_y=300N/mm^2$，C25 混凝土，$f_c=11.9N/mm^2$，$f_t=1.27N/mm^2$。

次梁支座按矩形截面计算，跨中按 T 形截面计算，T 形截面翼缘宽度为：

边跨 $b'_f=\frac{1}{3}\times5875=1958mm<b+s_0=2000mm$，取 $b'_f=1958mm$

中间跨 $b'_f=\frac{1}{3}\times5750=1917mm<b+s_0=2000mm$，取 $b'_f=1917mm$

设 $h_0=h-a_s=400-35=365mm$，翼缘高 $h'_f=80mm$。

$f_cb'_fh'_f\left(h_0-\frac{h'_f}{2}\right)=11.9\times1917\times80\times\left(365-\frac{80}{2}\right)=593.12kN\cdot m>7.31kN\cdot m$，故次梁各跨中截面均属第一类 T 形截面。计算结果见表 3-24。

表 3-24　次梁受弯配筋计算

截　面	边跨中	B 支座	中间跨中	C 支座
b'_f 或 b（mm）	1958	200	1917	200
M（kN・m）	78.32	78.32	51.58	58.95
$\alpha_s=\dfrac{M}{\alpha_1 f_c bh_0^2}$	0.025	0.247	0.017	0.186
$\xi=1-\sqrt{1-2\alpha_s}$	0.025	0.289	0.017	0.21
$A_s=\xi bh_0\dfrac{f_c}{f_y}$	709	837	472	608
选用钢筋	2Φ18+1Φ14	2Φ20+2Φ14	3Φ14	1Φ20+2Φ14
实配钢筋面积	710	936	461	622

选用的 A_s 均大于 $\rho_{min}bh=0.002\times200\times400=160mm^2$

B. 斜截面配筋计算：选用 HPB235，$f_y=210N/mm^2$，C25 混凝土，$f_c=11.9N/mm^2$，$f_t=1.27N/mm^2$。

验算截面尺寸

$$\frac{h_w}{b}=\frac{365}{200}=1.83<4\text{（属一般梁）}$$

$0.25bh_0f_c=0.25\times200\times365\times11.9=217.2kN>V_B\text{（左）}=87.98kN$

截面尺寸合适。

配箍计算结果见表 3-25。

表 3-25　次梁抗剪配筋计算

截　面	A 支座	B 支座（左）	B 支座（右）	C 支座
V（kN）	65.99	87.98	78.94	78.94
选配箍筋、直径、间距	双肢φ6@180	双肢φ6@180	双肢φ6@180	双肢φ6@180
$V_c=0.7f_tbh_0^2$	64.9	64.9	64.9	64.9
$V_s=1.25\dfrac{A_{sv}}{s}h_0f_{yv}$	30.12	30.12	30.12	30.12
$V=V_c+V_s$	95.02>V	95.02>V	95.02>V	95.02>V

次梁配筋详见图 3-73。

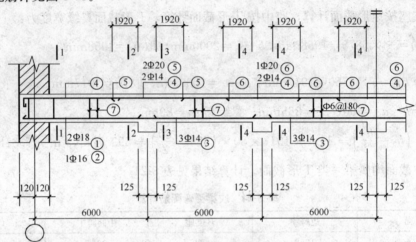

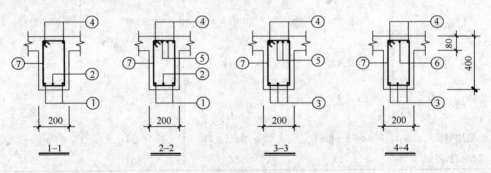

图 3-73　次梁配筋图

5）主梁的设计

主梁按弹性理论设计，视为铰支在柱顶上的连续梁。有关尺寸及计算简图如图 3-74 所示。

①荷载

由次梁传来	7.80×6	$=46.80$
主梁自重	$25\times0.25\times(0.65-0.08)\times2$	$=7.125$
主梁粉刷	$17\times0.02\times(0.65-0.08)\times2\times2$	$=0.775$
		$=54.70$

恒载标准值　　　$G_k = 54.70 \text{kN}$

活载标准值　　　$P_k = 12 \times 6 = 72 \text{kN}$

恒载设计值　　　$G = 1.2 \times 54.70 = 65.64 \text{kN}$

活载设计值　　　$P = 1.3 \times 72 = 93.60 \text{kN}$

②内力计算

A. 计算跨度（柱截面尺寸为 $300\text{mm} \times 300\text{mm}$）

边跨　　$l_n = 6000 - 250 - 300/2 = 5600 \text{mm}$

$$l_0 = l_n + \frac{a}{2} + \frac{b}{2} = 5600 + \frac{370}{2} + \frac{300}{2} = 5935 \text{mm}$$

$$l_0 = l_n + \frac{b}{2} + 0.025 l_n = 5600 + 150 + 0.025 \times 5600 = 5890 \text{mm}$$

取小者 $l_0 = 5890 \text{mm}$

中间跨　　$l_n = 6000 - 300 = 5700 \text{mm}$

$$l_0 = l_n + b = 5700 + 300 = 6000 \text{mm}$$

跨度差 $(6000 - 5890)/5890 = 1.9\% < 10\%$

可采用等跨连续梁表格计算内力。

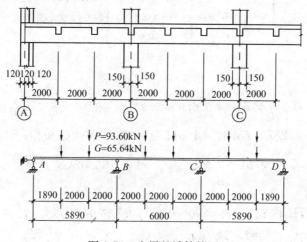

图 3-74　主梁的计算简图

B. 内力计算

由于主梁1、3跨跨度相等，所以内力计算时只计算1、2跨的内力，3跨的内力按第1跨的内力采用。

弯矩设计值　　$M = k_1 G l_0 + k_2 P l_0$

剪力设计值　　$V = k_3 G + k_4 P$

式中系数 k_1、k_2、k_3、k_4 按表 3-17 相应栏内查得。

计算 $M_{1\max}$、V_A 时，荷载布置按图 3-75 布置。

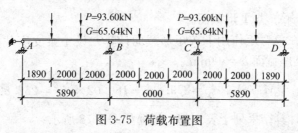

图 3-75　荷载布置图

125

$$M_{1max} = 0.244 \times 65.64 \times 5.89 + 0.289 \times 93.60 \times 5.89 = 256.64 \text{kN} \cdot \text{m}$$

$$V_A = 0.733 \times 65.64 + 0.866 \times 93.60 = 129.17 \text{kN}$$

计算 M_{2max} 时，荷载按图 3-76 布置。

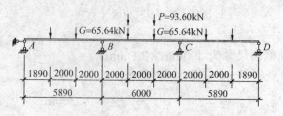

图 3-76 荷载布置图

$$M_{2max} = 0.067 \times 65.64 \times 6.0 + 0.200 \times 93.60 \times 6.0 = 138.71 \text{kN} \cdot \text{m}$$

计算 M_B、V_{Bl}、V_{Br} 时，荷载按图 3-77 布置。

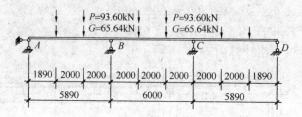

图 3-77 荷载布置图

$$M_B = -0.267 \times 65.64 \times 6.0 - 0.311 \times 93.60 \times 6.0 = -279.82 \text{kN} \cdot \text{m}$$

$$V_{Bl} = -1.267 \times 65.64 - 1.311 \times 93.60 = -205.88 \text{kN}$$

$$V_{Br} = 1.0 \times 65.64 + 1.222 \times 93.60 = 180.02 \text{kN}$$

③截面配筋计算

纵向受力钢筋 HRB335，$f_y = 300 \text{N/mm}^2$，箍筋 HPB235，$f_y = 210 \text{N/mm}^2$，混凝土 C25，$f_c = 11.9 \text{N/mm}^2$，$f_t = 1.27 \text{N/mm}^2$。

A. 正截面配筋计算

主梁跨中截面在正弯矩作用下按 T 形截面，其翼缘计算宽度 b'_f 按以下方法确定：

设　$h_0 = h - a_s = 650 - 35 = 615 \text{mm}$

因 $\dfrac{h'_f}{h_0} = \dfrac{80}{615} = 0.13 > 0.1$，翼缘的计算宽度按 $\dfrac{l_0}{3} = \dfrac{6000}{3} = 2000 \text{mm}$，$b + s_n = 6000 \text{mm}$ 中较小值确定，取 $b'_f = 2000 \text{mm}$。

$$\alpha_1 f_c b'_f h'_f \left(h_0 - \frac{h'_f}{2}\right) = 1.0 \times 11.9 \times 2000 \times 80 \times \left(615 - \frac{80}{2}\right) = 1094.80 \text{kN} \cdot \text{m} > M_{1max} = 253.61 \text{kN} \cdot \text{m}$$

，属于第一类 T 形截面。

主梁支座截面及在负弯矩作用下按矩形截面计算。设主梁支座截面钢筋排双排，$h_0 = 650 - 80 = 570 \text{mm}$，支座截面 $b = 300 \text{mm}$。

B 支座边弯矩 $M_边 = M_中 - V \times \dfrac{b}{2} = 279.82 - 180.02 \times \dfrac{0.3}{2} = 252.82 \text{kN} \cdot \text{m}$

主梁正截面配筋计算结果列于表 3-26，配筋如图 3-78 所示。

126

表 3-26　主梁正截面配筋计算

截 面	边 跨 中	中 间 支 座	中 间 跨 中
M（kN・m）	253.67	252.82	138.71
b'_f 或 b（mm）	2000	250	2000
h_0（mm）	615	570	615
$\alpha_s = \dfrac{M}{\alpha_1 f_c b h_0^2}$	0.0282	0.310	0.0154
$\xi = 1 - \sqrt{1 - 2\alpha_s}$	0.0286	0.306	0.0155
$A_s = \xi b h_0 \dfrac{f_c}{f_y}$（mm²）	1395.39	1752.28	756.25
选配钢筋	2Φ22＋2Φ20	2Φ22＋4Φ18	2Φ18＋1Φ20
实配面积（mm²）	1388	1777	823.2

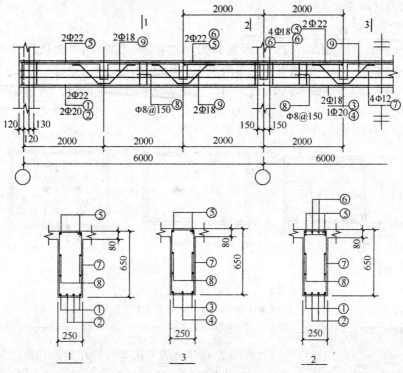

图 3-78　主梁配筋图

B. 斜截面配筋计算

验算截面尺寸：B 支座处 $h_0 = 570$mm

$0.25 b f_c h_0 = 0.25 \times 250 \times 11.9 \times 570 = 423.04kN> V_{Bl} = 205.88$kN，截面合适。

斜截面抗剪计算结果列于表 3-27 中。

表 3-27　主梁抗剪配筋计算

截 面	A 支座	B 支座（左）	B 支座（右）
V（kN）	129.17	205.88	180.02
选配箍筋直径、肢数、间距	双肢Φ8@150	双肢Φ8@150	双肢Φ8@150

127

截面	A 支座	B 支座（左）	B 支座（右）
$V_c=0.7f_tbh_0$ （kN）	126.7	126.7	126.7
$V_s=1.25\dfrac{A_{sv}}{s}f_{yv}h_0$ （kN）	105.74	105.74	105.74
$V_{sv}=V_c+V_s$ （kN）	232.44>V	232.44>V	232.44>V

C. 吊筋计算

由次梁传来集中荷载设计值

$$F=1.2\times65.64+1.3\times93.60=200.45\text{kN}$$

吊筋采用 HRB335 钢筋，45°弯折角

$$A_{sb}=\frac{F}{2f_y\sin\alpha}=\frac{200.45\times10^3}{2\times300\times0.707}=473\text{mm}^2$$

选用 2Φ18，$A_{sb}=509\text{mm}^2$，满足要求。

3.6.2.3 双向板肋梁楼盖设计

（1）结构平面布置

现浇双向板肋梁楼盖的结构平面布置如图 3-79 所示。当空间不大且接近正方形时（如门厅），可不设中柱，双向板的支承梁为两个方向均支承在边墙（或柱）上，且截面相同的井式梁如图 3-79（a）所示；当空间较大时，宜设中柱；双向板的纵、横向支承梁分别为支承在中柱和边墙（或柱）上的连续梁，如图 3-79（b）所示，当柱距较大时，还可在柱网格中再设井式梁，如图 3-79（c）所示。

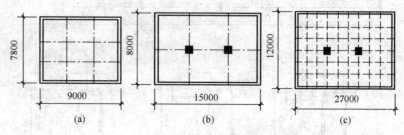

图 3-79　双向板肋梁楼盖结构布置
（a）井式梁；（b）中柱；（c）柱网格中设井式梁

（2）结构内力计算

内力计算的顺序是先计算板后计算梁。其计算的方法有按弹性理论和塑性理论两种，塑性理论计算方法存在局限性，在工程中很少采用，这里仅介绍工程中常用的弹性理论计算方法。

1）单跨双向板的内力计算方法

单跨双向板按其四边支承情况的不同，在楼盖中较常遇到的有如下 6 种情况，如图 3-80 所示。

①四边简支［图 3-80（a）］。

②一边固定，三边简支［图 3-80（b）］。

③两对边固定，两对边简支［图 3-80（c）］。

④两邻边固定，两邻边简支［图 3-80（d）］。

⑤三边固定，一边简支［图 3-80（e）］。

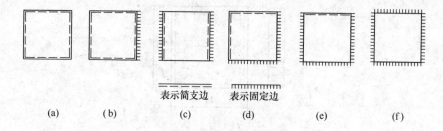

表示简支边　　表示固定边

（a）　　（b）　　（c）　　（d）　　（e）　　（f）

图 3-80　双向板六种边界表示法

（a）四边简支；（b）一边固定，三边简支；（c）两对边固定，两对边简支；
（d）两邻边固定，两邻边简支；（e）三边固定，一边简支；（f）四边固定

⑥四边固定［图 3-80（f）］。

表 3-28～表 3-33 中列出了上述六种支承情况的单跨双向板在均布荷载作用下的弯矩系数和挠度系数，设计时可以直接查用。即：

$$弯矩 = 表中系数 \times p l_{01}^2 \tag{3-128}$$

$$挠度 = 表中系数 \times \frac{p l_{01}^4}{B_c} \tag{3-129}$$

式中　　p——均布荷载设计值；

l_{01}^2——短跨方向的计算跨度，计算方法与单向板相同。

需要说明的是：表 3-28～表 3-33 的系数是根据材料的泊松比 $\nu = 0$ 制定的。当 $\nu \neq 0$ 时，可按下式计算。

$$m_1^{\nu} = m_1 + \nu m_2 \tag{3-130}$$

$$m_2^{\nu} = m_2 + \nu m_1 \tag{3-131}$$

对混凝土 $\nu = 0.2$

$$B_c = \frac{E h^3}{12 (1 - \nu^2)} \tag{3-132}$$

式中　　　E——弹性模量；

h——板厚；

ν——泊松比。

表 3-28～表 3-33 中符号说明：

f，f_{max}——分别为板中心点的挠度和最大挠度；

f_{01}，f_{02}——分别为平行于 l_{01} 和 l_{02} 方向自由边的中点挠度；

m_1，$m_{1,max}$——分别为平行于 l_{01} 方向板中心点单位板宽内的弯矩和板跨内最大弯矩；

m_2，$m_{2,max}$——分别为平行于 l_{02} 方向板中心点单位板宽内的弯矩和板跨内最大弯矩；

m_1'——固定边中点沿 l_{01} 方向单位板宽内的弯矩；

m_2'——固定边中点沿 l_{02} 方向单位板宽内的弯矩。

正负号的规定：

弯矩——使板的受荷面受压者为正；

挠度——变位方向与荷载方向相同者为正。

129

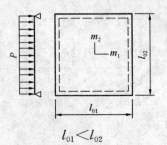

$l_{01} < l_{02}$

表 3-28 四 边 简 支

$\dfrac{l_{01}}{l_{02}}$	f	m_1	m_2	$\dfrac{l_{01}}{l_{02}}$	f	m_1	m_2
0.50	0.01013	0.0965	0.0174	0.80	0.00603	0.0561	0.0334
0.55	0.00940	0.0892	0.0210	0.85	0.00547	0.0506	0.0348
0.60	0.00867	0.0820	0.0242	0.90	0.00496	0.0456	0.0358
0.65	0.00796	0.0750	0.0271	0.95	0.00449	0.0410	0.0364
0.70	0.00727	0.0683	0.0296	1.00	0.00406	0.0368	0.0368
0.75	0.00663	0.0620	0.0317				

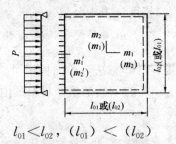

$l_{01} < l_{02}$，$(l_{01}) < (l_{02})$

表 3-29 三边简支一边固定

$\dfrac{l_{01}}{l_{02}}$	$\dfrac{(l_{01})}{l_{02}}$	f	$f_{\max}$	m_1	$m_{1\max}$	m_2	$m_{2\max}$	m_1' 或 (m_2')
0.50		0.00488	0.00504	0.0583	0.0646	0.0060	0.0063	-0.1212
0.55		0.00471	0.00492	0.0563	0.0618	0.0081	0.0087	-0.1187
0.60		0.00453	0.00472	0.0539	0.0589	0.0104	0.0111	-0.1158
0.65		0.00432	0.00448	0.0513	0.0559	0.0126	0.0133	-0.1124
0.70		0.00410	0.00422	0.0485	0.0529	0.0148	0.0154	-0.1087
0.75		0.00388	0.00399	0.0457	0.0496	0.0168	0.0174	-0.1048
0.80		0.00365	0.00376	0.0428	0.0463	0.0187	0.0193	-0.1007
0.85		0.00343	0.00352	0.0400	0.0431	0.0204	0.0211	-0.0965
0.90		0.00321	0.00329	0.0732	0.0400	0.0219	0.0226	-0.0922
0.95		0.00299	0.00306	0.0345	0.0369	0.0232	0.0239	-0.0880
1.00	1.00	0.00279	0.00285	0.0319	0.0340	0.0243	0.0249	-0.0839
	0.95	0.00316	0.00324	0.0324	0.0345	0.0280	0.0287	-0.0882
	0.90	0.00360	0.00368	0.0328	0.0347	0.0322	0.0330	-0.0926
	0.85	0.00409	0.00417	0.0329	0.0347	0.0370	0.0378	-0.0970
	0.80	0.00464	0.00473	0.0326	0.0343	0.0424	0.0433	-0.1014
	0.75	0.00526	0.00536	0.0319	0.0335	0.0485	0.0494	-0.1056
	0.70	0.00595	0.00605	0.0308	0.0323	0.0553	0.0562	-0.1096
	0.65	0.00670	0.00680	0.0291	0.0306	0.0627	0.0637	-0.1133
	0.60	0.00725	0.00762	0.0268	0.0289	0.0707	0.0717	-0.1166
	0.55	0.00838	0.00848	0.0239	0.0271	0.0792	0.0801	-0.1193
	0.50	0.00927	0.00935	0.0205	0.0249	0.0880	0.0888	-0.1215

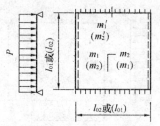

$$l_{01} < l_{02}, \quad (l_{01}) < (l_{02})$$

表 3-30 对边简支、对边固定

$\dfrac{l_{01}}{l_{02}}$	$\dfrac{l_{01}}{l_{02}}$	f	m_1	m_2	m'_1 或 (m'_2)
0.50		0.00261	0.0416	0.0017	−0.0843
0.55		0.00259	0.0410	0.0028	−0.0840
0.60		0.00255	0.0402	0.0042	−0.0834
0.65		0.00250	0.0392	0.0057	−0.0826
0.70		0.00243	0.0379	0.0072	−0.0814
0.75		0.00236	0.0366	0.0088	−0.0799
0.80		0.00228	0.0351	0.0103	−0.0782
0.85		0.00220	0.0335	0.0118	−0.0763
0.90		0.00211	0.0319	0.0133	−0.0743
0.95		0.00201	0.0302	0.0146	−0.0721
1.00	1.00	0.00192	0.0285	0.0158	−0.0698
	0.95	0.00223	0.0296	0.0189	−0.0746
	0.90	0.00260	0.0306	0.0224	−0.0797
	0.85	0.00303	0.0314	0.0266	−0.0850
	0.80	0.00354	0.0319	0.0316	−0.0904
	0.75	0.00413	0.0321	0.0374	−0.0959
	0.70	0.00482	0.0318	0.0441	−0.1013
	0.65	0.00560	0.0308	0.0518	−0.1066
	0.60	0.00647	0.0292	0.0604	−0.1114
	0.55	0.00743	0.0267	0.0698	−0.1156
	0.50	0.00844	0.0234	0.0798	−0.1191

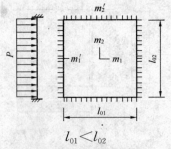

$$l_{01} < l_{02}$$

表3-31 四 边 固 定

$\dfrac{l_{01}}{l_{02}}$	f	m_1	m_2	m_1'	m_2'
0.50	0.00253	0.0400	0.0038	−0.0829	−0.0570
0.55	0.00246	0.0385	0.0056	−0.0814	−0.0571
0.60	0.00236	0.0367	0.0076	−0.0793	−0.0571
0.65	0.00224	0.0345	0.0095	−0.0766	−0.0571
0.70	0.00211	0.0321	0.0113	−0.0735	−0.0569
0.75	0.00197	0.0296	0.0130	−0.0701	−0.0565
0.80	0.00182	0.0271	0.0144	−0.0664	−0.0559
0.85	0.00168	0.0246	0.0156	−0.0625	−0.0551
0.90	0.00153	0.0221	0.0165	−0.0588	−0.0541
0.95	0.00140	0.0198	0.0172	−0.0550	−0.0528
1.00	0.00127	0.0176	0.0176	−0.0513	−0.0513

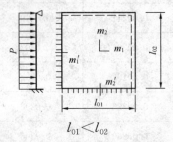

$$l_{01} < l_{02}$$

表3-32 邻边简支、邻边固定

$\dfrac{l_{01}}{l_{02}}$	f	f_{max}	m_1	m_{1max}	m_2	m_{2max}	m_1'	m_2'
0.50	0.00468	0.00471	0.0559	0.0562	0.0079	0.0135	−0.1179	−0.0786
0.55	0.00445	0.00454	0.0529	0.0530	0.0104	0.0153	−0.1140	−0.0785
0.60	0.00419	0.00429	0.0496	0.0498	0.0129	0.0169	−0.1095	−0.0782
0.65	0.00391	0.00399	0.0461	0.0465	0.0151	0.0183	−0.1045	−0.0777
0.70	0.00363	0.00368	0.0426	0.0432	0.0172	0.0195	−0.0992	−0.0770
0.75	0.00335	0.00340	0.0390	0.0396	0.0189	0.0206	−0.0938	−0.0760
0.80	0.00308	0.00313	0.0356	0.0361	0.0204	0.0218	−0.0883	−0.0748
0.85	0.00281	0.00286	0.0322	0.0328	0.0215	0.0229	−0.0829	−0.0733
0.90	0.00256	0.00261	0.0291	0.0297	0.0224	0.0238	−0.0776	−0.0716
0.95	0.00232	0.00237	0.0261	0.0267	0.0230	0.0244	−0.0726	−0.0698
1.00	0.00210	0.00215	0.0234	0.0240	0.0234	0.0249	−0.0677	−0.0677

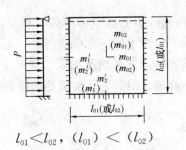

$$l_{01} < l_{02}, \quad (l_{01}) < (l_{02})$$

表 3-33 三边固定、一边简支

$\dfrac{l_{01}}{l_{02}}$	$\dfrac{(l_{01})}{(l_{02})}$	f	$f_{\max}$	m_1	$m_{1\max}$	m_2	$m_{2\max}$	m_1'	m_2'
0.50		0.00257	0.00258	0.0408	0.0409	0.0028	0.0089	−0.0836	−0.0569
0.55		0.00252	0.00255	0.0398	0.0399	0.0042	0.0093	−0.0827	−0.0570
0.60		0.00245	0.00249	0.0384	0.0386	0.0059	0.0105	−0.0814	−0.0571
0.65		0.00237	0.00240	0.0368	0.0371	0.0076	0.0116	−0.0796	−0.0572
0.70		0.00227	0.00229	0.0350	0.0354	0.0093	0.0127	−0.0774	−0.0572
0.75		0.00216	0.00219	0.0331	0.0335	0.0109	0.0137	−0.0750	−0.0572
0.80		0.00205	0.00208	0.0310	0.0314	0.0124	0.0147	−0.0722	−0.0570
0.85		0.00193	0.00196	0.0289	0.0293	0.0138	0.0155	−0.0693	−0.0567
0.90		0.00181	0.00184	0.0268	0.0273	0.0159	0.0163	−0.0663	−0.0563
0.95		0.00169	0.00172	0.0247	0.0252	0.0160	0.0172	−0.0631	−0.0558
1.00	1.00	0.00157	0.00160	0.0227	0.0231	0.0168	0.0180	−0.0600	−0.0550
	0.95	0.00178	0.00182	0.0229	0.0234	0.0194	0.0207	−0.0629	−0.0599
	0.90	0.00201	0.00206	0.0228	0.0234	0.0223	0.0238	−0.0656	−0.0653
	0.85	0.00227	0.00233	0.0225	0.0231	0.0255	0.0273	−0.0683	−0.0711
	0.80	0.00256	0.00262	0.0219	0.0224	0.0290	0.0311	−0.0707	−0.0772
	0.75	0.00286	0.00294	0.0208	0.0214	0.0329	0.0354	−0.0729	−0.0837
	0.70	0.00319	0.00327	0.0194	0.0200	0.0370	0.0400	−0.0748	−0.0903
	0.65	0.00352	0.00365	0.0175	0.0182	0.0142	0.0446	−0.0762	−0.0970
	0.60	0.00386	0.00403	0.0153	0.0160	0.0454	0.0493	−0.0773	−0.1033
	0.55	0.00419	0.00437	0.0127	0.0133	0.0496	0.0541	−0.0780	−0.1093
	0.50	0.00449	0.00463	0.0099	0.0103	0.0534	0.0588	−0.0784	−0.1146

2）多跨连续双向板内力计算方法

多跨连续双向板的计算多采用以单区格板计算为基础的实用计算方法。此法假定支承梁不产生竖向位移且不受扭；同时还规定，双向板沿同一方向相邻跨度的比值 $\dfrac{l_{01\min}}{l_{02\max}} \geqslant 0.75$，以免计算误差过大。

①跨中最大正弯矩

为了求连续双向板跨中最大正弯矩，活荷载应按图 3-81 所示的棋盘式布置。对这种荷载分布情况可分解成满布荷载 $g+\dfrac{q}{2}$ 及间隔布置 $\pm\dfrac{p}{2}$ 两种情况，分别如图 3-81（b）、图

3-81（c）所示。这里 g 是均布恒荷载，p 是均布活荷载。对于前一种荷载情况，可近似认为各区格板都固定支承在中间支承上；对于后一种荷载情况，可近似认为各区格板在中间支承处都是简支的。沿楼盖周边则根据实际支承情况确定。于是可以利用表 3-28～表 3-33 分别求出单区格板的跨中弯矩，然后叠加，得到各区格板的跨中最大弯矩。

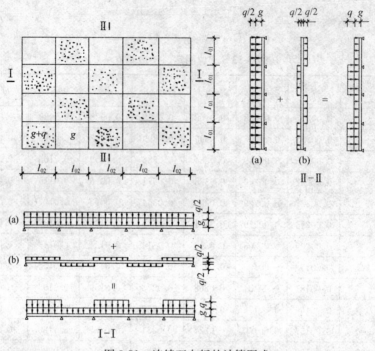

图 3-81　连续双向板的计算图式
（a）满布荷载；（b）荷载间隔布置

②支座最大负弯矩

支座最大负弯矩可近似按满布活荷载时求得。这时认为各区格板都固定在中间支座上，楼盖周边仍按实际支承情况确定。然后按单块双向板计算出各支座的负弯矩。由相邻区格板分别求得的同一支座负弯矩不相等时，取平均值为该支座负弯矩。

3）双向板支承梁的内力计算

①荷载情况

板的荷载就近传给支承梁。因此，可从板角做 45°角平分线来分块。传给长梁的是梯形荷载，传给短梁的是三角形荷载。

梁的自重为均布（矩形）荷载。

②内力计算

中间有柱时，纵、横梁一般可按连续梁计算，但当梁、柱线刚度比不大于 5 时宜按框架计算。

中间无柱的井式梁，可用"力法"进行计算，或从有关设计手册上直接查用"井字梁内力系数表"。

井式梁计算时，一般将梁板荷载简化为节点集中力 P，但这样处理时应注意在梁端剪力中另加 $0.25P$，具体计算方法见有关设计手册。

（3）双向板的截面配筋计算与构造要求

1）截面计算特点

134

对于四周与梁整体连接的双向板，除角区格外，考虑周边支承梁对板推力的有利影响，可将计算所得的弯矩按以下规定予以折减：

①对于中间区格板的跨中截面及中间支座折减系数为0.8。

②对于边区格板的跨中截面及从楼板边缘算起的第二支座截面：

当 $\dfrac{l_b}{l_0} < 1.5$ 时，折减系数为0.8；

当 $1.5 \leqslant \dfrac{l_b}{l_0} \leqslant 2$ 时，折减系数为0.9。

式中　l_b——沿楼板边缘方向的计算跨度；

　　　l_0——垂直于楼板边缘方向的计算跨度。

③对于角区格的各截面，不应折减。

由于是双向配筋，两个截面的有效高度不同，考虑短跨方向的弯矩比长跨方向的弯矩大，故应将短跨方向的跨中受拉钢筋放在长跨方向的外侧，以期具有较大的截面高度。通常其取值分别如下：短跨方向，$h_0 = h - 20$（mm）；长跨方向，$h_0 = h - 30$（mm），其中 h 为板厚。

2）构造要求

①板厚

双向板的厚度一般不小于80mm。为满足刚度要求，简支板还应不小于 $\dfrac{h}{l_{01}} \geqslant \dfrac{1}{45}$，连续板 $\dfrac{h}{l_{01}} \geqslant \dfrac{1}{50}$，$l_{01}$ 为双向板的短向计算跨度。

②受力钢筋

双向板的配筋方式与单向板相似，有分离式和弯起式两种，常用分离式。支座负筋伸出支座边 $\dfrac{l_{01}}{4}$。

③构造钢筋

底筋双向均为受力钢筋，但支座负筋还需设分布筋。当边支座视为简支计算，但实际上受到边梁或墙约束时，应配置支座构造负筋，Φ8@200，伸出支座边 $\dfrac{l_{01}}{4}$。

（4）双向板设计例题

某厂房结构平面布置如图3-82所示，楼盖支承梁截面为250mm×500mm，板厚100mm。楼面活荷载标准值 $p_k = 8kN/m^2$，楼盖总（包括自重）的恒载标准值 $g_k = 4.5kN/m^2$。混凝土强度等级采用C25，板中钢筋为HPB235。试按弹性理论设计此楼盖板。

1）荷载设计值

取 $b = 1000mm$ 宽为计算单元。

恒载设计值：
$$g = g_k \times 1.0 \times 1.2 = 4.5 \times 1.0 \times 1.2 = 5.4kN/m$$

活载设计值：

由于活荷载标准值 $8kN/m^2 > 4kN/m^2$，荷载分项系数取1.3，即
$$p = 8 \times 1.0 \times 1.3 = 10.4kN/m$$

正对称荷载：$g + \dfrac{p}{2} = 5.4 + 5.2 = 10.6kN/m$

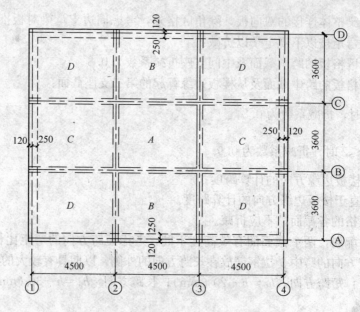

图 3-82 双向板楼盖结构平面布置图

反对称荷载：$\dfrac{\rho}{2}=5.2\text{kN/m}$

荷载总设计值：$q=g+p=5.4+10.4=15.8\text{kN/m}$

2）设计跨度

内区格板的计算跨度取支承中心间的距离；边区格板的计算跨度取净跨＋内支座宽度一半＋板厚一半或取净跨＋内支座宽度一半＋边支座支承长度一半，两者取小值，具体数值见表 3-34。

表 3-34　计 算 弯 矩 表

区　格	A 区格	B 区格	C 区格	D 区格
l_{01}（m）	3.9	3.47	3.9	3.47
l_{02}（m）	4.8	4.8	4.37	4.37
$\dfrac{l_{01}}{l_{02}}$	0.813	0.723	0.892	0.794
m_{01} (kN·m)	$0.0265\times10.6\times3.9^2$ $+0.5473\times5.2\times3.9^2$ $=8.60$	$0.0200\times10.6\times3.47^2$ $+0.0651\times5.2\times3.47^2$ $=6.63$	$0.0272\times10.6\times3.9^2$ $+0.0466\times5.2\times3.9^2$ $=8.07$	$0.03662\times10.6\times3.47^2$ $+0.05787\times5.2\times3.47^2$ $=8.30$
m_{02} (kN·m)	$0.0147\times10.6\times3.9^2$ $+0.03375\times5.2\times3.9^2$ $=5.04$	$0.0350\times10.6\times3.47^2$ $+0.0306\times5.2\times3.47^2$ $=6.38$	$0.0155\times10.6\times3.9^2$ $+0.0356\times5.2\times3.9^2$ $=5.31$	$0.01995\times10.6\times3.47^2$ $+0.0329\times5.2\times3.47^2$ $=4.61$
m_{01}^{v} (kN·m)	$8.6+\dfrac{1}{6}\times5.04$ $=9.44$	$6.63+\dfrac{1}{6}\times6.383$ $=7.69$	$8.07+\dfrac{1}{6}\times5.31$ $=8.96$	$8.3+\dfrac{1}{6}\times4.61$ $=9.07$
m_{02}^{v} (kN·m)	$5.04+\dfrac{1}{6}\times8.6$ $=6.47$	$6.383+\dfrac{1}{6}\times6.63$ $=7.49$	$5.31+\dfrac{1}{6}\times8.07$ $=6.66$	$4.61+\dfrac{1}{6}\times8.3$ $=5.99$

136

续表

区 格	A 区格	B 区格	C 区格	D 区格
m'_1 (kN·m)	-0.06545×15.8 $\times 3.9^2$ $=-15.73$	-0.0739×15.8 $\times 3.47^2$ $=-14.06$	-0.0669×15.8 $\times 3.9^2$ $=-16.08$	-0.08995×15.8 $\times 3.47^2$ $=-17.11$
m'_2 (kN·m)	$-0.0557 \times 15.8 \times 3.9^2$ $=-13.39$	-0.0871×15.8 $\times 3.47^2$ $=-16.57$	-0.0564×15.8 $\times 3.9^2$ $=-13.55$	-0.0752×15.8 $\times 3.47^2$ $=-14.31$

3）弯矩设计值

弯矩设计值可通过查表 3-28~表 3-33 的方法计算确定，其中跨中最大正弯矩为当内支座固定时，在正对称荷载作用下的跨中弯矩，与当内支座铰支时，在反对称荷载作用下的跨中弯矩之和。支座最大负弯矩为当内支座固定时，在总荷载作用下的支座弯矩值。弯矩设计值见表 3-34。其中考虑泊松比的影响，$\nu = 1/6$。

现以 A 区格板为例说明各弯矩设计值的计算过程。

$$\frac{l_{01}}{l_{02}} = \frac{3.9}{4.8} = 0.8125$$

计算跨中弯矩：

计算公式

$$m_1 = k_1 g' l_{01}^2 + k_2 p' l_{02}^2$$

$$m_2 = k_3 g' l_{01}^2 + k_4 p' l_{02}^2$$

故 $m_1 = 0.0265 \times 10.60 \times 3.9^2 + 0.05473 \times 5.2 \times 3.9^2 = 8.6\text{kN/m}$

$m_2 = 0.0147 \times 10.60 \times 3.9^2 + 0.03375 \times 5.2 \times 3.9^2 = 5.04\text{kN/m}$

$m_1^\nu = m_1 + \nu m_2 = 8.6 + \dfrac{1}{6} \times 5.04 = 9.40\text{kN/m}$

$m_2^\nu = m_2 + \nu m_1 = 5.04 + \dfrac{1}{6} \times 8.60 = 6.47\text{kN/m}$

计算支座弯矩：

计算公式

$$m'_1 = k'_1 q l_1^2$$

$$m'_2 = k'_2 q l_1^2$$

故 $m'_1 = -0.06545 \times 15.80 \times 3.90^2 = -15.73\text{kN·m}$

$m'_2 = -0.0557 \times 15.80 \times 3.90^2 = -13.39\text{kN·m}$

按照同样的方法可以求得其他各区格在截面上的弯矩设计值。计算结果见表 3-34。

4）配筋计算

截面的有效高度 l_{01} 方向跨中截面的有效高度：$h_{01} = h - 25 = 100 - 25 = 75\text{mm}$，$l_{02}$ 方向跨中截面的有效高度：$h_{02} = h - 35 = 100 - 35 = 65\text{mm}$，支座截面 $h_0 = h_{01} = 75\text{mm}$。

截面的设计弯矩：楼盖周边未设圈梁，因此只能将 A 区格跨中弯矩折减 20%，其余均不折减；支座弯矩均按支座边缘处的弯矩取值，即按下式计算：

$$M = M_c - V_0 \times \frac{b}{2}$$

式中 M_c——支座中心处的弯矩设计值，按表 3-35 取值，当支座两侧区格在该支座上弯矩值不相等时，取平均值；

V_0——按简支梁计算的支座剪力，$V_0 = \dfrac{1}{2}ql_{01}$，$q$ 为总荷载设计值，即 $q = 15.80\text{kN}$；

b——支座宽，$b = 250\text{mm}$。

$A-B$ 支座计算弯矩：

$$-\left(\frac{15.73+14.06}{2} - \frac{1}{2}\times15.8\times3.47\times\frac{0.25}{2}\right) = -11.47\text{kN}\cdot\text{m}$$

$A-C$ 支座计算弯矩：

$$-\left(\frac{13.39+13.55}{2} - \frac{1}{2}\times15.8\times4.37\times\frac{0.25}{2}\right) = -9.15\text{kN}\cdot\text{m}$$

$B-D$ 支座计算弯矩：

$$-\left(\frac{16.57+14.31}{2} - \frac{1}{2}\times15.8\times4.37\times\frac{0.25}{2}\right) = -12.01\text{kN}\cdot\text{m}$$

$C-D$ 支座计算弯矩：

$$-\left(\frac{16.08+17.11}{2} - \frac{1}{2}\times15.8\times3.47\times\frac{0.25}{2}\right) = -13.17\text{kN}\cdot\text{m}$$

所需钢筋的面积：为计算简便，近似取 $\gamma_s = 0.9$

$$A_s = \frac{m}{0.9\times h_0\times f_y}$$

截面配筋计算见表 3-35。配筋如图 3-83 所示。

表 3-35　配 筋 计 算 表

截　　面			项　　　目				
			h_0 (mm)	m (kN·m)	A_s (mm²)	配筋	实配 A_s（mm²）
跨 中	A 区格	l_{01}方向	75	$9.44\times0.8=7.55$	532.6	φ10@140	561
		l_{02}方向	65	$6.47\times0.8=5.18$	421.7	φ8/φ10@140	460
	B 区格	l_{01}方向	75	7.69	542.5	φ10@140	561
		l_{02}方向	65	7.49	609.7	φ10/φ12@140	684
	C 区格	l_{01}方向	75	8.96	632.1	φ10@120	654
		l_{02}方向	65	6.66	542.1	φ8/φ10@120	537
	D 区格	l_{01}方向	75	9.07	639.9	φ10@120	654
		l_{02}方向	65	5.99	487.6	φ8/φ10@120	537
支 座	$A-B$		75	-11.47	809.2	φ12@140	808
	$A-C$		75	-9.15	645.5	φ10/φ12@140	684
	$B-D$		75	-12.01	847.3	φ12/φ14@140	954
	$C-D$		75	-13.17	929.10	φ10/φ12@140	954

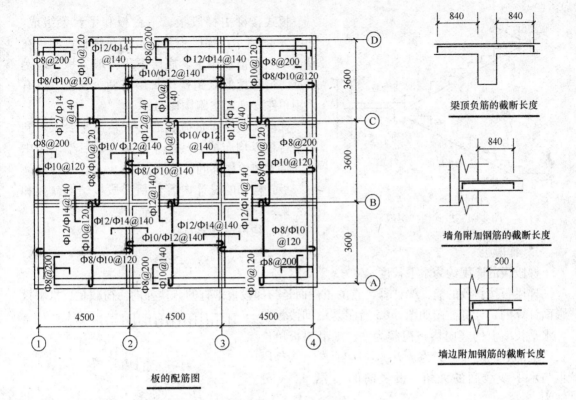

板的配筋图

图 3-83　板的配筋图

3.7 钢筋混凝土楼梯、雨篷

3.7.1 钢筋混凝土楼梯

在多层房屋中，楼梯是各楼层间的主要交通设施。由于钢筋混凝土具有坚固、耐久、耐火等优点，因而钢筋混凝土楼梯在多层建筑中得到广泛应用。

钢筋混凝土楼梯有现浇整体式和预制装配式两类，但预制装配式楼梯整体性较差，现已很少采用。在现浇整体式楼梯中有平面受力体系的普通楼梯和空间受力体系的螺旋式或剪刀式楼梯，以下仅介绍在工程中大量采用的平面受力体系的普通楼梯。

在现浇钢筋混凝土普通楼梯中，根据梯段中有无斜梁，分为梁式楼梯和板式楼梯两种。梁式楼梯在大跨度（如大于 4m）时较经济，但构造复杂，且外观笨重，在工程中较少采用，而板式楼梯虽在大跨度时不经济，但因构造简单，且外观轻巧，在工程中得到广泛的应用。

楼梯的结构设计步骤包括：

（1）根据建筑要求和施工条件，确定楼梯的结构形式和结构布置；

（2）根据建筑类别，确定楼梯的活荷载标准值；

（3）进行楼梯各构件的内力分析和截面设计；

（4）绘制施工图，处理连接部件的配筋构造。

下面介绍板式楼梯和梁式楼梯的设计要点。

3.7.1.1 现浇板式楼梯

（1）结构组成

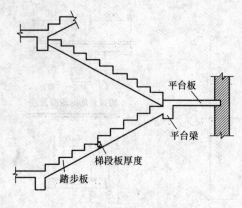

图 3-84 板式楼梯组成

板式楼梯由梯段板、平台板和平台梁组成，如图 3-84 所示。梯段板是斜放的齿形板，支承在平台梁上和楼层梁上，底层下段一般支承在地垄梁上。最常见的双跑楼梯每层有两个梯段，也有采用单跑楼梯和三跑楼梯的。

梯段荷载以均布荷载的形式传给平台梁，同时平台板以均布荷载传给平台梁，最后梁以集中力的形式传给楼梯间的侧墙。

板式楼梯的设计内容包括梯段板、平台板和平台梁。

（2）结构设计要点

1）梯段板

梯段板的厚度约为水平长度 1/30～1/25。

梯段板按斜放的简支梁计算，它的正截面是与梯段板垂直的，楼梯的活荷载是按水平投影面计算的，计算简图如图 3-85 所示。设梯段板单位水平长度上的竖向均布荷载为 p，则沿斜板单位长度上的竖向均布荷载为 $p'=p\cos\alpha$，此处 α 为梯段板与水平线线间的夹角。设竖向的 p 沿 x、y 分解为：

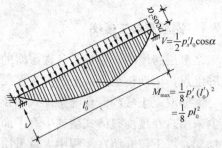

$$p'_x = p'\cos\alpha = p\cos^2\alpha$$
$$p'_y = p'\sin\alpha = p\cos\alpha\sin\alpha$$

此处 p'_x、p'_y 分别为 p' 垂直于斜板方向的分力。其中 p'_y 对斜板的弯矩和剪力没有影响。

设 l_0 为梯段的计算跨度，则 $l_0 = l'_0\cos\alpha$，于是斜板的跨中最大弯矩和最大剪力可表示为：

$$M_{max} = \frac{1}{8}p'_x(l'_0)^2 = \frac{1}{8}pl_0^2 \qquad (3\text{-}133)$$

$$V_{max} = \frac{1}{2}p'_x(l'_0) = \frac{1}{2}pl_0\cos\alpha \qquad (3\text{-}134)$$

图 3-85 梯段板的计算简图

可见，简支斜板在竖向均布荷载 p 作用下的最大弯矩，等于其水平投影长度的简支板在 p 作用下的最大弯矩；最大剪力为水平投影长度的简支板在 p 作用下的最大剪力值乘以 $\cos\alpha$。

由于梯段板与平台梁整浇，平台对斜板的转变形有一定的约束作用，故在计算板的跨中弯矩时常近似取 $M_{max} = \frac{1}{10}pl_0^2$。

截面承载力计算时，斜板的截面高度应垂直于斜面量取，并取齿形的最薄处。为避免斜板在支座处产生过大的裂缝，应在板面配置一定数量的钢筋，一般取 Φ 8@200，长度 1/4l_n。斜板内分布钢筋可采用 Φ 8@200，放置在受力钢筋的内侧。

2）平台板和平台梁

平台板一般设计成单向板，可取 1m 宽板带进行计算，平台板一端与平台梁整体相连，另一端可能支承在砖墙上，也可能与过梁整浇。跨中弯矩可近似取 $\frac{1}{8}pl_n^2$ 或 $\frac{1}{10}pl_n^2$，考虑到板支座的转动会受到一定的约束，应在板面的支座配置Φ8@200短钢筋，伸出支承边缘长度为 $\frac{1}{4}l_n$，图 3-86 为平台板的配筋。

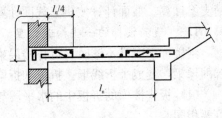

图 3-86　平台板的配筋

平台梁的设计与一般梁相似。

3.7.1.2　现浇梁式楼梯

（1）结构组成

梁式楼梯由踏步板、斜梁、平台板和平台梁组成，如图 3-87 所示。

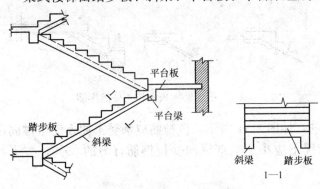

1—1

图 3-87　梁式楼梯的组成

梯段的荷载以均布荷载的形式传给踏步板，踏步板以均布荷载的形式传给斜梁，斜梁以集中的形式传给平台梁，同时平台板以均布荷载的形式传给平台梁，最后梁以集中力的形式传给楼梯间的侧墙。

梁式楼梯的设计内容包括平台板、斜梁、平台板和平台梁。

（2）设计要点

1）踏步板

踏步板两端支承在斜梁上，按两段简支的单向板计算，一般取一个踏步板作为计算单元，踏步板为梯形截面，板截面可近似取平均高度 $h = \frac{h_1 + h_2}{2}$，板厚一般不小于 30～40mm。每一踏步一般需配置不小于 2Φ6 的受力钢筋，沿斜向布置的分布，钢筋直径不小于Φ6，间距不应大于 300mm。

2）斜梁

斜梁承受踏步板传来的均布荷载和梁自重。其内力计算与板式楼梯斜板相同，即斜梁的弯矩和剪力可按下式计算：

$$M_{max} = \frac{1}{8}(g+p)l_0^2 = M_{平梁}$$

（3-135）

$$V_{max} = \frac{1}{2}(g+p)l_0\cos\alpha = V_{斜梁}\cos\alpha$$

（3-136）

斜梁计算截面按矩形截面。图 3-88 为斜梁的配筋构造。

3）平台板和平台梁

平台板的计算与式式楼梯相同。

平台梁承受斜边梁传来的集中荷载和平台板传来的均布荷载，内力按

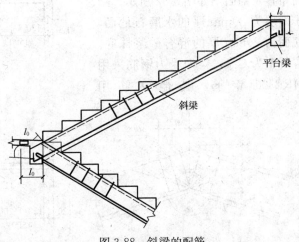

图 3-88　斜梁的配筋

141

简支梁计算。截面计算按矩形截面计算。

3.7.1.3 现浇楼梯的一些构造处理

当楼梯下净高不够时，可将楼层梁内移，如图3-89所示。这样板式楼梯梯段板、梁式楼梯的梯梁，变成了折线形。折板和折梁，设计时注意以下两个问题：

（1）板式楼梯的折板中的水平段与斜段相同。梁式楼梯中斜梁中水平段和斜段的截面高度要相同。

（2）折板和折梁的内折角的纵向受力钢筋应分开配置，并各自延伸以满足锚固要求，如图 3-90 所示。

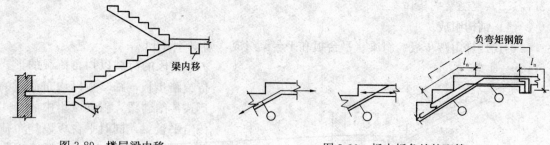

图 3-89　楼层梁内移　　　　　　　　图 3-90　板内折角处的配筋

对于折梁还应在内折角处增设箍筋，如图 3-91 所示。该箍筋应承受未伸入受压锚固区的纵向受拉钢筋的合力，且在任何情况下应小于全部纵向受拉钢筋合力的 35%，按下式计算：

$$N_{s2} = 0.7 A_s f_y \cos \frac{\alpha}{2} \tag{3-137}$$

式中　A_s——全部纵向受力钢筋截面面积；

α——构件的内折角。

按上述条件求得的箍筋，应布置在长度为 $S = h \tan \frac{3}{8} \alpha$ 的范围内。

3.7.1.4 设计例题

某教学楼现浇梁式楼梯结构平面布置及剖面图如图 3-92 所示。踏步面层为 30mm 厚的水磨石地面，底面为 20mm 厚的混合砂浆抹底。混凝土为 C25，梁内受力钢筋采用HRB300 钢筋，其他钢筋用

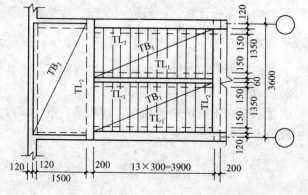

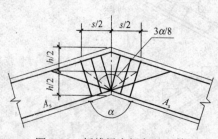

图 3-91　折线梁内折角的配筋

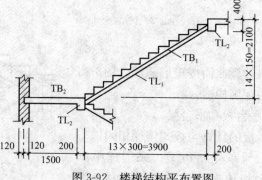

图 3-92　楼梯结构平布置图

142

HPB235 钢筋，采用金属栏杆。楼梯活荷载标准值为 2.5kN/m^2。试设计此楼梯。

（1）踏步板 TB_1 的计算

根据结构平面布置，踏步板尺寸为 $150\text{mm}\times300\text{mm}$，底板厚 $\delta=40\text{mm}$，楼梯段的倾角为 α，则 $\cos\alpha=0.894$，取一个踏步作为计算单元。

1）荷载

永久荷载设计值：

水磨石面层：$\qquad\qquad 1.2\times(0.3+0.15)\times0.65=0.351\text{kN/m}$

踏步板自重：$\qquad 1.2\times\dfrac{1}{2}\times\left(\dfrac{0.04}{0.894}+\dfrac{0.04}{0.894}+0.15\right)\times0.3\times25=1.08\text{kN/m}$

踏步板板底抹灰重：$\qquad\qquad 1.2\times\dfrac{0.3}{0.894}\times0.02\times17=0.14\text{kN/m}$

$\qquad$小计 $\qquad\qquad\qquad\qquad\qquad\qquad\qquad\qquad g=1.57\text{kN/m}$

活荷载设计值：$\qquad\qquad\qquad\qquad\qquad p=1.4\times2.5\times0.3=1.05\text{kN/m}$

荷载总设计值：$\qquad\qquad\qquad\qquad q=g+p=1.67+1.05=2.62\text{kN/m}$

以上荷载为垂直于水平方向分布的荷载。

2）计算跨度

斜梁截面尺寸取 $150\text{mm}\times350\text{mm}$，则踏步板的计算跨度为：

$$l_0=l_n+b=1350+150=1500\text{mm}$$

或 $\qquad\qquad\qquad l_0=1.05l_n=1.05\times1350=1418\text{mm}$

取小值即：$\qquad\qquad\qquad l_0=1418\text{mm}\approx1420\text{mm}$

3）踏步板的跨中弯矩

$$M_{max}=\frac{1}{8}ql_0^2=\frac{1}{8}\times2.62\times1.42^2=0.66\text{kN}\cdot\text{m}$$

4）承载力的计算

折算厚度为：$\qquad\qquad h=\frac{1}{2}\left(150+\frac{40}{0.894}+\frac{40}{0.894}\right)=120\text{mm}$

截面有效高度为：$h_0=h-25=120-25=95\text{mm}$

$$\alpha_s=\frac{M}{f_cbh_0^2}=\frac{0.66\times10^6}{11.9\times300\times95^2}=0.0205$$

$$\xi=1-\xi=1-\sqrt{1-2\alpha_s}=1-\sqrt{1-2\times0.0205}=0.0207$$

$A_s=\xi bh_0\dfrac{f_c}{f_y}=0.0207\times300\times95\times\dfrac{11.9}{210}=33.43\text{mm}^2<\rho_{min}bh_0=0.00272\times300\times120=97.92\text{mm}^2$

$\rho_{min}=45\times\dfrac{f_t}{f_y}\times100\%=45\times\dfrac{1.27}{210}\times100\%=0.272\%$

每踏步下配 $2\Phi8$，$A_s=2\times50.3=100.6\text{mm}^2>$ 97.92mm^2，并且其中一根应弯起并伸入踏步，伸入长度应超过支座边缘 $l_n/4=1350/4=337.5\text{mm}$，取 350mm，如图 3-93 所示。分布钢筋选用 $\Phi6@300$。

（2）楼梯斜梁 TL_1 的计算

1）荷载

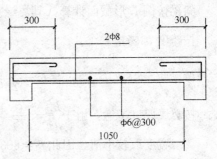

图 3-93　踏步板的配筋

永久荷载设计值：

踏步板传来：

$$\frac{1}{2} \times 1.57 \times 1.65 \times \frac{1}{0.3} = 4.32 \text{kN/m}$$

斜梁自重：

$$1.2 \times 0.15 \times (0.35 - 0.04) \times 25 \times \frac{1}{0.894} = 1.56 \text{kN/m}$$

梁侧抹灰：

$$1.2 \times 2 \times 0.35 \times 0.02 \times 17 \times \frac{1}{0.894} = 0.32 \text{kN/m}$$

楼梯栏杆重：

$$1.2 \times 0.1 = 0.12 \text{kN/m}$$

小计：

$$g = 6.32 \text{kN/m}$$

活载设计值：

$$p = 1.05 \times \frac{1}{2} \times 16.5 \times \frac{1}{0.3} = 2.89 \text{kN/m}$$

荷载总设计值：

$$q = g + p = 6.32 + 2.89 = 9.21 \text{kN/m}$$

以上各荷载均为沿水平方向分布。

2）计算跨度

该斜梁的两端简支于平台梁上，平台梁的截面尺寸为 200mm×400mm，斜梁的水平方向计算跨度为：

$$l_0 = l_n + b = 3.9 + 0.2 = 4.1 \text{m}$$

或

$$l_0 = 1.05 l_n = 1.05 \times 3.9 = 4.095 \text{m} \approx 4.1 \text{m}$$

即斜梁的水平方向计算跨度为 4.1m。

3）内力计算

相应的水平简支梁的内力为：

$$M_{\max} = \frac{1}{8} q l_0^2 = \frac{1}{8} \times 9.21 \times 4.1^2 = 19.35 \text{kN} \cdot \text{m}$$

$$V_{\max} = \frac{1}{2} q l_0 = \frac{1}{2} \times 9.21 \times 4.1 = 18.88 \text{kN}$$

计算斜梁配筋时所用的内力为：

$$M_{\max} = 19.35 \text{kN} \cdot \text{m}$$

$$V = V_{\max} \cos\alpha = 18.88 \times 0.8944 = 16.89 \text{kN}$$

4）承载力的计算

①正截面承载力

截面的有效高度为：

$$h_0 = h - 35 = 350 - 35 = 315 \text{mm}$$

斜梁按倒 L 形截面计算，其翼缘宽度 b_f' 的值如下确定：

按跨度 l_0 考虑：

$$b_f' = \frac{l_0}{6} = \frac{4100}{6} = 683 \text{mm}$$

按梁肋净距：

$$b_f' = \frac{S_n}{2} + b = \frac{1350}{2} + 150 = 825 \text{mm}$$

按翼缘厚度考虑：由于 $\dfrac{h_f'}{h_0} = \dfrac{40}{315} = 0.13 > 0.1$，故不考虑这种情况。

翼缘宽度取较小值，因此 $b_f' = 683 \text{mm}$。

判断类型：

$$f_c b_f' h_f' \left(h_0 - \frac{h_f'}{2}\right) = 11.9 \times 683 \times 40 \left(315 - \frac{40}{2}\right) = 9.91 \times 10^7 = 95.91 \text{kN} \cdot \text{m} > M = 19.3$$

kN·m，因此该截面属于第一种类型的截面。

$$\alpha_s = \frac{M}{f_c b_f' h_0^2} = \frac{19.35}{11.9 \times 683 \times 315^2} = 0.0240$$

$$\xi = 1 - \sqrt{1 - 2\alpha_s} = 1 - \sqrt{1 - 2 \times 0.0240} = 0.0243$$

$$A_s = \xi b_f' h_0 \frac{f_c}{f_y} = 0.0243 \times 683 \times 315 \times \frac{11.9}{300} = 296.3 \text{mm}^2 > 0.002 \times 150 \times 350 = 105 \text{mm}^2$$

$$\rho_{min} = 45 \times \frac{f_t}{f_y} \times 100\% = 45 \times \frac{1.27}{300} \times 100\% = 0.1905\%，取 \rho_{min} = 0.002$$

选用 2 Φ 14，$A_s = 308 \text{mm}^2$

②斜截面承载力

验算截面尺寸，由于 $\frac{h_w}{b} = \frac{310}{150} = 2.07 < 4$

且　　　　　　$0.25 f_c b h_0 = 0.25 \times 11.9 \times 150 \times 315 = 140420 \text{N} = 140.42 \text{kN} > 16.85 \text{kN}$

即截面符合要求。

验算是否需要计算配箍：$0.7 f_t b h_0 = 0.7 \times 1.27 \times 150 \times 315 = 42005.25 \text{N} = 42.0 \text{kN} >$

16.85kN，即只需构造配箍，选用双肢 Φ 6@300，配筋如图 3-94 所示。

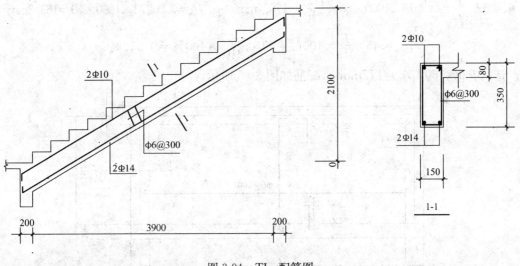

图 3-94　TL₁ 配筋图

（3）楼梯平台板 TB₂ 的计算

平台板板厚取 80mm。

由于　　　　　　$l_{02} = 3.6\text{m}, \quad l_{01} = 1.5 + \frac{0.25}{2} + \frac{0.08}{2} = 1.665\text{m}$

$$\frac{l_{02}}{l_{01}} = 2.1 > 2$$

故按单向板计算，计算单元取 1m 宽的板带。

1）荷载

永久荷载设计值：

水磨石面层：　　　　　　　　　　　　　　　　　　　$1.2 \times 0.65 = 0.78 \text{kN/m}$

145

| 平台板自重: | $1.2 \times 0.08 \times 25 = 2.4 \text{kN/m}$ |
| 板底抹灰重: | $1.2 \times 0.02 \times 17 = 0.41 \text{kN/m}$ |

小计: $\qquad g = 3.59 \text{kN/m}$

活荷载设计值: $\qquad p = 1.4 \times 2.5 = 3.5 \text{kN/m}$

荷载总设计值: $\qquad q = g + p = 3.59 + 3.5 = 7.09 \text{kN/m}$

2）计算跨度

$$l_0 = l_n + \frac{h}{2} = 1.5 + \frac{0.08}{2} = 1.54 \text{m}$$

3）跨中弯矩

$$M = \frac{1}{8} q l_0^2 = \frac{1}{8} \times 7.09 \times 1.54^2 = 2.10 \text{kN} \cdot \text{m}$$

4）截面承载力的计算

$$h_0 = h - 20 = 80 - 20 = 60 \text{mm}$$

$$\alpha_s = \frac{M}{f_c b h_0^2} = \frac{2.01 \times 10^6}{11.9 \times 1000 \times 60^2} = 0.0505$$

$$\xi = 1 - \sqrt{1 - 2\alpha_s} = 1 - \sqrt{1 - 2 \times 0.0505} = 0.0518$$

$$A_s = \xi b h_0 \frac{f_c}{f_y} = 0.0518 \times 1000 \times 60 \times \frac{11.9}{210} = 176.1 \text{mm}^2 > \rho_{min} b h = 0.00272 \times 1000 \times 60 = 163.2 \text{mm}^2$$

$$\rho_{min} = 45 \times \frac{f_t}{f_y} \times 100\% = 45 \times \frac{1.27}{210} \times 100\% = 0.272\%$$

选用 Φ6@160，$A_s = 177 \text{mm}^2$。配筋如图 3-95 所示。

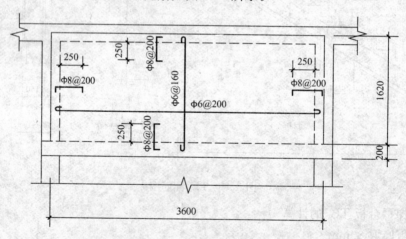

图 3-95　TB₂ 配筋图

（4）平台梁 TL₂ 的计算

平台梁的截面选为 200mm×400mm。

1）荷载

永久荷载设计值：

斜梁传来的集中恒载： $\qquad 6.32 \times \frac{1}{2} \times 4.1 = 12.96 \text{kN}$

平台板传来的均布恒载： $3.59 \times \left(\dfrac{1.5}{2} + 0.1\right) = 3.05 \text{kN/m}$

平台梁自重： $1.2 \times 0.2 \times (0.4 - 0.08) \times 25 = 1.92 \text{kN/m}$

平台梁抹灰重： $1.2 \times 2 \times 0.02 \times (0.4 - 0.08) \times 17 = 0.261 \text{kN/m}$

均布荷载小计： $g = 5.23 \text{kN/m}$

活荷载设计值：

斜梁传来的集中活载： $2.89 \times \dfrac{1}{2} \times 4.1 = 5.92 \text{kN}$

平台板传来的均布活载： $3.5 \times \left(\dfrac{1.5}{2} + 0.1\right) = 2.98 \text{kN/m}$

集中荷载总值： $12.96 + 5.92 = 18.88 \text{kN}$

均布荷载总值： $q = g + p = 5.23 + 2.98 = 8.21 \text{kN/m}$

2）计算跨度和计算简图

计算跨度：
$$l_0 = l_n + a = 3.6 - 0.24 + 0.24 = 3.6 \text{m}$$

或
$$l_0 = 1.05 l_n = 1.05 \times (3.6 - 0.24) = 3.53 \text{m}$$

取小值，即 $l_0 = 3.53 \text{m}$。

同一梯段的两根斜梁中心的间距为 1.5m。计算简图如图 3-96 所示。

3）内力计算

支座反力： $R = 2 \times 18.84 + \dfrac{1}{2} \times 8.21 \times 3.53 = 52.17 \text{kN}$

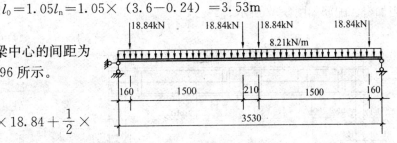

图 3-96 平台梁计算简图

跨中弯矩： $M = \dfrac{1}{8} \times 8.21 \times 3.53^2$
$$+ 52.17 \times \dfrac{3.53}{2} - 18.84 \times \left(\dfrac{3.53}{2} - 0.16\right) - 18.84 \times \dfrac{0.21}{2}$$
$$= 72.65 \text{kN} \cdot \text{m}$$

支座剪力： $V = R = 52.17 \text{kN}$

4）承载力的计算

①正截面承载力的计算

考虑布置一排钢筋， $h_0 = h - 35 = 365 \text{mm}$

平台梁是倒 L 形截面，其翼缘宽度 b_f' 如下确定：

$$b_f' = \dfrac{l_0}{6} = \dfrac{3.53}{6} = 0.588 \text{m} = 588 \text{mm} \quad \text{或} \quad b_f' = \dfrac{S_n}{2} + b = \dfrac{1.5}{2} + 0.2 = 0.95 \text{mm} = 950 \text{mm}$$

两者取小值： $b_f' = 588 \text{mm}$。

判别类型

$$f_c b_f' h_f' \left(h_0 - \dfrac{h_f'}{2}\right) = 11.9 \times 588 \times 80 \times \left(365 - \dfrac{80}{2}\right) = 181.93 \text{kN} \cdot \text{m}$$
$$> M = 72.65 \text{kN} \cdot \text{m}$$

147

因此属于第一类 T 形截面。

$$\alpha_s = \frac{M}{f_c b_f' h_0^2} = \frac{72.65 \times 10^6}{11.9 \times 588 \times 365^2} = 0.078$$

$$\xi = 1 - \sqrt{1 - 2\alpha_s} = 1 - \sqrt{1 - 2 \times 0.078} = 0.0813$$

$$A_s = \xi b h_0 \frac{f_c}{f_y} = 0.0813 \times 588 \times 365 \times \frac{11.9}{300} = 692.1 \text{mm}^2$$

选用 3 Φ 18，$A_s = 763 \text{mm}^2$。

②斜截面承载力的计算

验算截面：

$$h_w = h_0 - h_f' = 365 - 80 = 285 \text{mm}$$

$$\frac{h_w}{b} = \frac{285}{200} = 1.43 < 4$$

$$0.25 f_c b h_0 = 0.25 \times 11.9 \times 200 \times 365 = 217175 \text{N} > V = 21.72 \times 10^3 \text{N}$$

即截面符合要求。

验算是否需要按计算配置箍筋：

$$0.7 f_t b h_0 = 0.7 \times 1.27 \times 200 \times 365 = 64897 > V = 52.17 \text{kN} = 52170 \text{N}$$

按构造配置双肢Φ 6@200 的箍筋即可满足要求。另外在斜梁与平台梁相交处，箍筋应当加密。配筋如图 3-97 所示。

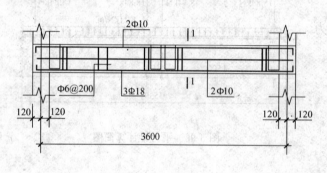
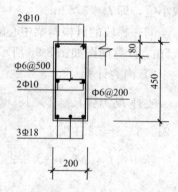

图 3-97 TL$_2$ 配筋图

3.7.2 钢筋混凝土雨篷

雨篷是建筑工程中常见的悬挑构件，当外挑长度较大时，宜设计成含有悬臂梁的梁板式雨篷；当外挑长度较小时，可设计成结构最为简单的悬臂板式雨篷。由于梁板结构在楼盖中已作介绍，这里仅介绍悬臂板式雨篷设计。

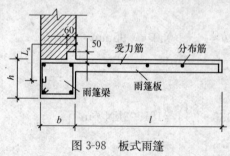

图 3-98 板式雨篷

悬臂板式雨篷一般由雨篷板和雨篷梁组成，如图 3-98 所示。雨篷梁既是雨篷板的点承，又兼有过梁作用。

悬臂板式雨篷可能发生的破坏有三种：雨篷板根部断裂、雨篷梁弯剪扭破坏和雨篷整体倾覆。为防止以上破坏，应对悬臂板式雨篷进行三方面的计算：雨篷板的正截面承载力计算、雨篷梁在弯矩、剪力和扭矩共同作用下的承载力计算和雨篷抗倾覆验算。

3.7.2.1 一般要求

一般雨篷板的挑出长度为 $0.6\sim1.2$m 或更长，视建筑要求而定，现浇雨篷板多数做成变厚度的，一般根部板厚为 1/10 挑出长度，但不小于 70mm，板端不小于 50mm。雨篷板周围往往设置凸沿以便能有组织排水。

雨篷梁的宽度一般取与墙厚相同，梁的高度应按承载力确定。梁两端伸进砌体的长度应考虑雨篷抗倾覆因素。

3.7.2.2 雨篷板的承载力计算

（1）雨篷板的计算单元

雨篷板为固定于雨篷梁上的悬臂板，取其挑出长度为计算跨度，并取 1m 作为计算单元。

（2）在雨篷上的荷载

雨篷板上的荷载有恒载（包括自重、粉刷等）、雪荷载、均布活荷载，以及施工和检修集中荷载。以上荷载中，雨篷均布活荷载与雪荷载不同时考虑，取两者中的大值。

施工集中荷载与均布活荷载不同时考虑。每一个集中荷载值为 10kN，进行承载力计算时，沿板宽每 1m 考虑一个集中荷载。计算简图如图 3-99 所示。

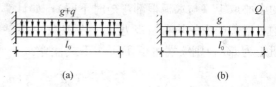

图 3-99　雨篷板的计算简图

（3）承载力计算

雨篷板只需计算正截面承载力，由计算简图可得板根部弯矩计算式为：

$$M = \frac{1}{2}(g+p)l_0^2 \text{ 或 } M = \frac{1}{2}gl_0^2 + Ql_0 \tag{3-138}$$

以上两个计算结果中，取弯矩较大值计算板的受力钢筋。

3.7.2.3 雨篷梁的承载力计算

（1）雨篷梁受弯承载力计算

1）荷载计算

荷载有：过梁上方 $\frac{1}{3}l_n$ 高度范围内的墙体重量，高度为 l_n 范围内的梁板荷载，雨篷梁自重和雨篷板传来的恒载和活载。其中，雨篷板传来的活载应考虑均布荷载和集中荷载两种情况，取产生较大内力者。

2）承载力计算

①计算简图

按简支梁计算，如图 3-100 所示。

②内力计算

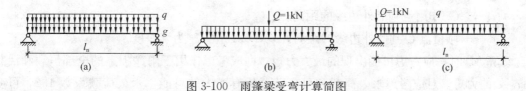

图 3-100　雨篷梁受弯计算简图

梁的弯矩按下式计算：

$$M = \frac{1}{8}(g+p)l_0^2$$

或

$$M = \frac{1}{8}gl_0^2 + \frac{1}{4}Ql_0 \qquad (3\text{-}139)$$

取弯矩值较大者。

梁的剪力按下式计算：

$$V = \frac{1}{2}(g+p)l_0$$

或

$$V = \frac{1}{2}gl_0 + Q \qquad (3\text{-}140)$$

取剪力值较大者。

截面配筋按矩形截面计算。

（2）雨篷梁弯、剪、扭承载力计算

雨篷梁上的扭矩由悬臂板上的恒载和活载产生。计算扭矩时应将雨篷板上荷载对雨篷梁的中心取矩（与求板根部弯矩时不同）；如计算所得板上的均布恒载产生的均布扭矩为 m_g，均布活载产生的均布扭矩为 m_q，板端集中活载（作用在洞边板端时为最不利）产生的集中扭矩为 M_Q，则梁端扭矩 T 可按下式计算：

$$T = \frac{1}{2}(m_g + m_q)l_n$$

或

$$T = \frac{1}{2}m_g l_n + M_Q \qquad (3\text{-}141)$$

取扭矩值较大者。

雨篷梁的弯矩剪力和扭矩求得后，即可按第 3.3 节弯、剪、扭构件的承载力计算方法计算纵向钢筋和箍筋。

3.7.2.4 雨篷梁的抗倾覆验算

雨篷板上的荷载可能使雨篷绕梁底距墙外边缘 x_0 处的 O 点转动而产生倾覆，如图 3-101 所示。为保证雨篷的整体稳定，需按下列公式对雨篷进行抗倾覆验算。

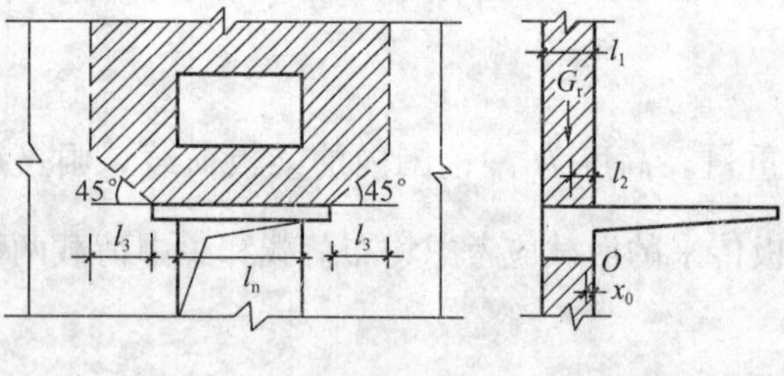

$$M_{ov} \leqslant M_r \qquad (3\text{-}142)$$

式中　M_{ov}——雨篷的荷载设计值对计算倾覆点产生的倾覆力矩；

　　　M_r——雨篷的抗倾覆力矩设计值。

图 3-101　雨篷的抗倾覆计算

计算 M_r 时，应考虑可能出现的最小弯矩，仅考虑恒载的作用，按下式计算：

$$M_r = 0.8G_r(l_2 - x_0) \qquad (3\text{-}143)$$

式中　G_r——抗倾覆荷载，按图 3-101 计算，图中 $l_3 = l_n/2$；

　　　l_2——G_r 作用点到墙外边缘的距离；

　　　x_0——倾覆点 O 到墙外边缘的距离，$x_0 = 0.13l_1$，l_1 为墙厚度。

计算 M_{or} 时，应考虑可能出现的最大力矩，即应考虑作用于雨篷板上的全部恒载和活载对 x_0 处的力矩。且应考虑永久荷载和可变荷载均有变大的可能，永久荷载系数 1.2，可变荷载系数 1.4。在进行雨篷抗倾覆验算时，应将施工或检修集中活荷载置于悬臂板端，沿板宽每隔 2.0~3.0m 考虑一个集中荷载。

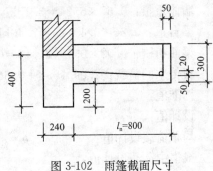

图 3-102　雨篷截面尺寸

3.7.2.5　雨篷设计实例

某三层商业房的底层门洞宽 2m，雨篷板挑出长度 0.8m，采用悬臂板式（带构造翻边），截面尺寸如图 3-102 所示。考虑到建筑立面需要，板底距门顶为 200mm，且要求梁上翻一定高度，以利防水。为此，梁高：400mm。混凝土 C20，钢筋采用 HPB235，试设计该雨篷。

（1）雨篷板的计算

雨篷板的计算取 1m 板宽为计算单元。板的根部取 70mm。

1）荷载计算

永久荷载：

20mm 水泥砂浆面层：$0.02 \times 1 \times 20 = 0.4$kN/m

板自重（平均厚 60）：$0.06 \times 1 \times 25 = 1.5$kN/m

12mm 厚纸筋灰板底粉刷：$0.012 \times 1 \times 16 = 0.19$kN/m

均布荷载标准值：$g_k = 2.09$kN/m

均布荷载设计值：$g = 1.2 \times 2.09 = 2.15$kN/m

集中恒载（翻边）设计值：$G = 1.2 \times (0.25 \times 0.05 \times 25 + 0.02 \times 0.3 \times 20 \times 2) = 0.66$kN/m

均布活载（考虑积水深 240mm）设计值：$p = 1.4 \times 2.4 = 3.36$kN/m

或集中荷载（作用在板端）设计值：$Q = 1.4 \times 1.0 = 14$kN

2）内力计算

计算跨度 $l_0 = l_n$

$$M_G = \frac{1}{2} g l_0^2 + G l_0 = \frac{1}{2} \times 2.51 \times 0.8^2 + 0.66 \times 0.8 = 1.33 \text{kN} \cdot \text{m}$$

$$M_p = \frac{1}{2} p l_0^2 = \frac{1}{2} \times 3.36 \times 0.8^2 = 1.03 \text{kN} \cdot \text{m}$$

$$M_Q = Q l_0 = 1.4 \times 0.8 = 1.12 \text{kN} \cdot \text{m}$$

以上两式中取最大值

$$M = M_G + M_Q = 1.33 + 1.12 = 2.45 = 2450000 \text{N} \cdot \text{mm}$$

3）配筋计算

雨篷板的配筋计算

$$\alpha_s = \frac{M}{\alpha_1 f_c b h_0^2} = \frac{2450000}{1 \times 9.6 \times 1000 \times 50^2} = 0.102$$

$$\gamma_s = 0.947$$

$$A_s = \frac{M}{f_y \gamma_s h_0} = \frac{2450000}{210 \times 0.947 \times 50} = 246 \text{mm}^2$$

选用 Φ 8@200（$A_s = 251$mm²）

（2）雨篷梁的计算

1）荷载计算

雨篷梁的墙体高度为 $0.8\text{m} > l_0/3 = 2.0/3 = 0.67\text{m}$，故墙体高度按 0.67m 计算。

永久荷载：

151

墙体重量：$0.67 \times 5.24 = 3.15 \text{kN/m}$

梁自重：$0.24 \times 0.4 \times 25 = 2.40 \text{kN/m}$

梁面粉刷：$0.02 \times 0.4 \times 2 \times 16 = 0.25 \text{kN/m}$

板传来的荷载：$2.09 \times 0.8 + 0.66 = 2.33 \text{kN/m}$

标准值：$\qquad\qquad\qquad g_k = 8.49 \text{kN/m}$

设计值：$\qquad\qquad\qquad g = 1.2 \times 8.49 = 10.19 \text{kN/m}$

均布荷载设计值：$\qquad p = 3.36 \times 0.8 = 2.69 \text{kN/m}$

或集中荷载设计值：$\qquad Q = 1.4 \text{kN}$

2）抗弯计算

①弯矩计算

计算跨度：$l_0 = 1.05 l_n = 1.05 \times 2 = 2.1 \text{m}$

弯矩：

$$M_G = \frac{1}{8} g l_0^2 = \frac{1}{8} \times 10.19 \times 2.1^2 = 5.62 \text{kN} \cdot \text{m}$$

$$M_Q = \frac{1}{8} p l_0^2 = \frac{1}{8} \times 2.69 \times 2.1^2 = 1.48 \text{kN} \cdot \text{m}$$

$$M_Q = \frac{1}{4} Q l_0 = \frac{1}{4} \times 1.4 \times 2.1 = 0.74 \text{kN} \cdot \text{m}$$

在以上两式中取大值 $\qquad M_Q = 1.48 \text{kN} \cdot \text{m}$

计算 M：

$$M = M_G + M_Q = 5.62 + 1.48 = 7.10 \text{kN} \cdot \text{m}$$

②抗弯承载力计算

$$\alpha_s = \frac{M}{\alpha_1 f_c b h_0^2} = \frac{7100000}{1 \times 9.6 \times 240 \times 365^2} = 0.023$$

$$\gamma_s = 0.991$$

$$A_s = \frac{M}{f_y \gamma_s h_0} = \frac{7100000}{210 \times 0.991 \times 365} = 93.5 \text{mm}^2$$

计算最小配筋率 ρ_{min}

$$\rho_{min} = 0.20\%$$

$$\rho_{min} = 45 \times \frac{f_t}{f_y} \times 100\% = 45 \times \frac{1.27}{210} \times 100\% = 0.272\%$$

取 $\rho_{min} = 0.272$

$$\rho = \frac{A_s}{bh} = \frac{93.5}{240 \times 365} = 0.0011 < \rho_{min} = 0.00272$$

故取 $\qquad A_s = \rho_{min} bh = 0.00272 \times 240 \times 400 = 238.27 \text{mm}^2$

3）抗剪、抗扭计算

①剪力计算

$$V_G = \frac{1}{2} g l_n = \frac{1}{2} \times 10.19 \times 2.0 = 10.19 \text{kN}$$

$$V_Q = \frac{1}{2} p l_n = \frac{1}{2} \times 2.69 \times 2.0 = 2.69 \text{kN}$$

$$V_Q = Q_n = 1.4 \text{kN}$$

以上两式中取大值，取 $V_Q = 2.69 \text{kN}$ 计算 V：

$$V = V_G + V_Q = 10.19 + 2.69 = 12.88 \text{kN}$$

②扭矩计算

梁在均布荷载作用下沿跨度方向每米长度的扭矩为

$$m_g = g l_n \frac{l_n + b}{2} + G\left(l_n + \frac{b}{2}\right)$$

$$= 2.51 \times 0.8 \times \frac{0.8 + 0.24}{2} + 0.66 \times \left(0.8 + \frac{0.24}{2}\right) = 1.65 \text{kN} \cdot \text{m/m}$$

$$m_q = g l_n \frac{l_n + b}{2}$$

$$= 3.36 \times 0.8 \times \frac{0.8 + 0.24}{2} = 1.4 \text{kN} \cdot \text{m/m}$$

集中荷载作用下，梁支座处的最大扭矩为

$$M_Q = Q\left(l_n + \frac{b}{2}\right) = 1.4\left(0.8 + \frac{0.24}{2}\right) = 1.29 \text{kN} \cdot \text{m}$$

梁在支座处的扭矩为

$$T = \frac{1}{2}(m_G + m_q)l_n = \frac{1}{2} \times (1.65 + 1.40) \times 2 = 3.05 \text{kN} \cdot \text{m}$$

$$T = \frac{1}{2}m_G l_n + M_Q = \frac{1}{2} \times 1.65 \times 2.0 + 1.29 = 2.94 \text{kN} \cdot \text{m}$$

取较大者，$T = 3.05 \text{kN} \cdot \text{m}$

③验算截面尺寸

$$W_t = \frac{1}{6}b^2(3 \times h - b) = \frac{1}{6} \times 240^2(3 \times 400 - 240) = 9216000 \text{mm}^3$$

$$\frac{V}{bh_0} + \frac{T}{W_t} = \frac{12880}{240 \times 365} + \frac{3050000}{9216000} = 0.147 + 0.331 = 0.478 \text{N/mm}^2$$

$$< 0.25\beta_c f_c = 0.25 \times 1.0 \times 9.6 = 2.4 \text{N/mm}^2$$

截面尺寸符合要求。

④验算是否按计算配置抗扭和抗剪钢筋

$$\frac{V}{bh_0} + \frac{T}{W_t} = \frac{12880}{240 \times 365} + \frac{3050000}{9216000} = 0.147 + 0.331 = 0.478 \text{N/mm}^2$$

$$< 0.7f_t = 0.7 \times 1.1 = 0.77 \text{N/mm}^2$$

按构造要求配置抗剪和抗扭钢筋。

⑤钢筋的配置

抗扭纵筋

$$A_{stl} = 0.6\sqrt{\frac{T}{Vb}} \times \frac{f_t}{f_y} \times b \times h = 0.6 \times \sqrt{\frac{3050000}{12880 \times 240}} \times \frac{1.1}{210} \times 240 \times 400 = 299.7 \text{mm}^2$$

梁的抗扭纵筋应沿截面核芯均匀布置，可将抗扭纵筋分为上、中、下三等分。将弯扭纵向钢筋迭加可得截面所需纵向钢筋的截面面积。

上部：　　　$\dfrac{1}{3}A_{stl} = \dfrac{299.7}{3} = 99.9 \text{mm}^2$　　　　　　选用 2 Φ 10

中部：　　　$\dfrac{1}{3}A_{stl} = \dfrac{299.7}{3} = 99.9 \text{mm}^2$　　　　　　选用 2 Φ 10

下部：　　　$A_s + \dfrac{1}{3}A_{stl} = 207 + \dfrac{299.7}{3} = 306.9 \text{mm}^2$　　　　选用 3 Φ 12

153

抗扭箍筋

箍筋选用Φ8@150，其配箍率为：

$$\rho_{sv}=\frac{A_{sv}}{bs}=\frac{2\times50.3}{240\times150}=0.0028>\rho_{sv,min}=0.28\times\frac{f_t}{f_y}=0.28\times\frac{1.27}{210}=0.00272$$

雨篷配筋如图 3-103 所示。

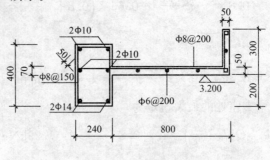

图 3-103　雨篷配筋图

3.8　单层工业厂房结构

3.8.1　单层厂房结构组成和布置

3.8.1.1　结构组成

单层厂房通常由基础、横向平面排架、纵向排架、吊车梁、支撑、屋盖结构和围护结构等几部分组成，如图 3-104 所示。

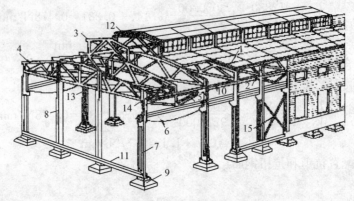

图 3-104　装配式钢筋混凝土单层厂房

1—屋面板；2—天沟板；3—天窗架；4—屋架；5—托架；6—吊车梁；7—排架柱；8—抗风柱；9—基础；10—连系梁；11—基础梁；12—天窗架垂直支撑；13—屋架下弦横向水平支撑；14—屋架端部垂直支撑；15—柱间支撑

（1）屋盖结构

排架结构分无檩体系和有檩体系两种。无檩体系由大型屋面板、屋面梁或屋架及屋盖支撑组成，有檩体系是由小型屋面板、檩条、屋架及屋盖支撑组成。屋盖结构有时还有天窗架、托架等构件。

（2）横向平面排架

154

由横梁（屋面梁或屋架）、横向柱列和基础组成，是厂房的基本承重结构。厂房结构承受的竖向荷载（结构自重、屋面活载、雪载和吊车竖向荷载等）及横向水平荷载（风载和吊车横向制动力、地震作用）主要通过横向平面排架传至基础和地基，如图3-105所示。

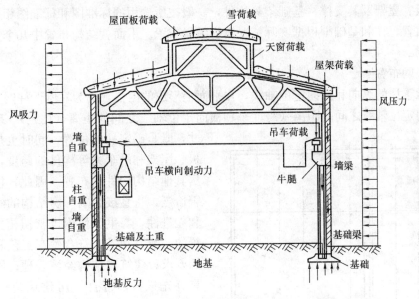

图 3-105　横向平面排架示意图

（3）纵向平面排架

纵向平面排架是由连系梁、吊车梁、纵向柱列、基础和柱间支撑等组成，其作用是保证厂房结构的纵向稳定性和刚度，并承受作用在山墙和天窗端壁并通过屋盖结构传来的纵向风载、吊车纵向水平荷载、纵向地震力以及温度应力等，如图3-106所示。

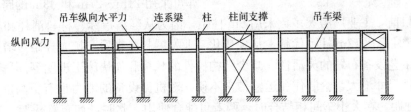

图 3-106　装配式钢筋混凝土单层厂房

（4）吊车梁

简支在柱牛腿上，主要承受吊车竖向、横向和纵向水平荷载，并将它们分别传至横向或纵向排架。

（5）支撑

包括屋盖和柱间支撑，其作用是加强厂房结构的空间刚度，并保证结构构件在安装和使用阶段的稳定和安全，同时起传递风载和吊车水平荷载或地震力的作用。

（6）基础

承受柱和基础梁传来的荷载并将它们传至地基。

（7）围护结构

包括纵墙和横墙（山墙）及由墙梁、抗风柱和基础梁等组成的墙架。

3.8.1.2　结构布置

结构布置包括屋盖结构（屋面板、天沟板、屋架、天窗架及其支撑等）布置；吊车梁；柱（包括抗风柱）及柱间支撑等布置；圈梁、连系梁及过梁布置；基础和基础梁布置。

屋面板、屋架及其支撑、基础梁等构件，一般按所选用的标准图和标准图相应的规定进行选用和布置。柱和基础则根据实际情况自行编号布置。下面就结构布置中几个主要问题进行说明。

（1）柱网布置

厂房承重柱的纵向和横向定位轴线，在平面上形成的网格，称为柱网。柱网布置就是确定柱子纵向定位轴线之间的距离（跨度）和横向定位轴线之间的距离（柱距）。确定柱网尺寸，既是确定柱的位置，同时也是确定屋面板、屋架和吊车梁等构件的跨度，并涉及厂房其他结构构件的布置。因此，柱网布置是否恰当，将直接影响厂房结构的经济合理性和先进性，与生产使用也密切相关。柱网布置的一般原则是：符合生产工艺和正常使用的要求；建筑和结构经济合理；施工方法上具有先进性；符合厂房建筑统一化基本规则；适应生产发展和技术革新的要求。厂房跨度在18m以下时，应采用3m的倍数；在18m以上时，应采用6m的倍数。厂房柱距应采用6m或6m的倍数，如图3-107所示。当工艺布置和技术经济有明显的优越性时，亦可采用21m、27m和33m的跨度和9m或

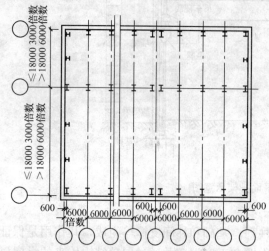

图3-107　厂房柱纵横定位轴线

其他柱距。目前，工业厂房大多数采用6m柱距，因为从经济指标、材料消耗和施工条件等方面衡量6m柱距比12m柱距优越。从现代化工业发展趋势来看，扩大柱距对增加车间有效面积、提高工艺设备布置的灵活性、减少结构构件的数量和加快施工进度等都是有利的。当然，由于构件尺寸增大，给制作和运输带来不便，对机械设备的能力也有更高的要求。12m柱距和6m柱距，在大小车间相结合时，两者可配合使用。此时，如布置托架，屋面板仍可采用6m的模板生产。

（2）变形缝布置

变形缝包括伸缩缝、沉降缝和防震缝三种。

如果厂房长度和宽度过大，当气温变化时，在结构内部产生的温度内力，可使墙面、屋面拉裂，影响正常使用。为减小厂房结构的温度应力，可设置伸缩缝将厂房结构分成若干温度区段。伸缩缝应从基础顶面开始，将两个温度区段的上部结构分开，并留出一定宽度的缝隙使上部结构在气温变化时，沿水平方向可自由地发生变形。温度区段的形状，应力求简单，并应使伸缩缝的数量最少。温度区段的长度（伸缩缝之间的距离），取决于结构类型和温度变化情况（结构所处环境条件）。对于钢筋混凝土装配式排架结构，其伸缩缝的最大间距，露天时为70m，室内或土中时为100m，当屋面板上部无保温或隔热措施时，可适当低于100m。此外，对于下列情况，伸缩缝的最大间距还应适当减小：

1）从基础顶面算起的柱长低于8m时；

2）位于气温干燥地区，夏季炎热且暴雨频繁的地区或经常处于高温作用下的排架；

3）室内结构因施工外露时间较长时。

当厂房的伸缩缝间距超过《混凝土结构规范》规定的允许值时，应验算温度应力。伸缩缝的做法有双柱式，如图 3-108（a）所示；滚轴式，如图 3-108（b）所示。双柱式用于沿横向设置的伸缩缝，而滚轴式用于沿纵向设置的伸缩缝。

在单层厂房中，一般不做沉降缝，只在下列特殊情况才考虑设置：如厂房相邻两部分高差很大（10m 以上）；两跨间吊车起重量相差悬殊；地基承载力或下卧层土质有很大差别；或厂房各部分施工时间先后相差很久；土壤压缩程度不同等情况。沉降缝应将建筑物从基础到屋顶全部分开，当两边发生不同沉降时不致相互影响。沉降缝可兼作伸缩缝。

防震缝是为减轻震害而采取的措施之一。当厂房平面、立面复杂、结构高度或刚度相差很大，以及在厂房侧边布置附房（如生活间、变电所、锅炉间等）时，设置防震缝将相邻部分分开。地震区的厂房，其伸缩缝和沉降缝均应符合防震缝的宽度要求。

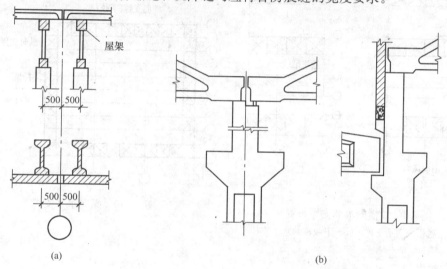

图 3-108 单层厂房伸缩缝的构造

（a）双柱式（横向伸缩缝）；（b）滚轴式（纵向伸缩缝）

（3）支撑布置

在装配式钢筋混凝土单层厂房结构中，支撑是厂房整体刚性的重要组成部分。如果支撑布置不当，不仅会影响厂房的正常使用，甚至可能引起主要承重结构的破坏。支撑的作用主要是：

①在施工和使用阶段保证厂房结构的几何稳定性；

②保证厂房结构的纵向和横向水平刚度，以及空间整体性；

③将水平荷载传给主要承重结构和基础。

单层厂房的支撑包括屋盖支撑和柱间支撑两部分。

1）屋盖支撑

屋盖支撑包括设置在上、下弦平面内的横向支撑和设置在下弦平面内的纵向水平支撑，以及设置在屋面梁或屋架间的垂直支撑和水平系杆。

①横向水平支撑

上弦横向支撑的作用是构成刚性框架，增强屋盖的整体刚度，保证屋架上弦稳定性的同时将抗风柱传来的风力传递到（纵向）排架柱顶，如图3-109所示。

屋面为有檩体系，或山墙风力传至屋架上弦而大型屋面板的连接不符合规定要求时，则在屋架上弦平面的伸缩缝区段内两端各设一道上弦横向支撑。

下弦横向水平支撑的作用是保证将屋架下弦受到的水平力传至（纵向）排架柱顶。当屋架下弦设有悬挂吊车或受有其他水平力，或抗风柱与屋架下弦连接时，则应设置下弦横向水平支撑。

②纵向水平支撑

下弦纵向水平支撑是为了提高厂房整体刚度，保证横向水平力的纵向分布，增强排架的空间工作而设置的。如图3-110所示，设计时应根据厂房跨度、跨数和高度，屋盖承重结构方案，吊车吨位及工作级别等因素考虑在下弦平面端节间中设置。

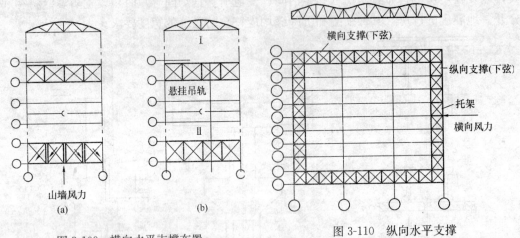

图3-109　横向水平支撑布置
(a) 上弦横向水平支撑；(b) 下弦横向水平支撑

图3-110　纵向水平支撑

③垂直支撑及水平系杆

垂直支撑和下弦水平系杆是用以保证屋架的整体稳定（抗倾覆）以及防止在吊车工作时（或有其他振动时）屋架下弦的侧向颤动。上弦水平系杆则用以保证屋架上弦或屋面梁受压翼缘的侧向稳定（防止局部失稳）。

当屋面梁（或屋架）的跨度 $L \leqslant 18m$ 且无天窗时，一般可不设垂直支撑和水平系杆，但这时对梁支座应进行抗倾覆验算；当 $L > 18m$ 时，应在第一或第二柱间设置垂直支撑，并在下弦设置通长水平系杆。

④天窗架间的支撑

当屋盖为有檩体系，或虽为无檩体系，但大型屋面板的连接不能起整体作用时，应设置天窗架上弦横向支撑。此外，在天窗架两端的第一柱间应设置垂直支撑。天窗架支撑与屋架上弦支撑应尽可能布置在同一柱间。

2）柱间支撑

柱间支撑的作用主要是提高厂房的纵向刚度和稳定性。一般单层厂房，凡属下列情况之一者，应设置柱间支撑：

①设有悬臂式吊车或3t及以上的悬挂式吊车时；

②设有重级工作制吊车或中、轻级工作制吊车，起重量在10t及以上时；

158

③厂房跨度在 18m 及以上或柱高在 8m 以上时；

④纵向柱的总数在 7 根以下时；

⑤露天吊车栈桥的柱列。

对于有吊车的厂房，柱间支撑分为上柱区段和下柱区段两部分。上柱柱间支撑应设在伸缩缝区段中部和两端的柱间。下柱柱间支撑设在伸缩缝区段中部的柱间。这样有利于在温度变化或混凝土收缩时，厂房可自由变形，而不致产生较大的温度或收缩应力。

柱间支撑宜用交叉形式，交叉倾角通常在 35°～55° 之间。当柱间因交通、设备布置

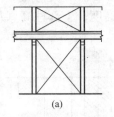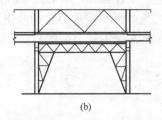

(a)　　　　　　　　(b)

图 3-111　柱间支撑示意图

(a) 交叉支撑；(b) 门架支撑

或柱距较大而不宜或不能采用交叉式支撑时，可采用如图 3-111（b）所示的门架式支撑。

（4）抗风柱、圈梁、连系梁、过梁和基础梁的作用和布置原则

1）抗风柱

为了将山墙风荷载传递至基础，需要设置抗风柱，与基础刚接，与屋架上弦铰接，根据具体情况，也可与下弦铰接或同时与下弦铰接。

2）圈梁、连系梁、过梁和基础梁

圈梁的作用是将墙体、柱箍在一起，以加强厂房的整体刚度，防止由于地基的不均匀沉降或较大振动荷载引起对厂房的不利影响。圈梁设置于墙体内，并和柱进行拉接连接。圈梁的布置可参照下列原则布置：檐口、吊车梁标高处设一道，当外墙高度大于 15m 时还应适当增设圈梁，应连续设置在墙体的同一平面上，并尽可能沿整个建筑物形成封闭状。当圈梁被窗洞切断时，应在洞口上部墙体中设置一道附加圈梁，其截面尺寸不应小于被切断的圈梁。

连系梁的作用是连系纵向柱列，以增强厂房的纵向刚度，并传递风载到纵向柱列。

在进行厂房结构布置时，应尽可能将圈梁、连系梁和过梁结合起来，使一个构件能起到两种或三种构件的作用，以节约材料，简化施工。

在一般厂房中，通常用基础梁来承担围护墙体的重量，而不另做墙基础。基础梁底部与土壤表面应预留 100mm 的空隙。

3.8.2　排架计算

单层厂房是一个空间结构，但是为了设计方便，根据其受力特点可以简化为纵、横向平面排架。纵向平面排架的柱较多，其水平刚度通常较大，每根柱承受的水平力不大，因而往往不必计算。所以本节只介绍横向平面排架的计算。

排架计算是为设计柱和基础提供内力数据的，主要内容为：确定计算简图、荷载计算、内力计算和内力组合。

3.8.2.1　计算简图

由相邻柱距的中线截出的一个典型区段，称为计算单元，如图 3-112 中的阴影部分。除吊车等移动的荷载外，阴影部分就是一个排架的负荷范围。为了简化计算，根据构造和实践经验，对横向排架的计算简图作如下假定：

（1）柱下端固接于基础顶面，上端铰接于横梁。

（2）横梁为没有轴向变形的刚性连杆。

根据以上假定，单层单跨横向排架的计算简图如图 3-113 所示。其中柱的计算轴线应取上、下柱截面的形心线。柱高按以下规定确定：柱总高（H_2）＝柱顶标高＋基础底面标高的绝对值－初步拟定的基础高度；上部柱高（H_1）＝柱顶标高＋轨顶标高＋轨道构造高度＋吊车梁支承处的梁高。

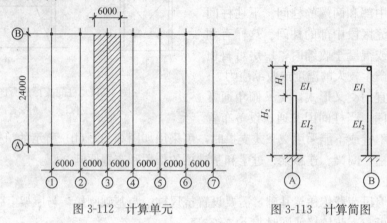

图 3-112　计算单元　　　　　　　　　图 3-113　计算简图

3.8.2.2　排架的荷载计算

作用在排架上的荷载可分为恒载和活载。恒载包括屋盖自重 P_1、上柱自重 P_2、下柱自重 P_3、吊车梁和轨道等零件自重 P_4 以及有时支承在柱牛腿上的围护结构自重。活荷载包括屋面活载 P_5；吊车荷载 T_{max}，D_{max}，D_{min}；均布风载 q_1，q_2 以及作用在屋盖支承处的集中风荷载 F_w 等。

（1）恒荷载

各种恒荷载数值应根据各部分材料体积与重度计算，采用标准图选用的标准构件，可从标准图上直接查得。

（2）屋面活荷载

屋面活荷载包括屋面均布活荷载、雪荷载和积灰荷载三种，均按屋面的水平投影面积计算。在排架内力计算时，屋面均布活荷载不与雪荷载同时考虑，仅取两者中的较大值。

（3）吊车荷载

桥式吊车对排架的作用有竖向荷载和水平荷载两种。

1）作用在排架上的吊车竖向荷载 D_{max}，D_{min}

当小车吊有额定最大起重量开到大车某一侧极限位置时，如图 3-114 所示，在这一侧的每个大车轮压称为吊车的最大轮压 P_m 即 P_{max}，在另一侧的称为最小轮压 P_{min}。P_{max} 与 P_{min} 同时发生。P_{max} 通常可根据吊车产品目录查得。

吊车是移动的，因此必须用吊车梁的支座竖向反力影响线来

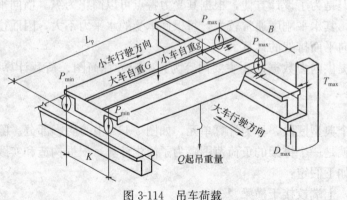

图 3-114　吊车荷载

160

求出由轮压产生的支座最大竖向反力 D_{max}，而在另一侧排架柱上，则由 P_{min} 产生 D_{min}。D_{max} 与 D_{min} 就是作用在排架上的吊车竖向荷载，两者同时发生。利用支座反力影响线，如图 3-115 所示，D_{max} 和 D_{min} 按下式计算：

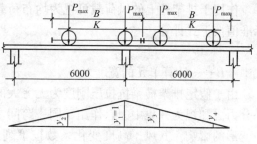

图 3-115 吊车梁支座反力影响线

$$D_{max} = P_{max}(y_1 + y_2 + y_3 + y_4) = P_{max}\sum_1^4 y_i$$
（3-144）

$$D_{min} = P_{min}(y_1 + y_2 + y_3 + y_4) = P_{min}\sum_1^4 y_i \qquad （3-145）$$

式中 Σy_i——各轮子下影响线纵标的总和。

2）吊车横向水平荷载

吊车横向水平荷载是指当小车带着吊重在大车轨道上启动和制动时，小车自重和吊重的水平惯性力。

每个轮子传给吊车轨道的横向水平制动力是移动荷载，依据影响线原理，可以按下式计算吊车横向水平荷载：

$$T_{max} = T(x_1 + x_2 + x_3 + x_4) = T\sum_1^4 x_i \qquad (3-146)$$

式中 T——每个轮子传来的吊车横向水平荷载标准值，具体计算可参考相应规范。

因为小车沿横向刹车时可能向左，也可能向右，因此一根柱上受到的吊车横向水平荷载也有向左或向右两种可能。对于设有多台吊车多跨厂房，最多考虑两台吊车的水平荷载。

3）吊车的纵向水平荷载

吊车的纵向水平荷载是大车制动时整个吊车和吊重的惯性力，以纵向水平荷载的形式传到吊车梁的钢轨顶面。吊车纵向水平荷载由厂房纵向排架承受，一般不必计算。

（4）风荷载

风是具有一定速度运动的气流，当它遇到厂房受阻时，将在厂房的迎风面产生正压区（风压力），而在背风面和侧面形成负压区（风吸力），作用在厂房外表面的风压力和风吸力与风的吹向一致，其标准值与基本风压 W_0 与建筑物的体型和高度等因素有关，可按下式进行计算：

$$W_k = \mu_s \mu_z W_0 \qquad (3-147)$$

式中 W_0——基本风压值，按《荷载规范》中"全国基本风压分布图"查取；

μ_s——风压体型系数，一般垂直于风向的迎风面 $\mu_s = 0.8$，背风面 $\mu_s = 0.5$；各种外形不同的厂房，其风压体型系数见《荷载规范》；

μ_z——风压高度变化系数，其值与地面粗糙度有关，地面粗糙度分 A、B、C 三类：

A 类指近海海面、海岛、海岸及沙漠地区；

B 类指田野、乡村、丛林、丘陵以及房屋比较稀疏的中、小城镇和大城市郊区；

C 类指有密集建筑群的大城市市区。

三类不同地面粗糙度的风压高度变化系数见《荷载规范》。

作用于排架柱上的风荷载可视为均布荷载，其风压高度变化系数可按柱顶高度考虑，其标准值按下式计算：

$$q_k = W_k B \tag{3-148}$$

式中　B——计算单元的宽度（m）。

由于假定排架横梁抗拉压刚度为无穷大的刚杆，因此，可以将柱顶以上屋面风荷载的水平分力之和视为一集中力，作用于同一跨间左边柱或右边柱的柱顶，而忽略在力的平移过程中变形的影响。其风压高度变化系数按下列规定计算：有矩形天窗时，按天窗檐口标高计算；无矩形天窗时，按厂房檐口标高或柱顶标高计算。

风荷载是变向的，既要考虑风从左边吹来的受力情况，又要考虑风从右边吹来的受力情况。

3.8.2.3　排架的内力计算

等高排架是指当柱发生水平位移时，各柱顶水平位移相等的排架。等高排架的内力计算可按以下方法计算。

（1）对称荷载作用在对称排架上

不计排架的侧移，可简化为上端不动铰支座，下端为固定端的一次超静定构件，查计算手册求得不动铰支座反力进而求得排架柱的内力。

（2）排架柱顶作用有水平集中荷载

使柱顶产生单位水平位移，则需在柱顶施加 $\frac{1}{\delta}$ 的水平力，即柱的抗剪刚度为 $\frac{1}{\delta}$，它是反映构件抗侧移能力的一个力学指标。

设有 n 根柱，第 i 柱的抗剪刚度为 $\frac{1}{\delta_i}$，则其分担的柱顶剪力可由平衡和变形条件求得，即

$$V_i = \frac{\frac{1}{\delta_i}}{\sum\limits_1^n \frac{1}{\delta_i}} F = \eta_i F \tag{3-149}$$

式中　η_i——柱剪力分配系数，它等于自身的抗剪刚度与所有柱总的抗剪刚度之比。

对单跨排架来说，左右两柱对称，上述公式可理解为每柱分别承担一半水平集中荷载。

（3）任意荷载作用在对称排架上

在任意荷载作用下，排架的内力计算过程可分为三个步骤：

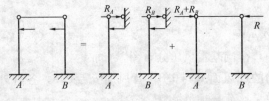

图 3-116　作用有任意荷载的等高排架

1）先在直接受力的排架柱顶附加不动铰支座，如图 3-116 所示，并求出其支座反力 R 及相应的内力。

2）撤除附加不动铰支座，将 R 反向作用于排架柱顶，求出其相应的应力。

3）叠加上述两个步骤中的内力，图 3-116 所得结构内力即为排架实际内力。

3.8.2.4　内力组合

在排架内力计算中只是求出了各种荷载单独作用下的内力，但排架在使用中可能同时承受多种荷载的共同作用。因此在结构设计中应选择起控制作用的截面，根据厂房在使用过程中各种荷载同时作用的可能性，进行内力的最不利组合，为柱和基础的截面设计提供计算依据。

(1) 控制截面

排架计算主要是算出控制截面的内力。控制截面是指能对柱内配筋起控制作用的截面。一般单阶柱中，整个上柱截面的配筋相同，整个下柱截面的配筋也相同，而上柱底截面（1-1）的内力一般比上柱其他截面大，因此取它作为上柱的控制截面。对下柱来说，牛腿顶面（2-2）和柱底截面（3-3）的内力较大，因此取为下柱的控制截面，如图 3-117 所示，柱底截面的内力值也是设计柱下基础的依据。

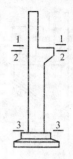

图 3-117　排架柱的控制截面

(2) 内力组合项目

1）$+M_{max}$ 及相应的 N，V；

2）$-M_{max}$ 及相应的 N，V；

3）$-N_{max}$ 及相应的 M，V；

4）N_{max} 及相应的 M，V。

每次组合都必须把恒载产生的内力考虑进去，并注意按规定取用恒载分项系数。对多台吊车组合情况，吊车竖向荷载最多可考虑四台。当两台吊车参与组合时，其多台吊车折减系数为 0.9；当四台吊车参与组合时，其多台吊车折减系数为 0.8；吊车横向水平荷载最多可考虑两台，其多台吊车折减系数为 0.9。

3.8.3　单层厂房柱设计

3.8.3.1　柱的计算内容

柱是单层厂房的主要承重构件，它对厂房的安全有重大影响。单层厂房柱承受屋盖、吊车荷载以及风荷载的作用，属于偏心受压构件。其设计计算内容如下。

(1) 选择柱型，确定柱的外形尺寸。柱的形式见图 3-118，依据厂房的跨度、高度、吊车吨位以及材料供应和施工条件等情况，参照现有同类厂房资料，通过技术经济指标的分析确定柱形及外形尺寸。

(2) 柱的截面设计。根据排架计算求得的各控制截面的最不利内力组合进行截面设计，即按承载力及构造要求配置纵向受力钢筋、箍筋以及其他构造钢筋。

(3) 牛腿设计。确定牛腿的外形尺寸及其配筋。

(4) 柱子在施工吊装时的强度和裂缝宽度验算。

(5) 预埋件及其他连接构造的设计。

(6) 绘制施工图。

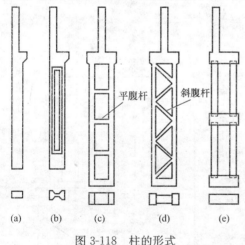

图 3-118　柱的形式

（a）矩形；（b）I 形；（c）平腹杆双肢形；（d）斜腹杆双肢形；（e）管形

3.8.3.2　牛腿

(1) 牛腿的分类和构造要求

1）牛腿的分类

根据牛腿荷载的作用点至下柱边缘的距离 a 的大小，分为两类：当 $a > h_0$ 时，为长牛

163

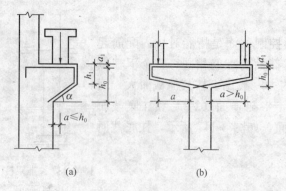

图 3-119 牛腿的分类

(a) 短牛腿；(b) 长牛腿

腿；当 $a \leq h_0$ 时，为短牛腿（h_0 为牛腿与下柱交接处垂直截面的有效高度），如图 3-119 所示。

2) 牛腿几何尺寸的确定

配筋计算之前，应先确定牛腿的几何尺寸。牛腿的几何尺寸包括牛腿的宽度及顶面的长度，牛腿外边缘高度和底面倾斜角度以及牛腿的总高度。

①牛腿的宽度及顶面的长度

牛腿的宽度与柱宽相等，其顶面的长度与吊车梁中线的位置、吊车梁端部的宽度以及吊车梁至牛腿端部的距离 c_1 有关。一般吊车梁的中线到上柱外边缘的水平距离为 750mm，吊车梁的宽度可由标准图集查得，而吊车梁至牛腿端部的水平距离 c_1 通常为 $70 \sim 100$mm。由此，牛腿顶面的长度即不难确定。

②牛腿外边缘高度和底面倾斜角度

为避免牛腿端部截面过小，防止造成不正常的破坏，《混凝土结构规范》规定，牛腿外边缘的高度 h_1 要求大于等于 $\dfrac{h}{3}$（h 为牛腿总高），且不小于 200mm；底面倾角 α 要求不大于 45°。设计中，一般可取 $h_1 = 200 \sim 300$mm，$\alpha = 45°$，即可初定牛腿的总高 h。

③牛腿的总高度

牛腿的总高度 h 主要由斜截面抗裂条件控制。为使牛腿在正常使用阶段不开裂，应对前述由构造要求初定的牛腿总高度 h 按下式进行验算：

$$F_{vs} \leqslant \beta \left(1 - 0.5 \frac{F_{hs}}{F_{vs}}\right) \frac{f_{tk} b h_0}{0.5 + \dfrac{a}{h_0}} \tag{3-150}$$

式中　F_{vs}——作用于牛腿顶面按荷载短期效应组合计算的竖向力值；

F_{hs}——作用于牛腿顶面按荷载短期效应组合计算的水平拉力值；

β——裂缝控制系数：对承受重级工作制吊车的牛腿，取 $\beta = 0.65$；对承受中、轻级工作制吊车的牛腿，取 $\beta = 0.70$；其他牛腿，取 $\beta = 0.80$；

a——竖向力作用点至下柱边缘的水平距离，此时，应考虑安装偏差 20mm；竖向力的作用点位于下柱截面以内时，取 $a = 0$；

b——牛腿宽度；

h_0——牛腿与下柱交接处的垂直截面有效高度，取 $h_0 = h - a_s$。

牛腿截面尺寸如图 3-120 所示。

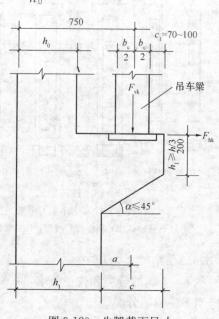

图 3-120　牛腿截面尺寸

（2）牛腿的配筋构造

试验表明，牛腿在即将破坏时的工作状况接近于一个三角形桁架，如图 3-121 所示，其水平拉杆由纵向受拉钢筋组成，斜压杆由竖向力作用点与牛腿根部之间的混凝土组成。斜压杆的承载力主要取决于混凝土的强度等级，与水平箍筋和弯起钢筋没有直接关系。在试验分析和多年设计经验和工程实践的基础上，《混凝土结构规范》认为，只要牛腿中按构造要求配置一定数量的箍筋和弯筋，斜截面承载力即可保证。

牛腿纵向受力钢筋的总面积除按计算配筋外，尚应满足下列构造要求：纵向受力钢筋宜采用变形钢筋，并有足够的钢筋抗拉强度充分利用时的锚固长度；承受竖向力所需的纵向受拉钢筋的配筋率不应小于 2%，也不宜大于 6%，且根数不应少于 4 根，直径不应小于 12mm，如图 3-122 (a) 所示，纵向受拉钢筋不得下弯兼作弯起钢筋用。承受水平拉力的水平锚筋应焊在预埋件上；直径不应小于 12mm，且不少于 2 根。

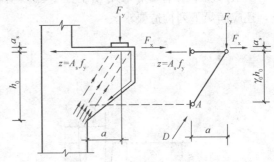

图 3-121　牛腿计算简图

牛腿还应按《混凝土结构规范》规定的构造要求设置水平箍筋，以便形成骨架和限制斜裂缝开展。水平箍筋直径应取 6～12mm，间距为 100～150mm，且在上部 $\frac{2}{3}h$ 高度范围内的水平箍筋的总面积不应小于纵向受拉钢筋截面面积 A_s（不计入水平拉力所需的纵向受拉钢筋）的 $\frac{1}{2}$。

当牛腿的剪跨比 $\frac{2}{3}h_0 \geqslant 0.3$ 时应设置弯起钢筋。弯起钢筋也宜采用变形钢筋，并应配置在牛腿上部 1/6～1/2 的范围内，如图 3-122 (b) 所示，其截面面积不应小于纵向受拉钢筋截面面积 A_s（不计入水平拉力所需的纵向受拉钢筋）的 $\frac{2}{3}$，且不应小于 $0.0015bh$，其根数不应少于 3 根，直径不应小于 12mm。

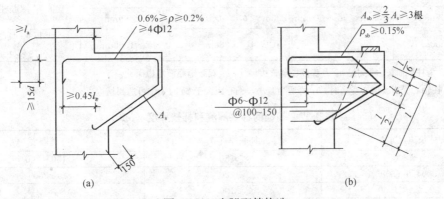

图 3-122　牛腿配筋构造

（a）纵向受力钢筋；（b）箍筋与弯起钢筋

3.8.4 柱下独立基础

工业厂房的柱基础一般采用独立基础，且多为偏心受压。柱下独立基础的计算内容有三部分：根据地基的承载力确定基础底面尺寸；根据混凝土的抗冲切验算确定基础的高度；根据基础底板的受弯承载力确定底板的配筋。

单层厂房中的基础常采用预制柱下杯形基础，除应满足如图 3-123 所示各项尺寸要求外，还应满足下列构造要求。

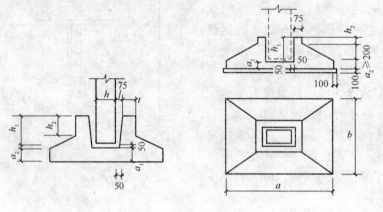

图 3-123　杯形基础构造要求

（1）为使柱锚固可靠和保证吊装时的稳定，柱的插入深度 h_1 应按表 3-36 采用，一般为 20 倍纵向受力筋的直径，并不小于吊装时柱长的 0.05 倍。

（2）为保证施工时的可靠锚固和避免在柱自重作用下杯底发生冲切破坏，基础的杯底厚度 a_1 和杯壁厚度 t 应按表 3-37 采用，并使 $a_2 > a_1$。

（3）当柱为轴心受压或小偏心受压且 $\dfrac{t}{h_2} \geqslant 0.65$ 时，或大偏心受压且 $\dfrac{t}{h_2} \geqslant 0.75$ 时，杯壁可不配筋；当柱为轴心或小偏心受压且 $0.5 \leqslant \dfrac{t}{h_2} \leqslant 0.65$，杯壁可按表 3-38 构造配筋。其他情况应按计算配筋。

表 3-36　柱的插入深度 h_1

矩形或工字形柱				双肢柱
$h < 500\text{mm}$	$500\text{mm} \leqslant h < 800\text{mm}$	$800\text{m} \leqslant h < 1000\text{mm}$	$h > 1000\text{mm}$	
$h \sim 500h$	h	$0.9h$ 且 $> 800\text{mm}$	$0.8h \geqslant 1000\text{mm}$	$(1/3 \sim 2/3)h_a$ $(1.5 \sim 1.8)h_b$

注：1. h 为柱截面长边尺寸，h_a 为双肢柱全长边尺寸；h_b 双肢全截面短边尺寸。
　　2. 柱轴心受压或偏心受压时，h_1 可适当减小，偏心距大于 $2h$ 时，h_1 可适当增大。

表 3-37　基础的杯底厚度和杯壁厚度（mm）

柱长边尺寸 h	杯底厚度 a_1	杯壁厚度 t
$h < 500$	$\geqslant 150$	$150 \sim 200$
$500 \leqslant h < 800$	$\geqslant 200$	$\geqslant 200$
$800 \leqslant h < 1000$	$\geqslant 100$	$\geqslant 300$
$1000 \leqslant h < 1500$	$\geqslant 250$	$\geqslant 350$
$1500 \leqslant h < 2000$	$\geqslant 300$	$\geqslant 400$

表 3-38　杯壁构造配筋（mm）

柱截面长边尺寸	$h<1000$	$1000\leqslant h<1500$	$1500\leqslant h<2000$
钢筋直径	8～10	10～12	12～16

3.9　多层及高层钢筋混凝土房屋

我国《高层建筑混凝土结构技术规程》（JGJ 3—2002）把10层及10层以上或房屋高度大于28m的建筑物定义为高层建筑，10层以下的建筑物为多层建筑。

多层与高层房屋的荷载有：①竖向荷载（恒荷载、活荷载、雪荷载、施工荷载）；②水平作用（风荷载、地震作用）；③温度作用。对结构影响较大的是竖向荷载和水平荷载，尤其是水平荷载随房屋高度的增加而迅速增大，以致逐渐发展成为与竖向荷载共同控制设计，在房屋更高时，水平荷载的影响甚至会对结构设计起绝对控制作用。

3.9.1　常用结构体系

钢筋混凝土多层及高层房屋有框架结构、框架-剪力墙结构、剪力墙结构和筒体四种主要的结构体系。

3.9.1.1　框架结构

框架结构房屋是由梁、柱组成的框架承重体系，内、外墙仅起围护和分隔的作用，如图3-124（a）所示。

框架结构的特点是，平面布置灵活，能够提供较大的室内空间，在水平荷载作用下表现出抗侧移刚度小、水平位移大的特点。在民用建筑中，适用于多层和高层办公楼、旅馆、医院、学校、商场及住宅等内部有较大空间要求的房屋，框架结构房屋一般不超过15层。

3.9.1.2　剪力墙结构

当房屋层数更多时，水平荷载的影响进一步加大，这时可将房屋的内、外墙都现浇成钢筋混凝土墙，形成剪力墙结构，如图3-124（b）所示。它既承担竖向荷载，又承担水平荷载——剪力，"剪力墙"由此得名。

剪力墙是一整片高大实体墙，侧面又有刚性楼盖支撑，故有很大的刚度。在水平荷载下，相当于一个底部固定、顶端自由的竖向悬臂梁。

剪力墙结构由于受实体墙的限制，平面布置不灵活，故适用于住宅、公寓、旅馆等小开间的民用建筑，在工业建筑中很少采用。此种结构的刚度较大，在水平荷载下侧移小，适用于15～35层的高层房屋。

3.9.1.3　框架-剪力墙结构

为了弥补框架结构随房屋层数增加，水平荷载迅速增大而抗侧移刚度不足的缺点，可在框架结构中增设钢筋混凝土剪力墙形成框架-剪力墙结构，如图3-124（c）所示。

在框架-剪力墙结构房屋中，框架以负担竖向荷载为主，而剪力墙将负担绝大部分水平荷载。此种结构体系房屋由于剪力墙的加强作用，房屋的抗侧移刚度有所提高，房屋侧移大大减小，多用于15～25层的工业与民用建筑（如办公楼、旅馆、公寓、住宅及工业厂房）。

3.9.1.4　筒体结构

筒体结构是将剪力墙集中到房屋的内部和外围形成空间封闭筒体，使整个结构体系既具有极大的抗侧移刚度，又能因剪力墙的集中而获得较大的空间，使建筑平面获得良好的灵活

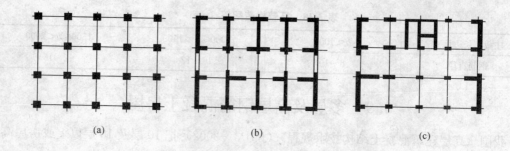

图 3-124　常用结构体系

（a）框架结构；（b）剪力墙结构；（c）框架-剪力墙结构

性，由于抗侧移刚度较大，适用于更高的高层房屋（≥30 层或≥100m）。

筒体结构有单筒体结构（包括框架核心筒和框架外框筒）、筒中筒结构和成束筒结构三种形式，如图 3-125 所示。

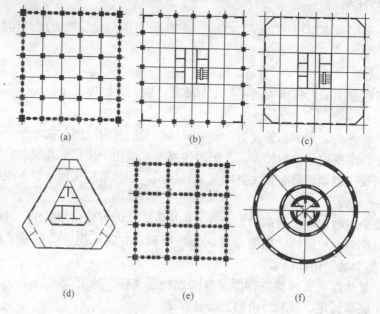

图 3-125　筒体结构

（a）框筒结构；（b）筒体-框架结构；（c）筒中筒结构；

（d）多筒结构；（e）成束筒结构；（f）多重筒结构

3.9.2　框架结构

3.9.2.1　框架结构的类型

框架结构按施工方法可分为现浇整体式、装配式和装配整体式三种，如图 3-126 所示。

现浇整体式框架的梁、柱均为现浇钢筋混凝土。梁的纵筋伸入柱内锚固，结构的整体性好，抗震性能好。其缺点是现场施工的工作量大，工期长，需要大量的模板。

装配式框架是指梁、柱均为预制，通过焊接拼装成整体的框架结构。由于所有的构件均为预制，可实现标准化、工厂化、机械化生产。因此，装配式框架施工速度快、效率高。但由于运输中吊装所需的机械费用高，因此，装配式框架造价较高，同时，由于在焊接接头处均需预埋连接件，增加了整个结构的用钢量。装配式框架结构的整体性很差，抗震能力弱，不宜在地震区采用。

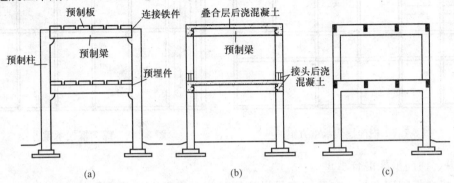

图 3-126　框架结构形式

(a) 装配式框架结构；(b) 装配整体式框架结构；(c) 现浇式框架结构

　　装配整体式框架是指梁、柱均为预制，在吊装就位后，焊接或绑扎节点区钢筋，通过后浇混凝土，形成框架节点，从而将梁、柱连成整体框架结构。装配整体式框架既具有良好的整体性和抗震能力，又可采用预制构件，减少现场浇捣混凝土工作量，且可省去接头连接件，用钢量少。因此，它兼有现浇式框架和装配式框架的优点，但节点区现场浇筑混凝土施工复杂。由于装配式框架的整体性很差，装配整体式框架施工复杂，这两种框架已被基本淘汰。目前应用较多的是现浇整体式框架。

3.9.2.2　框架结构的布置

　　(1) 柱网布置

　　结构的框架布置主要是确定柱网尺寸，即平面框架的跨度（进深）及其间距（开间）。框架结构的柱网尺寸和层高应根据房屋的生产工艺、使用要求、建筑材料和施工条件等因素综合确定，并应符合一定的模数要求，力求做到平面形状规整统一，均匀对称，体形简单，最大限度地减少构件的种类、规格，以简化设计，方便施工。

　　民用建筑柱网和层高一般以 300mm 为模数。由于民用建筑种类繁多，功能要求各有不同，因此柱网和层高的变化也大，特别是高层建筑，柱网较难定型，灵活性大。

　　(2) 承重框架布置方案

　　根据承重框架布置方向的不同，框架的结构布置方案可划分为以下三种：

　　1) 横向框架承重

　　横向框架承重布置方案是板、连系梁沿房屋纵向布置，框架承重梁沿横向布置，如图 3-127 所示。横向框架跨数较少，主梁沿横向布置有利于提高建筑物的横向抗侧刚度。而纵向跨数较多，所以在纵向仅需按构造要求布置较小的连系梁，这有利于房屋室内的采光与通风。缺点是由于主梁截面尺寸较大，当房屋需要较大空间时，其净空较小。

　　2) 纵向框架承重

　　纵向框架承重布置方案是板、连系梁沿房屋横向布置，框架承重梁沿纵向布置，如图 3-128 所示。因为楼面荷载由纵向框架梁传给柱，所以横梁高度小，有利于楼层净高的有效利用，可设置较多的架空管道，故适用于某些工业厂房，但因其横向刚度较差，在民用建筑中一般采用较少。

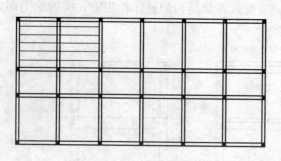

图 3-127　横向框架承重方案

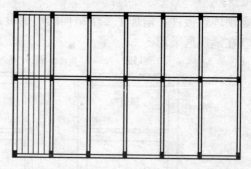

图 3-128　纵向框架承重方案

3）纵、横向框架混合承重

纵、横向框架混合承重布置方案是沿房屋的纵、横向布置承重框架，如图 3-129 所示。纵、横向框架共同承担竖向荷载与水平荷载。当柱网平面尺寸为正方形或接近正方形时，或当楼面活荷载较大时，则常采用这种布置方案。纵、横向框架混合承重方案，多采用现浇钢筋混凝土整体式框架。

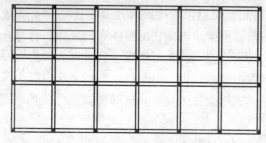

图 3-129　纵、横向框架承重方案

3.9.2.3　结构设计与计算

（1）计算简图

任何框架结构都是一个空间结构，当横向、纵向的各榀框架布置规则，各自的刚度和荷载分布都比较均匀时，可以忽略相互之间的空间联系，简化为一系列横向和纵向平面框架，使计算大大简化，如图 3-130 所示。在计算简图中，框架梁、柱以其轴线表示，梁柱连接以节点表示，如图 3-130 所示。梁的跨度取其节点间的长度。柱高，首层取基础顶面至一层梁顶之间的高度，一般层取层高。

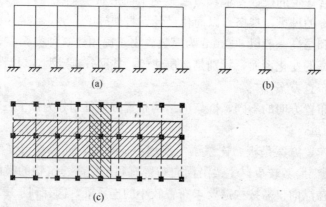

图 3-130　框架结构的计算简图

（a）纵向框架的计算简图；（b）横向框架的计算简图；（c）框架结构的计算单元

（2）框架上的荷载

作用在框架结构上的荷载分竖向荷载和水平荷载两种。

竖向荷载包括恒载（结构自重及建筑装修材料重量等）及活载（楼面及屋顶使用荷载、

雪荷载等）。

在设计楼面梁、墙、柱及基础时，要根据承荷面积（对于梁）及承荷层数（对于墙、柱及基础）的多少，对楼面活荷载乘以相应的折减系数。这是因为考虑到构件的受荷面积越大（或承荷层数越多），楼面活荷载在全部承荷面上均满载的几率越少。如以住宅、旅馆、办公楼、医院病房及托儿所等房屋为例，当楼面梁的承荷面积（梁两侧各延伸 1/2 梁间距范围内的实际面积）超过 25m² 时，楼面活载折减系数为 0.9；墙、柱、基础的活载按楼层数的折减系数见表 3-39。

表 3-39　墙柱基础的活荷载按楼层的折减系数

计算截面以上的层数	1	2~3	4~5	6~8	9~20	>20
计算截面以上活荷载总和的折减系数	1.0 (0.9)	0.85	0.70	0.65	0.60	0.55

注：当楼面梁的承受荷载的面积大于 25m² 时，采用括号内的数值。

风荷载的标准值 W_k、基本风压 W_0、风压高度变化系数 μ_z、风载体型系数 μ_s 参见第 3.8 节。对于高层建筑，要适当提高基本风压的取值。对一般高层建筑，可按《荷载规范》给出的基本风压值乘以系数 1.1 后采用；对于特别重要的和有特殊要求的高层建筑，可将基本风压值乘以 1.2 后采用。

随风速、风向的变化，作用在建筑物表面上的风压（吸）力也在不停地变化。实际风压是在平均风压上下波动。波动风压会使建筑物在平均侧移附近左右摇摆。对高度较大、刚度较小的高层建筑将产生不可忽略的动力效应，使振幅加大。设计时采用加大风载的办法来考虑动力效应，在风压值上乘以风振系数 β_z。

《荷载规范》规定，只对于高度大于 30m，且高宽比大于 1.5 的房屋结构，考虑风振系数 β_z。其他情况下取 $\beta_z = 1.0$。有关风振系数 β_z 的计算方法，详见《荷载规范》。

（3）框架内力近似计算方法

1）竖向荷载作用下——分层法

框架在竖向荷载作用下，各层荷载对其他层杆件的内力影响较小，因此，可忽略本层荷载对其他各层梁内力的影响，将多层框架简化为单层框架，即分层作力矩分配计算。具体步骤如下：①将多层框架分层，以每层梁与上下柱组成的单层框架作为计算单元，柱远端假定为固端；②用力矩分配法分别计算各计算单元的内力，由于除底层柱底是固定端外，其他各层柱均为弹性连接，为减少误差，除底层柱外，其他各层柱的线刚度均乘以 0.9 的折减系数，相应的传递系数也改为 1/3，底层柱仍为 1/2；③分层计算所得的梁端弯矩即为最后弯矩。由于每根柱分别属于上、下两个计算单元，所以柱端弯矩要进行叠加。此时节点上的弯矩可能不平衡，但一般误差不大，如需要进一步调整，可将节点不平衡弯矩再进行一次分配，但不再传递。

对侧移较大的框架及不规则的框架不宜采用分层法。

2）框架在水平荷载作用下的近似计算方法——反弯点法、D 值法

①反弯点法。框架在水平荷载作用下，因无节点间荷载，梁、柱的弯矩图都是直线形，有一个反弯点，在反弯点处弯矩为零，只有剪力。因此，若能求出反弯点的位置及其剪力，则各梁、柱的内力就很容易求得。

底层柱的反弯点位于距柱下端 2/3 高度处，其余各层柱反弯点在柱高的中点处。按柱的抗侧刚度将总水平荷载直接分配到柱，得到各柱剪力以后，可根据反弯点的位置求得柱端弯

矩再由结点平衡可求出梁端弯矩和剪力。反弯点法对梁柱线刚度之比超过 3 的层数不多的规则框架，计算误差不大。

②D 值法。对于多高层框架，用反弯点法计算的内力误差较大。为此，改进的反弯点法即 D 值法，用修正柱的抗侧移刚度和调整反弯点高度的方法计算水平荷载作用下框架的内力。修正后的柱抗侧移刚度用 D 表示，故又称为 D 值法。该方法的计算步骤与反弯点法相同，具体可参考相关书籍，这里不再讲述。

（4）框架侧移近似计算及限值

1）框架侧移近似计算

抗侧移刚度 D 的物理意义是产生单位层间侧移所需的剪力（该层间侧移是梁柱弯曲变形引起的）。当已知框架结构第 j 层所有柱的 D 值（ΣD）及层剪力 V_j 后，则可得近似计算层间侧移 Δ_j 的公式：

$$\Delta_j = \frac{V_j}{\sum D_{ij}} \tag{3-151}$$

框架顶点的总侧移为各层框架层间侧移之和，即：

$$\Delta_n = \Sigma \Delta_j \tag{3-152}$$

式中　n——框架的总层数。

以上算出的层间侧移和顶点的总侧移由梁柱弯曲变形引起的。事实上，框架的总变形应由梁柱弯曲变形和柱轴向变形两部分组成的。在层数不多的框架中，柱轴向变形引起的侧移引起的侧移很小，常常可以忽略。在近似计算中，只需计算由梁柱弯曲引起的变形。

2）侧移限值为保证多层框架房屋具有足够的刚度，避免因产生过大的侧移而影响结构的强度、稳定性和使用要求，规范规定：其楼层层间最大位移与层高之比不宜大于 1/550。

（5）控制截面及最不利内力组合

框架结构承受的荷载有恒载、楼（屋）面活载、风荷载和地震力（抗震设计时需考虑）。对于框架梁，一般取梁两端和跨中最大弯矩处截面为控制截面。对于柱，取各层柱上、下两端为控制截面。

最不利内力组合就是使得所分析杆件的控制截面产生不利的内力组合，通常是指对截面配筋起控制作用的内力组合。对于框架结构，针对控制截面的不利内力组合类型如下：

梁端截面：$+M_{max}$，$-M_{max}$，V_{max}。

梁跨中截面：$+M_{max}$，M_{max}。

柱端截面：$|M|_{max}$ 及相应的 N；V；N_{max} 及相应的 N；V；N_{min}；N_{min} 及相应的 M；V。

（6）竖向活荷载不利布置及其内力塑性调幅

竖向活荷载不利布置的方法有逐跨施荷组合法、最不利荷载位置法和满布活载法。

满布活载法把竖向活荷载同时作用在框架的所有梁上，即不考虑竖向活荷载的不利分布，大大地简化计算工作量。这样求得的内力在支座处与按最不利荷载位置法求得的内力很接近，可以直接进行内力组合。但跨中弯矩却比最不利荷载位置法计算结果明显偏低，用此法时常对跨中弯矩乘以 1.1～1.2 的调整系数予以提高。经验表明，对楼（屋）面活荷载标准值不超过一般的 5.0kN/m² 工业与民用多层及高层框架结构，此法的计算精度可以满足工程设计要求。

在竖向荷载作用下可以考虑梁端塑性变形内力重分布而对梁端负弯矩进行调幅。装配整体式框架调幅系数为 0.7~0.8；现浇框架调幅系数为 0.8~0.9。梁端负弯矩减小后，应按平衡条件计算调幅后的跨中弯矩（与调幅前的跨中弯矩相比有所增加）。截面设计时，梁跨中正弯矩至少应取按简支梁计算的跨中弯矩的一半。竖向荷载产生的梁的弯矩应先进行调幅，再与风荷载和水平地震作用产生的弯矩进行组合。

（7）框架构件设计

1）梁柱截面形状及尺寸

对于框架梁，截面形状一般有矩形、T 形、工字形等。

框架结构的主梁截面高度 h_b，可按（1/10~1/18）l 确定（l 为主梁的计算跨度），且不宜大于 1/4 净跨。主梁截面的宽度 b_b。不宜小于 1/4 h_b，且不宜小于 200mm。

对于框架柱，截面形状一般有矩形、T 形、工字形、圆形等。

框架矩形截面柱的边长，不宜小于 250mm，圆柱直径不宜小于 350mm，截面高度与宽度的边长比不宜大于 3。

2）材料强度等级

现浇框架的混凝土强度等级不应低于 C20，梁、柱混凝土强度等级相差不宜大于 5MPa，超过时，梁、柱节点区施工时应作专门处理，使节点区混凝土强度等级与柱相同。

纵向钢筋宜采用 HRB400 和 HRB335 级钢筋。

3）配筋计算

①框架梁。框架梁纵向钢筋及腹筋的配置，分别由受弯构件正截面承载力和斜截面承载力计算确定，并满足变形和裂缝宽度要求，同时满足构造规定。

②框架柱。框架柱为偏心受压构件，其配筋按偏心受压构件计算。通常，中间轴线上的柱可按单向偏心受压考虑；位于边轴线上的角柱，应按双向偏心受压考虑。

4）配筋构造要求

①框架梁。纵向受拉钢筋的最小配筋率不应小于 0.2% 和 $0.45f_t/f_y$ 二者的较大值；沿梁全长顶面和底面应至少各配置两根纵向钢筋，钢筋直径不应小于 12mm。框架梁的箍筋应沿梁全长设置。截面高度大于 800mm 的梁，其箍筋直径不宜小于 8mm；其余截面高度的梁不应小于 6mm。在受力钢筋搭接长度范围内，箍筋直径不应小于搭接钢筋最大直径的 0.25 倍。箍筋间距不应大于表 3-40 的规定；在纵向受拉钢筋的搭接长度范围内，箍筋间距不应大于搭接钢筋较小直径的 5 倍，且不应大于 100mm，在纵向受压钢筋的搭接长度范围内，也不应大于搭接钢筋较小直径的 10 倍，且不应大于 200mm。

表 3-40　非抗震设计梁箍筋的最大间距（mm）

b_b	V	
	$V > 0.7f_cbh_0$	$V \leqslant 0.7f_cbh_0$
$h_b \leqslant 300$	150	200
$300 < h_b \leqslant 500$	200	300
$500 < h_b \leqslant 800$	250	350
$h_b > 500$	300	500

②框架柱。柱纵向钢筋的最小配筋百分率对于中柱、边柱和角柱不应小于 0.6%，同时每一侧配筋率不应小于 0.2%；柱全部纵向钢筋的配筋百分率不宜大于 5%。柱纵向钢筋宜对称配置。柱纵向钢筋间距不应大于 350mm，截面尺寸大于 400mm 的柱，纵向钢筋间距不

宜大于 200mm；柱纵向钢筋净距均不应小于 50mm。柱的纵向钢筋不应与箍筋、拉筋及预埋件等焊接；柱纵向钢筋的绑扎接头应避开柱端的箍筋加密区。框架柱的周边箍筋应为封闭式。箍筋间距不应大于 400 mm，且不应大于构件截面的短边尺寸和最小纵向受力钢筋直径的 15 倍。箍筋直径不应小于最大纵向钢筋直径的 1/4，且不应小于 6 mm。当柱中全部纵向受力钢筋的配筋率超过 3‰时，箍筋直径不应小于 8mm，箍筋间距不应大于最小纵向钢筋直径 10 倍，且不应大于 200mm，箍筋末端应做成 135°。弯钩且弯钩末端平直段长度不应小于 10 倍箍筋直径。当柱每边纵筋多于 3 根时，应设置复合箍筋（可采用拉筋）。

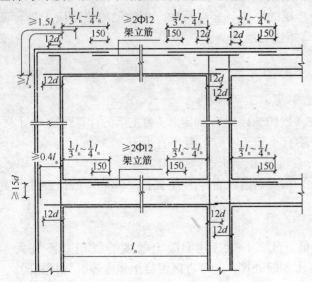

图 3-131　非抗震设计框架梁纵向钢筋在节点内的锚固与搭接

接应符合图 3-131 的要求。

3.9.2.4　现浇框架节点构造

现浇框架的节点构造主要是为了保证梁和柱的连接构造。框架梁、柱的纵向钢筋在框架节点区的锚固和搭接应符合图 3-131 的要求。

3.10　预应力混凝土构件

3.10.1　预应力混凝土的基本知识

（1）预应力混凝土的基本概念

普通钢筋混凝土结构或构件，由于混凝土的抗拉强度及极限拉应变很小（其极限拉应变约为 $0.1 \times 10^{-3} \sim 0.15 \times 10^{-5}$），所以在使用荷载作用下，一般均带裂缝工作。对使用上不允许开裂的构件，相应的受拉钢筋的应力仅为 $20 \sim 30 N/mm^2$；对于允许开裂的构件，当受拉钢筋应力达到 $250 N/mm^2$ 时，裂缝宽度已达 0.2~0.3mm，因而，普通钢筋混凝土构件不宜用做处在高湿度或侵蚀性环境中的构件，且不能应用高强钢筋。为克服上述缺点，可以设法在结构构件受外荷载作用之前，预先对由外荷载引起的混凝土受拉区施加压力，以此产生的预压应力来减小或抵消外荷载所引起的混凝土拉应力，这种在混凝土构件受荷载以前预先对构件使用时的混凝土受拉区施加压应力的结构称为"预应力混凝土结构"。

现以图 3-132 所示预应力简支梁为例，说明预应力混凝土的基本概念。

在外荷载作用之前，预先在梁的受拉区施加一对大小相等、方向相反的偏心预加力 P，使梁截面下边缘产生预压应力 σ_c，当外荷载（包括自重）作用时，梁跨中截面下边缘将产生拉应力 σ_t，这样，在预加力 P 和外荷载的共同作用下，梁的下边缘拉应力将减至 $\sigma_t - \sigma_c$。如果增大预加力 P，则在外荷载作用下梁的下边缘的拉应力可以很小，甚至变为压应力。

由于预压应力的存在，预应力混凝土构件可延缓混凝土构件的开裂，提高构件的抗裂度和刚度，为采用高强钢筋及高强度混凝土创造了条件，节约了钢材，减轻了自重，同时还可以增强构件或结构的跨越能力，扩大房屋的使用净空。

预应力混凝土结构虽具有一系列的优点，但还存在设计计算较复杂、施工较麻烦、技术要求高等缺点。随着预应力技术的发展，以上缺点正在不断克服。如近十几年发展起来的无粘结预应力技术，克服了有粘结预应力施工慢、需二次浇筑的缺点，得到了广泛的应用。

（2）预应力混凝土的分类

根据制作、设计和施工的特点，预应力混凝土有不同的分类。

1）先张法与后张法

先张法是制作预应力混凝土构件时，先张拉预应力钢筋后浇筑混凝土的一种方法；而后张法是先浇筑混凝土，待混凝土达到规定强度后再张拉预应力钢筋的一种预加应力方法。

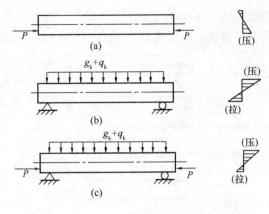

图 3-132　预应力混凝土构件的受力分析
(a) 预应力作用；(b) 荷载的作用；
(c) 预应力和荷载的共同作用

2）全预应力和部分预应力

全预应力是在使用荷载作用下，构件截面混凝土不出现拉应力，即为全截面受压。部分预应力是在使用荷载作用下，构件截面混凝土允许出现拉应力或开裂，即只有部分截面受压。部分预应力又分为 A、B 两类，A 类指在使用荷载作用下，构件预压区混凝土正截面的拉应力不超过规定的容许值；B 类则指在使用荷载作用下，构件预压区混凝土正截面的拉应力允许超过规定的限值，但裂缝宽度不超过容许值。

（3）施加预应力的方法

预应力的建立方法有多种，目前最常用、简便的方法是通过张拉配置在结构构件内的纵向受力钢筋并使其产生回缩，达到对构件施加预应力的目的。按照张拉钢筋与浇捣混凝土的先后次序，可将建立预应力的方法分为以下两种：

1）先张法

首先，设置台座（或钢模），使预应力钢筋穿过台座（或钢模），张拉并锚固。然后支模和浇捣混凝土，待混凝土达到一定的强度后放松和剪断钢筋。钢筋放松后将产生弹性回缩，但钢筋与混凝土之间的粘结力阻止其回缩，因而对构件产生预压应力。先张法的主要工序如图 3-133 所示。

2）后张法

首先，在制作构件时预留孔道，待混凝土达到一定强度后在孔道内穿过钢筋，并按照设计要求张拉钢筋。然后用锚具在构件端部将钢筋锚固，阻止钢筋

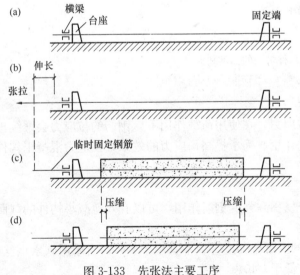

图 3-133　先张法主要工序
(a) 钢筋就位；(b) 张拉钢筋；(c) 临时固定钢筋，浇混凝土并养护；(d) 放松钢筋，钢筋回缩，混凝土受预压

回缩，从而对构件施加预应力。为了使预应力钢筋与混凝土牢固结合并共同工作，防止预应力钢筋锈蚀，应对孔道进行压力灌浆。后张法的主要工序如图 3-134 所示。

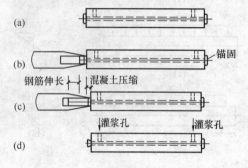

图 3-134　后张法主要工序

(a) 制作构件；(b) 安装千斤顶；(c) 张拉钢筋；
(d) 锚固钢筋，拆除千斤顶，孔道灌压力浆

两种方法比较而言，先张法的生产工序少，工艺简单，质量容易保证。同时，先张法不用工作锚具，生产成本较低，台座越长，一条生产线上生产的构件数量就越多，因而适合于批量生产的中、小构件。后张法不需要台座，构件可以在施工现场制作，方便灵活。但是，后张法构件只能单一逐个地施加预应力，工序较多，操作也较麻烦。所以，有粘结后张法一般用于大、中型构件，而近年来发展起来的无粘结后张施工方法则主要用于次梁、板等中、小型构件。

(4) 锚具与夹具

为了阻止被张拉的钢筋发生回缩，必须将钢筋端部进行锚固。锚固预应力钢筋和钢丝的工具分为夹具和锚具两种类型。在构件制作完成后能重复使用的称为夹具；永久锚固在构件端部，与构件一起承受荷载，不能重复使用的，称为锚具。

锚具、夹具的种类很多，图 3-135 为几种常用锚具、夹具。其中，图 3-135 (a) 为锚固钢丝用的套筒式夹具，图 3-135 (b) 为锚固粗钢筋用的螺丝端杆锚具，图 3-135 (c) 为锚固直径 12mm 的钢筋或钢筋绞线束的 JM-l2 夹片式锚具。

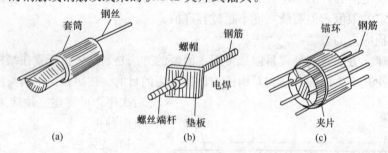

图 3-135　几种常用的锚具和夹具

(a) 套筒锚具；(b) 螺丝短杆锚具；(c) JM-12 锚具

(5) 预应力混凝土构件对材料的要求

预应力钢筋在张拉时就受到很高的拉应力，在使用荷载作用下，钢筋的拉应力会继续提高。另一方面，混凝土也受到高压应力的作用。为了提高预应力的效果，预应力混凝土构件要求采用强度等级较高的混凝土和钢筋。

1) 混凝土

强度高；只有高强度混凝土才能充分发挥高强度钢筋作用，可以有效地减小构件的截面尺寸和减轻自重。

《混凝土结构规范》要求预应力构件的混凝土强度等级不宜小于 C30；当采用碳素钢丝、钢绞线、热处理钢筋时，混凝土强度不宜低于 C40。

2) 钢筋

预应力钢筋可分为钢筋、钢丝、钢绞线三大类。《混凝土结构规范》规定，预应力钢筋

宜采用钢绞线、钢丝、热处理钢筋。近年来，预应力钢筋的受力特点是从构件的制作到使用阶段，始终处在高用力状态，其性能需满足下列要求；高强度；具有一定的塑性；良好的加工性能；与混凝土有较好的粘结性能。

（6）预应力混凝土的特点

1）提高了构件的抗裂能力

因为承受外荷载之前，受拉区已有预压应力存在，所以在外荷载作用下只有当混凝土的预压应力被全部抵消转而受拉且拉应变超过混凝土的极限拉应变时，构件才会开裂。

2）增大了构件的刚度

因为预应力混凝土构件正常使用时，在荷载效应标准组合下可能不开裂或只有很小的缝，混凝土基本上处于弹性阶段工作，因而构件的刚度比普通钢筋混凝土构件有所增大。

3）充分利用高强度材料

如前所述，普通钢筋混凝土构件不能充分利用高强度材料，而预应力混凝土构件中，预应力钢筋先被预拉，而后在外荷载作用下钢筋拉应力进一步增大，因而始终处于高拉应力状态，即能够有效利用高强度钢筋；而且钢筋的强度高，可以减小所需的钢筋截面面积。与此同时，应该尽可能采用强度等级较高的混凝土，以便与高强度钢筋相配合，获得较经济的构件截面尺寸。

4）扩大了构件的应用范围

由于预应力混凝土改善了构件的抗裂性能，因而可用于有防水、抗渗透及抗腐蚀要求的环境；采用高强度材料，结构轻巧，刚度大，变形小，可用于大跨度、重荷载及承受反复荷载的结构。

3.10.2 张拉控制应力

张拉控制应力是指张拉预应力钢筋时，张拉设备所指示的总张拉力除以预应力钢筋截面面积得出的拉应力值，以 σ_{con} 表示。

当构件截面尺寸及配筋量一定时，σ_{con} 越大，在构件受拉区建立的混凝土预压应力也越大，则构件使用时的抗裂度也越高。但是，σ_{con} 过大，则会产生如下问题：（1）个别钢筋可能被拉断；（2）施工阶段可能会引起构件某些部位受到拉力（称为预拉区）甚至开裂，还可能使后张法构件端部混凝土产生局部受压破坏；（3）使开裂荷载与破坏荷载相近，一旦形成裂缝，将很快破坏，即可能产生无预兆的脆性破坏。另外 σ_{con} 过大，还会增大预应力钢筋的松弛损失（见后）。综上所述，对 σ_{con} 应规定上限值。同时，为了保证构件中建立必要的有效预应力，σ_{con} 也不能过小。《混凝土结构规范》按不同钢种及不同施加预应力方法，规定预应力钢筋的张拉控制应力值 σ_{con} 不宜超过表 3-41 规定的张拉控制应力限值，且不应小于 $0.4 f_{ptk}$。

表 3-41　张拉控制应力值

钢筋的种类	张 拉 的 方 法	
	先 张 法	后 张 法
消除应力钢筋、钢绞线	$0.75 f_{ptk}$	$0.75 f_{ptk}$
热处理钢筋	$0.70 f_{ptk}$	$0.65 f_{ptk}$

3.10.3 预应力损失

将预应力钢筋张拉到控制应力 σ_{con} 后，由于种种原因，其应力值将逐渐下降，即存在预应力损失，扣除损失后的预应力才是有效预应力。

(1) 张拉端锚具变形和钢筋内缩引起的预应力损失 σ_{l1}

张拉端由于锚具的压缩变形，或由于钢筋、钢丝、钢绞线在锚具内的滑移，引起的预应力损失值 σ_{l1} ，应按下列公式计算：

$$\sigma_{l1} = \frac{a}{l} E_s \tag{3-152}$$

式中　a——张拉端锚具变形和钢筋内缩值，可查《混凝土结构规范》；

　　　l——张拉端至锚固端之间的距离，mm；

　　　E_s——预应力钢筋的弹性模量。

对先张法生产的构件，当台座长度超过 100m 时，σ_{l1} 可忽略不计。减少此项损失可以：

1) 选择变形小的锚夹具，尽量少用垫板。

2) 增加台座长度。

(2) 预应力钢筋与孔道壁之间的摩擦引起的预应力损失 σ_{l2}

后张法预应力钢筋的预留孔道有直线形和曲线形。由于孔道的制作偏差、孔道壁粗糙等原因，张拉预应力钢筋时，钢筋将与孔壁发生接触摩擦，从而使预应力钢筋的拉应力值逐渐减小，这种预应力损失记为 σ_{l2} 。减少此项损失的措施有：

1) 对较长的构件可在两端张拉，则计算孔道长度可减少一半；

2) 采用超张拉。

(3) 预应力筋与台座间的温差引起的预应力损失 σ_{l3}

制作先张法构件时，为了缩短生产周期，常采用蒸汽养护，促使混凝土快硬。当新浇筑的混凝土尚未结硬时，加热升温，预应力钢筋伸长，但台座间距离保持不变，而降温时，混凝土已结硬并与预应力钢筋结成整体，钢筋应力不能恢复原值，于是就产生了预应力损失 σ_{l3} ，计算公式如下：

$$\sigma_{l3} = 2\Delta t \tag{3-153}$$

式中　Δt——预应力钢筋与台座间的温差，℃。

(4) 预应力钢筋的应力松弛引起的预应力损失 σ_{l4}

钢筋受力后，在长度不变的条件下，钢筋应力随时间的增长而降低，这种现象称为钢筋的松弛。在钢筋应力保持不变的条件下，应变会随时间的增长而逐渐增加，这种现象称为钢筋的徐变。钢筋的松弛和徐变均将引起预应力钢筋中的应力损失，记为 σ_{l4} 。

根据应力松弛的性质，可以采用超张拉的方法减小松弛损失。因为钢筋的松弛与初始应力有关，初始应力越高，松弛越大，其松弛速度也越快，在高应力下松弛可在短时间完成。

(5) 混凝土的收缩和徐变引起的预应力损失 σ_{l5}

收缩、徐变导致预应力混凝土构件的长度缩短，预应力钢筋也随之回缩，产生预应力损失 σ_{l5} 。混凝土收缩徐变引起的预应力损失很大，在曲线配筋的构件中，约占总损失的 30%，在直线配筋构件中可达 60%。

试验表明，混凝土收缩徐变所引起的预应力损失值与构件配筋率、张拉预应力钢筋时混凝土的预压应力值、混凝土的强度等级、预应力的偏心距、受荷时的龄期、构件的尺寸以及环境的温湿度等因素有关，而以前三者为主。

所有能减少混凝土收缩徐变的措施，相应地都将减少 σ_{l5} ，如采用高强度等级水泥，减少水泥用量，采用干硬性混凝土；采用级配好的集料，加强振捣，提高混凝土的密实性；加强养护，以减少混凝土收缩。

（6）预应力钢筋挤压混凝土引起的预应力损失

对用螺旋式预应力钢筋作配筋的水管、蓄水池等环形构件，施加预应力时，预应力钢筋挤压混凝土，构件的直径将减小，造成预应力的损失 σ_{l6} 计算如下：

$$\sigma_{l6} = \frac{\Delta d}{d} E_s \tag{3-154}$$

当 d 较大时，这项损失可以忽略不计。《混凝土结构规范》规定：

当构件直径 $d \leqslant 3\text{m}$ 时，$\sigma_{l6} = 30\text{N/mm}^2$。当构件直径 $d > 3\text{m}$ 时，$\sigma_{l6} = 0$。

（7）预应力损失的分阶段组合

不同的施加预应力方法，产生的预应力损失也不相同。

各项预应力损失是分批出现的，不同受力阶段应考虑相应的预应力损失组合。将预应力损失按各受力阶段进行组合，可计算出不同阶段预应力钢筋的有效预拉应力值，进而计算出在混凝土中建立的有效预应力 σ_{pc}。在实际计算中，以"混凝土预压完成"为界，把预应力损失分成两批。预压完成之前的损失称为第一批损失，记为 σ_{lI}，预压完成以后出现的损失称为第二批损失，记为 σ_{lII}。其组合见表 3-42。

表 3-42　各阶段预应力损失值的组合

预应力损失的组合	先 张 法	后 张 法
混凝土预压前（第一批）的损失	$\sigma_{l1} + \sigma_{l2} + \sigma_{l3} + \sigma_{l4}$	$\sigma_{l1} + \sigma_{l2}$
混凝土预压后（第二批）的损失	σ_{l5}	$\sigma_{l4} + \sigma_{l5} + \sigma_{l6}$

考虑到预应力损失计算值与实际值的差异，并为了保证预应力混凝土构件具有足够的抗裂度，《混凝土结构规范》规定，当计算求得的预应力总损失值，小于下列数值时，按下列数值取用：

先张法构件：100N/mm^2；

后张法构件：80N/mm^2

上岗工作要点

1. 梁、板的一般构造要求

（1）梁、板截面尺寸的模数；

（2）梁、板混凝土的常用强度等级；

（3）纵向受拉钢筋的常用等级和直径；

（4）混凝土保护层的定义及其最小厚度的规定；

（5）纵向受拉钢筋的配筋百分率；

（6）纵向钢筋在支座处的锚固长度，纵向钢筋末端弯钩的要求；

（7）箍筋的形状、肢数、直径、间距；

（8）架立钢筋与纵向构造钢筋。

2. 受压构件的一般构造要求

（1）对钢筋及混凝土的要求；

（2）对截面形式、尺寸的要求；

（3）对纵向受力钢筋直径、布置、配筋率要求；

（4）对箍筋直径、间距、形式的要求。

3. 连续梁、板的配筋构造要求。

4. 框架梁与柱的连接构造。

复 习 题

3-1 一般民用建筑的梁、板截面尺寸是如何确定的？混凝土保护层的作用是什么？梁、板的保护层厚度按规定应取多少？

3-2 梁内纵向受拉钢筋的根数、直径及间距有何规定？纵向受拉钢筋什么情况下才按两排设置？

3-3 什么叫配筋率？它的大小对梁板有何意义？

3-4 钢筋混凝土梁正截面有哪三种破坏形态？适筋梁的破坏特征是什么？

3-5 正截面承载力计算的适用条件是什么？相对界限受压区高度 ξ 和最小配筋率 ρ_{min} 是如何确定的？

3-6 什么是双筋截面？在什么情况下才采用双筋截面？双筋矩形截面受弯构件的适用条件是什么？

3-7 采用 T 形截面有何优点？如何判别两类 T 形截面？

3-8 斜截面受剪破坏有哪些形态？它们各有何特征？影响抗剪承载力的因素主要有哪些？

3-9 受剪承载力计算公式的依据是哪种破坏形态？它的适用范围是什么？采取什么措施来防止斜拉破坏和斜压破坏？

3-10 为什么要规定最大箍筋间距和箍筋最小直径？

3-11 举例说明工程中哪些构件是受扭构件？

3-12 矩形截面钢筋混凝土纯扭构件的破坏形态与什么因素有关？有哪几种破坏形态？各有何特点？

3-13 弯剪扭构件设计时，如何确定其箍筋和纵筋用量？符合什么条件时可进行简化计算？

3-14 试述矩形截面弯剪扭构件的截面设计步骤。

3-15 受扭构件的箍筋和受扭纵筋各有哪些构造要求？

3-16 在工程设计中，哪些受压构件可视为轴心受压？

3-17 为什么受压构件宜采用强度等级较高的混凝土，而钢筋的级别却不宜过高？

3-18 受压构件中的纵向钢筋起什么作用？常用的配筋率是多少？

3-19 受压构件纵筋的直径一般宜在什么范围内选取？纵筋在截面上应如何布置？

3-20 轴心受压柱中，短柱和长柱有何区别？两者如何划分？如何考虑长柱承载力的降低？

3-21 偏心受压构件根据特征可分为哪两类？各有何截面破坏特征？

3-22 何时需考虑附加偏心距？为什么要考虑？如何考虑？

3-23 偏心受压构件在何种情况下应考虑垂直于弯矩作用平面的受压承载力验算？

3-24 为什么要对混凝土结构构件进行变形和裂缝宽度验算？

3-25 说明建立受弯构件抗弯刚度计算公式的基本思路和方法，它在哪些方面反映了钢筋混凝土的特点？

3-26 如何计算受弯构件的挠度？其影响因素主要有哪些？

3-27 简述裂缝的出现、分布和开展的过程，影响裂缝间距的主要因素有哪些？

3-28 试说明减少受弯构件挠度和裂缝宽度的有效措施有哪些？

3-29 何谓单向板？何谓双向板？如何判别？

3-30 现浇整体式楼盖可分为哪几种类型？

3-31 结构平面布置的原则是什么？板、次梁、主梁的常用跨度是多少？

3-32 主梁的布置方向有哪两种？工程中常用何种？

3-33 按弹性理论计算连续梁板内力时，应如何进行活荷载的最不利布置？

3-34 单向板、次梁和主梁各有何计算特点？

3-35 单向板中有哪些受力钢筋和构造钢筋？各起什么作用？如何设置？

3-36 绘出等跨连续次梁的活载与恒载之比不大于 3 时的纵筋分离式配筋图。

3-37 为什么要在主梁上设置附加横向钢筋？如何设置？

3-38 双向板的板厚有何构造要求？支座负筋伸出支座边的长度应为多少？

3-39 现浇普通楼梯有哪两种？各有何优缺点？工程中常用何种？

3-40 折板和折梁的纵向钢筋配置时应注意什么问题？

3-41 悬臂板式雨篷可能发生哪几种破坏？应进行哪些计算？

3-42 单层厂房结构由哪些构件组成？

3-43 单层厂房中要设哪些支撑？它们各起什么作用？

3-44 单层厂房中有哪些荷载，如何计算？

3-45 单层厂房排架计算的基本假定是什么？计算单元和计算简图如何确定？

3-46 简单叙述等高排架的内力计算方法。

3-47 控制截面一般有哪些？内力组合时需要考虑几种内力组合？

3-48 长牛腿、短牛腿是如何划分的？

3-49 框架结构体系的优点是什么？其布置原则是什么？有哪几种布置形式？

3-50 怎样确定框架梁柱截面尺寸？

3-51 框架内力有哪些近似计算方法？各在什么情况下采用？

3-52 框架梁柱的控制截面各有哪些？怎样确定各控制截面上的最不利内力？

3-53 如何处理框架梁与柱的连接构造？

3-54 为什么在钢筋混凝土受弯构件中不能有效地利用高强度钢筋和高强度混凝土，而在预应力混凝土构件中必须采用高强度钢筋和高强度混凝土？

3-55 施加预应力的方法有哪两种？它们有何主要区别？其特点和适用范围如何？

3-56 什么是张拉控制应力？张拉控制应力为什么不能过高或过低？

3-57 预应力损失有哪些？它们是如何产生的？可采取哪些措施减少这些损失？

3-58 什么叫第一批预应力损失？什么叫第二批预应力损失？分别如何组合？

习 题

3-1 矩形截面梁 250mm×500mm，承受弯矩设计值 $m=150$kN·m，采用 C25 级混凝

土，HRB335 级钢筋，计算所需的纵向受拉钢筋。

3-2 已知如图 3-136 所示的现浇钢筋混凝土板，板厚 $h=80\text{mm}$，板永久荷载标准值 $g_k=1.8\text{kN/m}$（包括自重），活荷载标准值 $p_k=2.0\text{kN/m}$，混凝土强度等级为 C20，钢筋采用 HPB235，计算板的受力钢筋的面积。

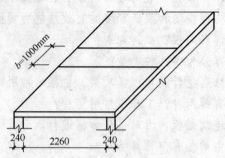

图 3-136 习题 3-2 图

3-3 已知矩形截面梁，截面尺寸 $b\times h=250\text{mm}\times500\text{mm}$，混凝土强度等级 C25，钢筋采用 HPB335，受拉钢筋为 4 Φ 18，构件处于正常环境之中，弯矩设计值 $M=110\text{kN}\cdot\text{m}$，问此梁的正截面是否安全？

3-4 已知梁的截面尺寸为 $b\times h=250\text{mm}\times400\text{mm}$，弯矩设计值为 $M=125\text{kN}\cdot\text{m}$，混凝土强度等级为 C25，钢筋采用 HRB335，求此梁的配筋。

3-5 已知梁截面尺寸 $b\times h=250\text{mm}\times450\text{mm}$，截面承受弯矩设计值 $M=180\text{kN}\cdot\text{m}$，混凝土强度等级为 C25，钢筋采用 HRB335，受压区已配置 2 Φ 18 钢筋，求此梁的配筋。

3-6 已知 T 形截面梁，$b=1800\text{mm}$，$h=400\text{mm}$，$b'_\text{f}=1600\text{mm}$，$h'_\text{f}=1800\text{mm}$，弯矩设计值 $M=105\text{kN}\cdot\text{m}$，混凝土强度等级 C25，钢筋采用 HRB335，求此梁的配筋。

3-7 已知 T 形截面梁，$b=300\text{mm}$，$h=700\text{mm}$，$b'_\text{f}=700\text{mm}$，$h'_\text{f}=120\text{mm}$，弯矩设计值 $M=105\text{kN}\cdot\text{m}$，混凝土强度等级 C25，钢筋采用 HRB335，求此梁的配筋。

3-8 已知梁截面尺寸 $b\times h=250\text{mm}\times450\text{mm}$，支座边缘处的由均布荷载引起的剪力设计值 $V=160\text{kN}\cdot\text{m}$，混凝土强度等级为 C25，钢筋采用 HPB235，计算梁内所需的箍筋。

3-9 已知某多层四跨现浇框架结构的第一层内柱，轴心压力设计值 $N=1100\text{kN}$，楼层高 $H=6\text{m}$，混凝土强度等级为 C20，采用 HRB335 钢筋。柱截面尺寸为 350mm×350mm，求所需纵筋面积。

3-10 已知柱的轴向力设计值 $N=800\text{kN}$，弯矩 $M=160\text{kN}\cdot\text{m}$；截面尺寸 $b=300\text{mm}$；$h=500\text{mm}$；$a_s=a'_s=40\text{mm}$；混凝土强度等级为 C25，采用 HRB335 钢筋；计算长度 $l_0=3.5\text{m}$，采用非对称配筋，求截面配筋。

3-11 已知柱的轴向力设计值 $N=550\text{kN}$，弯矩 $M=450\text{kN}\cdot\text{m}$；截面尺寸 $b=300\text{mm}$，$h=600\text{mm}$，$a_s=a'_s=40\text{mm}$，混凝土强度等级为 C35，采用 HRB400 钢筋；计算长度 $l_0=7.2\text{m}$，采用非对称配筋，求截面配筋。

3-12 已知柱的轴向力设计值 $N=800\text{kN}$，弯矩 $M=160\text{kN}\cdot\text{m}$；截面尺寸 $b=400\text{mm}$；$h=500\text{mm}$；$a_s=a'_s=40\text{mm}$；混凝土强度等级为 C20，采用 HRB335 钢筋；计算长度 $l_0=3.5\text{m}$，采用对称配筋，求截面配筋。

3-13 已知柱的轴向力设计值 $N=550\text{kN}$，弯矩 $M=450\text{kN}\cdot\text{m}$；截面尺寸 $b=400\text{mm}$，$h=600\text{mm}$，$a_s=a'_s=40\text{mm}$，混凝土强度等级为 C35，采用 HRB400 钢筋；计算长度 $l_0=$

7.2m，采用对称配筋，求截面配筋。

3-14 一钢筋混凝土简支梁，截面尺寸 $b=250$mm，$h=550$mm，混凝土强度等级为 C20，由正截面承载力计算配置了 4 Φ 18 的钢筋，荷载标准值产生的最大弯矩 $M_s=98$kN·m，试验算该梁的裂缝宽度是否满足要求。

3-15 某教学楼楼盖的一根钢筋混凝土简支梁，截面尺寸 $b=300$mm，$h=700$mm，计算跨度 $l_0=7.2$mm，混凝土强度等级为 C20，受拉钢筋为 2 Φ 22+2 Φ 20 钢筋，梁所承受的均布永久荷载标准值（包括梁自重）为 $g_k=20$kN·m，均布活载标准值 $p_k=15$kN·m，可变荷载的准永久值系数 $\psi_q=0.5$，验算该梁的挠度是否满足要求。

第4章 砌体结构

重 点 提 示

1. 掌握无筋砌体受压构件承载力的验算。
2. 局压承载力计算。
3. 刚性房屋墙柱的计算方法。
4. 砌体结构的构造措施。

4.1 概 述

砌体结构是指以砖、石或各种砌块为块材,用砂浆砌筑而成的结构。砌体结构按照所采用的块体不同,可分为砖砌体、石砌体和砌块砌体三大类。

砌体结构在我国具有悠久的历史,两千多年前砖瓦材料在我国就已很普及,即举世闻名的"秦砖汉瓦"由此而生。古代以砌体结构建造的城墙、拱桥、寺院和佛塔等著名的建筑至今还保存许多。如秦朝建造、明朝又大规模重修的万里长城,北魏时期建成的河南登封县嵩岳寺砖塔,隋代建造的河北赵县安济桥,唐代西安的大雁塔,明代南京的无梁殿后走廊等。自19世纪中期发明了水泥以后,由于砂浆强度的提高,砌体结构的应用更加广泛。

4.1.1 砌体结构主要优缺点

(1) 优点

1) 材料来源广泛。砌体的原材料如黏土、砂、石均为天然材料,分布极广,取材方便;且砌体块材的制造工艺简单,易于生产。

2) 性能优良。砌体隔声、隔热、耐火性能好,故砌体在用做承重结构的同时还可起到围护、保温、隔断等作用。

3) 施工简单。砌筑砌体结构不需支模、养护,在严寒地区冬季可采用冻结法施工;且施工工具简单,工艺易于掌握。

4) 费用低廉。可大量节约木材、钢材及水泥,造价较低。

(2) 缺点

1) 强度较低。砌体的抗压强度比块材低,抗拉、弯、剪强度更低,因而抗震性能差。

2) 自重较大。因强度较低,砌体结构墙、柱截面尺寸较大,材料用料较多,因而结构自重大。

3) 劳动量大。因采用手工方式砌筑,生产效率较低,运输、搬运材料时的损耗也大。

4) 占用农田。采用黏土制砖,要占用大量农田,不但严重影响农业生产,也将破坏生态平衡。

4.1.2 砌体结构的现状及发展趋向

（1）现状

砌体结构主要用于受压构件。如用做住宅、办公楼、学校、旅馆、小型礼堂、小型厂房的墙体、柱和基础，砌体也可用做围护墙和隔墙。工业企业中的一些烟囱、烟道、贮仓、支架、地下管沟等也常用砌体结构建造。在水利工程中，堤岸、坝身、围堰等采用砌体结构也相当普遍。

因为砌体结构的强度低、整体性能和变形能力差，不利于结构的抗震，致使砌体结构的应用受到一定的限制。

（2）发展趋势

砌体结构的发展，除了计算理论和方法的改进外，更重要的是材料的改革。砌体结构正在克服缺点，取得不断的发展。现在块材的发展方向是：高强、多孔、薄壁、大块、配筋，大力推广使用工业废料制作的块材和空心砌块。随着砌块材料的改进、设计理论研究的深入和建筑技术的发展，砌体结构将日益完善。

4.2 砌体结构的静力计算方案

4.2.1 砌体房屋的结构布置

在混合结构房屋设计中，承重墙体的布置是首要的。承重墙体的布置直接影响着房屋总造价、房屋平面的划分和空间的大小，并且还涉及楼（屋）盖结构的选择及房屋的空间刚度。通常称沿房屋长向布置的墙为纵墙，沿房屋短向布置的墙为横墙。按结构承重体系和荷载传递路线，房屋承重墙体的布置大致可分为四种，纵墙承重体系，横墙承重体系，纵横墙承重体系，内框架承重体系。

（1）纵墙承重体系

如图 4-1（a）所示为某单层厂房的一部分，屋盖采用大型屋面板和预制钢筋混凝土大梁。如图 4-1（b）所示为某教学楼平面的一部分，楼盖采用预制钢筋混凝土楼面板。这类房屋楼盖和屋盖荷载大部分由纵墙承受，横墙和山墙仅承受自重及部分楼屋盖荷载。由于主要承重墙沿房屋纵向布置，因此称为纵墙承重体系。

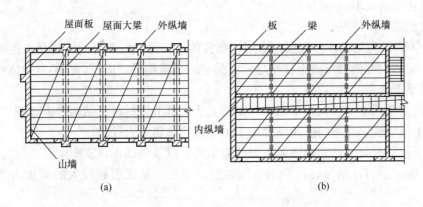

(a)　　　　　　　　　　　　(b)

图 4-1　纵墙承重体系示意图

纵墙承重体系的特点是：

1）纵墙是主要承重墙。横墙的设置主要是为了满足建筑物空间刚度和整体性的要求，其间距可根据使用要求而定。这类建筑物的室内空间较大，有利于在使用上灵活布置和分隔。

2）由于纵墙承受的荷载较大，因此纵墙上门窗洞口的位置和大小受到一定的限制。

3）与横墙承重体系比较，楼（屋）盖的材料用量较多，墙体材料用量较少。且因横墙数量少，故房屋横向刚度相对较差。纵墙承重体系适用于有较大室内空间要求的房屋，如仓库、食堂和中小型工业厂房等。

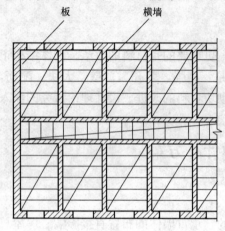

图 4-2　横墙承重体系示意图

（2）横墙承重体系

如图 4-2 所示为某集体宿舍平面的一部分，楼（屋）盖采用钢筋混凝土预制板，支承在横墙上。外纵墙仅承受自重。内纵墙承受自重和走道板的荷载。楼（屋）盖荷载主要由横墙承受，属横墙承重体系。

横墙承重体系的特点是：

1）横墙是主要的承重墙。纵墙主要起围护、分隔室内空间和保证房屋整体性与总体刚度的作用。由于纵墙为非承重墙，因此在纵墙上开设门窗洞口的限制较少。

2）由于横墙间距小，多道横墙与纵墙拉接，因此房屋的空间刚度大，整体性好。这种承重体系对水平荷载及地基的不均匀沉降有较好的抵抗能力。

3）楼（屋）盖结构比较简单，施工比较方便。与纵墙承重体系比较，楼（屋）盖材料用量较少，但墙体材料用量较多。

横墙承重体系适用于开间不大、墙体位置比较固定的房屋，如住宅、宿舍、旅馆等。

（3）纵、横墙承重体系

如图 4-3 所示为某教学楼平面的一部分，楼（屋）盖荷载一部分由纵墙承受，另一部分由横墙承受，形成纵、横墙共同承重体系。

纵、横墙承重体系的特点介于前述两种承重体系之间。其平面布置灵活，能更好地满足建筑物使用功能的要求。

（4）内框架承重体系

如图 4-4 所示为某商住楼底层商店结构布置的一部分，内部由钢筋混凝土柱和楼盖组成内框架。外墙和内部钢筋混凝土柱都是主要的竖向承重构件，形成内框架承重体系。

内框架承重体系的特点是：

1）房屋的使用空间较大，平面布置比较灵活，可节省材料，结构较为经济。

2）由于横墙少，房屋的空间刚度较小，建筑物抗震能力较差。

3）由于钢筋混凝土柱和砌体的压缩性能不同，以及基础也可能产生不均匀沉降。因此，一旦设计、施工不当，结构容易产生不均匀竖向变形，从而引起较大的附加内力，并产生裂缝。

内框架承重体系一般可用于商店、旅馆、多层工业厂房等。

在实际工程设计中，应根据建筑物的使用要求及地质、材料、施工等具体情况综合考虑，选择比较合理的承重体系。应力求做到安全可靠、技术先进、经济合理。

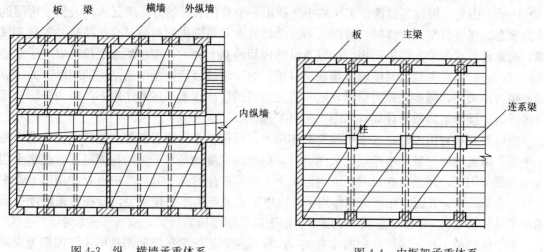

图 4-3　纵、横墙承重体系　　　　　　　图 4-4　内框架承重体系

4.2.2　砌体房屋的静力计算方案

　　进行房屋墙体内力计算之前，首先要确定其计算简图，因此也就需要确定房屋的静力计算方案。混合结构房屋中，屋盖、楼盖、纵墙、横墙和基础等构件相互联系组成一空间受力体系。在外荷载作用下，不仅直接承受荷载的构件在工作，而且与其相连的其他构件也都不同程度地参与工作。这些构件参加共同工作的程度体现了房屋的空间刚度。房屋在竖向和水平荷载作用下的工作，与它的空间刚度密切相关。

　　下面来分析水平风荷载作用下房屋的受力情况。

　　假设有一幢单层单跨的房屋，外纵墙承重，屋面是钢筋混凝土平屋顶，由预制板和大梁组成，两端没有山墙，如图 4-5 所示。

　　由于房屋所受荷载（永久荷载、雪载、风载等）沿房屋纵向是均匀分布的，外墙上的窗

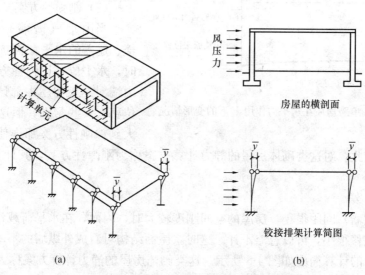

(a)　　　　　　　　　　　　　　(b)

图 4-5　无山墙单跨房屋的受力状态及计算简图
（a）房屋水平荷载作用下的变形；（b）计算简图

口也是均匀排列的，则在水平荷载作用下整个房屋墙顶的水平位移将是相同的，如图 4-5（a）所示。因此，可以通过两个窗口的中线截出一个有代表性的计算单元来代表整个房屋的受力状态。在进行结构计算时，可以认为这个计算单元范围内的荷载（永久荷载、雪载和风载）都是通过这个单元的屋面板、梁以及纵墙传到地基上去的，墙顶的水平位移取决于纵墙的刚度，而传递水平荷载时使两边墙顶位移相同的决定性因素则是屋盖结构的刚度。如将纵墙比拟为排架柱，屋盖比拟为横梁，则两端无山墙的房屋在水平风载作用下的静力分析就可以按平面铰接排架体系来计算，如图 4-5（b）所示。

当房屋两端有山墙时，在水平风荷载作用下，可把整个屋盖看成是两端简支在山墙上的水平梁，屋盖的厚度就是水平梁的截面宽度，房屋的宽度就是水平梁的截面高度，在水平均布风荷载作用下，屋盖将在自身平面内像水平梁那样产生弯曲，其跨度中点处的挠度（水平位移）为 ν。另一方面，在风荷载作用下，山墙顶也要产生水平位移 Δ，故在屋盖跨度中点的水平位移总量为 $\nu+\Delta$，如图 4-6 所示。由于山墙刚度通常较大，故 Δ 一般较小。

水平位移的大小与房屋空间刚度有关，由此可见，影响房屋空间刚度的主要因素为房屋的水平刚度、横墙的间距和刚度。根据房屋空间刚度的大小，将房屋静力计算方案分为以下三种。

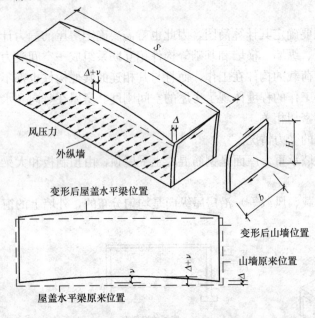

图 4-6　有山墙单跨房屋在水平力作用 F 下的变形情况

（1）弹性方案

山墙（横墙）间距大，楼、屋盖的水平截面抗弯刚度小，则水平位移大。这时，与无山墙时的屋面水平位移值很接近，也就是说山墙对约束房屋中部计算单元的水平位移没有多大帮助，因此房屋中部附近各计算单元的计算简图可按平面铰接排架进行计算。这类房屋的静力计算方案称为弹性方案。

（2）刚弹性方案

当山墙（横墙）间距不太大，楼、屋盖的水平截面抗弯刚度不太小时，水平位移比弹性方案小。也就是山墙对约束房屋中部计算单元的水平位移有一些帮助，但这种帮助还没有大到像刚性方案那样使水平位移接近为零的程度。因此，对这类砌体房屋的静力计算方案称为刚弹性方案，其计算简图如图 4-7所示。

（3）刚性方案

当山墙（横墙）间距很小，房屋的空间刚度较大时，因而，在水平荷载作用下，房屋纵墙顶端的水平位移很小，可以忽略不计。这时，屋面结构可看成外纵墙的不动铰支座，房屋结构各计算单元的计算简图如图 4-8所示。这类砌体房屋的静力计算方案称为刚性方案。

在上述三种方案中，楼、屋盖水平梁的水平变形不仅与山墙（横墙）间距有关，还与楼盖（或屋盖）的类别有关。在水平荷载作用下，木屋盖的截面抗弯刚度比钢筋混凝土屋盖小，有檩体系钢筋混凝土屋盖的截面抗弯刚度比无檩体系钢筋混凝土屋盖的小。

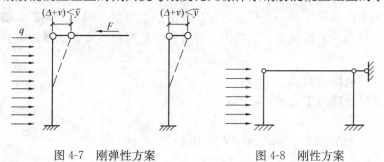

图 4-7　刚弹性方案　　　　　图 4-8　刚性方案

据此，《砌体结构规范》规定砌体房屋静力计算方案按表 4-1 划分。

表 4-1　房屋的静力计算方案

	屋盖或楼盖的类型	刚性方案	刚弹性方案	弹性方案
1	整体式、装配整体式和装配式无檩体系钢筋混凝土屋盖或钢筋混凝土楼盖	$s < 32$	$32 \leqslant s \leqslant 72$	$s > 72$
2	装配式有檩体系钢筋混凝土屋盖、轻钢屋盖和有密铺望板的木屋盖或木楼盖	$s < 20$	$20 \leqslant s \leqslant 48$	$s > 48$
3	瓦材屋面的木屋盖和轻钢屋盖	$s < 16$	$16 \leqslant s \leqslant 36$	$s > 36$

注：1. 表中 s 为房屋的横墙间距，其长度单位为米（m）。

　　2. 对无山墙或伸缩缝处无横墙的房屋，应按弹性方案考虑。

在刚性和刚弹性方案房屋中，横墙是保证房屋具备足够的抗侧能力的重要构件。《砌体结构规范》规定，这些横墙必须同时满足下列几项要求：

1）横墙中开有洞口时，洞口的水平截面面积不应超过横墙截面面积的 50％；

2）横墙的厚度，一般不小于 180mm；

3）单层房屋的横墙长度不宜小于其高度，多层房屋的横墙长度，不宜小于 $H/2$（H 为横墙总高度）。

当横墙不能同时符合上述要求时，应对横墙的刚度进行验算。当门窗洞口的水平截面积不超过横墙截面积的 75％时，可按一集中力作用于悬臂横墙顶点的计算简图，求出顶点弯曲变形与剪切变形之和，该值即为最大水平位移值，若不超过 $H/4000$ 时，仍可视为刚性和刚弹性方案房屋的横墙。符合上述刚度要求的一段横墙或其他结构构件，也可视为刚性和刚弹性方案房屋的横墙。

4.3　砌体结构构件设计计算

4.3.1　墙、柱高厚比验算

砌体结构中的墙、柱是受压构件，除要满足截面承载力外，还必须保证其稳定性。墙、柱高厚比验算是保证砌体结构在施工阶段和使用阶段稳定性和房屋空间刚度的重要构造措施。

墙、柱高厚比系指墙、柱的计算高度 H_0 与墙厚或柱截面边长 h 的比值。墙、柱的高厚比越大，则构件越细长，其稳定性就越差。进行高厚比验算时，要求墙、柱实际高厚比小于允许高厚比。

189

墙、柱的允许高厚比是在考虑了以往的实践经验和现阶段的材料质量及施工水平的基础上确定的。影响允许高厚比的因素很多，如砂浆的强度等级、横墙的间距、砌体的类型及截面形式、支撑条件和承重情况等，这些因素在计算中通过修正允许高厚比或对计算高度进行修正来体现。

（1）墙、柱的高厚比验算

墙、柱的高厚比应按下式验算：

$$\beta = \frac{H_0}{h} \leqslant \mu_1 \mu_2 \ [\beta] \tag{4-1}$$

式中　$[\beta]$——墙、柱的允许高厚比，应按表 4-2 采用；

　　　H_0——墙、柱的计算高度，应按表 4-3 采用；

　　　h——墙厚或矩形柱与 H_0 相对应的边长；

　　　μ_1——自承重墙允许高厚比的修正系数，应按下列规定采用：

　　　　　当 $h=240\text{mm}$ 时，$\mu_1=1.2$；$h=90\text{mm}$ 时，$\mu_1=1.5$；

　　　　　当 $90\text{mm} \leqslant h \leqslant 240\text{mm}$ 时，μ_1 按插值法取值；

　　　μ_2——有门窗洞口的墙，其允许高厚比的修正系数应按下式计算：

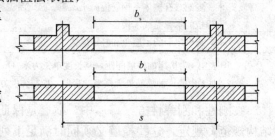

$$\mu_2 = 1 - 0.4 \frac{b_s}{s} \tag{4-2}$$

式中　b_s——宽度 s 范围内门窗洞口的总宽度，如图 4-9 所示；

　　　s——相邻窗间墙或壁柱之间的距离。

图 4-9　门窗洞口宽度

当按式（4-2）计算的 μ_2 值小于 0.7 时，应取 μ_2 为 0.7。当洞口高度等于或小于墙高的 1/5 时，墙、柱的允许高厚比等于 1.0。

表 4-2　墙、柱允许高厚比 $[\beta]$ 值

砂浆强度等级	墙	柱
M2.5	22	15
M5.0	24	16
≥M7.5	26	17

注：1. 毛石墙、柱的允许高厚比应按表中数值降低 20%。

　　2. 组合砖砌体构件的允许高厚比，可按表中数值提高 20%，但不得大于 28%。

　　3. 验算施工阶段砂浆尚未硬化的新砌砌体高厚比时，允许高厚比对墙取 14，对柱取 11。

确定墙、柱计算高度及允许高厚比时，应注意以下几点：

1）当与墙连接的相邻两横墙间的距离 $s \leqslant \mu_1 \mu_2 \ [\beta] \ h$ 时，墙的高度可不受式（4-1）的限制。

2）变截面柱的高厚比可按上、下截面分别验算，其计算高度可按表 4-3 的规定采用；验算上柱的高厚比时，墙、柱的允许高厚比可按表 4-3 的数值乘以 1.3 后采用。

（2）带壁柱或构造柱墙的高厚比验算

对于带壁柱墙，既要保证墙和壁柱作为一个整体的稳定性，又要保证壁柱之间墙体本身的稳定性。因此，需分两步验算高厚比。

表 4-3 受压构件的计算高度 H_0

房屋类别			柱		带壁柱墙或周边拉接的墙		
			排架方向	垂直排架方向	$s > 2H$	$2H \geqslant s > H$	$s \leqslant H$
有吊车的单层房屋	变截面柱上段	弹性方案	$2.5H_u$	$1.25H_0$	$2.5H_0$		
		刚性、刚弹性方案	$2.0H_u$	$1.25H_0$	$2.0H_0$		
	变截面柱下段		$1.0H_l$	$0.8H_l$	$1.0H_l$		
无吊车的单层和多层房屋	单跨	弹性方案	$1.5H$	$1.0H$	$1.5H$		
		刚弹性方案	$1.2H$	$1.0H$	$1.2H$		
	两跨或多跨	弹性方案	$1.25H$	$1.0H$	$1.25H$		
		刚弹性方案	$1.1H$	$1.0H$	$1.1H$		
	刚性方案		$1.0H$	$1.0H$	$1.0H$	$0.4s + 0.2H$	$0.6s$

注：1. 表中 H_u 为变截面柱上段高度；H_l 为变截面柱下段高度。

2. 对于上段为自由端的构件，$H_0 = 2H$。

3. 独立砖柱，当无柱间支撑时，柱在垂直排架方向的 H_0 应按表中数值乘以 1.25 后采用。

4. s——房屋横墙间距。

5. 自承重墙的计算高度应根据周边支承或拉接条件确定。

1）整片墙的高厚比验算

带壁柱墙的高厚比应按下式进行验算：

$$\beta = \frac{H_0}{h_T} \leqslant \mu_1 \mu_2 \ [\beta] \tag{4-3}$$

式中 h_T——带壁柱墙的折算厚度，取 $h_T = 3.5i$ ；

i——带壁柱墙截面的回转半径，$i = \sqrt{\dfrac{I}{A}}$ ；

I，A——带壁柱墙截面的惯性矩和面积。

在确定带壁柱墙截面的回转半径时，墙截面的翼缘宽度按如下规则取值：

对多层房屋，当有门窗洞口时，可取窗间墙宽度；当无门窗洞口时，每侧翼缘的宽度可取壁柱高度的 1/3；对单层房屋，可取壁柱宽加 2/3 墙高，但不大于窗间墙宽度和相邻壁柱间的距离。

在确定带壁柱墙的计算高度 H_0 时，s 应取相邻横墙间的距离。

对设有构造柱的墙，在使用阶段，当构造柱截面宽度不小于墙厚时，可按下式验算其高厚比：

$$\beta = \frac{H_0}{h} \leqslant \mu_1 \mu_2 \mu_c \ [\beta] \tag{4-4}$$

式中 h 取墙厚；当确定墙的计算高度 H_0 时，s 应取相邻横墙间的距离；μ_c 为考虑构造柱影响时墙的允许高厚比 $[\beta]$ 的提高系数，μ_c 按下式计算：

$$\mu_c = 1 + \gamma \frac{b_c}{l} \tag{4-5}$$

式中 γ——系数（对细料石、半细料石砌体，$\gamma = 1.0$；对混凝土砌块、粗料石、毛料石及毛石砌体，$\gamma = 1.0$；其他砌体，$\gamma = 1.5$）；

b_c——构造柱沿墙长方向的宽度；

l——构造柱的间距。

分析表明：构造柱的间距过大，对提高墙体稳定性和刚度的作用很小，构造柱的间距较小，也不应高估构造柱的作用。因此，《砌体结构规范》规定：$\dfrac{b_c}{l} > 0.25$ 时，取 $\dfrac{b_c}{l} = 0.25$；当 $\dfrac{b_c}{l} < 0.25$ 时，取 $\dfrac{b_c}{l} = 0$。

由于在施工过程中先砌墙后浇注构造柱，因此考虑构造柱有利作用的高厚比验算不适用于施工阶段，应采取措施保证先砌墙体在施工阶段的稳定性。

2）壁柱或构造柱间墙的高厚比验算

壁柱或构造柱间墙的高厚比验算可按式（4-1）进行。此时公式中 s 应取相邻壁柱间或相邻构造柱间的距离。不论带壁柱或构造柱间墙的静力计算采用何种方案，壁柱或构造柱间墙的计算高度 H_0 的计算，可一律按刚性方案考虑。

设有钢筋混凝土圈梁的带壁柱或带构造柱墙，当圈梁宽度 b 和相邻壁柱间或相邻构造柱间距离 s 的比值 $\dfrac{b}{s} = \dfrac{1}{30}$ 时，也即圈梁在水平方向的抗弯线刚度比较大时，圈梁可视作壁柱间墙或构造柱间墙的不动铰支点。

【例 4-1】 某混合结构房屋底层层高为 3.9m，室内承重砖柱截面尺寸为 370mm×490mm，采用 M2.5 混合砂浆砌筑。房屋静力计算方案为刚性方案，试验算砖柱的高厚比是否满足要求。

【解】 砖柱自室内地面至基础顶面距离取为 500mm。

根据表 4-3，当房屋为刚性方案时，计算高度为：
$$H_0 = 1.0H = 1.0 \times (3.9 + 0.5) = 4.4\text{m}$$

根据式（4-1），当砂浆强度等级为 M2.5 时，$[\beta] = 15$；同时有 $\mu_1 = 1.0$，$\mu_2 = 1.0$
$$\beta = \frac{H_0}{h} = \frac{4400}{370} = 11.89 < [\beta] = 15$$

高厚比满足要求。

【例 4-2】 某办公楼局部平面布置如图 4-10 所示。内外纵墙及横墙厚 240mm，底层墙高 4.6m（算至基础顶面），隔墙厚 120mm，高 3.6m。墙体均采用 MU10 砖和 M5 混合砂浆砌筑，楼盖采用预制钢筋混凝土空心板沿房屋纵向布置，设有楼面梁。试验算各墙的高厚比是否满足要求。

【解】 （1）外纵墙高厚比验算

横墙最大间距 $s = 3.9 \times 4 = 15.6\text{m}$，根据表 4-1，确定为刚性方案。$H = 4.6\text{m}$，$2H = 9.2\text{m}$，$S > 2H$，根据表 4-3，$H_0 = 1.0H = 4.6\text{m}$。

$$\mu_1 = 1.0，\quad \mu_2 = 1 - 0.4 \times \frac{b_s}{s} = 1.0 - 0.4 \times \frac{1.8}{3.9} = 0.82$$

砂浆强度等级为 M5，根据表 4-2，$[\beta] = 24$。
$$\beta = \frac{4600}{240} = 19.17 < \mu_1\mu_2[\beta] = 1.0 \times 0.82 \times 24 = 19.68$$

满足要求。

（2）内纵墙高厚比验算

内纵墙上门洞宽 $b_s = 2 \times 1 = 2\text{m}$，$\quad s = 15.6\text{m}$

$$\mu_1 = 1.0，\quad \mu_2 = 1 - 0.4 \times \frac{b_s}{s} = 1.0 - 0.4 \times \frac{2}{15.6} = 0.95$$

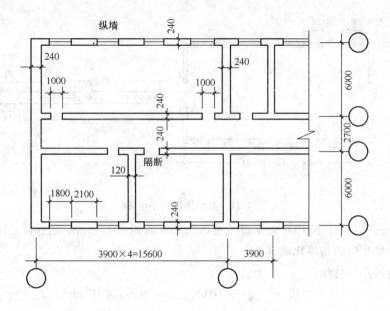

图 4-10　办公楼平面图

$$\beta = \frac{H_0}{h} = \frac{4600}{240} = 19.17 < \mu_1\mu_2\,[\beta] = 1.0 \times 0.95 \times 24 = 22.8$$

满足要求。

实际上，从图中可判断出外纵墙窗洞对墙体的削弱较内纵墙门洞对墙体的削弱多，而内外纵墙一样厚，故纵墙仅验算外纵墙高厚比即可。

（3）横墙高厚比验算

横墙 $S = 6\text{m}$，$2H > S > H$，根据表 4-3，得

$$s = 0.4s + 0.2H = 0.4 \times 0.6 + 0.2 \times 4.6 = 3.32\text{m}$$

横墙上没有门窗洞口，且为承重墙，故 $\mu_1 = 1.0$，$\mu_2 = 1.0$

$$\beta = \frac{H_0}{h} = \frac{3320}{240} = 13.83 < \mu_1\mu_2\,[\beta] = 24$$

满足要求。

（4）隔墙高厚比验算

隔墙一般后砌，两侧与先砌墙拉接较差，墙顶砖斜放顶住板底，可按两侧无拉接、上下端为不动铰支承考虑。故其计算高度等于每层的实际高度。

$$\mu_1 = 1.2 + \frac{0.3}{240 - 90} \times (240 - 120) = 1.44, \quad \mu_2 = 1.0$$

$$\beta = \frac{H_0}{h} = \frac{3600}{120} = 30 < \mu_1\mu_2\,[\beta] = 1.44 \times 1.0 \times 24 = 34.0$$

满足要求。

【例 4-3】　某单层单跨无吊车的厂房，平面图如图 4-11（a）所示。壁柱间距为 6m，每开间有 2.8m 宽的窗洞，厂房全长 30m，屋架下弦标高 5m，装配式无檩体系屋盖，壁柱尺寸如图 4-11（b）所示。试验算带壁柱纵墙的高厚比。

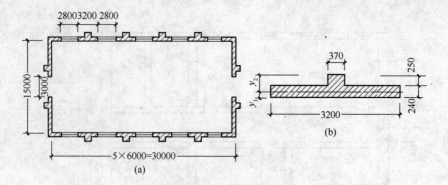

图 4-11 某单层厂房平面图

【解】 由表 4-1 知，该厂房为 1 类屋盖，山墙之间距离 $s=30\text{m}<32\text{m}$，属刚性方案。

（1）纵墙整片墙的高厚比验算

带壁柱墙的几何特征：

$$A = 240 \times 3200 + 370 \times 250 = 8.65 \times 10^5\text{mm}^2$$

$$y_1 = \frac{240 \times 3200 \times 120 + 250 \times 370\left(240 + \dfrac{250}{2}\right)}{8.605 \times 10^5} = 146\text{mm}$$

$$y_2 = 490 - 146 = 344\text{mm}$$

$$I = \frac{3200}{3} \times 146^3 + \frac{(3200-370)}{3} \times (240-146)^3 + \frac{370}{3} \times 344^3 = 9.12 \times 10^9\text{mm}^4$$

$$i = \sqrt{\frac{I}{A}} = \sqrt{\frac{9.12 \times 10^9}{8.605 \times 10^5}} = 103\text{mm}$$

$$h_\text{T} = 3.5i = 3.5 \times 103 = 361\text{mm}$$

壁柱下端嵌固于室内地面下 0.5m 处，$H = 5 + 0.5 = 5.5\text{m}$。

$$s = 30\text{m} > 2H = 11\text{m}$$

查表 4-3，计算高度 $H_0 = 1.0H = 5.5\text{m}$

$$\mu_1 = 1.0,\ \mu_2 = 1 - 0.4 \times \frac{2.8}{6} = 0.813$$

查表 4-2 得，$[\beta] = 24$

$$\beta = \frac{H_0}{h_\text{T}} = \frac{5.5}{0.361} = 15.2 < \mu_1\mu_2[\beta] = 1.0 \times 0.813 \times 24 = 19.5$$

满足要求。

（2）纵墙壁柱间墙高厚比验算

$$H = 5.5\text{m} < s = 6\text{m} < 2H = 11\text{m}$$

$$H_0 = 0.4s + 0.2H = 0.4 \times 6 + 0.2 \times 5.5 = 3.5\text{m}$$

$$\beta = \frac{H_0}{h} = \frac{3.5}{0.24} = 14.6 < 19.6$$

满足要求。

4.3.2 砌体受压构件的承载力计算

砌体结构房屋中的墙、柱承受轴心或偏心压力，构件截面常为方形、矩形、T 形、十字形等几种。与混凝土柱一样，砌体受压构件按是否考虑纵向弯曲对承载力的影响，也分为短柱与长柱两种。

（1）受压短柱

试验表明，当构件的高厚比 $\beta = \dfrac{H_0}{h} \leqslant 3$ 时，砌体破坏时，材料的承载力可以得到充分的发挥，不会因整体失去稳定影响其抗压能力。故将高厚比 $\beta \leqslant 3$ 的受压柱称为受压短柱。根据试验分析，受压短柱的受力状态有以下的特点。

在轴心压力作用下，砌体截面上的应力分布是均匀的，当截面内应力达到轴心抗压强度时，截面达到最大承载力，如图 4-12 (a) 所示。在偏心受压时，当偏心距较小时，截面仍然全部受压，但应力分布已不均匀，破坏时将发生在压应力较大的一侧，如图 4-12 (b) 所示。当偏心距较大时，受力较小边缘的压应力向拉应力过渡。此时，受拉一侧砌体可能受拉或受压，但其应力较小，破坏仍先发生在压应力大的一侧，如图 4-12 (c) 和图 4-12 (d) 所示。由几种情况的对比可见，偏心距越大，受压面积越小，构件的承载力也就越小。若用 φ 表示由于偏心距的存在引起构件承载力的降低，这样砌体受压短柱构件的承载力计算公式为：

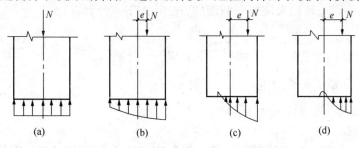

图 4-12　砌体受压时截面应力变化

$$N \leqslant \varphi f A \tag{4-6}$$

式中　N——荷载设计值产生的轴向力；

　　　A——砌体的截面面积；

　　　f——砌体抗压强度设计值；

　　　φ——高厚比 β 和轴向力偏心距 e 对受压构件承载力的影响系数，可按表 4-4～表 4-6 采用，也可按公式 (4-7) 计算。

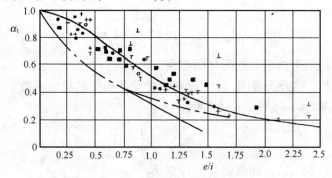

图 4-13　砌体的偏心距影响系数

这里因为是短柱，故 φ 仅表示由于偏心距引起构件承载力降低的影响系数。根据试验结果，$\beta \leqslant 3$ 时，

$$\varphi = 1/\left[1 + (e/i)^2\right] \tag{4-7}$$

195

其中 e 为轴向力偏心距，可由下式求得：

$$e = M_k/N_k \tag{4-8}$$

其中 M_k、N_k 分别为弯矩标准值和轴向力标准值。

当偏心距较大时，受压面积相应的减小，构件的刚度和稳定性亦随之削弱，最终导致构件的承载力进一步降低。因此《砌体结构设计规范》规定：偏心距 e 的计算值不应超过 $0.6y$（y 为截面重心到轴向压力所在偏心方向截面边缘的距离）；当超过 $0.6y$ 时，则应采取减小轴向力偏心距的措施。

对于矩形截面 $i = h/\sqrt{12}$，代入式（4-5）中，则得到适用于矩形截面的表达式：

$$\varphi = \frac{1}{1 + 12\left(\dfrac{e}{h}\right)^2} \tag{4-9}$$

式中　h——矩形截面轴向力偏心方向的截面边长大于另一方向的边长时，除按偏心受压计算外，还应对较小边长方向按轴心受压验算。

对于 T 形截面，也可以采用矩形截面的方式，按下式计算：

$$\varphi = \frac{1}{1 + 12\left(\dfrac{e}{h_T}\right)^2} \tag{4-10}$$

式中　h_T——T 形截面折算厚度，可近似取 $h_T = 3.5i$；

　　　i——截面回转半径，$i = \sqrt{I/A}$。

（2）受压长柱

当高厚比 $\beta > 3$ 时，与钢筋混凝土柱一样，应考虑纵向弯曲引起的附加偏心距 e_i 的影响。此时，构件的承载力按下式计算：

$$N \leqslant \varphi f A$$

此时 φ 包括有高厚比 β 和轴向力偏心距 e 对受压构件承载力的影响，可按表 4-5～表 4-7 采用，也可按式（4-12）计算。

对矩形截面

$$\varphi = \frac{1}{1 + 12\left(\dfrac{e + e_i}{h}\right)^2} \tag{4-11}$$

对 T 形截面

$$\varphi = \frac{1}{1 + 12\left(\dfrac{e + e_i}{h_T}\right)^2} \tag{4-12}$$

式中　e_i——构件纵向弯曲引起的附加偏心距。

通过理论研究及实验分析表明，e_i 主要与轴心受压构件的稳定系数 φ_0，即长柱与短柱轴心受压承载力之比有关，可以采用下式表示：

$$e_i = \frac{h}{\sqrt{12}} \sqrt{\frac{1}{\varphi_0} - 1} \tag{4-13}$$

将式（4-13）代入式（4-11），即得到 φ 的计算式：

$$\varphi = \frac{1}{1 + 12\left[\dfrac{e}{h} + \sqrt{\dfrac{1}{12}\left(\dfrac{1}{\varphi_0} - 1\right)}\right]^2} \tag{4-14}$$

$$\varphi_0 = \frac{1}{1 + \alpha\beta^2} \tag{4-15}$$

式中　φ_0——轴心受压稳定系数；

　　　α——与砂浆强度等级有关的系数，取值如下：

　　　　　当砂浆强度等级大于或等于 M5 时，α 等于 0.0015；当砂浆强度等级等于 M2.5 时，α 等于 0.002；当砂浆强度等级等于 0 时，α 等于 0.009。

在计算 φ 时，构件高厚比 β 按下列公式确定，以考虑砌体类型对受压构件承载力的影响。

对矩形截面　　　　　　　　　$\beta = \gamma_\beta \dfrac{H_0}{h}$　　　　　　　　　（4-16）

对 T 形截面　　　　　　　　　$\beta = \gamma_\beta \dfrac{H_0}{h_T}$　　　　　　　　　（4-17）

式中　γ_β——不同砌体材料构件的高厚比修正系数，按表 4-4 采用。

表 4-4　高厚比修正系数 γ_β

砌体材料类别	γ_β
烧结普通砖、烧结多孔砖	1.0
混凝土及轻集料混凝土砌块	1.1
蒸压灰砂砖、蒸压粉煤灰砖、细料石、半细料石	1.2
粗料石、毛石	1.5

设计时可按公式计算 φ 值。当 $\beta \leqslant 3$，不考虑纵向弯曲引起的附加偏心距，即取 $e_i = 0$。

【例 4-4】　轴心受压砖柱，截面尺寸为 370mm×490mm，采用 MU10 烧结普通砖及 M2.5 混合砂浆砌筑，外荷载引起的柱顶的轴向压力设计值为 $N = 150$kN，柱的计算高度为 3.9m。试验算该柱的承载力是否满足要求。

【解】　（1）荷载计算

考虑砖柱自重后，柱底截面的轴心压力最大，取砖砌体重力密度为 20kN/m³，则砖柱自重为：

$$G = 1.2 \times 20 \times 0.37 \times 0.49 \times 3.9 = 16.97\text{kN}$$

柱底截面上的轴向力为：$N = 16.97 + 150 = 166.97$kN

（2）计算 φ 值

轴心受压：　　　　　　　　　　　$e = 0$

砖柱的高厚比：　　　　　$\beta = \dfrac{H_0}{h} = \dfrac{3.9}{0.37} = 10.5 > 3$

$$\varphi_0 = \frac{1}{1 + \alpha\beta^2} = \frac{1}{1 + 0.002 \times 10.5^2} = 0.819$$

$$\varphi = \frac{1}{1 + 12\left[\sqrt{\dfrac{1}{12}\left(\dfrac{1}{\varphi_0} - 1\right)}\right]^2} = \frac{1}{1 + 12\left[\sqrt{\dfrac{1}{12}\left(\dfrac{1}{0.819} - 1\right)}\right]^2} = 0.819$$

（3）承载力验算

因为　$A = 0.37 \times 0.49 = 0.1813\text{m}^2 < 0.3\text{m}^2$，砌体强度应乘以调整系数

$$\gamma_a = 0.7 + A = 0.7 + 0.1813 = 0.8813$$

由表 2-10 查得砌体抗压强度设计值 $f = 1.30$kN/mm²

$$N = \varphi\gamma_a f A = 0.855 \times 0.8813 \times 1.3 \times 370 \times 490 = 177595\text{N}$$
$$= 177.6\text{kN} > 16.97\text{kN}，满足要求。$$

表 4-5 影响系数 φ(砂浆强度等级 M≥5)

β	$\dfrac{e}{h}$ 或 $\dfrac{e}{h_T}$												
	0	0.025	0.05	0.075	0.1	0.125	0.15	0.175	0.2	0.225	0.25	0.275	0.3
≤3	1	0.99	0.97	0.94	0.89	0.84	0.79	0.73	0.68	0.62	0.57	0.52	0.48
4	0.98	0.95	0.90	0.85	0.80	0.74	0.69	0.64	0.58	0.53	0.49	0.45	0.41
6	0.95	0.91	0.86	0.81	0.75	0.69	0.64	0.59	0.54	0.49	0.45	0.42	0.38
8	0.91	0.86	0.81	0.76	0.70	0.64	0.59	0.54	0.50	0.46	0.42	0.39	0.36
10	0.87	0.82	0.76	0.71	0.65	0.60	0.55	0.50	0.46	0.42	0.39	0.36	0.33
12	0.82	0.77	0.71	0.66	0.60	0.55	0.51	0.47	0.43	0.39	0.36	0.33	0.31
14	0.77	0.72	0.66	0.61	0.56	0.51	0.47	0.43	0.40	0.36	0.34	0.31	0.29
16	0.72	0.67	0.61	0.56	0.52	0.47	0.44	0.40	0.37	0.34	0.31	0.29	0.27
18	0.67	0.62	0.57	0.52	0.48	0.44	0.40	0.37	0.34	0.31	0.29	0.27	0.25
20	0.62	0.57	0.53	0.48	0.44	0.40	0.37	0.34	0.32	0.29	0.27	0.25	0.23
22	0.58	0.53	0.49	0.45	0.41	0.38	0.35	0.32	0.30	0.27	0.25	0.24	0.22
24	0.54	0.49	0.45	0.41	0.38	0.35	0.32	0.30	0.28	0.26	0.24	0.22	0.21
26	0.50	0.46	0.42	0.38	0.35	0.33	0.30	0.28	0.26	0.24	0.22	0.21	0.19
28	0.46	0.42	0.39	0.36	0.33	0.30	0.28	0.26	0.24	0.22	0.21	0.19	0.18
30	0.42	0.39	0.36	0.33	0.31	0.28	0.26	0.24	0.22	0.21	0.20	0.18	0.17

表 4-6　影响系数 φ(砂浆强度等级 M2.5)

β	$\dfrac{e}{h}$ 或 $\dfrac{e}{h_T}$												
	0	0.025	0.05	0.075	0.1	0.125	0.15	0.175	0.2	0.225	0.25	0.275	0.3
≤3	1.00	0.99	0.97	0.94	0.89	0.84	0.79	0.73	0.68	0.62	0.57	0.52	0.48
4	0.97	0.94	0.89	0.84	0.78	0.73	0.67	0.62	0.57	0.52	0.48	0.44	0.40
6	0.93	0.89	0.84	0.78	0.73	0.67	0.62	0.57	0.52	0.48	0.44	0.40	0.37
8	0.89	0.84	0.78	0.72	0.67	0.62	0.57	0.52	0.48	0.44	0.40	0.37	0.34
10	0.83	0.78	0.72	0.67	0.61	0.56	0.52	0.47	0.43	0.40	0.37	0.34	0.31
12	0.78	0.72	0.67	0.61	0.56	0.52	0.47	0.43	0.40	0.37	0.34	0.31	0.29
14	0.72	0.66	0.61	0.56	0.51	0.47	0.43	0.40	0.36	0.34	0.31	0.29	0.27
16	0.66	0.61	0.56	0.51	0.47	0.43	0.40	0.36	0.34	0.31	0.29	0.26	0.25
18	0.61	0.56	0.51	0.47	0.43	0.40	0.36	0.33	0.31	0.29	0.26	0.24	0.23
20	0.56	0.51	0.47	0.43	0.39	0.36	0.33	0.31	0.28	0.26	0.24	0.23	0.21
22	0.51	0.47	0.43	0.39	0.36	0.33	0.31	0.28	0.26	0.24	0.23	0.21	0.20
24	0.46	0.43	0.39	0.36	0.33	0.31	0.28	0.26	0.24	0.23	0.21	0.20	0.18
26	0.42	0.39	0.36	0.33	0.31	0.28	0.26	0.24	0.22	0.21	0.20	0.18	0.17
28	0.39	0.36	0.33	0.30	0.28	0.26	0.24	0.22	0.21	0.20	0.18	0.17	0.16
30	0.36	0.33	0.30	0.28	0.26	0.24	0.22	0.21	0.20	0.18	0.17	0.16	0.15

表 4-7 影响系数 φ(砂浆强度等级为 0)

β	$\dfrac{e}{h}$ 或 $\dfrac{e}{h_T}$												
	0	0.025	0.05	0.075	0.1	0.125	0.15	0.175	0.2	0.225	0.25	0.275	0.3
≤3	1.00	0.99	0.97	0.94	0.89	0.84	0.79	0.73	0.68	0.62	0.57	0.52	0.48
4	0.87	0.82	0.77	0.71	0.66	0.60	0.55	0.51	0.46	0.43	0.39	0.36	0.33
6	0.76	0.70	0.65	0.59	0.54	0.50	0.46	0.42	0.39	0.36	0.33	0.30	0.28
8	0.63	0.58	0.54	0.49	0.45	0.41	0.38	0.35	0.32	0.30	0.28	0.25	0.24
10	0.53	0.48	0.44	0.41	0.37	0.34	0.32	0.29	0.2	0.25	0.23	0.22	0.20
12	0.44	0.40	0.37	0.34	0.31	0.29	0.27	0.25	0.23	0.21	0.20	0.19	0.17
14	0.36	0.33	0.31	0.28	0.26	0.24	0.23	0.21	0.20	0.18	0.17	0.16	0.15
16	0.30	0.28	0.26	0.24	0.22	0.21	0.19	0.18	0.17	0.16	0.15	0.14	0.13
18	0.26	0.24	0.22	0.21	0.19	0.18	0.17	0.16	0.15	0.14	0.13	0.12	0.12
20	0.22	0.20	0.19	0.18	0.17	0.16	0.15	0.14	0.13	0.12	0.12	0.11	0.10
22	0.19	0.18	0.16	0.15	0.14	0.14	0.13	0.12	0.12	0.11	0.10	0.10	0.09
24	0.16	0.15	0.14	0.13	0.13	0.12	0.11	0.11	0.10	0.10	0.09	0.09	0.08
26	0.14	0.13	0.13	0.12	0.11	0.11	0.10	0.10	0.09	0.09	0.08	0.08	0.07
28	0.12	0.12	0.11	0.11	0.10	0.10	0.09	0.09	0.08	0.08	0.08	0.07	0.07
30	0.11	0.10	0.10	0.09	0.09	0.09	0.08	0.08	0.07	0.07	0.07	0.07	0.06

【例 4-5】 已知一矩形截面偏心受压柱，截面尺寸为 490mm×740mm，采用 MU10 普通机制黏土砖及 M5 混合砂浆，柱的计算高度 $H_0 = 1.0H = 5.9$m，该柱所受轴向力标准值 $N_k = 250$kN（已计入柱自重），沿长边方向作用的弯矩标准值 $M_k = 20$kN·m，相应设计值分别为 $N = 325$kN（已计入柱自重）和 $M = 26$kN·m，试验算该柱承载力是否满足要求。

【解】（1）验算柱长边方向的承载力

1）计算 φ 值

偏心距：
$$e = \frac{M_k}{N_k} = \frac{20 \times 10^6}{250 \times 10^3} = 80\text{mm}$$

$$y = \frac{h}{2} = \frac{740}{2} = 370\text{mm}$$

$$e = 80\text{mm} < 0.6y = 0.6 \times 370 = 259\text{mm}$$

高厚比：
$$\beta = \frac{H_0}{h} = \frac{5900}{740} = 7.97 > 3$$

考虑构件纵向弯曲引起的附加偏心距 e_i 的影响：

$$\varphi_0 = \frac{1}{1 + \alpha\beta^2} = \frac{1}{1 + 0.0015 \times 7.97^2} = 0.913$$

$$e_i = \frac{h}{\sqrt{12}}\sqrt{\frac{1}{\varphi_0} - 1} = \frac{740}{\sqrt{12}}\sqrt{\frac{1}{0.913} - 1} = 65.95$$

$$\varphi = \frac{1}{1 + 12\left(\frac{e + e_i}{h}\right)^2} = \frac{1}{1 + 12\left(\frac{80 + 65.95}{740}\right)^2} = 0.682$$

2）承载力验算
$$A = 0.49 \times 0.74 = 0.363\text{m}^2 > 0.3\text{m}^2 \quad \gamma_a = 1.0$$

查表得：$f = 1.50\text{N/mm}^2$

$\varphi Af = 0.682 \times 0.363 \times 10^6 \times 1.5 = 371.3 \times 10^3\text{N} = 373.3\text{kN} > N = 325\text{kN}$

满足要求。

（2）验算柱短边方向的承载力

1）计算 φ 值
$$e = 0$$

高厚比
$$\beta = \frac{H_0}{b} = \frac{5900}{370} = 12.4 > 3 \quad 考虑 e_i$$

$$\varphi_0 = \frac{1}{1 + \alpha\beta^2} = \frac{1}{1 + 0.0015 \times 12.4^2} = 0.813$$

$$e_i = \frac{b}{\sqrt{12}}\sqrt{\frac{1}{\varphi_0} - 1} = \frac{370}{\sqrt{12}}\sqrt{\frac{1}{0.813} - 1} = 51.3$$

$$\varphi = \frac{1}{1 + 12\left(\frac{e + e_i}{b}\right)^2} = \frac{1}{1 + 12\left(\frac{0 + 51.3}{370}\right)^2} = 0.812$$

2）承载力验算

$\varphi Af = 0.812 \times 0.363 \times 10^6 \times 1.5 = 444.6 \times 10^3\text{N} = 444.6\text{kN} > N = 325\text{kN}$

满足要求。

【例 4-6】 一单层单跨厂房的窗间墙截面尺寸如图 4-14 所示，计算高度 $H_0 = 6$m，采用 MU10 机制黏土砖和 M5 混合砂浆砌筑。所受外弯矩标准值 $M_k = 20kN \cdot m$，轴向力标准值 $N_k = 230kN$，轴向力设计值 $N = 290kN$。以上内力均已计入墙体自重，轴向力作用点偏向翼缘一侧。试验算其承载力是否满足要求。

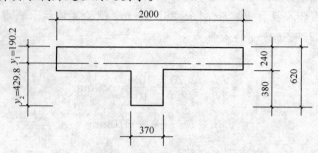

图 4-14　窗间墙平面尺寸

【解】　(1) 截面几何特征值计算：

截面尺寸　$A = 2000 \times 240 + 370 \times 380 = 620600mm^2 \approx 0.62m^2 > 0.3m^2$　　$\gamma_a = 1.0$

截面形心位置

$$y_1 = \frac{2000 \times 240 \times 120 + 370 \times 380 \times (240 + 190)}{620600} = 190.2mm$$

$$y_2 = 620 - 190.2 = 429.8mm$$

截面惯性矩

$$I = \frac{2000 \times 240^3}{12} + 2000 \times 240 (190.2 - 120)^2 + \frac{370 \times 380}{12} + 370 \times 380 \times \left(429.8 - \frac{380}{2}\right)^2$$

$$= 1.4446 \times 10^{10}mm^4$$

截面回转半径

$$i = \sqrt{\frac{I}{A}} = \sqrt{\frac{1.4446 \times 10^{10}}{620600}} = 152.57mm$$

截面折算厚度　　$h_T = 3.5i = 3.5 \times 152.57 = 534mm$

(2) 计算 φ 值

$$e = \frac{M_k}{N_k} = \frac{20 \times 10^6}{230 \times 10^3} = 86.9mm < 0.6y_1 = 0.6 \times 190.2 = 114.12$$

高厚比　　$\beta = \frac{H_0}{h_T} = \frac{6000}{534} = 11.24 > 3$　　考虑 e_i

$$\varphi_0 = \frac{1}{1 + \alpha\beta^2} = \frac{1}{1 + 0.0015 \times 11.24^2} = 0.841$$

$$e_i = \frac{h_T}{\sqrt{12}} \sqrt{\frac{1}{\varphi_0} - 1} = \frac{534}{\sqrt{12}} \sqrt{\frac{1}{0.841} - 1} = 67.03$$

$$\varphi = \frac{1}{1 + 12\left(\frac{e + e_i}{h_T}\right)^2} = \frac{1}{1 + \left(\frac{114.12 + 67.03}{534}\right)^2} = 0.897$$

(3) 承载力验算

查表 2-10 得　$f = 1.5N/mm^2$

$$\varphi fA = 0.897 \times 1.5 \times 620600 = 388186N \approx 388.19kN > N = 290kN$$

满足要求。

4.3.3 砌体局部受压承载力计算

局部受压是指压力仅仅作用在砌体部分面积上的受力状态。

(1) 砌体局部受压的特点

试验研究表明，砌体局部受压大致有三种破坏形态：一是最常见的有纵向裂缝发展引起的破坏；二是发生劈裂破坏；三是因砌体强度低时产生局部压碎的破坏。

砌体局部受压时，不利的一面是在较小的承压面积 A_l 上承受着较大的压力，单位面积上的压应力较高；有利的一面是砌体局部受压强度高于砌体的抗压强度。这种提高一般认为是由于存在"套箍强化"和"应力扩散"的作用。即在局部压应力作用下，一方面应力向四周扩散，另一方面未直接承受压力的部分像套箍一样约束其横向变形，使该处砌体处于三向受压的应力状态，从而使局部受压强度得到显著地提高。

根据实际工程中可能出现的情况，砌体局部受压可分为：砌体局部均匀受压、梁端支承处砌体局部受压、垫块下砌体局部受压及垫梁下砌体局部受压等几种。

(2) 砌体局部均匀受压

1) 承载力计算公式

根据试验结果，《砌体结构规范》给出砌体局部均匀受压承载力计算公式为：

$$N_l \leqslant \gamma f A \tag{4-18}$$

$$\gamma = 1 + 0.35\sqrt{\frac{A_0}{A_l} - 1} \tag{4-19}$$

式中　N_l ——局部受压面积上轴向力设计值；

　　　A_l ——局部受压面积；

　　　γ ——砌体局部抗压强度提高系数；

　　　A_0 ——影响砌体局部抗压强度的计算面积，按图 4-15 确定。

①在图 4-15（a）的情况下，$A_0 = (a+c+h)h$；

②在图 4-15（b）的情况下，$A_0 = (b+2h)h$；

③在图 4-15（c）的情况下，$A_0 = (a+h)h + (b+h_l-h)h_l$；

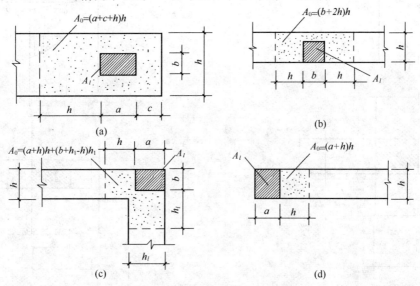

图 4-15　影响局部抗压强度的计算面积

203

④在图 4-15（d）的情况下，$A_0 = (a+h)h$。

式中　a,b——矩形局部受压面积 A_l 的边长；

　　　h,h_l——墙厚或柱的较小边长，墙厚；

　　　　c——矩形局部受压面的外边缘至构件边缘的较小距离，当 $c > h$ 时，应取为 h。

2）砌体局部抗压强度提高系数

砌体局部抗压强度主要取决于砌体原有抗压强度和周围砌体对局部受压区核芯砌体的约束程度。由式（4-19）可看出，$\dfrac{A_0}{A_l}$ 越大，周围砌体对核芯砌体的约束作用越大，因而砌体局部抗压强度提高程度也越大。但当 $\dfrac{A_0}{A_l}$ 大于某一限值时，砌体可能发生前述的突然劈裂的脆性破坏。因此，《砌体结构规范》规定按式（4-19）计算得出的 γ 值，还应符合下列规定：

①在图 4-15（a）的情况下，$\gamma \leqslant 2.5$；

②在图 4-15（b）的情况下，$\gamma \leqslant 2.0$；

③在图 4-15（c）的情况下，$\gamma \leqslant 1.5$；

④在图 4-15（d）的情况下，$\gamma \leqslant 1.25$。

（3）梁端支承处砌体局部受压

当两端支承在砌体上，如图 4-16 和图 4-17 所示，由于梁端产生转角，压力分布不均匀，

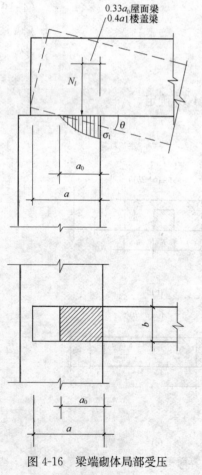

图 4-16　梁端砌体局部受压　　　　　　　　　　图 4-17　有上部荷载时的梁下局部受压

204

局部受压面积与两端的有效支承长度有关。当梁端上部作用有荷载时，局部受压面积上既作用上部结构砌体传来的轴向力，又要承受梁端传来的支承压力，故在建立两端局部受压承载力是要考虑这两种受力情况的。

1）梁端有效支承长度 a_0 的计算

在梁端支承处，梁的弯曲变形及梁端下砌体的压缩变形，使梁端产生转角，造成砌体承受的局部压应力为曲线分布，局部受压面积上的应力是不均匀的；同时梁端下面传递压力的长度 a_0 可能小于梁深入墙或柱内的实际支承长度，一般将 a_0 称为梁的有效支承长度。a_0 取决于梁的刚度、梁伸入支座的长度和砌体弹性模量。

根据试验及理论推导，梁端有效支承长度 a_0 可按下式计算：

$$a_0 = 10\sqrt{\frac{h_c}{f}} \leqslant a \tag{4-20}$$

式中 h_c ——梁的截面高度；

f ——砌体的抗压强度设计值；

a ——梁端的实际支承长度。

根据应力分布情况《砌体结构规范》规定，梁端底面压应力的合力，即梁对墙的局部压力的作用点到墙内表面的距离，对于房屋顶层屋盖梁取 $0.33a_0$；其他层取 $0.4a_0$。

2）上部荷载对局部抗压强度的影响

当梁支承在墙中的某个部位时，梁端还有墙体时，除由梁端传来的压力外，还有由上部墙体传来的轴向力，上部砌体传来通过梁顶传来的压力并不是相同的。当梁上受的荷载较大时，梁端下砌体产生较大的压缩变形，使梁端顶面与上部砌体接触脱开。这时梁端范围内的上部荷载会部分或全部通过砌体内拱作用传给梁端周围的砌体。这种作用随着 $\dfrac{A_0}{A_l}$ 逐渐地减小而减弱。《砌体结构规范》规定，当 $\dfrac{A_0}{A_l} \geqslant 3$ 时不考虑上部荷载对砌体局部受压的影响。

3）梁端支承处砌体局部受压承载力计算

如图 4-17 所示，梁端支承处除了承受梁端的支承压力 N_l 之外，一般还可能承受上部均匀荷载所产生的压应力 σ_0。根据应力叠加原理，梁端支承处砌体局部受压的承载力可按下式计算：

$$\psi N_0 + N_l \leqslant \eta \gamma f A_l \tag{4-21}$$

式中 ψ ——上部荷载的折减系数，$\psi = 1.5 - 0.5A_0/A_l$，当 $A_0/A_l \geqslant 3$ 时，取 $\psi = 0$；

N_0 ——局部受压面积内上部轴向力设计值，N，$N_0 = \sigma_0 A_l$；

σ_0 ——上部平均压应力设计值，N/mm²；

η ——梁端底面压应力图形完整系数，一般取 0.7，对于过梁和墙梁取 1.0；

A_l ——局部受压面积，$A_l = a_0 b$。

其余符号意义同前。

（4）梁端下设有刚性垫块的局部受压

当梁端支承处砌体局部抗压强度不足时，可在梁端下设置混凝土或钢筋混凝土刚性垫块，以增大梁对墙体的局部受压面积，防止局部受压被破坏，如图 4-18 所示。刚性垫块的高度不应小于 180mm，自梁边算起的挑出长度不宜大于垫块的高度。

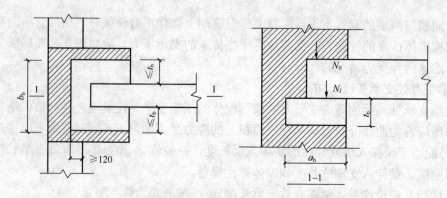

图 4-18　刚性垫块下局部受压计算简图

刚性垫块下砌体局部受压可按下式计算：

$$N_0 + N_l \leqslant \varphi \gamma_1 f A_b \tag{4-22}$$

式中　N_0 —— 垫块面积 A_b 内上部轴向力设计值，N，$N_0 = \sigma_0 A_b$；

　　A_b —— 垫块面积，mm，$A_b = a_b \times b_b$；

　　φ —— 垫块上 N_0 及 N_l 合力的影响系数，可查表 4-4、表 4-5 当 $\beta \leqslant 3$ 时的相应值；

　　γ_1 —— 垫块外砌体面积的有利影响系数，$\gamma_1 = 0.8\gamma \geqslant 1.0$；

　　γ —— 砌体局部抗压强度提高系数，可按式（4-17）计算，但计算时应以 A_b 代替 A_l，即上式中的 γ_1 应为

$$\gamma_1 = 0.8 + 0.28\sqrt{\frac{A_0}{A_l} - 1} \tag{4-23}$$

式中　a_b —— 垫块伸入墙内的长度，mm；

　　b_b —— 垫块的宽度，mm；

　　A_0 —— 应以垫块面积 A_b 代替 A_l 计算得影响砌体局部抗压强度的计算面积，mm。

当求垫块上 N_0 及 N_l 合力的影响系数 φ 时，需要知道 N_l 的作用位置。垫块上 N_l 的合力到墙边缘的距离取为 $0.4a_l$，这里 a_0 为刚性垫块上梁的有效支承长度，按下式计算：

$$a_0 = \delta_1\sqrt{\frac{h_c}{f}} \tag{4-24}$$

式中　h_c, f —— 与式（4-20）中的含义相同；

　　δ_1 —— 刚性垫块影响系数，根据上部平均压应力设计值 σ_0 与砌体抗压强度设计值的比值按表 4-8 取用。

表 4-8　系数 δ_1 值

σ_0/f	0	0.2	0.4	0.6	0.8
δ_1	5.4	5.7	6.0	6.9	7.8

此外，考虑到垫块面积较大，"内拱卸荷"作用较小，因而上部荷载不予折减。

当在带壁柱墙的壁柱内设置刚性垫块时，其计算面积 A_0 应取壁柱面积，不计算翼缘部分；同时，壁柱上垫块伸入翼墙内的长度不应小于 120mm，如图 4-18 所示。

当现浇垫块与梁端浇筑成整体时，垫块可在梁高范围内设置，梁端支承处砌体的局部受压承载力仍按式（4-20）进行验算。

【例 4-7】　已知：某房屋外纵墙的窗间墙截面尺寸为 1200mm×370mm，如图 4-19 所

示，采用 MU20 烧结普通砖，M5 水泥砂浆砌筑。墙上支承的钢筋混凝土大梁截面尺寸为 200mm×550mm，支承长度 $a = 240$mm。梁端荷载产生的支承反力设计值为 $N_l = 80$kN，上部荷载产生的轴向压力设计值为 260kN。求：验算梁端砌体的局部受压承载力。

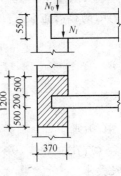

图 4-19　例 4-7 图

【解】　由 MU20 砖、M5 砂浆，查表 2-10 得砌体抗压强度设计值 $f = 2.12$N/mm^2，因为是水泥砂浆，$\gamma_a = 0.9$，故取 $f = 0.9 \times 2.12 = 1.91$N/mm^2。

(1) 有效支承长度

$$a_0 = 10 \times \sqrt{\frac{h_c}{f}} = 10 \times \sqrt{\frac{550}{1.91}} = 170\text{mm} < a$$

$= 240$mm，取 $a_0 = 170$mm

(2) 局部受压面积

$$A_l = a_b \times b_b = 170 \times 200 = 34000\text{mm}^2 = 0.034\text{m}^2$$

(3) 局部受压的计算面积

$$A_0 = (200 + 2 \times 370) \times 370 = 34800\text{mm}^2 = 0.347\text{m}^2$$

$\dfrac{A_0}{A_l} = \dfrac{0.3478}{0.034} = 10.23 > 3$，不需考虑上部荷载的影响。

(4) 砌体局部抗压强度提高系数

$$\gamma = 1 + 0.35\sqrt{\frac{A_0}{A_l} - 1} = 1 + 0.35\sqrt{10.23 - 1} = 2.06 > 2，取 2$$

(5) 梁端支承处砌体局部受压承载力计算

$$\eta \gamma f A_l = 0.7 \times 2 \times 1.91 \times 10^3 \times 0.034 = 90.92\text{kN} > \psi N_0 + N_l = 0 + 80 = 80\text{kN}$$

满足要求。

【例 4-8】　已知：除 $N_l = 115$kN 外，其他条件与上例相同。求：验算局部受压承载力。

【解】　显而易见，梁端不设垫块或垫梁，梁下砌体的局部受压强度是不能满足的。故设置预制刚性垫块，其尺寸为 $A_b = a_b \times b_b = 240 \times 600 = 144000\text{mm}^2 = 0.144\text{m}^2$。

(1) 求 γ_1 值

$b_0 = b + 2h = 600 + 2 \times 370 = 1340\text{mm}^2 > 1200\text{mm}^2$，已超过窗间墙实际宽度，取 $b_0 = 1200$mm

$$A_0 = 370 \times 12000 = 444000\text{mm}^2 = 0.44\text{m}^2$$

$$\gamma = 1 + 0.35\sqrt{\frac{A_0}{A_l} - 1} = 1 + 0.35\sqrt{\frac{0.44}{0.1444} - 1} = 1.50 \quad \gamma_1 = 0.8\gamma = 0.8 \times 1.50 = 1.20$$

(2) 求 φ 值

由于上部荷载作用在整个窗间墙上，则

$$\sigma_0 = \frac{265000}{1200 \times 370} = 0.60\text{N/mm}^2$$

作用在垫块上的 $N_0 = \sigma_0 A_b = 0.60 \times 144000 = 86400\text{N} = 86.4$kN

$\dfrac{\sigma_0}{f} = \dfrac{0.60}{1.91} = 0.314$ 查表 4-8 得 $\delta_1 = 5.87$

梁端有效支承长度 $a_0 = \delta_1 \times \sqrt{\dfrac{h_c}{f}} = 5.87 \times \sqrt{\dfrac{550}{1.91}} = 99.6\text{mm} < a = 240\text{mm}$

取 $a = 99.6$ 计算，N_l 作用点离边缘为 $0.4a_0 = 0.4 \times 99.6 = 39.8$mm，$(N_0 + N_l)$ 对垫块形心的偏心距 e 为：

$$e = \frac{N_l \left(\frac{a_b}{2} - 0.4a_0 \right)}{N_0 + N_l} = \frac{115\,(120 - 39.8)}{86.4 + 115} = 45.79$$

$$\frac{e}{h} = \frac{45.79}{240} = 0.191，查表 4\text{-}5 得 \varphi = 0.70$$

（3）验算

$$\varphi\gamma_1 f A_b = 0.70 \times 1.2 \times 1.91 \times 0.144 \times 10^3 = 231\text{kN} > (N_0 + N_l) = 201.4\text{kN}$$

满足要求。

4.3.4 砌体轴心受拉、受弯、受剪承载力计算

（1）轴心受拉构件

砌体轴心受拉承载力是很低的，因此工程上采用砌体轴心受拉的构件很少。在容积不大的圆形水池或筒仓中，可将池壁或筒壁设计成轴心受拉构件。由于液体或松散物料对墙壁的压力，在壁内产生环向拉力，使砌体轴心受拉。砌体轴心受拉构件的承载力，按下式计算：

$$N_t \leqslant f_t A \tag{4-25}$$

式中　　N_t——轴心拉力设计值；

　　　　f_t——砌体轴心抗拉强度设计值；

　　　　A——砌体垂直于拉力方向的截面面积。

（2）受弯构件

如图 4-20 所示的挡土墙，在水平荷载作用下，属受弯构件。由于受弯构件的截面内还产生剪力，因此对受弯构件除计算受弯承载力外，还应进行受剪承载力计算。

1）受弯承载力

$$M \leqslant f_{tm} W \tag{4-26}$$

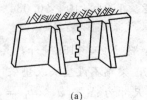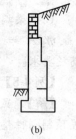

(a)　　　　　　　　(b)

图 4-20　砌体受弯构件

式中　　M——弯矩设计值；

　　　　f_{tm}——砌体的弯曲抗拉强度设计值；

　　　　W——截面抵抗矩。

2）受剪承载力

$$V \leqslant f_v bz \tag{4-27}$$

$$z = \frac{I}{S} \tag{4-28}$$

式中　　V——剪力设计值；

　　　　f_v——砌体的抗剪强度设计值；

　　　　b——截面宽度；

　　　　z——内力臂，对于矩形截面 $z = 2h/3$；

　　　　I——截面惯性矩；

　　　　S——截面面积矩；

　　　　h——截面高度。

（3）受剪构件

在竖向荷载和水平荷载作用下，可能产生沿通缝截面或沿阶梯形截面的受剪破坏。沿通缝或阶梯形截面破坏的受剪构件的承载力均可按下式计算：

$$V \leqslant (f_v + \alpha \mu \sigma_0)A$$

当 $\gamma_G = 1.2$ 时，$\qquad \mu = 0.26 - 0.082 \dfrac{\sigma_0}{f};$ （4-29）

当 $\gamma_G = 1.35$ 时，$\qquad \mu = 0.23 - 0.065 \dfrac{\sigma_0}{f}$ （4-30）

式中　V ——截面剪力设计值；

　　　A ——水平截面面积，当有孔洞时，取净截面面积；

　　　f_v ——砌体的抗剪强度设计值；

　　　α ——修正系数；

　　　　　当 $\gamma_G = 1.2$ 时，砖砌体取 0.6，混凝土砌块取 0.64；

　　　　　当 $\gamma_G = 1.35$ 时，砖砌体取 0.64，混凝土砌块取 0.66；

　　　μ ——剪压复合受力影响系数，α 与 μ 的乘积可查表 4-9；

　　　σ_0 ——永久荷载设计值产生的水平截面平均压应力；

　　　f ——砌体的抗压强度设计值；

　　σ_0/f ——轴压比，不应大于 0.8。

表 4-9　当 $\gamma_G = 1.2$ 及 $\gamma_G = 1.35$ 时 $\alpha\mu$ 值

γ_G	σ_0/f	0.1	0.2	0.3	0.4	0.5	0.6	0.7	0.8
1.2	砖砌体	0.15	0.15	0.14	0.14	0.13	0.13	0.12	0.12
	砌块砌体	0.16	0.16	0.15	0.15	0.13	0.13	0.13	0.12
1.35	砖砌体	0.14	0.14	0.13	0.13	0.12	0.12	0.12	0.11
	砌块砌体	0.15	0.14	0.14	0.13	0.13	0.13	0.12	0.12

设计计算时，应控制轴压 σ_0/f 不大于 0.8，以防止墙体产生斜压破坏。

4.4　墙体的设计计算

4.4.1　刚性方案房屋墙体的设计计算

在进行混合结构房屋设计时，首先应确定其静力计算方案。不同的静力计算方案，反映了房屋不同的构造特点，因而内力分析方法也有所不同。本节讨论多层刚性方案房屋的墙体、柱计算。

（1）承重纵墙的计算

1）选取计算单元

多层混合结构房屋的纵墙一般较长，设计时可取其中一个或几个有代表性的区段作为计算单元（一般取宽度等于一个开间的墙体作为计算单元），如图 4-21 所示。当开间尺寸不同时，计算单元可取荷载较大，而墙体截面尺寸较小的一个开间。一般情况下，计算单元的受荷宽度取为 $l = \dfrac{l_1 + l_2}{2}$，l_1、l_2 为相邻两开间的宽度。

2）竖向荷载作用下的计算简图和内力

在竖向荷载作用下，纵墙如同一竖向的连续梁一样地工作，这个连续梁以屋盖、各层楼盖及基础顶面为支点，如图4-22所示。由于楼盖中的梁端或板端嵌砌在墙内，致使墙体在楼盖处的连续性受到削弱，被削弱截面所能传递的弯矩相对较小。为了简化计算，可假定墙体在楼盖处为完全铰接，如图4-22（b）所示，因而会使每段墙体上端弯矩增大，这对于墙体设计是偏于安全的。在基础顶面处，由于底部纵向力很大，而该处弯矩值较小，以致其偏心距很小，故也可近似假定墙体与基础为铰接。于是，在竖向荷载作用下，纵墙在每层高度范围内，可简化为两端铰支的竖向构件，构件的高度取该层楼盖梁（板）底面至上层楼（屋）盖梁板底面的距离。对于底层构件的高度从基础顶面算起至一层梁板底面处。当基础埋置较深时，也可从室内地面500mm或室外地面下300mm处算起。

墙体承受的竖向荷载有墙体自重、屋盖、楼盖传来的永久荷载即可变荷载。这些荷载对墙体的作用位置如图4-23所示。图中，N_l为计算楼层内由楼盖传来的永久荷载及可变荷载，也即楼盖大梁传来的支座处的合力。N_l至墙内皮的距离可取等于$0.4a_0$。N_u为由上面各层楼盖、屋盖及墙体的自重传来的竖向荷载（包括永久荷载及可变荷载），可以认为N_u作用于上一层的墙柱的截面重心。

3）纵墙在水平荷载作用下的计算简图和内力

在水平荷载作用下，计算简图可取为竖向连续梁，如图4-24所示。该连续梁在风荷载作用下的支座处弯矩可近似按下式计算：

$$M = \frac{qH_i^2}{12}$$

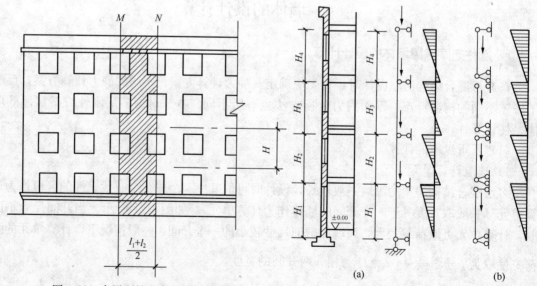

图4-21　多层刚性方案房屋计算单元　　　图4-22　纵墙在竖向荷载作用下的计算简图与内力

210

式中　q —— 沿楼层高均布风荷载设计值；

　　　H_i —— 楼层高度。

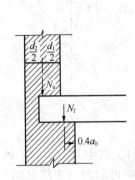

图 4-23　纵墙荷载位置

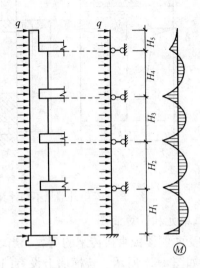

图 4-24　风荷载作用下外纵墙的计算简图和内力

计算时应考虑两种风向作用下产生的弯矩，并与竖向荷载作用时的弯矩进行最不利组合。《砌体结构规范》规定，当刚性方案多层房屋的外墙符合下列要求时，静力计算可不考虑风荷载的影响：

①洞口水平截面面积不超过全截面面积的 2/3。

②层高和总高不超过表 4-10 的规定。

③屋盖结构自重不小于 $0.8kN/m^2$。

表 4-10　外墙不考虑风荷载影响时的最大高度

基本风压值（kN/m^2）	层高（m）	总高（m）
0.4	4.0	28
0.5	4.0	24
0.6	4.0	18
0.7	4.0	18

4）确定控制截面

控制截面一般是指内力（包括弯矩和轴力）较大，对墙体承载力起控制作用的截面。控制截面也称危险截面。只要控制截面的承载力验算满足要求，则墙体其余各截面的承载力均能得到满足。

对于每层墙体一般有以下几个截面起控制作用：所计算楼层墙上端、楼盖大梁底面、窗口上端、窗台以下及墙下端亦即下层楼盖大梁底稍上的截面。为偏于安全，当上述几处的截面面积均以窗间墙计算时，将图 4-25 中截面 Ⅰ—Ⅰ、Ⅳ—Ⅳ 作为控制截面，截面 Ⅰ—Ⅰ 处作用有轴向力和弯矩，而 Ⅳ—Ⅳ 截面只有轴向力作用。内力图如图 4-25（c）所示。

5）截面承载力计算

按最不利荷载组合，确定控制截面的轴向力和轴向力的偏心距之后，就按受压构件的承载力计算公式进行计算。

（2）承重横墙的计算

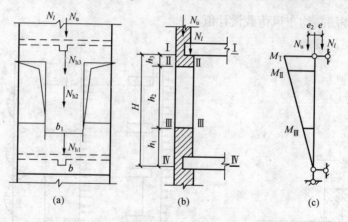

图 4-25 外墙最不利计算截面位置及内力

1）选取计算单元和计算简图

横墙一般承受两侧楼板直接传来的荷载，当墙面上没有门窗洞口时，可取 1m 宽的墙体作为计算单元，如图 4-26 所示。若横墙上设有门窗洞口，则可取洞口中线之间的墙体作为计算单元。

横墙在竖向荷载作用下的计算简图与纵墙一样，可忽略墙体的连续性，每层横墙视为两端铰支的竖向构件，如图 4-26 所示。各层墙体的计算高度取值和纵向承重墙相同。但当顶层坡屋顶时，则取顶层层高加山尖的平均高度。

作用在横墙上的荷载有：所计算截面以上各层传来的荷载 N_u（包括上部各层楼盖和屋盖的永久荷载和可变荷载以及墙体的自重），还有本层两边楼盖传来的竖向荷载（包括永久荷载及可变荷载）。N_1、N_l' 的数值并不相等，墙体处于偏心受压状态。但由于偏心荷载产生的弯矩较小，轴向压力较大，故在实际计算中，各层均按轴心受压构件计算。

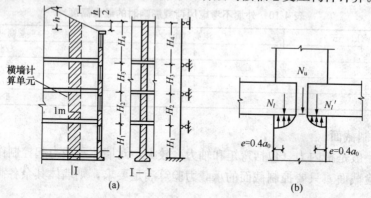

图 4-26 横墙计算单元

2）确定控制截面位置及内力计算

控制截面应取每层墙体底部截面 II—II，因为此处轴向力最大。

3）截面承载力计算

在求得每层控制截面的轴向力后，即可按受压构件承载力计算公式验算墙体的承载力。

4.4.2 砌体房屋设计例题

【例 4-9】 已知：某五层混合结构办公楼，平面尺寸和外墙剖面如图 4-27 所示，屋盖和

212

楼盖均为现浇钢筋混凝土梁板，钢筋混凝土梁截面尺寸为 250mm×500mm，梁端伸入墙长度为240mm。外墙厚370mm，内横墙厚240mm，隔断墙厚120mm。全部采用 MU10 烧结多孔砖和 M5 混合砂浆砌筑。求：验算外纵墙、内横墙和横隔断墙的高厚比，验算外纵墙的承载力。

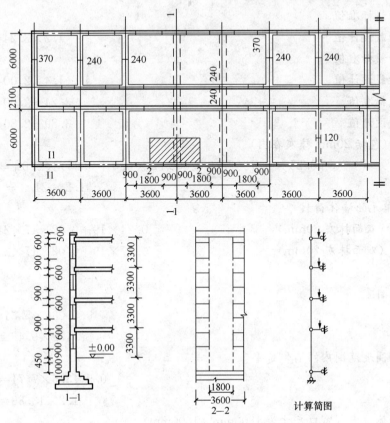

图 4-27　例 4-9 图

【解】 （1）荷载计算

1）屋面荷载

APP 改性沥青防水层	0.3kN/m^2
20mm 厚 1：2.5 水泥砂浆找平层	0.4kN/m^2
100～140mm 厚（2％找坡）膨胀珍珠岩保温层	$\dfrac{0.1+0.14}{2}\times 7 = 0.84\text{kN/m}^2$
100mm 厚钢筋混凝土屋面板	$0.1\times 25 = 2.5\text{kN/m}^2$
20mm 厚板下纸筋石灰抹面	$0.02\times 16 = 0.32\text{kN/m}^2$

屋面恒荷载标准值	$=4.36\text{kN/m}^2$
屋面恒荷载设计值	$1.2\times 4.36 = 5.23\text{kN/m}^2$
屋面活荷载标准值	$=0.7\text{kN/m}^2$
屋面活荷载设计值	$1.4\times 0.7 = 0.98\text{kN/m}^2$
屋面荷载标准值	$4.36+0.7 = 5.06\text{kN/m}^2$
屋面荷载设计值	$5.23+0.98 = 6.21\text{kN/m}^2$

213

2）楼面荷载

25mm 厚水泥砂浆面层	$0.025 \times 20 = 0.50 \text{kN/m}^2$
100mm 厚现浇钢筋混凝土楼板	$0.1 \times 25 = 2.5 \text{kN/m}^2$
15mm 厚板下纸筋灰抹底	$0.015 \times 16 = 0.24 \text{kN/m}^2$
楼面恒荷载标准值	$= 3.24 \text{kN/m}^2$
楼面恒荷载设计值	$1.2 \times 3.24 = 3.89 \text{kN/m}^2$
楼面活荷载标准值	$= 2.00 \text{kN/m}^2$
楼面活荷载设计值	$1.4 \times 2.00 = 2.80 \text{kN/m}^2$
楼面荷载标准值	$3.24 + 2.00 = 5.24 \text{kN/m}^2$
楼面荷载设计值	$3.89 + 2.80 = 6.69 \text{kN/m}^2$

3）梁重（包括 20mm 抹灰在内）

标准值	$[0.25 \times 0.5 \times 25 + 0.002 \,(2 \times 0.5 + 0.25) \times 6.0] = 21.3 \text{kN/m}^2$
设计值	$1.2 \times 21.3 = 25.56 \text{kN/m}^2$

4）计算单元的墙体荷载

240 砖墙（双面抹灰 20mm）	$0.24 \times 19 + 0.02 \times 17 \times 2 = 5.24 \text{kN/m}^2$
370 砖墙（双面抹灰 20mm）	$0.37 \times 19 + 0.02 \times 17 \times 2 = 7.71 \text{kN/m}^2$
塑钢窗	0.4kN/m^2

①女儿墙自重

标准值	$0.5 \times 36 \times 5.24 = 9.43 \text{kN/m}^2$
设计值	$1.2 \times 9.43 = 11.32 \text{kN/m}^2$

②屋面梁高度范围内的墙体自重

标准值	$0.5 \times 3.6 \times 7.71 = 13.88 \text{kN/m}^2$
设计值	$1.2 \times 13.88 = 16.66 \text{kN/m}^2$

③每层墙体自重（窗口尺寸为 1800mm×1800mm）

标准值	$(3.3 \times 3.6 - 1.8 \times 1.8) \times 7.71 + 1.8 \times 1.8 \times 0.4 = 67.91 \text{kN/m}^2$
设计值	$1.2 \times 67.91 = 81.49 \text{kN/m}^2$

（2）高厚比验算

1）外纵墙高厚比验算

横墙最大间距 $\quad s = 3 \times 3.6 = 10.8 \text{m}$

底层层高 $\quad H = 3.3 + 0.45 + 0.50 = 4.25 \text{m}$

因 $s > 2H = 2 \times 4.25 = 8.50 \text{m}$。根据刚性方案，查表 4-1 得：

$$H_0 = 1.0H = 1.0 \times 4.25 = 4.25$$

外纵墙为承重墙，故 $\mu_1 = 1.0$

外纵墙每开间有尺寸为 1800mm×1800mm 的窗洞，由式（4-2）得：

$$\mu_2 = 1 - 0.4 \frac{b_s}{s} = 1 - 0.4 \times \frac{1.8}{3.6} = 0.8$$

由表 4-1 查得：砂浆强度等级为 M5 时，墙的允许高厚比 $[\beta] = 24$，由式（4-1）得：

$$\beta = \frac{H_0}{h} = \frac{4250}{370} = 11.49 \leqslant \mu_1 \mu_2 [\beta] = 19.2 \text{（满足要求）}$$

2）内横墙高厚比验算

214

纵墙间距 $s = 6$m，墙高 $H = 4.25$m，所以 $H < s < 2H$，根据刚性方案由表 4-2 得：
$$H_0 = 0.4s + 0.2H = 0.4 \times 6.0 + 2 \times 4.25 = 3.25\text{m}$$

内横墙为承重墙，故 $\mu_1 = 1.0$

由式（4-1）得：
$$\beta = \frac{H_0}{h} = \frac{3250}{240} = 13.54 < \mu_1\mu_2\,[\beta] = 1.0 \times 1.0 \times 24 = 24$$

满足要求。

3）隔断墙高厚比验算

隔断墙高 $H = 3.3 - 0.5 = 2.8$m，按两端无拉接的情况考虑，

故 $s = 6 - 0.24 = 5.76$m，$s > 2H$，则：
$$H_0 = 1.0H = 2.0 \times 2.8 = 2.8\text{m}$$

隔断墙为非承重墙，$h = 120$mm，用内插法可得 $\mu_1 = 1.44$，该墙上无洞口，故 $\mu_2 = 1.0$，由式（4-1）可得：
$$\beta = \frac{H_0}{h} = \frac{2800}{120} = 23.3 < \mu_1\mu_2\,[\beta] = 1.44 \times 1.0 \times 24 = 34.56$$

满足要求。

（3）外纵墙承载力验算

每层取上端 Ⅰ—Ⅰ、下端 Ⅳ—Ⅳ 截面作为控制截面。

1）顶层墙体承载力验算

①内力计算

根据梁、板的平面布置及计算单元的平面尺寸，可得屋盖传来的竖向荷载

标准值　　　　　　$(5.06 \times 3.6 \times 6.0 + 21.3)/2 = 65.30\text{kN}$

设计值　　　　　　$(6.21 \times 3.6 \times 6.0 + 25.56)/2 = 79.85\text{kN}$

查表 2-10：$f = 1.5\text{N/mm}^2$

已知梁高 $h_c = 500$mm，则梁的有效支承长度为：
$$a_0 = 10\sqrt{\frac{h_c}{f}} = 10 \times \sqrt{\frac{500}{1.5}} = 183\text{mm} < 240\text{mm}$$

屋盖竖向荷载 Ⅰ—Ⅰ 作用于墙顶截面 Ⅰ—Ⅰ 的偏心距：
$$e_0 = \frac{h}{2} - 0.4a_0 = \frac{370}{2} - 0.4 \times 183 = 112\text{mm} = 0.112\text{m}$$

由于女儿墙厚 240mm，而外墙厚 370mm，因此女儿墙自重对计算截面的偏心距为：
$$e = (370 - 240)/2 = 65\text{mm} = 0.065\text{m}$$

顶层截面 Ⅰ—Ⅰ 处的弯矩设计值：
$$M = 79.85 \times 0.112 - 11.32 \times 0.065 = 8.21\text{kN} \cdot \text{m}$$

顶层截面 Ⅳ—Ⅳ 处的轴向力设计值：
$$N = 107.83 + 81.49 = 189.32\text{kN}$$

②承载力验算

墙体上端截面 Ⅰ—Ⅰ

砌体截面尺寸取窗间墙的水平截面面积，即：
$$A = 0.37 \times 1.8 = 0.666\text{m}^2 > 0.3\text{m}^2$$

故砌体强度调整系数 $\gamma_a = 1.0$

荷载设计值引起的偏心距：

$$e = \frac{M}{N} = \frac{8.21}{107.83} = 0.0761$$

$$\frac{e}{h} = \frac{0.0761}{0.37} = 0.2056$$

构件的高厚比为：

$$\beta = \frac{H_0}{h} = \frac{3300}{370} = 8.92$$

查表 4-5 得：

$$\varphi = 0.47$$

$\varphi \gamma_a fA = 0.47 \times 1.0 \times 1.50 \times 0.666 \times 10^6 = 0.4695 \times 10^6 \text{N} = 496.5 \text{kN} > N = 107.83 \text{kN}$
满足要求。

2）三层墙体承载力验算

①内力计算

根据梁、板的平面布置及计算单元的平面尺寸，可得本层楼盖传来的竖向荷载

标准值：$(5.24 \times 3.6 \times 6.0 + 21.3)/2 = 67.24 \text{kN}$

设计值：$(6.69 \times 3.6 \times 6.0 + 25.56)/2 = 85.03 \text{kN}$

竖向荷载作用于 Ⅰ—Ⅰ 截面的偏心距：$e_0 = \frac{h}{2} - 0.4a_0 = \frac{370}{2} - 0.4183 = 112 \text{mm} = 0.112 \text{m}$

三层墙截面 Ⅰ—Ⅰ 处的弯矩设计值：$M = 85.03 \times 0.112 = 9.52 \text{kN} \cdot \text{m}$

三层墙截面 Ⅰ—Ⅰ 处的轴心向力设计值：$N = (9.43 + 13.88 + 65.30) + 66.27 + 67.24 = 221.12 \text{kN}$

设计值：$N = 189.32 + 85.03 = 274.35 \text{kN}$

三层墙体下端截面 Ⅳ—Ⅳ 处的轴力设计值：$N = 274.35 + 81.49 = 355.84 \text{kN}$

②承载力验算

A. 墙体上端截面 Ⅰ—Ⅰ

$$e = \frac{M}{N} = \frac{9.52}{274.35} = 0.0347 \text{m}$$

$$\frac{e}{h} = \frac{0.0347}{0.37} = 0.094$$

查表 4-5 得 $\varphi = 0.69$

$\varphi \gamma_a fA = 0.69 \times 1.0 \times 1.50 \times 0.666 \times 10^6 = 689.3 \text{kN} > N = 274.84 \text{kN}$
满足要求。

B. 墙体下端截面 Ⅳ—Ⅳ

荷载设计值引起的偏心距：$e = \frac{M}{N} = 0$

查表 4-5 得 $\varphi = 0.89$

$\varphi \gamma_a fA = 0.89 \times 1.0 \times 1.50 \times 0.666 \times 10^6 = 889.1 \text{kN} > N = 355.8 \text{kN}$
满足要求。

3）二层墙体承载力验算

①内力计算

根据梁、板平面布置及计算单元的平面尺寸可得二层楼盖传来的竖向荷载

标准值：67.24kN

设计值：85.03kN

二层楼盖竖向荷载作用于墙截面 I—I 的偏心距 $e_0 = 0.112$m

二层墙截面 I—I 处的弯矩设计值 $M = 9.54$kN·m

二层墙体上端截面 I—I 处的轴力

标准值 $222.12 + 67.91 + 67.24 = 357.27$kN

设计值 $274.35 + 81.49 + 85.03 = 440.87$kN

二层墙体下端截面 IV—IV 处的轴力

标准值：$357.29 + 67.91 = 425.20$kN

设计值：$440.87 + 81.49 = 522.36$kN

②承载力验算

A. 墙体上端截面 I—I

$$e = \frac{M}{N} = \frac{9.52}{440.87} = 0.0216\text{m}$$

$$\frac{e}{h} = \frac{0.0216}{0.370} = 0.058$$

查表 4-5 得 $\varphi = 0.77$

$$\varphi\gamma_a fA = 0.77 \times 1.0 \times 1.50 \times 0.666 \times 10^6 = 769.23\text{kN} > N = 440.87\text{kN}$$

满足要求。

B. 墙体下端截面 IV—IV

荷载设计值引起的偏心距　$e = \frac{M}{N} = 0$

查表 4-5 得，$\varphi = 0.89$

$$\varphi\gamma_a fA = 0.89 \times 1.0 \times 1.50 \times 0.666 \times 10^6 = 889.10\text{kN} > N = 522.36\text{kN}$$

满足要求。

4）底层墙体承载力验算

①内力计算

根据梁、板平面布置及计算单元的平面尺寸可得本层楼盖传来的竖向荷载

标准值 67.2kN

设计值 85.03kN

底层楼盖竖向荷载作用于墙上端截面 I—I 的偏心距 $e_0 = 0.112$mm

底层墙截面 I—I 的弯矩设计值 $M = 9.52$kN·m

底层墙上端截面 I—I 处的轴力

标准值 $425.20 + 67.24 = 492.44$kN

设计值 $522.36 + 85.03 = 607.39$kN

底层墙下端截面 IV—IV 处的轴力

标准值 $492.44 + [(4.25 \times 3.6 - 1.8 \times 1.8) \times 7.71 + 1.8 \times 1.8 \times 0.4] = 586.72$kN

设计值 $607.39 + 1.2 \times 94.28 = 720.53$kN

②承载力验算

A. 墙体上端截面 I—I

$$e = \frac{M}{N} = \frac{9.52}{607.39} = 0.0157\text{m}$$

217

$$\frac{e}{h} = \frac{0.0157}{0.37} = 0.042$$

$$\beta = \frac{H_0}{h} = \frac{4.250}{370} = 11.49$$

查表 4-5 得 $\varphi = 0.74$

$$\varphi \gamma_a fA = 0.74 \times 1.0 \times 1.50 \times 0.666 \times 10^6 = 739.26\text{kN} > N = 607.39\text{kN}$$

满足要求。

B. 墙体下端截面Ⅳ—Ⅳ

荷载设计值 $\quad\quad\quad\quad\quad\quad\quad e = \dfrac{M}{N} = 0$

查表 4-5 得 $\quad\quad\quad\quad\quad\quad\quad \varphi = 0.83$

$$\varphi \gamma_a fA = 0.83 \times 1.0 \times 1.50 \times 0.666 \times 10^6 = 829.17\text{kN} > N = 720.53\text{kN}$$

满足要求。

5) 砌体局部受压计算

以窗间墙第一层墙垛为例，墙垛截面尺寸为 1800mm×1800mm，混凝土梁截面尺寸为 250mm×500mm，支承长度 $a = 240$mm，$f = 1.50\text{N/mm}^2$

$$a_0 = 10 \times \sqrt{\frac{h_c}{f}} = 10 \times \sqrt{\frac{500}{1.5}} = 183\text{mm}$$

$$A_l = a_0 \times b = 183 \times 250 = 45750\text{mm}^2$$

$$A_0 = h(2h + b) = 370 \times (2 \times 370 + 250) = 366300\text{mm}^2$$

$$\gamma = 1 + 0.35 \times \sqrt{\frac{A_0}{A_l} - 1} = 1.93 \leqslant 2.0$$

墙体荷载设计值 $\quad\quad\quad\quad\quad\quad N = 607.39\text{kN}$

$$\sigma_0 = \frac{607390}{370 \times 1800} = 0.91\text{N/mm}^2$$

$$N_0 = \sigma_0 A_l = 0.91 \times 45750 = 41.63\text{kN}$$

由于 $\dfrac{A_0}{A_l} = 8.00 > 3$，所以 $\psi = 0$，$N_l = \dfrac{85.03}{2} = 42.52\text{kN}$

$$\eta \gamma A_l f = 0.7 \times 1.93 \times 45750 \times 1.5 = 92.71\text{kN} > N_l = 42.52\text{kN}$$

满足要求。

4.5 过梁、挑梁

4.5.1 过梁设计

过梁是墙体门窗洞口上常用的构件，其作用是承受洞口上部墙体自重及楼盖传来的荷载。常用的过梁有砖砌过梁和钢筋混凝土过梁。砖砌过梁又可分为砖砌平拱过梁和钢筋砖过梁等几种形式，如图 4-28 所示。

砖砌过梁具有节约钢材水泥、造价低、砌筑方便等优点，但对振动荷载和地基不均匀沉降比较敏感，设计时跨度不宜过大，其中钢筋砖砌过梁不应超过 1.5m，对砖砌平拱过梁不应超过 1.2m，对跨度较大的、有振动荷载或可能产生不均匀沉降的房屋应采用钢筋混凝土过梁。

218

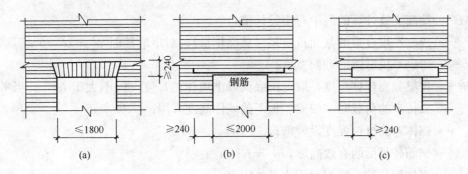

图 4-28　过梁形式

(a) 砖砌平拱；(b) 钢筋砖过梁；(c) 钢筋混凝土过梁

（1）过梁的构造

1）砖砌过梁截面计算高度范围内砂浆的强度等级不宜低于 M5；

2）砖砌平拱过梁竖砖砌筑的高度不应低于 240mm；

3）钢筋砖砌过梁底面砂浆层处的钢筋，其直径不应小于 5mm，间距不宜大于 120mm，钢筋伸入支座内不宜小于 240mm，底面砂浆层厚度不宜小于 30mm；

4）钢筋混凝土过梁端部的支承长度，不宜小于 240mm。

（2）过梁上的荷载

过梁承受的荷载有：一是仅有墙体荷载；二是除墙体荷载外，还承受梁板荷载。

在荷载作用下，过梁的受力同受弯构件，上部受压，下部受拉。但是，试验表明，当过梁上的砖砌体砌筑高度接近跨度的一半时，由于砌体砂浆随时间增长而逐渐硬化，使砌体与过梁共同工作，这种组合作用可将其上部的荷载直接传递到过梁两侧的砖墙上，从而使跨中挠度增量减小很快，过梁中的内力增大不多。

试验还表明，当梁、板距过梁下边缘的高度较小时，其荷载才会传到过梁上；若梁、板位置较高，而过梁跨度相对较小，则梁、板荷载将通过下面砌体的起拱作用而直接传给支承过梁的墙。因此，为了简化计算，《砌体结构规范》规定过梁上的荷载，可按下列规定采用。

1）梁板荷载

对砖和小型砌块砌体，梁板下的墙体高度 $h_w < l_n$ 时（l_n 为过梁的净跨），可按梁板传来的荷载采用。当 $h_w \geqslant l_n$ 时，可不考虑梁板荷载。

2）墙体荷载

①对砖砌体，当过梁上的墙体高度 $h_w < l_n/3$ 时，应按全部墙体的均布自重采用；当 $h_w \geqslant l_n$ 时，应按高度为 $l_n/3$ 墙体的均布自重采用。

②对混凝土砌块砌体，当 $h_w < l_n/2$ 时，应按墙体的均布自重采用；当 $h_w \geqslant l_n/2$ 时，应按高度为 $l_n/2$ 墙体的均布自重采用。

（3）过梁的承载力计算

砖砌平拱过梁受弯承载力

$$M \leqslant f_{tm}W \tag{4-31}$$

钢筋砖过梁受弯承载力

$$M \leqslant 0.85 f_y A_s \tag{4-32}$$

受剪承载力

$$V \leqslant f_v bz \tag{4-33}$$

219

式中 M——按简支梁计算的跨中弯矩设计值；

$\quad\quad W$——砖砌平拱过梁的截面抵抗矩（截面模量），对矩形截面 $W = bh^2/6$；

$\quad\quad b$——砖砌平拱过梁的截面宽度；

$\quad\quad h$——过梁截面计算高度，取过梁底面以上墙体的高度，但不大于 $l_n/3$；当考虑梁、板传来的荷载时，按梁、板下的墙体高度采用；

$\quad\quad f_{tm}$——砌体弯曲抗拉强度设计值；

$\quad\quad h_0$——钢筋砖过梁的有效高度，$h_0 = h - a_s$；

$\quad\quad a_s$——受拉钢筋重心到截面下边缘的距离；

$\quad\quad f_y$——受拉钢筋强度设计值；

$\quad\quad z$——截面内力臂，对矩形截面，$z = 2h/3$；

$\quad\quad f_v$——砌体的抗剪强度设计值。

钢筋混凝土过梁按一般钢筋混凝土简支梁进行受弯和受剪承载力的计算。此外，应进行梁端下砌体的局部承压验算。由于钢筋混凝土过梁多与砌体形成组合结构，刚度较大，可取其有效支承长度 a_0 等于实际支承长度，而局部压应力图形完整系数 $\eta = 1.0$，且可不考虑上层荷载的影响，即 $\psi = 0$。

【例 4-10】 已知：钢筋砖过梁净跨 $l_n = 1.5 \text{m}$，墙厚为 240mm，采用 MU15 烧结多孔砖、M7.5 混合砂浆砌筑，在离窗口顶面标高 500mm 处作用有楼板传来的均布恒载标准值 7.0kN/m，均布活荷载标准值 4.0kN/m。

求：试验算过梁的承载力。

【解】 （1）内力计算

$h_w = 0.5 \text{m} < l_n = 1.2 \text{m}$，故必须考虑梁板荷载，过梁计算高度取 500mm。

过梁自重标准值（计入两面抹灰）$0.5 \times (0.24 \times 19 + 2 \times 0.02 \times 17) = 2.62 \text{kN/m}$

按永久荷载控制时，作用在过梁上的均布荷载设计值为

$$q = [1.35(7.0 + 2.62) + 1.4 \times 0.7 \times 4.0] = 16.91 \text{kN/m}$$

$$M = \frac{ql_n^2}{8} = 16.91 \times \frac{1.5^2}{8} = 4.76 \text{kN} \cdot \text{m}$$

$$V = \frac{ql_n}{2} = 16.91 \times \frac{1.5}{2} = 12.68 \text{kN}$$

（2）受弯承载力

$$h_0 = 500 - 15 = 485 \text{mm}$$

采用 HPB235 钢筋，$f_y = 210 \text{N/mm}^2$，选用 $2 \Phi 6 (A_s = 57 \text{mm}^2)$

$0.85 f_y A_s h_0 = 0.85 \times 210 \times 57 \times 485 \times 10^{-6} = 4.93 \text{kN} \cdot \text{m} > M = 3.04 \text{kN} \cdot \text{m}$

满足要求。

（3）受剪承载力计算

砌体抗剪强度设计值 $f_v = 0.17 \text{N/mm}^2$。

$$z = \frac{2}{3}h = \frac{2}{3} \times 500 = 333 \text{mm}$$

$$f_v bz = 0.17 \times 240 \times 333 = 13580 \text{N} = 13.58 \text{kN} > V = 10.15 \text{kN}$$

满足要求。

4.5.2 挑梁设计

挑梁是一种一端埋入墙内，一端挑出墙外的钢筋混凝土构件，是一种在砌体结构中常见的构件。如挑檐、阳台、雨篷、悬挑楼梯等。这类构件将涉及抗倾覆验算、砌体局部受压承载力验算以及挑梁本身的承载力计算等问题。

(1) 挑梁的受力特点

试验表明，挑梁受力后，在悬臂段竖向荷载产生的弯矩和剪力作用下，埋入段将产生挠曲变形，但这种变形受到上下砌体的约束。当荷载增加到一定程度时，挑梁与砌体的上界面墙边竖向拉应力超过砌体沿通缝的抗拉强度时，将沿上界面墙边出现如图 4-29 所示水平裂缝①；随后在挑梁埋入端头下界面出现水平裂缝②；这时，挑梁有向上翘的趋势，在挑梁埋入

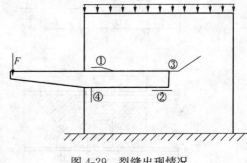

图 4-29　裂缝出现情况

端上角将出现阶梯斜裂缝③；最后，挑梁埋入端近墙边下界面砌体的受压区不断减小，会出现局部受压裂缝④，甚至发生局部受压破坏。最后，挑梁可能发生下述两种破坏形态：

1) 倾覆破坏

当悬臂段竖向荷载较大，而挑梁埋入段较短，且砌体强度足够，埋入段前端下面的砌体未发生局部受压破坏，则可能在埋入段尾部以外的墙体中产生阶梯性的斜裂缝。如果这条斜裂缝进一步加宽并沿斜向上方发展，则表明斜裂缝以内的墙体以及在这个范围内的其他抗倾覆荷载已不能有效地抵抗挑梁的倾覆，挑梁实际上已发生倾覆破坏。

2) 局部受压破坏

当挑梁埋入段较长，且砌体强度较低时，可能在埋入段尾部墙体中斜裂缝未出现以前，发生埋入段前端梁下砌体被局部压碎的情况。

(2) 砌体墙中钢筋混凝土挑梁抗倾覆验算

$$M_{ov} \leqslant M_{\tau} \tag{4-34}$$

$$M_{\tau} = 0.8 G_r (l_2 - x_0) \tag{4-35}$$

式中　M_{ov}——挑梁的荷载设计值对计算倾覆点产生的倾覆力矩；

M_{τ}——挑梁的抗倾覆力矩设计值；

G_r——挑梁的抗倾覆荷载，为挑梁尾端上部 45°扩散角的阴影范围（其水平长度为 l_3）内的本层砌体与楼面恒荷载标准值之和，如图 4-25 所示；

l_2——G_r 作用点至墙外边缘的距离，mm。

G_r 的计算范围如图 4-30 所示，应根据实际工程中不同的情况对照采用。图 4-30 中符号意义如下：

l_1——挑梁埋入砌体的长度；

x_0——计算倾覆点 a 至墙外边缘的距离，mm；考虑倾覆点由于砌体塑性变形的影响而向内侧移动，挑梁计算倾覆点至墙外边缘的距离 x_0 可按下列规定采用：

1) 对一般挑梁，即当 $l_1 \geqslant 2.2 h_b$ 时，

$$x_0 = 0.3 h_b \tag{4-36}$$

且应有

$$x_0 \leqslant 0.13 l_1$$

221

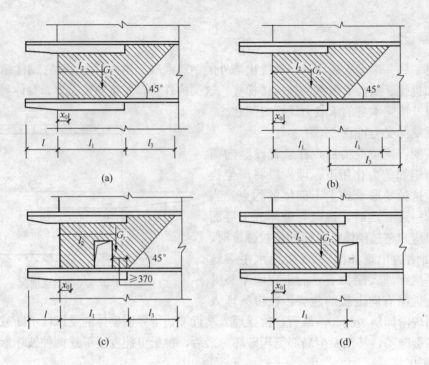

图 4-30　挑梁的抗倾覆荷载

(a) $l_3 \leqslant l_1$ 时；(b) $l_3 > l_1$ 时；(c) 洞在 l_1 之内时；(d) 洞在 l_1 之外时

2) 当 $l_1 < 2.2h_b$ 时

$$x_0 = 0.13l_1 \tag{4-37}$$

式中　h_b——挑梁的截面高度，mm。

确定挑梁倾覆荷载时，需注意以下几点。

①当墙体无洞口时，且 $l_3 \leqslant l_1$，则取 l_3 长度范围内 45°扩散角（梯形面积）的砌体和楼盖的恒荷载标准值，如图 4-30 (a) 所示；若 $l_3 > l_1$，则取 l_1 长度范围内 45°扩散角（梯形面积）的砌体和楼盖的荷载，如图 4-30 (b) 所示。

②当墙体有洞口时，且洞口内边至挑梁埋入端距离大于 370mm，则 G_r 的取值方法同上（应扣除洞口墙体自重），如图 4-30 (c) 所示；否则，只能考虑墙外边至洞口外边范围内砌体与楼盖恒荷载的标准值，如图 4-30 (d) 所示。

（3）挑梁下砌体的局部受压承载力

挑梁下砌体的局部受压承载力可按下式进行验算，如图 4-31 所示。

$$N_l \leqslant \eta\gamma f A_l \tag{4-38}$$

式中　N_l——挑梁下的支承压力，$N_l = 2R$（R 为挑梁的倾覆荷载设计值，可近似取挑梁根部剪力）；

　　　η——梁端底面压应力图形的完整系数，可取 0.7；

　　　γ——砌体局部抗压强度提高系数，挑梁支承在一字墙时，如图 4-31 (a) 所示，取 $\gamma = 1.25$，挑梁支承在丁字墙时，如图 4-31 (b) 所示，取 $\gamma = 1.5$；

　　　A_l——挑梁下砌体局部受压面积，$A_l = 1.2bh_b$（b 为挑梁的截面宽度，h_b 为挑梁截面高度）。

（4）挑梁承载力计算

222

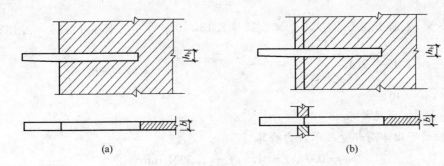

图 4-31　挑梁砌体的局部受压

(a) 挑梁支承在一字墙；(b) 挑梁支承在丁字墙

由于倾覆点不在墙边而在离墙边 x_0 处，以及墙内挑梁上下界面压应力的作用，最大弯矩设计值 M_{max} 在接近 x_0 处，最大剪力设计值 V_{max} 在墙边。其值为：

$$M_{max} \leqslant M_{ov} \qquad (4-39)$$

$$V_{max} \leqslant V_0 \qquad (4-40)$$

式中　V_0 ——挑梁的荷载设计值在挑梁墙外边缘处截面产生的剪力。

(5) 挑梁的构造要求

1) 纵向受力钢筋至少应有 1/2 的钢筋面积伸入梁尾端，且不少于 $2\Phi 12$。其余钢筋伸入支座的长度不应小于 $l_1/3$；

2) 挑梁埋入砌体中的长度 l_1 与挑出长度 l 之比宜大于 1.2；当挑梁上无砌体时，l_1 与 l 之比宜大于 2。

【例 4-11】 已知：一梁式阳台的钢筋混凝土挑梁埋置于 T 形截面墙段中，如图 4-32 所示。挑出长度 $l = 1.8\text{m}$。埋入长度 $l_1 = 2.15\text{m}$。挑梁截面 $b \times h_b = 240\text{mm} \times 300\text{mm}$，挑梁上墙体净高 2.86m，墙厚 240mm，采用 MU10 烧结普通砖、M5 级混合砂浆砌筑，墙体重力为 524kN/m。墙体及楼屋盖传给挑梁的荷载为：活荷载 $p_1 = 4.15\text{kN/m}$，$p_2 = 4.95\text{kN/m}$，$p_3 = 1.65\text{kN/m}$，恒荷载 $g_1 = 4.85\text{kN/m}$，$g_2 = 9.60\text{kN/m}$，$g_3 = 15.2\text{kN/m}$，挑梁自重 1.35kN/m，埋入部分 2.2kN/m；集中力 $F = 6.0\text{kN}$。

求：设计该挑梁。

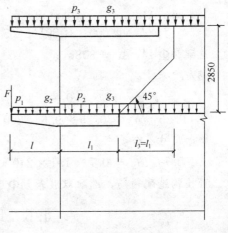

图 4-32　例 4-11 图

【解】 (1) 抗倾覆验算

$$l_1 = 1.8\text{m} > 2.2h_b = 2.2 \times 300 = 660\text{mm} = 0.66\text{m}$$

$$x_0 = 0.3h = 0.3 \times 0.3 = 0.09\text{m}, \text{且} < 0.13l_1 = 0.23\text{m}$$

$$M_{ov} = 1.2 \times 6.0 \times (1.8 + 0.09) + \frac{1}{2}[1.4 \times 4.15 + 1.2 \times (1.35 + 4.85)]$$

$$\times (1.8 + 0.09)^2$$

$$= 29.80\text{kN} \cdot \text{m}$$

$$M_\tau = 0.8 \times \left[\frac{1}{2} \times (9.60 + 2.15) \times (2.15 - 0.09)^2 + 2.2 \times 2.86 \times 5.24 \times \left(\frac{2.15}{2} - 0.09\right)\right]$$

$$+ \frac{1}{2} \times (2.15)^2 \times 5.24 \times \left(\frac{1}{3} \times 2.15 + 2.15 - 0.09 \right) + 2.15 \times (2.86 - 2.15) \times 5.24$$

$$\times \left(\frac{1}{2} \times 2.15 + 2.15 - 0.09 \right)$$

$$= 92.77 \text{kN} \cdot \text{m}$$

$M_{\tau} > M_{ov}$，满足要求。

（2）挑梁下砌体局部受压承载力验算

$$\eta = 0.7 , \gamma = 1.5 , f = 1.50 \text{N/mm}^2$$

$$A_l = 1.2bh_b = 1.2 \times 240 \times 300 = 86400 \text{mm}^2$$

$$N_l = 2 \{ 1.2 \times 6.0 + (1.8 + 0.09) \times [1.4 \times 4.15 + 1.2 \times (1.35 + 4.85)] \}$$

$$= 64.49 \text{kN} < \eta \gamma f A_l = 0.7 \times 1.5 \times 1.50 \times 86400 = 136 \times 10^3 \text{N} = 136 \text{kN}$$

满足要求。

（3）挑梁承载力计算

选用 C20 混凝土 $\quad f_c = 9.60 \text{N/mm}^2 , f = 1.10 \text{N/mm}^2$

HRB335 级钢筋 $\qquad\qquad f_y = 300 \text{N/mm}^2$

$$M_{max} = M_{ov} = 29.80 \text{kN} \cdot \text{m}$$

$$h_{b0} = h_b - 35 = 265 \text{mm}$$

$$\alpha_s = \frac{M}{f_c b h_{b0}^2} = \frac{29.80 \times 10^6}{9.6 \times 240 \times 265^2} = 0.184$$

$$\gamma_s = 0.5 (1 + \sqrt{1 - 2\alpha_s}) = 0.5 (1 + \sqrt{1 - 2 \times 0.184}) = 0.897$$

$$A_s = \frac{M}{f_y \gamma_s h_{b0}} = \frac{29.80 \times 10^6}{300 \times 0.897 \times 265} = 41.7 \text{mm}^2 < \rho_{min} = 0.02 \times 240 \times 300 = 172.8 \text{mm}^2$$

选配 $2 \Phi 14, A_s = 308 \text{mm}^2$

满足要求。

$$V_{max} = V_0 = 1.2 \times 6.0 + 1.8 \times [1.4 \times 4.15 + 1.2 (1.35 + 4.85)] = 31.05 \text{kN}$$

$$0.25 f_c b h_0 = 0.25 \times 9.6 \times 240 \times 265 = 153 \times 10^3 \text{N} = 153 \text{kN} > 31.05 \text{kN}$$

截面尺寸符合要求。

$$0.7 f_{ct} b h_0 = 0.7 \times 1.1 \times 240 \times 265 = 48.97 \times 10^3 \text{N} = 48 \text{kN} > 31.05 \text{kN}$$

可按构造配箍筋，选配双肢箍筋 $\Phi 6@200$。

4.6 墙体的构造措施

4.6.1 墙柱的一般构造要求

设计砌体结构房屋时，除进行墙、柱的承载力计算和高厚比的验算外，尚应满足下列墙、柱的一般构造要求。

1）五层及五层以上房屋的墙体以及受振动或层高大于 6m 的墙、柱所用材料的最低强度等级：砖为 MU10，砌块为 MU7.5，石材为 MU30，砂浆为 M5。对于安全等级为一级或设计使用年限大于 50 年的房屋，墙、柱、所用材料的最低强度等级应至少提高一级。

2）在室内地面以下，室外散水坡顶面以上的砌体内，应设防潮层。地面以下或防潮层以下的砌体潮湿房间的墙，所用材料的最低强度等级应符合表 4-11 的要求。

表 4-11　地面以下或防潮层以下的砌体、潮湿房间墙所用材料的最低强度等级

基土的潮湿程度	烧结普通砖、蒸压灰砂砖		混凝土砌块	石　材	水泥砂浆
	严寒地区	一般地区			
稍潮湿的	MU10	MU10	MU7.5	MU30	M5
很潮湿的	MU15	MU10	MU7.5	MU30	M7.5
含水饱和的	MU20	MU15	MU10	MU40	M10

注：1. 在冻胀地区，地面以下或防潮层以下的砌体，不宜采用多孔砖，如采用时，其孔洞应用水泥砂浆灌实。当采用混凝土砌块砌体时，其孔洞应采用强度等级不低于 C20 的混凝土灌实。

2. 对安全等级为一级或设计使用年限大于 50 年的房屋，表中材料强度应至少提高一级。

3）承重的独立砖柱截面尺寸不应小于 240mm×370mm。毛石墙的厚度不宜小于 350mm，毛石料柱较小边长不宜小于 400mm。注意，当有振动荷载时，墙、柱不宜采用毛石砌体。

4）跨度大于 6m 的屋架和跨度大于下列数值的梁，对砖砌体为 4.8m，对砌块和料石砌体为 4.2m，对毛石砌体为 3.9m，应在支承处砌体上设置混凝土或钢筋混凝土垫块，当墙中设有圈梁时，垫块与圈梁宜浇成整体。

5）跨度大于或等于下列数值的梁，对 240mm 厚的砖墙为 6m，对 180mm 厚的砖墙为 4.8m，对砌块、料石墙为 4.8m，其支承处宜加设壁柱或采取其他加强措施。

6）预制钢筋混凝土板的支承长度，在墙上不宜小于 100mm，在钢筋混凝土圈梁上不宜小于 80mm，当利用板端伸出钢筋拉接和混凝土灌缝时，其支承长度可为 40mm，但板端缝宽不宜小于 80mm，灌缝混凝土强度等级不宜低于 C20。

7）支承在墙、柱上的吊车梁、屋架及跨度≥9m（支承在砖砌体）或 7.2m（支承在砌块和料石砌体上）的预制梁的端部，应采用锚固件与墙、柱上的垫块锚固，如图 4-33 所示。

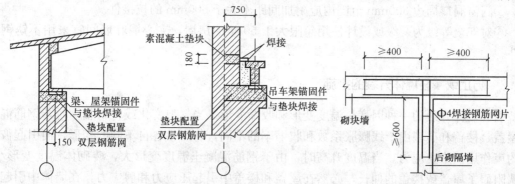

图 4-33　梁、屋架锚固　　　　　　　图 4-34　后砌隔墙与砌块墙的连接

8）填充墙、隔墙应分别采取措施与周边构件可靠连接。山墙处的壁柱宜砌至山墙顶部，屋面构件应与山墙可靠拉接。

9）砌块砌体应分皮错缝搭砌。上下皮搭砌长度不得小于 90mm。当搭砌长度不满足上述要求时，应在水平灰缝内设置不少于 2Φ4 的焊接钢筋网片（横向钢筋的间距不宜大于 200mm）。网片每端均应超过该垂直缝，其长度不得小于 300mm。

10）砌块墙与后砌隔墙交接处，应沿墙高每 400mm 在水平灰缝内设置 2Φ4、横向钢筋间距不大于 200mm 的焊接钢筋网片如图 4-34 所示。

11）混凝土砌块房屋，宜将纵横墙交接处，距墙中心线每边不小于 300mm 范围内的孔

225

洞采用不低于 C20 混凝土灌实，灌实高度为墙身全高。

12）混凝土砌块墙体的下列部位，如未设圈梁或混凝土垫块，应采用不低于 C20 的灌孔混凝土将洞灌实：

①搁栅、檩条和钢筋混凝土楼板的支承面下，高度不小于 200mm 的砌体。

②屋架、梁等构件的支承面下，高度不小于 600mm，长度不小于 600mm 的砌体。

③挑梁支承面下，距墙中心线每边不小于 300mm，高度不小于 600mm 的砌体。

13）在砌体中留槽洞或埋设管道时，应符合下列规定：

①不应在截面长边小于 500mm 的承重墙体、独立柱内埋设管线。

②墙体中宜避免穿行暗线或预留、开凿沟槽，无法避免时应采取必要的加强措施或按削弱后的截面验算墙体的承载力。

14）夹心墙中混凝土砌块的强度等级不应低于 MU10，夹心墙的夹层厚度不宜大于 100mm，夹心墙外叶墙的最大横向支承间距不宜大于 9m。

15）夹心墙叶墙间的连接应符合下列规定：

①叶墙应用经防腐处理的拉接件或钢筋网片连接。

②当采用环形拉接件时，钢筋直径不小于 4mm，当采用 Z 形拉接件时，钢筋直径不小于 6mm。拉接件应沿竖向梅花形布置，拉接件的水平和竖向最大间距，分别不宜大于 800mm 和 600mm，有振动或有抗震设防要求时，其水平和竖向最大间距分别不宜大于 800mm 和 400mm。

③当采用钢筋网片作拉接件时，网片横向钢筋的直径不小于 4mm，其间距不大于 400mm。网片的竖向间距不大于 600mm，对有振动或有抗震设防要求时，不宜大于 400mm。

④拉接件在叶墙上的搁置长度，不小于叶墙厚度的 2/3，并不小于 60mm。

⑤门窗洞口周边 300mm 范围内应附加间距不大于 600mm 的拉接件。

⑥对安全等级为一级或设计使用年限大于 50 年的房屋，夹心墙叶墙间宜采用不锈钢连接件。

4.6.2 防止或减轻墙体开裂的措施

引起墙体开裂的一种因素是温度变形和收缩变形。当气温变化或材料收缩时，钢筋混凝土屋盖、楼盖和砖砌体由于线膨胀系数和收缩率的不同，将产生各自不同的变形，而引起彼此的约束作用而产生应力。当温度升高时，由于钢筋混凝土温度变形大，砖砌体温度变形小，砖墙阻碍了屋盖或楼盖的伸长，必然在屋盖和楼盖中引起压应力和剪应力，在墙体中引起拉应力和剪应力，当墙体中的主拉应力超过砌体的抗拉强度时，将产生斜裂缝。反之，当温度降低或钢筋混凝土收缩时，将在砖墙中引起压应力和剪应力，在屋盖或楼盖中引起拉应力和剪应力，当主拉应力超过混凝土的抗拉强度时，在屋盖或楼盖中将出现裂缝。采用钢筋混凝土屋盖或楼盖的砌体结构房屋的顶层墙体常出现裂缝，如内外纵墙和横墙的八字裂缝，沿屋盖支承面的水平裂缝和包角裂缝以及女儿墙水平裂缝等就是由上述原因产生的。

地基产生过大的不均匀沉降，也是造成墙体开裂的一种原因。当地基为均匀分布的软土，而房屋长高比较大时，或地基土层分布不均匀、土质差别很大时，或房屋体型复杂或高差较大时，都有可能产生过大的不均匀沉降，从而使墙体产生附加应力。当不均匀沉降在墙体内引起的拉应力和剪应力一旦超过砌体的强度时，就会产生裂缝。

（1）为防止或减轻房屋在正常使用条件下，由温差和砌体干缩变形引起的墙体竖向裂缝，应在墙体中设置伸缩缝。伸缩缝应设在因温度和收缩变形可能引起应力集中、砌体产生裂缝可能性最大的地方。伸缩缝处只需将墙体断开，而不必将基础断开。伸缩缝的间距可按表4-12采用。

表4-12　砌体房屋伸缩缝的最大间距

屋盖或楼盖类别		间距（m）
整体式或装配整体式钢筋混凝土结构	有保温层或隔热层的屋盖、楼盖	50
	无保温层或隔热层的屋盖	40
装配式无檩体系钢筋混凝土结构	有保温层或隔热层的屋盖、楼盖	60
	无保温层或隔热层的屋盖	50
装配式有檩体系钢筋混凝土结构	有保温层或隔热层的屋盖	75
	无保温层或隔热层的屋盖	60
瓦材屋盖、木屋盖或楼盖、轻钢屋盖		100

注：1. 对烧结普通砖、多孔砖、配筋砌块砌体房屋取表中数值；对石砌体、蒸压灰砂砖、蒸压粉煤灰砖和混凝土砌块房屋取表中数值乘以0.8。当有实践经验并采取有效措施时，可不遵守本表规定。

2. 钢筋混凝土屋面上挂瓦的屋盖应按钢筋混凝土屋盖采用。

3. 按本表设置的墙体伸缩缝，一般不能同时防止由于钢筋混凝土屋盖的温度变形和砌体干缩变形引起的墙体局部裂缝。

4. 层高大于5m的烧结普通砖、多孔砖、配筋砌块砌体结构单层房屋，其伸缩缝间距可按表中数值乘以1.3。

5. 温差较大且变化频繁地区和严寒地区不采暖的房屋及构筑物墙体的伸缩缝的最大间距，应按表中数值予以适当减少。

6. 墙体的伸缩缝应与结构的其他变形缝相重合，在进行立面处理时，必须保证缝隙的伸缩作用。

（2）为防止或减轻房屋顶层墙体的裂缝，可根据具体情况采取下列相应措施：

1）屋面应设置有效的保温、隔热层。

2）屋面保温（隔热）层或屋面刚性面层及砂浆找平层应设置分隔缝，分隔缝间距不宜大于6m，并应与女儿墙隔开，其缝宽不小于30mm。

3）采用装配式有檩体系钢筋混凝土屋盖和瓦材屋盖。

4）在钢筋混凝土屋面板与墙体圈梁的接触面处设置水平滑动层，滑动层可采用两层油毡夹滑石粉或橡胶片等做法，对于长纵墙，可只在其两端的2～3个开间内设置，对于横墙可只在两端各 $l/4$ 范围内设置（l 为横墙长度）。

5）顶层屋面板下设置现浇钢筋混凝土圈梁，并沿内外墙拉通，房屋两端圈梁下的墙体内应适当增设水平筋；

6）顶层挑梁末端下墙体灰缝内设置3道焊接钢筋网片（纵向钢筋不宜小于2Φ4，横向钢筋间距不宜大于200mm）或2Φ6拉接筋，钢筋网片或拉接筋应自挑梁末端伸入两边墙体不小于1m。

7）顶层墙体的门窗洞口时，在过梁上的水平灰缝内设置2～3道焊接钢筋网片或2Φ6钢筋，并应伸入过梁两端墙内不小于600mm。

8）顶层墙体及女儿墙砂浆强度等级不低于M5。

9）房屋顶层端部墙体内增设构造柱。女儿墙应设构造柱，构造柱间距不大于4m，构造柱应伸至女儿墙顶并与现浇钢筋混凝土压顶整浇在一起。

（3）为防止或减轻房屋底层墙体的裂缝，可根据具体情况采取下列措施：

1）房屋的长高比不宜过大，当房屋建造在软弱地基上时，对于三层及三层以上的房屋，其长高比宜小于或等于2.5。当房屋的长高比为 $2.5 < \dfrac{l}{H} \leqslant 33$ 时，应做到纵墙不转折或少转折，内横墙间距不宜过大。必要时适当增强基础的刚度和强度。

2）在房屋建筑平面的转折部位，高度差异或荷载差异处，地基土的压缩性有显著差异处，建筑结构（或基础）类型不同处，分期建造房屋的交界处宜设置沉降缝。

3）设置钢筋混凝土圈梁是增强房屋整体刚度的有效措施，特别是基础圈梁和屋顶檐口部位的圈梁对抵抗不均匀沉降作用最为有效，必要时应增大基础圈梁的刚度。

4）在房屋底层的窗台下墙体灰缝内设置3道焊接钢筋网片或2Φ6钢筋，并伸入两边窗间墙内不小于600mm。

5）采用钢筋混凝土窗台板，窗台板嵌入窗间墙内不小于600mm。

（4）墙体转角处和纵横墙交接处宜沿竖向每隔400～500mm设拉接钢筋，其数量为每120mm墙厚不少于1Φ6或焊接网片，埋入长度从墙的转角或交接处算起，每边不小于600mm。

（5）蒸压灰砂砖、混凝土砌块和其他非烧结砖砌体的干缩变形较大，当实体墙长超过5m时，往往在墙体中部出现两端小、中间大的竖向收缩裂缝。为防止和减轻这类裂缝的出现，对灰砂砖、粉煤灰砖、混凝土砌块或其他非烧结砖，宜在各层门、窗过梁上方的水平灰缝内及窗台下第一和第二道水平灰缝内设置焊接钢筋网片或2Φ6钢筋，焊接钢筋网片或钢筋应伸入两边窗间墙内不小于600mm。

当灰砂砖、粉煤灰砖、混凝土砌块或其他非烧结砖实体墙长大于5m时，宜在每层墙高度中部设置2～3道焊接钢筋网片或3Φ6的通长水平钢筋，竖向间距宜为500mm。

（6）灰砂砖、粉煤灰砖、砌体宜采用粘结性好的砂浆砌筑。混凝土砌块砌体宜采用砌块专用砂浆。

（7）为防止或减轻混凝土砌块房屋顶层两端和底层第一、二开间门窗洞处的裂缝，可采取下列措施：

1）在门窗洞口两侧不少于一个孔洞中设置不小于1Φ12的钢筋，钢筋应在楼层圈梁或基础锚固，并采用不低于Cb20灌孔混凝土灌实。

2）在门窗洞口两侧墙体的水平灰缝中，设置长度不小于900mm，竖向间距为400mm的2Φ4焊接钢筋网片。

3）在顶层和底层设置通长钢筋混凝土窗台梁，窗台梁的高度宜为块高的模数，纵筋不少于4Φ10、箍筋Φ6@200，混凝土强度等级C20。

（8）当房屋刚度较大时，可在窗台下或窗台角处墙体内设置竖向控制缝。在墙体高度或厚度突然变化处也宜设置竖向控制缝或采取其他可靠的防裂措施。竖向控制缝的构造和嵌缝材料应能满足墙体平面外传力和防护的要求。

上岗工作要点

1. 墙、柱的一般构造要求。

2. 防止墙体开裂的构造措施。

复 习 题

4-1 砌体结构房屋有哪几种承重体系？它们的特点是什么？

4-2 何谓砌体结构房屋的空间刚度？它与哪些因素有关？

4-3 根据砌体结构房屋的空间刚度，房屋的静力计算方案可分为哪几类？

4-4 什么样的横墙称为刚性横墙？划分房屋静力计算方案的主要根据是什么？

4-5 为什么要验算墙、柱的高厚比？带壁柱墙高厚比验算与一般墙高厚比验算有何不同？

4-6 如果墙体的高厚比验算满足，可以采取哪些措施？

4-7 说明砌体受压构件中 φ_0 和 φ 与哪些因素有关？

4-8 无筋砌体受压构件偏心距为何要加以限制？限值是多少？超过限制时如何处理？

4-9 什么叫砌体局部受压？它有哪几种破坏形态？

4-10 砌体局部受压时，承载力为何能得到提高？分别说明 A_0、A_l 各代表什么？如何计算？

4-11 在局部受压计算中，梁端有效支承长度 a_0 如何确定？它与哪些因素有关？

4-12 验算梁端支承处砌体局部受压时，上部荷载折减系数的含义是什么？如何确定？

4-13 砌体轴心受拉、受弯和受剪构件承载力与哪些因素有关？

4-14 简述多层刚性方案房屋的计算单元、计算简图、内力计算和控制截面。

4-15 常用过梁有哪几种？简述各自的适用范围。

4-16 设计过梁时，荷载如何确定？

4-17 砌体结构房屋墙、柱的一般构造要求对房屋起什么作用？

4-18 防止混合结构房屋墙体开裂的主要措施有哪些？

习 题

4-1 截面 $b=490\text{mm}$、$h=740\text{mm}$ 的砖柱，计算高度 $H_0=5500\text{mm}$，该柱采用 M5 的混合砂浆砌筑，验算该柱高厚比是否满足要求。

4-2 某砖柱截面尺寸为 $490\text{mm}\times490\text{mm}$，柱的计算高度 $H_0=5000\text{mm}$，采用 MU10 砖和 M5 混合砂浆砌筑，柱顶承受轴向力设计值 240kN。试验算柱底截面承载力是否满足要求。

4-3 已知某砖柱截面尺寸为 $370\text{mm}\times620\text{mm}$，柱的计算高度 $H_0=5000\text{mm}$，采用 MU10 普通机制黏土砖和 M5.0 混合砂浆砌筑。当构件长边方向偏心距分别为：①$e=50\text{mm}$；②$e=150\text{mm}$；③$e=250\text{mm}$；④$e=300\text{mm}$ 时，试分别计算上述四种条件下砖柱所能承受的承载力设计值。

4-4 钢筋混凝土梁，截面尺寸 $b=250\text{mm}$、$h=500\text{mm}$、$a=240\text{mm}$，支座反力设计值 $N_l=60\text{kN}$，上部结构在梁底截面处引起的力 $N_0=160\text{kN}$，窗间墙截面尺寸为 $1200\text{mm}\times240\text{mm}$，采用 MU10 砖、M5 混合砂浆砌筑，验算梁底部砌体局部受压承载力。

第5章 钢 结 构

重 点 提 示

1. 掌握对接焊缝的设计方法。
2. 了解螺栓连接的种类、形式、特点和应用。
3. 熟悉普通螺栓受拉的承载力设计计算方法。
4. 掌握实腹式轴心受拉构件强度、刚度和稳定性的验算方法。
5. 了解梁受弯时弯曲应力的发展过程，熟悉梁整体稳定和局部稳定的要求，熟悉加劲肋的设置、位置、间距和尺寸等构造要求，掌握实腹式梁强度和刚度的计算方法。

5.1 概 述

5.1.1 钢结构的特点及应用

钢结构是目前我国在工业与民用建筑中广泛应用的一种建筑结构。它是由钢板和各种型钢制成的结构，在专门的钢结构制造厂加工制造，运到现场安装。和其他结构形式相比，有自身的特点和应用范围。

（1）钢结构的特点

1）强度高

钢比混凝土、砖石和木材的强度和弹性模量要高出很多倍。因此，在荷载相同的条件下，钢结构构件所需的截面面积小，构件自重相比较轻。例如，在跨度和荷载都相同时，普通钢屋架的重量只有钢筋混凝土屋架重量的 $1/4 \sim 1/3$，若采用薄壁型钢屋架，则更轻。由于自重小、跨度大，钢结构用于建造大跨度和超高、超重型的建筑物特别适宜。同时，由于重量轻，便于运输和吊装，还可减轻下部结构和基础的负担。

2）材质均匀

钢材的内部组织比较均匀，接近于各向同性体。在一定的应力范围内，属于理想弹性工作，符合工程力学所采用的基本假定。因此，钢结构的计算方法根据力学原理，计算结果准确可靠。

3）塑性、韧性好

钢材具有良好的塑性。钢结构在一般情况下，不会发生突发性破坏，而是在事先有较大变形的预兆。此外，钢材还具有良好的韧性，能很好地承受动力荷载。这些都为钢结构的安全应用提供了可靠保证。

4）工业化程度高

钢结构所用材料均是各种型材和钢板，经切割、焊接等工序制造成钢构件，然后运至工地安装。一般钢结构的制造都可在金属结构厂进行，采用机械化程度高的专业化生产，故而精确度高，制造周期短。在安装上，由于是装配化作业，故效率高，施工工期也短。

5）拆迁方便

钢结构由于强度高及采用螺栓连接，故可建造出重量轻、连接简便的可拆迁结构。

6）密闭性好

焊接的钢结构可以做到完全密闭，因此可用于建造要求气密性和水密性好的气罐、油罐和高压容器。

7）耐腐性差

钢材在湿度大和有侵蚀性介质的环境中容易锈蚀。因此，需采取防护措施，如除锈、刷油漆等，故维护费用较高。

8）耐热不耐火

当辐射热温度低于100℃时，即使长期作用，钢材的主要性能变化很小，其屈服点和弹性模量均降低的不多，因此其耐热性能较好。但当温度超过150℃时，材质变化较大，需采取隔热措施。钢结构不耐火，故需采取防火措施。

（2）钢结构的应用

钢结构的合理应用范围不仅取决于钢结构本身的特性，还取决于国民经济发展的具体情况。过去由于我国钢产量不能满足国民经济各部门的需要，钢结构的应用受到一定的限制。近几年来我国钢产量有了很大发展，1949年全国钢产量只有十几万吨，1998年已达1亿吨，加之钢结构结构形式的改进，钢结构的应用得到了很大的发展。

根据我国的实践经验，工业与民用建筑钢结构的应用范围大致如下：

1）工业厂房

吊车起重量较大或其工作较繁重的车间多采用钢骨架。如冶金厂房的平炉、转炉车间，混铁炉车间，初轧车间；重型机械厂的铸钢车间、水压机车间及锻压车间等。近年随着网架结构的大量应用，一般的工业车间也采用了钢结构。

2）大跨结构

如飞机装配车间、飞机库、大煤库、大会堂、体育馆、展览馆等皆需大跨结构。其结构体系可为网架、悬索、拱架以及框架等。

3）高耸结构

包括塔架和桅杆结构，如电视塔、微波塔、输电线塔、钻井塔、环境大气监测塔、无线电天线桅杆、广播发射桅杆等。

4）多层和高层建筑

多层和高层建筑的骨架可采用钢结构。我国过去钢材比较短缺，仍多采用钢筋混凝土结构。近年来钢结构在此领域已逐步得到发展。

5）承受振动荷载影响及地震作用的结构

设有较大锻锤的车间，其骨架直接承受的动力尽管不大，但间接的振动却极为强烈，可采用钢结构。对于抗地震作用要求高的结构也宜采用钢结构。

6）板壳结构

如油库、油罐、煤气库、高炉、热风炉、漏斗、烟囱、水塔以及各种管道等。

7）其他特种结构

如栈桥、管道支架、井架和海上采油平台等。

8）可拆卸或移动的结构

建筑工地的生产、生活附属用房，临时展览馆等，这些结构是可拆迁的。移动结构如塔式起重机，履带式起重机的吊臂，龙门起重机等。

9）轻型钢结构

包括轻型门式刚架房屋钢结构，冷弯薄壁型钢结构以及钢管结构。这些结构可用于使用荷载较轻或跨度较小的建筑。

近年来轻型钢结构已广泛应用于仓库、办公室、工业厂房及体育设施，并向住宅楼和别墅发展。

10）与混凝土组合成的组合结构

如组合梁和钢管混凝土柱等。

5.1.2　钢结构的发展

钢结构的发展，从所用材料看，先是铸铁、锻铁，后是钢，最近是铝合金，所以有人主张改称金属结构。从钢结构连接方式的发展看，在生铁和熟铁时代是销钉连接，19 世纪初采用铆钉连接，20 世纪初有了焊接连接，最近则发展了高强度螺栓连接。

从结构的形式看，先是桥梁、塔，后是工业及民用房屋和水工结构，以及板结构如高炉、储液库、储气库等。我国在公元前 200 多年秦始皇时代就曾用铁造桥墩。公元 60 年左右汉明帝时代建造了铁链悬桥（兰津桥）。山东济宁寺铁塔和江苏镇江甘露寺铁塔也是很古老的建筑。1927 年建成沈阳皇姑屯机车厂钢结构厂房，1931 年建成广州中山纪念堂钢结构圆屋顶，1937 年建成钱塘江大铁桥。新中国成立后，钢结构应用日益扩大，如 1957 年建成武汉长江大桥，1968 年建成南京长江大桥。在房屋建筑中，有首都体育馆和上海体育馆等大跨度网架结构，有 210m 高的上海电视塔和 325m 高的北京环境气象塔等。还有 1958 年建成的上海大型湿式贮气柜。20 世纪 80 年代和 90 年代在北京、上海、深圳等地陆续兴建了一些高层钢结构，如北京的中国国贸中心（高 155.2m）、京城大厦（高 182m）、京广中心大厦（高 208m），上海的国贸中心大厦（高 139m），深圳发展中心大厦（高 165m）、地王商业大厦（楼顶面高 325m，塔尖处高 384m），这些高层钢结构的建成表明了我国高层建筑发展的新趋势。

从材料发展看，逐步发展高强度低合金钢材，除 Q235 钢、Q345 钢、Q390 钢外，又增加了 Q420 钢。钢的品种也有所增加。

5.2　钢结构的连接

5.2.1　钢结构的连接方法

钢结构是由若干构件组合而成的。连接的作用就是通过一定的手段将板材或型钢组合成构件，或将若干构件组合成整体结构，以保证其共同工作。因此，连接方式及其质量优劣直接影响钢结构的工作性能。钢结构的连接必须符合安全可靠、传力明确、构造简单、制造方便和节约钢材的原则。连接接头应有足够的强度，要有适宜于施行连接手段的足够空间。

钢结构的连接方法可分为焊缝连接、铆钉连接和螺栓连接三种，如图 5-1 所示。

（1）焊缝连接

焊接通常是对焊缝连接的简称。其方法是通过电弧产生热量，使焊条和局部焊件熔化，然后经冷却凝结成焊缝，从而使焊件连成为一体。

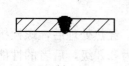 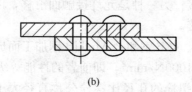 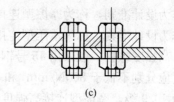

(a)　　　　　　　　　　　(b)　　　　　　　　　　　(c)

图 5-1　钢结构的连接方法

(a) 焊缝连接；(b) 铆钉连接；(c) 螺栓连接

焊缝连接是现代钢结构最主要的连接方法。其优点是：构造简单，任何形式的构件都可直接相连；用料经济，不削弱截面；制作、加工方便，可实现自动化操作；连接的密闭性好，结构刚度大。其缺点是：在焊缝附近的热影响区内，钢材的金相组织发生改变，导致局部材质变脆；焊接残余应力和残余变形使受压构件承载力降低；焊接结构对裂纹很敏感，局部裂纹一旦发生，就容易扩展到整体，低温冷脆问题较为突出。

(2) 铆钉连接

铆接是铆钉连接的简称。其方法是将一端带有预制顶头的铆钉，经过加热后插入此连接的钉孔空中，然后用铆枪迅速将另一端打铆成钉头，以便连接达到紧固。铆钉连接由于构造复杂，费钢费工，现已很少采用。但是铆钉连接的塑性和韧性较好，传力可靠，质量易于检查，在一些重型和直接承受动力荷载的结构中，有时仍然采用。

(3) 螺栓连接

其方法是通过螺栓这种紧固件产生的紧固力，从而使此连接件连接在一起。

螺栓连接分普通螺栓连接和高强度螺栓连接两种。

1) 普通螺栓连接

普通螺栓分为 A、B、C 三级。A 级与 B 级为精制螺栓，C 级为粗制螺栓。C 级螺栓材料性能等级为 4.6 级或 4.8 级。小数点前的数字表示螺栓成品的抗拉强度不小于 400N/mm，小数点及小数点以后数字表示其屈强比（屈服点与抗拉强度之比），为 0.6 或 0.8。A 级和 B 级螺栓材料性能等级则为 8.8 级，其抗拉强度不小于 800N/mm，屈强比为 0.8。

C 级螺栓由未经加工的圆钢压制而成。由于螺栓表面粗糙，一般采用在单个零件上一次冲成或不用钻模钻成设计孔径的孔（Ⅱ类孔）。螺栓孔的直径比螺栓杆的直径大 1.5～3mm，见表 5-1。对于采用 C 级螺栓的连接，由于螺栓杆与螺栓孔之间有较大的间隙，受剪力作用时，将会产生较大的剪切滑移，连接的变形大。但安装方便，且能有效地传递拉力，故一般可用于沿螺栓杆轴受拉的连接中，以及次要结构的抗剪连接或安装时的临时固定。

A、B 级精制螺栓是由毛坯在车床上经过切削加工精制而成。表面光滑，尺寸准确，螺杆直径与螺栓孔径相同，对成孔质量要求高。由于有较高的精度，因而受剪性能好。但制作和安装复杂，价格较高，已很少在钢结构中采用。

表 5-1　C 级螺栓孔径

螺杆公称直径（mm）	12	16	20	(22)	24	(27)	30
螺栓孔公称直径（mm）	13.5	17.5	22	(24)	26	(30)	33

注：带括号为第二选择系列，不常用。

2) 高强度螺栓连接

高强度螺栓连接有两种类型：一种是只依靠摩擦阻力传力，并以剪力不超过接触面摩擦力作为设计准则，称为摩擦型连接；另一种是允许接触面滑移，以连接达到破坏的极限承载力作为设计准则，称为承压型连接。

高强度螺栓一般采用 45 号钢、40B 钢和 20MnTiB 钢加工而成，经热处理后，螺栓抗拉强度应分别不低于 $800N/mm^2$ 和 $1000N/mm^2$，即前者的性能等级为 8.8 级，后者的性能等级为 10.9 级。摩擦型连接高强度螺栓的孔径比螺栓公称直径大 1.5～2.0mm；承压型连接高强度螺栓的孔径比螺栓公称直径大 1.0～1.5mm。

摩擦型连接的剪切变形小，弹性性能好，施工较简单，可拆卸，耐疲劳，特别适用于承受动力荷载的结构。承压型连接的承载力高于摩擦型，连接紧凑，但剪切变形大，故不得用于承受动力荷载的结构中。

5.2.2 焊接方法和焊缝连接形式

5.2.2.1 钢结构常用焊接方法

焊接方法很多，但在钢结构中通常采用电弧焊。电弧焊有手工电弧焊、埋弧焊（埋弧自动或半自动焊）以及气体保护焊等。

（1）手工电弧焊

这是最常用的一种焊接方法，如图 5-2 所示。通电后，在涂有药皮的焊条与焊件之间产生电弧。电弧的温度可高达 3000℃。在高温作用下，电弧周围的金属变成液态，形成熔池。同时，焊条中的焊丝很快熔化，滴落入熔池中，与焊件的熔融金属相互结合，冷却后即形成焊缝。焊条药皮则在焊接过程中产生气体，保护电弧和熔化金属，并形成熔渣覆盖着焊缝，防止空气中的氧、氮等有害气体与熔化金属接触而形成易脆的化合物。

手工电弧焊的设备简单，操作灵活方便，适于任意空间位置的焊接，特别适于焊接短焊缝。但生产效率低，劳动强度大，焊接质量与焊工的精神状态和技术水平有很大关系。

手工电弧焊所用焊条应与焊件钢材（或称主体金属）相适应，一般为：对 Q235 钢采用 E43 型焊条（E4300～E4328）；对 Q345 钢采用 E50 型焊条（E5000～E5048）；对 Q390 钢和 Q420 钢采用 E55 型焊条（E5500～E5518）。焊条型号中，字母 E 表示焊条，前两位数字为熔敷金属的最小抗拉强度（以 kgf/mm^2 计），第三、四位数字表示适用焊接位置、电流以及药皮类型等。不同钢种的钢材相焊接时，例如 Q235 钢与 Q345 钢相焊接，宜采用低组配方案，即宜采用与低强度钢材相适应的焊条。

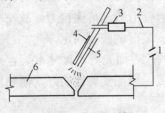

图 5-2 手工电弧焊
1—电源；2—导线；3—夹具；
4—焊条；5—药皮；6—焊件

（2）埋弧焊（自动或半自动）

埋弧焊是电弧在焊剂层下燃烧的一种电弧焊方法。焊丝送进和电弧按焊接方向的移动有专门机构控制完成的称"埋弧自动电弧焊"，如图 5-3 所示，焊丝送进有专门机构，而电弧按焊接方向的移动靠人手工操作完成的称"埋弧半自动电弧焊"。埋弧焊的焊丝不涂药皮，但施焊端为焊剂所覆盖，能对较细的焊丝采用大电流。电弧热量集中，熔深大，适于厚板的焊接，具有高的生产率。由于采用了自动或半自动化操作，焊接时的工艺条件稳定，焊缝的化学成分均匀，故形成的焊缝质量好，焊件变形小。同时，高的焊速也减小了热影响区的范围。但埋弧焊对焊件边缘的装配度（如间隙）要求比手工焊高。

埋弧焊所用焊丝和焊剂应与主体金属强度相适应，即要求焊缝与主体金属等强度。

（3）气体保护焊

气体保护焊是利用二氧化碳气体或其他惰性气体作为保护介质的一种电弧熔焊方法。它直接依靠保护气体在电弧周围造成局部的保护层，以防止有害气体的侵入并保证了焊接过程中的稳定性。

气体保护焊的焊缝熔化区没有熔渣，焊工能够清楚地看到焊缝成型的过程；由于保护气体是喷射的，有助于熔滴的过渡；又由于热量集中，焊接速度快，焊件熔深大，故所形成的焊缝强度比手工电弧焊高，塑性和抗腐蚀性好，适用于全位置的焊接。但不适用于在风较大的地方施焊。

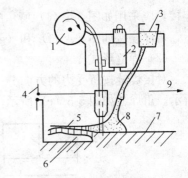

图 5-3　埋弧自动焊

1—焊丝转盘；2—转动焊丝的电动机；
3—焊剂漏斗；4—电源；5—熔化的焊剂；
6—焊丝金属；7—焊件；8—焊剂；9—移
动方向

5.2.2.2　焊缝连接形式及焊缝形式

（1）焊缝连接形式

焊缝连接形式按被连接钢材的相互位置可分为对接、搭接、T形连接和角部连接四种，如图 5-4 所示。这些连接所采用的焊缝主要有对接焊缝和角焊缝。

对接连接主要用于厚度相同或接近相同的两构件的相互连接。图 5-4（a）所示为采用对接焊缝的对接连接，由于相互连接的两构件在同一平面内，因而传力均匀平缓，没有明显的应力集中，且用料经济，但是焊件缘需要加工，被连接两板的间隙和坡口尺寸有严格的要求。

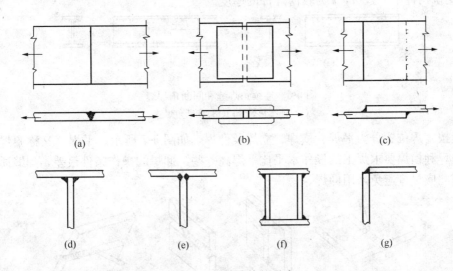

（a）　　　　　　　　　（b）　　　　　　　　　（c）

（d）　　　　　（e）　　　　　（f）　　　　　（g）

图 5-4　焊缝连接的形式

（a）对接连接；（b）用拼接盖板的对接连接；（c）搭接连接；（d）、（e）T形连接；（f）、（g）角部连接

图 5-4（b）所示为用双层盖板和角焊缝的对接连接，这种连接传力不均匀、费料，但施工简便，所连接两板的间隙大小无需严格控制。

图 5-4（c）所示为用角焊缝的搭接连接，特别适用于不同厚度构件的连接。传力不均匀，材料较费，但构造简单，施工方便，目前还广泛应用。

T形连接省工省料，常用于制作组合截面。当采用角焊缝连接时如图 5-4（d）所示，焊件间存在缝隙，截面突变，应力集中现象严重，疲劳强度较低，可用于不直接承受动力荷载结构的连接中。对于直接承受动力荷载的结构，如重级工作制吊车梁，其上翼缘与腹板的连接，应采用如图 5-4（e）所示的 K 形坡口焊缝进行连接。

角部连接如图 5-4（f）和（g）所示，主要用于制作箱形截面。

（2）焊缝形式

对接焊缝按所受力的方向分为正对接焊缝如图 5-5（a）所示和斜对接焊缝如图 5-5（b）所示。角焊缝如图 5-5（c）所示，可分为正面角焊缝、侧面角焊缝和斜焊缝。

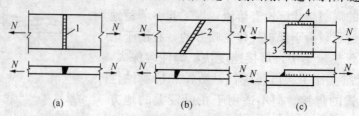

图 5-5　焊缝形式

1—正对接焊缝（正焊缝）；2—斜对接焊缝（斜焊缝）；

3—角焊缝（正面角焊缝）；4—角焊缝（侧面角焊缝）

焊缝沿长度方向的布置分为连续角焊缝和间断角焊缝两种，如图 5-6 所示，连续角焊缝的受力性能较好，为主要的角焊缝形式。间断角焊缝的起、灭弧处容易引起应力集中。重要结构应避免采用，只能用于一些次要构件的连接或受力很小的连接中。间断角焊缝的间断距离 l 不宜过长，以免连接不紧密，潮气侵入引起构件锈蚀。一般在受压构件中应满足 $l \leqslant 15t$；在受拉构件中 $l \leqslant 30t$，t 为较薄焊件的厚度。

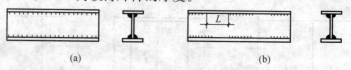

图 5-6　连续角焊缝和间断角焊缝

（a）连续角焊缝；（b）间断角焊缝

焊缝按施焊位置分为平焊、横焊、立焊及仰焊，如图 5-7 所示。平焊（又称俯焊）施焊方便。立焊和横焊要求焊工的操作水平比平焊高一些。仰焊的操作条件最差，焊缝质量不易保证，因此应尽量避免采用仰焊。

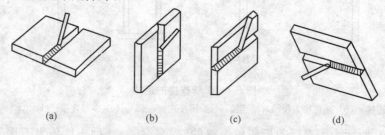

图 5-7　焊缝施焊位置

（a）平焊；（b）横焊；（c）立焊；（d）仰焊

5.2.2.3　焊缝缺陷及焊缝质量检验

（1）焊缝缺陷

焊缝缺陷指焊接过程中产生于焊缝金属或附近热影响区钢材表面或内部的缺陷。常见的缺陷有裂纹、焊瘤、烧穿、弧坑、气孔、夹渣、咬边、未熔合、未焊透等，如图 5-8 所示，以及焊缝尺寸不符合要求、焊缝成形不良等。裂纹是焊缝连接中最危险的缺陷。产生裂纹的原因很多，如钢材的化学成分不当；焊接工艺条件（如电流、电压、焊速、施焊次序等）选择不合适；焊件表面油污未清除干净等。

（2）焊缝质量检验

焊缝缺陷的存在将削弱焊缝的受力面积，在缺陷处引起应力集中，故对连接的强度、冲击韧性及冷弯性能等均有不利影响。因此，焊缝质量检验极为重要。

焊缝质量检验一般可用外观检查及内部无损检验，前者检查外观缺陷和几何尺寸，后者检查内部缺陷。内部无损检验目前广泛采用超声波检验，使用灵活、经济，对内部缺陷反应灵敏，但不易识别缺陷性质；有时还用磁粉检验、荧光检验等较简单的方法作为辅助。此外还可采用 X 射线或 γ 射线透射或拍片，X 射线应用较广。

《钢结构工程施工质量验收规范》规定焊缝按其检验方法和质量要求分为一级、二级和三级。三级焊缝只要求对全部焊缝作外观检查且符合三级质量标准；一级、二级焊缝则除外观检查外，还要求一定数量的超声波检验，并符合相应级别的质量标准。

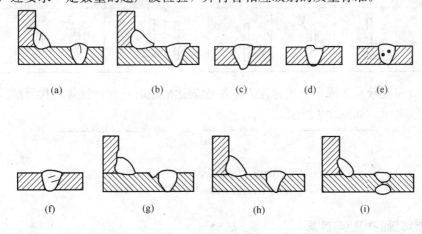

图 5-8　焊缝缺陷

（a）裂纹；（b）焊瘤；（c）烧穿；（d）弧坑；（e）气孔；（f）夹渣；（g）咬边；（h）未熔合；（i）未焊透

（3）焊缝质量等级的选用

在《钢结构设计规范》（GB 50017—2003）（以下简称《钢结构规范》）中，对焊缝质量等级的选用有如下规定：

1）需要进行疲劳计算的构件中，垂直于作用力方向的横向对接焊缝受拉时应为一级，受压时应为二级。

2）在不需要进行疲劳计算的构件中，由于三级对接焊缝的抗拉强度有较大变异性，其设计值为主体钢材的 85％ 左右，所以，凡要求与母材等强的受拉对接焊缝应不低于二级；受压时难免在其他因素影响下使焊缝中有拉应力存在，故宜为二级。

3）重级工作制和起重量 $Q \geqslant 50t$ 的中级工作制吊车梁的腹板与上翼缘板之间以及吊车桁架上弦杆与节点板之间的 T 形接头焊透的对接与角接组合焊缝，不应低于二级。

4）由于角焊缝的内部质量不易探测，故规定其质量等级一般为三级，只对直接承受动力荷载且需要验算疲劳和起重量 $Q \geqslant 50t$ 的中级工作制吊车梁，才规定角焊缝的外观质量应符合二级。

（4）焊缝代号、螺栓及其孔眼图例

《焊缝符号表示法》规定：焊缝代号由引出线、图形符号和辅助符号三部分组成。引出线由横线和带箭头的斜线组成。箭头指到图形上的相应焊缝处，横线的上面和下面用来标注图形符号和焊缝尺寸。当引出线的箭头指向焊缝所在的一面时，应将图形符号和焊缝尺寸等标注在水平横线的上面；当箭头指向对应焊缝所在的另一面时，则应将图形符号和焊缝尺寸标注在水平横线的下面。必要时，可在水平横线的末端加一尾部作为其他说明之用。表 5-2 列出了一些常用焊缝代号，可供设计时参考。

表 5-2 焊 缝 代 号

形 式	角 焊 缝				对接焊缝	塞焊缝	三面围焊
	单面焊缝	双面焊缝	安装焊缝	相同焊缝			
形 式		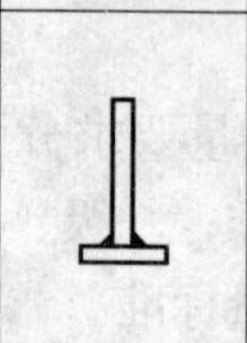	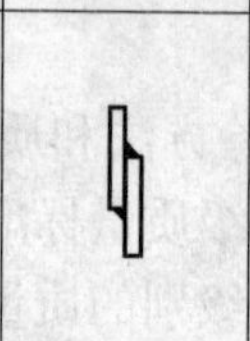		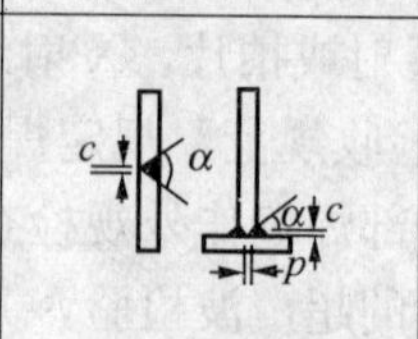	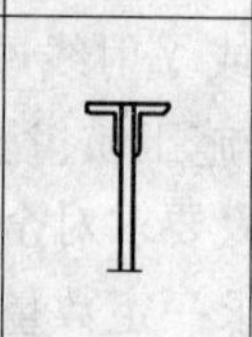	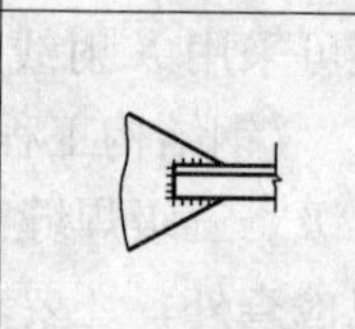
标注方法		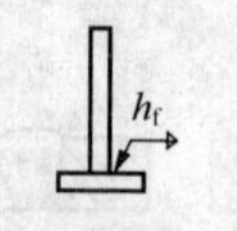	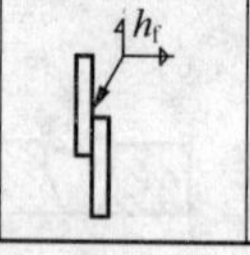	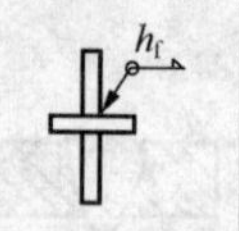	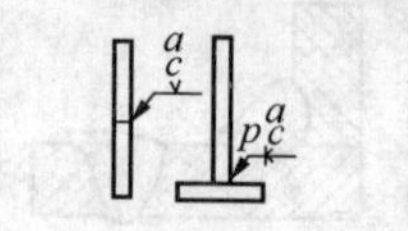	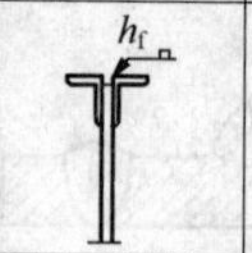	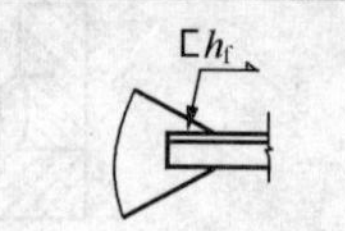

当焊缝分布比较复杂或用上述标注方法不能表达清楚时，在标注焊缝代号的同时，可在图形上加栅线表示，如图 5-9 所示。

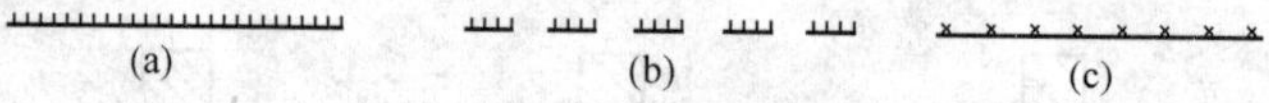

图 5-9 用栅线表示的焊缝
(a) 正面焊缝；(b) 背面焊缝；(c) 安装焊缝

5.2.3 对接焊缝的构造与计算

5.2.3.1 对接焊缝的构造要求

对接焊缝的焊件常需做成坡口，故又叫坡口焊缝。对接焊缝按坡口的形式分为 I 形、单边 V 形、V 形、U 形、K 形和 X 形等，如图 5-10 所示。

坡口形式与焊件厚度有关。当焊件厚度很小（手工焊 6mm，埋弧焊 10mm）时，可用直边缝。对于一般厚度的焊件可采用具有斜坡口的单边 V 形或 V 形焊缝。对于较厚的焊件（$t>20$mm），则采用 U 形、K 形和 X 形坡口。对于 V 形缝和 U 形缝需对焊缝根部进行补焊。对接焊缝坡口形式的选用，应根据板厚和施工条件按现行标准《手工电弧焊焊接接头的基本形式与尺寸》和《埋弧焊焊接接头的基本形式与尺寸》的要求进行。

在对接焊缝的拼接处，当焊件的宽度不同或厚度相差 4mm 以上时，应分别在宽度方向或厚度方向从一侧或两侧做成坡度不大于 1：2.5 的斜角，如图 5-11 所示，以使截面过渡和缓，减小应力集中。在焊缝的起灭弧处，常会出现弧坑等缺陷，这些缺陷承载力影响极大，故焊接时一般应设置引弧板和引出板，如图 5-12 所示，焊后将它割除。对受静力荷载的结构设置引弧（出）板有困难时，允许不设置引弧（出）板，此时，可令焊缝计算长度等于实际长度减 $2t$（此处 t 为较薄焊件厚度）。

5.2.3.2 对接焊缝的计算

对接焊缝是焊件截面的组成部分，焊缝中的应力分布情况基本上与焊件原来的情况相

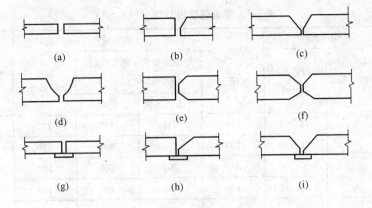

图 5-10 对接焊缝的坡口形式

(a) 直边缝；(b) 单边 V 形坡口；(c) V 形坡口；(d) U 形坡口；(e) K 形坡口；(f) X 形坡；
(g)、(h)、(i) 加垫板的工字形、带钝边单边 V 形和 V 形缝

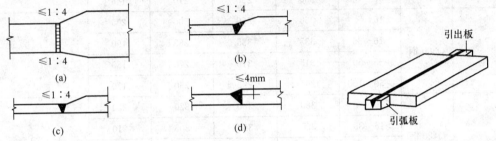

图 5-11 钢板拼接

(a) 改变宽度；(b) 改变厚度

图 5-12 用引弧板和引出板焊接

同，故计算方法与构件的强度计算一样。

(1) 轴心受力的对接焊缝

轴心受力的对接焊缝如图 5-13 所示。

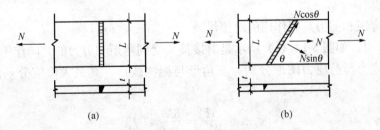

图 5-13 轴心力作用下对接焊缝

可按下式计算：

$$\sigma = \frac{N}{l_w t} \leqslant f_t^w \text{ 或 } f_c^w \tag{5-1}$$

式中 N ——轴心拉力或压力；

l_w ——焊缝的计算长度。当未采用引弧板时，取实际长度减去 $2t$；

t ——在对接接头中连接件的较小厚度；在 T 形接头中为腹板厚度；

f_t^w、f_c^w ——对接焊缝的抗拉、抗压强度设计值，按表 5-3 采用。

239

表 5-3　焊缝强度设计值（N/mm²）

焊接方法和焊条型号	构件钢材			对 接 焊 缝				角焊缝
	牌　号	厚度或直径（mm）	抗压 f_c^w	焊缝质量为下列等级时，抗拉 f_t^w		抗剪 f_v^w	抗拉、抗压和抗剪 f_f^w	
				一级、二级	三级			
自动焊、半自动焊和 E43 型焊条的手工焊	Q235 钢	≤16	215	215	185	125	160	
		>16～40	205	205	205	120		
		>40～60	200	200	200	170		
		>60～100	190	190	190	160		
	Q345 钢	≤16	310	310	265	180	200	
		>16～35	295	295	250	170		
		>35～50	265	265	225	155		
		>50～100	250	250	210	145		
	Q390 钢	≤16	350	350	300	205		
		>16～35	335	335	285	190		
		>35～50	315	315	270	180		
		>50～100	295	295	250	170		
	Q420 钢	≤16	380	380	320	220	220	
		>16～35	360	360	305	210		
		>35～50	340	340	290	195		
		>50～100	325	325	275	185		

由于一、二级检验的焊缝与母材强度相等，故只有三级检验的焊缝才需按式（5-1）进行抗拉强度验算。如果用直缝不能满足强度要求时，可采用如图 5-13（b）所示的斜对接焊缝。计算证明，焊缝与作用力间的夹角满足 $\tan\theta \leqslant 1.5$ 时，斜焊缝的强度不低于母材强度，可不再进行验算。

（2）承受弯矩和剪力共同作用的对接焊缝

1）矩形截面。如图 5-14（a）所示是对接接头受到弯矩和剪力的共同作用，由于焊缝截面是矩形，正应力与剪应力图形分别为三角形与抛物线形，其最大值应分别满足下列强度条件：

$$\sigma_{\max} = \frac{M}{W_w} = \frac{6M}{l_w^2 t} \leqslant f_t^w \tag{5-2}$$

$$\tau = \frac{VS_w}{I_w t} = \frac{3}{2} \times \frac{V}{l_w t} \leqslant f_v^w \tag{5-3}$$

式中　W_w——焊缝截面模量；

　　　S_w——焊缝截面面积矩；

　　　I_w——焊缝截面惯性矩。

2）工字形截面。如图 5-14（b）所示是工字形截面梁的接头，采用对接焊缝，除应分别验算最大正应力和剪应力外，对于同时受有较大正应力和较大剪应力处，例如腹板与翼缘的交接点，还应按下式验算折算应力：

$$\sqrt{\sigma_1^2 + \tau_1^2} \leqslant 1.1 f_v^w \tag{5-4}$$

式中　σ_1、τ_1——验算点处的焊缝正应力和剪应力；

　　　　1.1——考虑到最大折算应力只在焊缝的局部产生，而将强度设计值适当提高的系数。

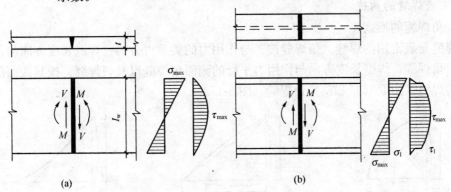

图 5-14　对接焊缝受弯矩和剪力联合作用

(a) 矩形截面；(b) 工字形截面

【例 5-1】　工字形牛腿与柱连接的对接焊缝如图 5-15 所示。已知 $F = 260$kN（设计值），钢材采用 Q235-B，焊条为 E43 型，手工焊，无引弧板，焊缝质量为三级。

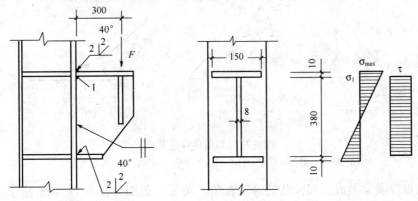

图 5-15　例 5-1 图

【解】　工字形截面牛腿与柱连接的对接焊缝有着不同于一般工字截面梁的特点。在竖向剪力作用下，由于翼缘在此方向的抗剪刚度很低，故一般不宜考虑其承受剪力，即在计算时假定剪力全部由腹板上的焊缝平均承受，弯矩则由整个截面承受。

(1) 焊缝计算截面的几何特性

焊缝的截面与牛腿相等，但因无弧板，故将每条焊缝长度在计算时两端各减去 5mm，

$$I_w = \frac{1}{12} \times 0.8 \times (38-1)^2 + 2 \times 1 \times (15-1) \times 19.5^2 = 14024 \text{cm}^4$$

$$W_w = \frac{14024}{20} = 701 \text{cm}^3$$

$$A_w = 0.8 \times (38-2) = 29.6 \text{cm}^2$$

(2) 焊缝强度计算

$$\sigma_{max} = \frac{M}{W_w} = \frac{260 \times 30 \times 10^4}{701 \times 10^3} = 111.1 \text{N/mm}^2 < f_t^w = 185 \text{N/mm}^2$$

241

$$\tau_{\max} = \frac{M}{W_w} = \frac{260 \times 30 \times 10^4}{701 \times 10^3} = 111.1 \text{N/mm}^2 < f_t^w = 185 \text{N/mm}^2$$

5.2.4 角焊缝的构造与计算

5.2.4.1 角焊缝的构造

（1）角焊缝的形式

角焊缝是最常用的焊缝。角焊缝按其与作用力的关系可分为：焊缝长度方向与作用力垂直的正面角焊缝；焊缝长度方向与作用力平行的侧面角焊缝以及斜焊缝。按其截面形式可分为直角角焊缝（图 5-16）和斜角角焊缝（图 5-17）。

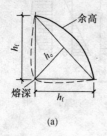 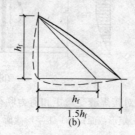 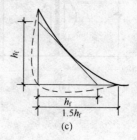

图 5-16　直角角焊缝截面

（a）直角微凸截面；（b）直角坦式截面；（c）直角凹面式截面

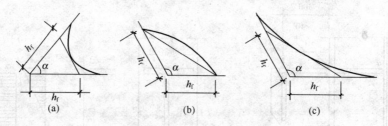

图 5-17　斜角角焊缝截面

（a）斜角角焊缝 $\alpha < 60°$；（b）斜角角焊缝 $\alpha > 90°$；（c）斜角角焊缝

直角角焊缝通常做成表面微凸的等腰直角三角形，截面如图 5-16（a）所示。在直接承受动力荷载的结构中，正面角焊缝的截面常采用图 5-16（b）所示的坦式，侧面角焊缝的截面则做成凹面式，如图 5-16（c）所示。

（2）角焊缝的尺寸要求

1）最小焊脚尺寸

角焊缝的焊脚尺寸与焊件的厚度有关，当焊件较厚而焊脚又过小时，焊缝内部将因冷却过快而产生淬硬组织，导致母材开裂。因此，角焊缝的最小焊脚尺寸 h_f（mm）应符合下式要求：

$$h_f \geqslant 1.5\sqrt{t} \tag{5-5}$$

式中　t——较厚焊件的厚度，mm。

计算时，焊脚尺寸取 mm 的整数，小数点以后都进为 1。自动焊熔深较大，故所取最小焊脚尺寸可减小 1mm；对 T 形连接的单面角焊缝，应增加 1mm；当焊件厚度小于或等于 4mm 时，则取与焊件厚度相同。

2）最大焊脚尺寸

242

为了避免焊缝区的基本金属"过热"，减小焊件的焊接残余应力和残余变形，除钢管结构外，角焊缝的焊脚最大尺寸应符合下式要求：

$$h_f \leqslant 1.2t \tag{5-6}$$

式中 t——较薄焊件的厚度，mm。

对板件边缘的角焊缝最大焊脚尺寸，尚应符合下列要求：

当 $t \leqslant 6$mm 时， $\qquad h_t \leqslant t$ (5-7)

当 $t > 6$mm 时， $\qquad h_t \leqslant t - (1\sim2)$mm (5-8)

圆孔或孔槽内的角焊缝的焊脚尺寸尚不宜大于圆孔直径和槽孔短径的 1/3。

3）不等角焊缝

当两焊件的厚度相差较大，且采用等焊脚尺寸无法满足最大和最小焊脚尺寸要求时，可采用不等焊脚尺寸，即与较薄焊件焊接的焊脚边应符合式（5-5）的要求，与较薄焊件焊接的焊脚边要符合式（5-6）的要求。

4）侧面角焊缝的最小计算长度

角焊缝的焊脚尺寸大而长度较小时，焊件的局部加热严重，焊缝起灭弧所引起的缺陷相距太近，以及焊缝中可能产生的其他缺陷，使焊缝不够可靠。对搭接连接的侧面角焊缝而言，如果焊缝长度过小，由于力线弯折大，也会造成严重应力集中。因此，侧面角焊缝和正面焊缝的计算长度不应小于 $8h_f$ 和 40mm。

5）侧面角焊缝的最大计算长度

侧面角焊缝在弹性阶段沿长度方向受力不均匀，两端大而中间小。焊缝越长，应力集中系数越大。在静力荷载作用下，如果焊缝长度不过大，当焊缝两端点处的应力达到屈服强度后，继续加载，应力会渐趋均匀。但是，如果焊缝长度超过某一限值时，有可能首先在焊缝的两端破坏，故一般规定侧面角焊缝的计算长度 $l_w \leqslant 60$mm，当实际长度大于上述限值时，其超过部分在计算中不予考虑。

6）当板件的端部仅有两侧面角焊缝连接时，如图 5-18 所示，为了避免应力传递过分弯折而使构件中应力过分不均，应使每条侧面角焊缝长度大于它们之间的距离，即 $l_m \geqslant b$。再为了避免焊缝收缩时引起板件的拱曲过大，还宜使 $b \leqslant 16t$（当 $t > 12$mm）或小于 190mm（当 $t \leqslant 120$mm），t 为较薄焊件的厚度。当不满足此规定时，则应加正面角焊缝。

7）在搭接连接中，搭接长度不得小于焊件较小厚度的 5 倍，并不得小于 25mm，以减小因焊缝收缩产生的残余应力及因偏心产生的附加弯矩。

8）当角焊缝的端部在构件转角处时，为避免起弧的缺陷发生在此应力集中较大部位，宜做长度为 $2h_f$ 的绕脚焊，如图 5-19 所示，且转角处必须连续施焊，不能断弧。

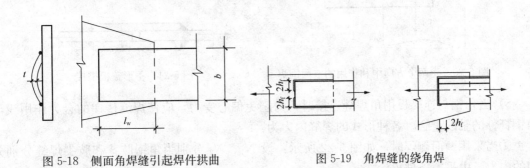

图 5-18　侧面角焊缝引起焊件拱曲　　　　　　图 5-19　角焊缝的绕角焊

243

5.2.4.2 角焊缝的计算

（1）轴心受力作用时角焊缝计算

当轴心力（拉力、压力、剪力）通过角焊缝群的形心时，可认为焊缝的应力为均匀分布。但由于作用力与焊缝长度方向间的关系不同，故在计算时应考虑下列几种情况。

1）当作用力垂直于焊缝长度方向时，相当于正面角焊缝受力，按下式计算：

$$\sigma_{\mathrm{f}} = \frac{N}{h_{\mathrm{e}} \sum l_{\mathrm{w}}} \leqslant \beta_{\mathrm{f}} f_{\mathrm{f}}^{\mathrm{w}} \tag{5-9}$$

式中　N——轴向力；

h_{e}——角焊缝的计算高度，$h_{\mathrm{e}} = 0.7 h_{\mathrm{f}}$；

l_{m}——角焊缝的计算长度，对每条焊缝取其实际长度减去 $2h_{\mathrm{f}}$；

β_{f}——正面角焊缝的强度设计值增大系数；对承受静力荷载和间接承受动力荷载的结构，$\beta_{\mathrm{f}} = 1.22$；对直接承受动力荷载的结构，$\beta_{\mathrm{f}} = 1.0$；

$f_{\mathrm{f}}^{\mathrm{w}}$——角焊缝的强度设计值。

2）当作用力平行于焊缝长度方向时，相当于侧面角焊缝受力，按下式计算：

$$\tau_{\mathrm{f}} = \frac{N}{h_{\mathrm{e}} \sum l_{\mathrm{w}}} \leqslant f_{\mathrm{f}}^{\mathrm{w}} \tag{5-10}$$

3）当两个方向综合作用时，如图 5-20 所示，按下式计算：

$$\sqrt{\left(\frac{\sigma_{\mathrm{f}}}{\beta_{\mathrm{f}}}\right)^2 + \tau^2} \leqslant f_{\mathrm{f}}^{\mathrm{w}} \tag{5-11}$$

式中　$\sigma_{\mathrm{f}} = \dfrac{N_x}{h_{\mathrm{e}} \sum l_{\mathrm{w}}}$，$\tau_{\mathrm{f}} = \dfrac{N_x}{h_{\mathrm{e}} \sum l_{\mathrm{w}}}$　（对垂直焊缝）

$\sigma_{\mathrm{f}} = \dfrac{N_y}{h_{\mathrm{e}} \sum l_{\mathrm{w}}}$，$\tau_{\mathrm{f}} = \dfrac{N_y}{h_{\mathrm{e}} \sum l_{\mathrm{w}}}$　（对水平焊缝）

4）当焊缝方向较复杂时，如图 5-21 所示菱形盖板，为了简化计算，可不考虑应力方向，按下式计算：

$$\frac{N}{h_{\mathrm{e}} \sum l_{\mathrm{w}}} \leqslant f_{\mathrm{f}}^{\mathrm{w}} \tag{5-12}$$

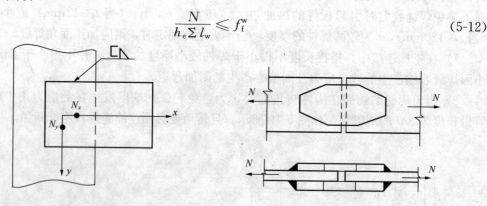

图 5-20　受两个方向中和作用的三面围焊　　　图 5-21　菱形盖板拼接

5）当角钢与连接板用角焊缝连接时，为避免偏心受力，应使焊缝传递的合力作用线与角钢杆件的轴线重合。各种形式的焊缝内力为：

①当采用两面侧焊时，如图 5-22 所示：设 N_1、N_2 分别为角钢肢背和肢尖焊缝分别分担的内力，由平衡条件得：

$$N_1 = \frac{b - z_0}{b}N = \eta_1 N \tag{5-13}$$

$$N_2 = \frac{z_0}{b}N = \eta_2 N \tag{5-14}$$

式中 b ——角钢的肢宽；

     z_0 ——角钢形心距；

     η_1，η_2 ——角钢肢背和肢尖焊缝内力的分配系数，按表 5-3 采用。

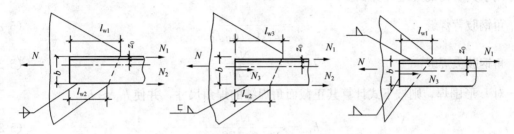

图 5-22   角钢与连接板的角焊缝连接

(a) 两面侧接；(b) 三面围接；(c) L 形围接

② 当采用三面围焊时，如图 5-22 (b) 所示；可先选取正面角焊缝的焊脚尺寸 h_{f3}，并计算其能承受的内力（设截面为双角钢组成的 T 形截面，见表 5-4 中的附图）

$$N_3 = 2 \times 0.7 h_{f3} b \beta_f f_f^w \tag{5-15}$$

再由平衡 $\Sigma M = 0$ 条件得：

$$N_1 = \frac{b - z_0}{b}N - \frac{N_3}{2} = \eta_1 N - \frac{N_3}{2} \tag{5-16}$$

$$N_2 = \frac{z_0}{b}N - \frac{N_3}{2} = \eta_2 N - \frac{N_3}{2} \tag{5-17}$$

表 5-4   角钢侧面角焊缝内力分配系数

角 钢 类 型	连 接 情 况	分 配 系 数	
		角钢肢背 η_1	角钢肢尖 η_2
等 边		0.70	0.30
不等边		0.75	0.25
不等边		0.65	0.35

245

③当采用 L 形围焊时，如图 5-22（c）所示，不需先假定 h_{f3}，令式（5-16）中 $N_2=0$，即得：

$$N_3 = 2\eta_2 N \tag{5-18}$$

$$N_1 = N - N_3 \tag{5-19}$$

按上述求出各条焊缝分担的内力后，假定角钢肢背和肢尖焊缝的焊脚尺寸 h_{f1} 和 h_{f2}，即可分别求其所需的焊缝计算长度。

角钢肢背焊缝

$$l_{w1} = \frac{N_1}{2 \times 0.7 h_{f1} f_f^w} \tag{5-20}$$

角钢肢尖焊缝

$$l_{w2} = \frac{N_2}{2 \times 0.7 h_{f2} f_f^w} \tag{5-21}$$

对 L 形围焊，则按下式计算其正截面角焊缝的焊角尺寸，并使 $h_{f1} \approx h_{f2}$

$$h_{f3} = \frac{N_3}{2 \times 0.7 B \beta_f f_f^w} \tag{5-22}$$

采用的每条焊缝实际长度应取其计算长度加 10mm。

【例 5-2】 图 5-23 所示用拼接板的拼接连接，若主板截面为 400mm×18mm，承受轴心力设计值 N =1600kN（静力荷载），钢材为 Q235-B，采用 E43 系列型焊条，手工焊。试设计此拼接板连接。

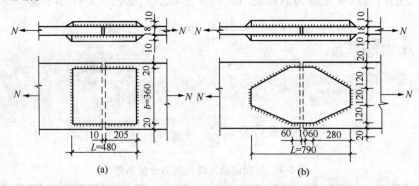

图 5-23 例 5-2 图

【解】（1）拼接板截面选择

根据拼接板和主板承载能力相等的原则，拼接板钢材亦采用 Q235-B，两块拼接板截面面积之和应不小于主板截面面积。考虑拼接板要侧面施焊，取拼接板宽度为 360mm（主板和拼接板宽度差略大于 $2h_f$）。拼接板厚度 $t_1 = \dfrac{40 \times 1.8}{(2 \times 36)} = 1\text{cm}$，取 10mm，故每块拼接板截面为 10mm×360mm。

（2）焊缝计算

因 $t_1 = 10\text{mm} < 12\text{mm}$ 且 $b > 200\text{mm}$，为防止仅用侧面角焊缝引起板件拱曲过大，故采用三面围焊如图 5-23（a）所示。由表 5-3 查得 $f_f^w = 160\text{N/mm}^2$。

设 $h_f = 8\text{mm} \leqslant t - (1 \sim 2) = 8 \sim 9\text{mm} > 1.5\sqrt{t} = 1.5 \times \sqrt{18} = 6.4\text{mm}$

正面角焊缝承担的力为：

$$N' = 0.7 h_f \sum l'_w \beta_f f_f^w = 0.7 \times 8 \times 2 \times 360 \times 1.22 \times 160 = 787046\text{N}$$

侧面角焊缝的总长度为：

$$\sum l_\mathrm{w} = \frac{N - N'}{h_\mathrm{e} f_\mathrm{f}^\mathrm{w}} = \frac{1600000 - 787046}{0.7 \times 8 \times 160} = 907\mathrm{mm}$$

一条侧焊缝的实际长度为：$l_\mathrm{w} = \dfrac{907}{4} + 5 = 232\mathrm{mm}$，被拼接两板间留出缝隙10mm，拼接板长度为 $L = 232 \times 2 + 10 = 474\mathrm{mm}$，取480mm，如图5-23（a）所示。

为了减少矩形盖板四角焊缝的应力集中，可将盖板改为菱形，如图5-23（b）所示，则接头一侧需要的焊缝总长度为：

$$\sum l_\mathrm{w} = \frac{N}{(h_\mathrm{e} f_\mathrm{f}^\mathrm{w})} = \frac{1600000}{(2 \times 0.7 \times 8 \times 160)} = 892\mathrm{mm}$$

实际焊缝的总长度为：

$$\sum l_\mathrm{w} = 2 \times (60 + \sqrt{330^2 + 120^2}) + 120 - 10 = 932\mathrm{mm} > 892\mathrm{mm}（满足）$$

改用菱形盖板后盖板长度为 $L = 2 \times (60 + 330) + 10 = 790\mathrm{mm}$，长度增加310mm，但受力状况有大的改善。

【例5-3】 如图5-24所示角钢和节点板采用两边侧焊缝的连接中，$N = 630\mathrm{kN}$（静力荷载，设计值），角钢为 2 L110×10，节点板厚度 $t_1 = 12\mathrm{mm}$，钢材为 Q235-B，焊条为 E43系列型，手工焊。试确定所需角焊缝的焊脚尺寸 h_f 和实际长度。

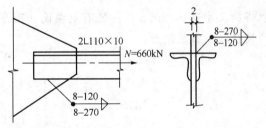

图 5-24 例5-3图

【解】 角焊缝的强度设计值 $f_\mathrm{f}^\mathrm{w} = 160\mathrm{N/mm^2}$

最小 h_f：$h_\mathrm{f} > 1.5\sqrt{t} = 1.5\sqrt{12} = 5.2\mathrm{mm}$

角钢肢尖处最大 h_f：$h_\mathrm{f} \leqslant t - (1 \sim 2) = 10 - (1 \sim 2) = 8 \sim 9\mathrm{mm}$

角钢肢尖和肢背都取 $h_\mathrm{f} = 8\mathrm{mm}$

焊缝受力：$N_1 = \eta_1 N = 0.7 \times 630 = 441\mathrm{kN}$

$$N_2 = \eta_2 N = 0.3 \times 630 = 189\mathrm{kN}$$

所需焊缝长度：$l_\mathrm{w1} = \dfrac{N_1}{2 h_\mathrm{e} f_\mathrm{f}^\mathrm{w}} = \dfrac{441 \times 10^3}{2 \times 0.7 \times 8 \times 160} = 245\mathrm{mm}$

$$l_\mathrm{w2} = \frac{N_2}{2 h_\mathrm{e} f_\mathrm{f}^\mathrm{w}} = \frac{189 \times 10^3}{2 \times 0.7 \times 160} = 105\mathrm{mm}$$

因需增加10mm的焊口长，故肢背侧焊缝的实际长度为255mm，故肢尖侧焊缝的实际长度为110mm，如图5-24所示。

（2）剪力和轴向力作用下

在各种力综合作用下，如图5-25所示，采用角焊缝连接的T形接头，角焊缝受 M、V、N 共同作用时，N 引起垂直焊缝长度方向的应力 σ_f^N，V 引起沿焊缝长度方向的应力 τ_f，M 引起垂直焊缝长度方向按三角形分布的应力，即：

$$\sigma_\mathrm{f}^N = \frac{N}{h_\mathrm{e} l_\mathrm{w}} \tag{5-23}$$

$$\sigma_\mathrm{f}^M = \frac{M}{W_\mathrm{e}} \tag{5-24}$$

$$\tau_{\mathrm{f}} = \frac{V}{h_{\mathrm{e}} l_{\mathrm{w}}} \tag{5-25}$$

且

$$\sigma_{\mathrm{f}} = \sigma_{\mathrm{f}}^{N} + \sigma_{\mathrm{f}}^{M}$$

$$\sqrt{\tau_{\mathrm{f}}^2 + \left(\frac{\sigma_{\mathrm{f}}}{\beta_{\mathrm{f}}}\right)^2} \leqslant f_{\mathrm{f}}^{\mathrm{w}} \tag{5-26}$$

式中　W_{e}——角焊缝有效截面的抵抗矩。

其余符号意义同前。

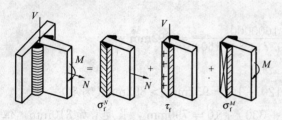

图 5-25　各种力综合作用下的角焊缝

【例 5-4】　验算图 5-26 所示牛腿与钢柱连接的角焊缝，钢材为 Q235，焊条为 E43 系列型，手工焊。偏心力 $N = 480$kN（静力荷载，设计值），$e = 180$mm。

【解】　将 N 力向角焊缝截面形心简化后，角焊缝受到的剪力 $V = 468$kN 和弯矩 $M = N \times e = 480 \times 0.180 = 86.4$kN·m。

取焊脚尺寸 $h_{\mathrm{f}} = 8$mm，焊缝有效截面如图 5-26（b）所示，则焊缝有效截面绕水平形心轴的惯性矩和抵抗矩为：

$$I_x = 2 \times 0.7 \times 0.8 \times (20-1) \times 17.78^2 + 4 \times 0.7 \times$$
$$0.8 \times (9-0.56) \times 15.22^2 + 2 \times 12 \times \frac{0.7 \times 0.8 \times 31^2}{12}$$
$$= 13900 \mathrm{cm}^4$$

$$W_{\mathrm{e}} = \frac{13900}{18.06} = 770 \mathrm{cm}^3$$

$$\sigma_{\mathrm{f}}^{M} = \frac{M}{W_{\mathrm{e}}} = \frac{86.4 \times 10^6}{770 \times 10^3} = 112.2 \mathrm{N/mm}^2 < 1.22 f_{\mathrm{f}}^{\mathrm{w}} = 1.22 \times 160 = 195.2 \mathrm{N/mm}^2$$

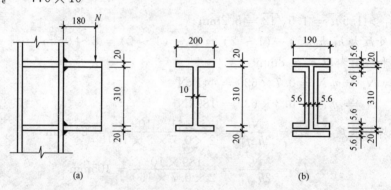

图 5-26　例 5-4 图

在腹板和翼缘交接处弯矩引起正应力为：

$$\sigma_{\mathrm{f}}^{M} = 112 \times \frac{15.5}{18.06} = 96.3 \mathrm{N/mm}^2$$

假定剪力 V 仅由两条竖向焊缝承受，则：

$$\tau_{\mathrm{f}} = \frac{V}{h_{\mathrm{e}} l_{\mathrm{w}}} = \frac{480 \times 10^3}{2 \times 0.7 \times 0.8 \times 31} = 138.25 \mathrm{N/mm}^2$$

$$\sqrt{\tau^2 + \left(\frac{\sigma_{\mathrm{f}}}{\beta_{\mathrm{f}}}\right)^2} = \sqrt{138.25^2 + \left(\frac{96.3}{1.22}\right)^2} = 159.2 \mathrm{N/mm}^2 < f_{\mathrm{f}}^{\mathrm{w}} = 160 \mathrm{N/mm}^2$$

满足要求。

5.2.4.3 焊接残余应力与残余变形

（1）焊接残余应力和残余变形

钢结构在焊接过程中，由于焊件局部受到剧烈的温度作用，加热熔化后又冷却凝固，经历了一个不均匀的升温冷却过程，导致焊件各部分的热胀冷缩不均匀，从而使焊接件产生的变形和内应力称为焊接残余变形和焊接残余应力，如图 5-27 所示，有纵向、横向和沿厚度方向的残余应力。

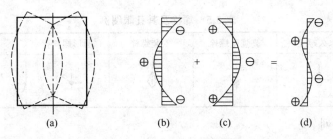

图 5-27　焊接残余应力

（2）焊接残余应力对结构的影响

焊接残余应力对结构的静力强度无影响，增加构件的变形，降低结构的刚度，结构在重复荷载作用下，由于残余应力的存在，疲劳强度降低。在低温条件下，更容易形成冷脆断裂。

（3）减小焊接残余应力和残余变形的影响措施

1）合理的焊缝设计

为了减少焊接应力与焊接变形，设计时在构造上要采用一些合理的焊缝设计措施。例如：

①焊缝尺寸要适当，在容许范围内，可以采用较小的并加大焊缝长度，使需要的焊缝总面积不变，以免因焊脚尺寸过大而引起过大的焊接残余应力。焊缝过厚还可能引起施焊时烧穿、过热等现象。

②焊缝不宜过分集中。

③应尽量避免三向焊缝相交，为此可使次要焊缝中断，主要焊缝连续通过。

④焊缝连接构造要尽可能避免仰焊。

2）制造、施工时采取的正确方法和工艺措施

①采用合理的施焊次序。例如，钢板对接时采用分段退焊，厚焊缝采用分层焊，工字形截面按对角跳焊等。

②施焊前给构件以一个和焊接变形相反的变形预变形，使构件在焊接后产生的焊接变形与之正好抵消。

③对于小尺寸焊件，在施焊前预热，或施焊后回火（加热至 600℃ 左右，然后缓慢冷却），可以消除焊接残余应力。

④采用机械校正法消除焊接变形。

5.2.5　普通螺栓连接的构造与计算

5.2.5.1　普通螺栓连接的构造

（1）普通螺栓的形式和规格

在钢结构中采用的普通螺栓形式为六角头型，其代号用 M 与公称直径表示，工程中常用的有 M16、M20、（M22）和 M24。螺栓的最大连接长度随螺栓直径而异，选用时宜控制其不超过螺栓标准中规定的加紧长度，一般为 4～6 倍螺栓直径。

（2）螺拴孔及图例

螺栓及其孔眼图例见表 5-5，在钢结构施工图上需要将螺栓及其孔眼的施工要求用图形表示清楚，以免引起混淆。

表 5-5　螺栓及其孔眼图例

名　称	永久螺栓	高强度螺栓	安装螺栓	圆形螺栓孔	长圆形螺栓孔
图　例					

（3）螺栓的排列

螺栓在构件上的排列应简单、统一、整齐而紧凑，通常分为并列和错列两种形式，如图 5-28 所示。并列比较简单整齐，所用连接板尺寸小，但由于螺栓孔的存在，对构件截面的削弱较大。错列可以减少螺栓孔对截面的削弱，但螺栓孔排列不如并列紧凑，连接板尺寸较大。螺栓在构件上的排列应考虑以下要求：

1）受力要求

在垂直于受力方向：对于受拉构件，各排螺栓的中距及边距不能过小，以免使螺栓周围应力集中相互影响，且使钢板的截面削弱过多，降低其承载能力。在顺力作用方向：端距应按被连接件材料的抗挤压及抗剪切等强度条件确定，以使钢板在端部不致被螺栓撕裂，规范规定端距不应小于 $2d_0$；受压构件上的中距不宜过大，否则在被连接板件间容易发生鼓曲现象。

2）构造要求

螺栓的中距及边距不宜过大，否则钢板间不能紧密贴合，潮气侵入缝隙使钢材锈蚀。

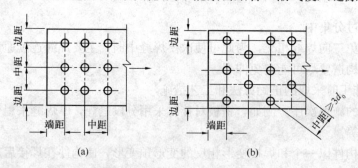

图 5-28　钢板的螺栓（铆钉）排列
（a）并列排列；（b）错列排列

3）施工要求

要保证有一定空间，便于用扳手拧紧螺帽。根据扳手尺寸和工人的施工经验，规定最小中距为 $3d_0$。根据以上要求，规范规定的钢板上螺栓的容许距离见图 5-28 及表 5-6。螺栓沿型钢长度方向上排列的间距，除应满足表 5-6 的最大最小距离外，尚应充分考虑拧紧螺栓时的净空要求。在角钢、普通工字钢、槽钢截面上排列螺栓的线距应满足图 5-29 及表 5-7～表 5-9的要求。在 H 型钢截面上排列螺栓的线距如图 5-29（d）所示，腹板上的 c 值可参照

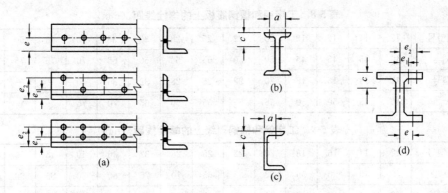

图 5-29 型钢的螺栓（铆钉）排列

普通工字钢，翼缘上的 e 值或 e_1、e_2 值可根据其外伸宽度参照角钢。

表 5-6 螺栓或铆钉的最大、最小容许距离

名　　称	位置和方向			最大容许距离（取两者的较小值）	最小容许距离
中心间距	外排（垂直内力方向或顺内力方向）			$8d_0$ 或 $12t$	$3d_0$
	中间排	垂直内力方向		$16d_0$ 或 $24t$	
		顺内力方向	压力	$12d_0$ 或 $18t$	
			拉力	$16d_0$ 或 $24t$	
	沿对角线方向				
中心至构件边缘距离	顺内力方向				$2d_0$
	垂直内力方向	剪切边或手工气割边		$4d_0$ 或 $8t$	$1.5d_0$
		轧制边自动精密气割或锯割边	高强度螺栓		
			其他螺栓或铆钉		$1.2d_0$

注：1. d_0 为螺栓孔或铆钉孔直径，t 为外层较薄板件的厚度。

2. 钢板边缘与刚性构件（如角钢、槽钢等）相连的螺栓或铆钉的最大间距，可按中间排的数值采用。

表 5-7 角钢上螺栓或铆钉线距（mm）

单行排列	角钢肢宽	40	45	50	56	63	70	75	80	90	100	110	125
	线距 e	25	25	30	30	35	40	40	45	50	55	60	70
	钉孔最大直径	11.5	13.5	13.5	15.5	17.5	20	22	22	24	24	26	26

双行错排列	角钢肢宽	125	140	160	180	200	双行并列	角钢肢宽	160	180	200
	e_1	55	60	70	70	80		e_1	60	70	80
	e_2	90	100	120	140	160		e_1	130	140	160
	钉孔最大直径	24	24	26	26	26		钉孔最大直径	24	24	26

251

表 5-8 工字钢和槽钢腹板上的螺栓线距（mm）

工字钢型号	12	14	16	18	20	22	25	28	32	36	40	45	50	56	63
线距 c_{min}	40	45	45	45	50	50	55	60	60	65	70	75	75	75	75
槽钢型号	12	14	16	18	20	22	25	28	32	36	40	—	—	—	—
线距 c_{min}	40	45	50	50	55	55	55	60	65	70	75	—	—	—	—

表 5-9 工字钢和槽钢翼缘上的螺栓线距（mm）

工字钢型号	12	14	16	18	20	22	25	28	32	36	40	45	50	56	63
线距 a_{min}	40	40	50	55	60	65	65	70	75	80	80	85	90	95	95
槽钢型号	12	14	16	18	20	22	25	28	32	36	40	—	—	—	—
线距 a_{min}	30	35	35	40	40	45	45	45	50	56	60	—	—	—	—

（4）螺栓连接的构造要求

螺栓连接除了满足上述螺栓排列的容许距离外，根据不同情况尚应满足下列构造要求：

1）为了使连接可靠，每一杆件在节点上以及拼接接头的一端，永久性螺栓数不宜少于两个。但根据实践经验，对于组合构件的缀条，其端部连接可采用一个螺栓。

2）对直接承受动力荷载的普通螺栓连接应采用双螺帽或其他防止螺帽松动的有效措施。例如采用弹簧垫圈，或将螺帽和螺杆焊死等方法。

3）由于 C 级螺栓与孔壁有较大间隙，只宜用于沿其杆轴方向受拉的连接。承受静力荷载结构的次要连接、可拆卸结构的连接和临时固定构件用的安装连接中，也可用 C 级螺栓受剪。但在重要的连接中，例如：制动梁或吊车梁上翼缘与柱的连接，由于传递制动梁的水平支承反力，同时受到反复动力荷载作用，不得采用 C 级螺栓；柱间支撑与柱的连接，以及在柱间支撑处吊车梁下翼缘的连接，承受着反复的水平制动力和卡轨力，应优先采用高强度螺栓。

4）当型钢构件的拼接采用高强度螺栓连接时，由于型钢的抗弯刚度较大，不能保证摩擦面紧密贴合，故不能用型钢作为拼接件，而应采用钢板。

5）在高强度螺栓连接范围内，构件接触面的处理方法应在施工图中说明。

5.2.5.2 普通螺栓的受力性能和计算

普通螺栓连接按受力情况可分为三类：①螺栓只承受剪力；②螺栓只承受拉力；③螺栓承受拉力和剪力的共同作用。下面将分别论述这三类连接的受力性能和计算方法。

（1）受剪螺栓连接

1）受力性能

如图 5-30 所示为一单个受剪螺栓连接。钢板受拉力 N 作用，钢板间的相对位移为 δ，则 N-δ 曲线 I 可表示 C 级普通螺栓连接受力性能的三个阶段。

第一阶段为起始的上升直线段，表示连接处在弹性工作阶段，靠钢板间的摩擦力传力，无相对位移。由于普通螺栓紧固的预拉力很小，故此阶段很短。

当出现水平直线段，表示连接进入钢板相对滑移状态第二阶段。

当滑移至栓杆和螺栓孔壁靠紧，此时，栓杆受剪，而孔壁受挤压，连接的承载力也随之增加，曲线上升，这表示连接进入弹塑性工作状态的第三阶段。随着外拉力的增加，连接变形迅速增大，曲线亦趋于平坦。直至连接承载能力的极限状态。曲线的最高点即连接的极限承载力。

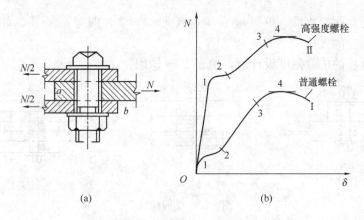

(a)   (b)

图 5-30　单个受剪螺栓连接的受力性能曲线

1—C 级普通螺栓；2—高强度螺栓

2）破坏形式

受剪螺栓连接在达极限承载力时可能出现如下五种破坏形式：

①栓杆剪断［图 5-31（a）］——当螺栓直径较小而钢板相对较厚时可能发生。

②孔壁挤压坏［图 5-31（b）］——当螺栓直径较大而钢板相对较薄时可能发生。

③钢板拉断［图 5-31（c）］——当钢板螺栓孔削弱过多时可能发生。

④端部钢板剪断［图 5-31（d）］——当顺受力方向的端距过小时可能发生。

⑤栓杆受弯破坏［图 5-31（e）］——当螺栓过长时可能发生。

上述破坏形式中的后两种在选用最小容许端距 $2d_0$ 和使螺栓的加紧长度不超过 $4 \sim 6$ 倍螺栓直径的条件下，均不会发生。针对其他三种破坏，则通过计算来防止。

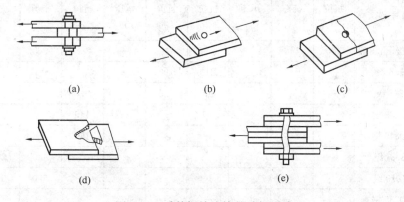

(a)   (b)   (c)

(d)   (e)

图 5-31　受剪螺栓连接的破坏形式

（a）栓杆剪断；（b）孔壁挤压坏；（c）钢板拉断；（d）端部钢板剪断；（e）栓杆受弯破坏

3）承载力计算

根据上述，受剪螺栓连接需计算栓杆受剪和孔壁承压承载力，钢板受拉（或受压）承载力强度计算。

①单个受剪螺栓的承载力设计值

A. 抗剪承载力设计值

假定螺栓受剪面上的剪应力为均匀分布，则单个螺栓的抗剪承载力设计值为：

$$N_v^b = n_v \frac{\pi d^2}{4} f_v^b \tag{5-27}$$

253

式中　n_v——受剪面的数目，单剪 $n_v=1$，双剪 $n_v=2$，四剪 $n_v=4$，如图 5-32 所示；

　　　d——螺栓的直径；

　　　f_v^b——螺栓的抗剪强度设计值，按表 5-10 选用。

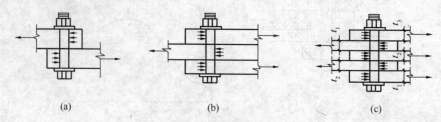

图 5-32　受剪螺栓

(a) 单剪；(b) 双剪；(c) 四剪

B. 承压承载力设计值

单个螺栓的承压承载力设计值为：

$$N_t^b = d\Sigma t f_c^b \tag{5-28}$$

式中　Σt——在不同受力方向的承压构件总厚度较小值；

　　　f_c^b——螺栓的（孔壁）承压强度设计值。与构件的钢号有关，根据试验值确定，按表 5-10 选用。

显而易见，单个受剪螺栓的承载力设计值应取 N_v^b、N_t^b 的较小者。

表 5-10　螺栓连接的强度设计值

螺栓的性能等级、锚拴和构件钢材的牌号		普 通 螺 栓						锚拴	承压螺栓高强螺栓		
		C 级螺栓			A 级、B 级螺栓						
		抗拉 f_t^b	抗剪 f_v^b	承压 f_c^b	抗拉 f_t^b	抗剪 f_v^b	承压 f_c^b	抗拉 f_t^b	抗剪 f_t^b	抗拉 f_v^b	承压 f_c^b
普通螺栓	4.4 级、4.8 级	170	140	—	—	—	—	—	—	—	—
	5.6 级	—	—	—	210	190	—	—	—	—	—
	8.8 级	—	—	—	400	320	—	—	—	—	—
锚拴	Q235 钢	—	—	—	—	—	—	140	—	—	—
	Q345 钢	—	—	—	—	—	—	180	—	—	—
承压型螺栓	8.8J 级	—	—	—	—	—	—	—	400	250	—
	10.9 级	—	—	—	—	—	—	—	500	310	—
构件	Q235 钢	—	—	305	—	—	405	—	—	—	470
	Q345 钢	—	—	385	—	—	510	—	—	—	590
	Q390 钢	—	—	400	—	—	530	—	—	—	615
	Q420 钢	—	—	425	—	—	560	—	—	—	655

注：1. A 级螺栓用于 $d \le 24$mm 和 $l \le 10d$ 或 $l \le 150$mm（按较小值）的螺栓；B 级螺栓用于 $d > 24$mm 或 $l > 10d$ 或 $l > 150$mm（按较小值）的螺栓。d 为公称直径，l 为螺杆公称长度。

2. A、B 级螺栓孔的精度和孔壁表面粗糙度，C 级螺栓孔的允许偏差和孔壁表面粗糙度，均应符合现行国家标准《钢结构工程施工质量验收规范》的要求。

②螺栓群的受剪螺栓连接计算

A. 普通螺栓群受轴心力作用下受剪螺栓计算

确定螺栓需要数目，如图 5-33 所示为一受轴心力在 N 作用的螺栓连接双盖板对接接头，其螺栓数按下式计算；

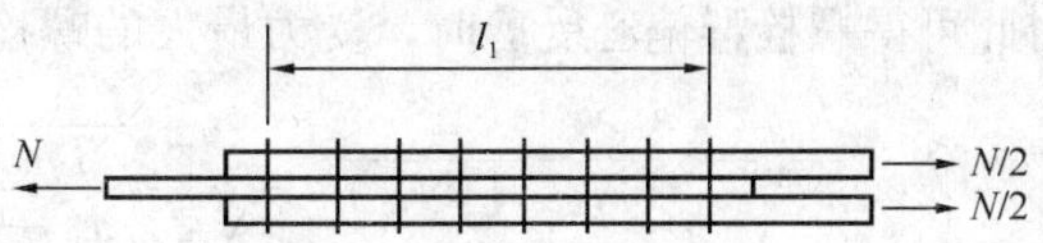

$$n = \frac{N}{\eta N_{\min}^{\mathrm{b}}} \qquad (5\text{-}29)$$

图 5-33　螺栓群轴心受力

式中　$N_{\min}^{\mathrm{b}}$——螺栓抗剪承载力设计值与承压承载力设计值的较小值；

η——折减系数。

$$\eta = 1.1 - \frac{l_1}{150 d_0} \geqslant 0.7 \qquad (5\text{-}30)$$

B. 普通螺栓群受偏心力作用时的受剪螺栓计算

图 5-34 所示即为螺栓群承受偏心剪力的情形，剪力 F 的作用线至螺栓群中心线的距离为 e，故同时受到轴心力 F 和扭矩 $T = F \cdot e$ 的联合作用。

在轴心力作用下可认为每个螺栓平均受力，则：

$$N_{1F} = \frac{F}{n} \qquad (5\text{-}31)$$

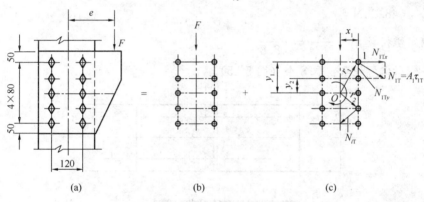

图 5-34　螺栓群偏心受剪

螺栓群在扭矩 $T = Fe$ 作用下，每个螺栓均受剪，连接按弹性设计法的计算基于下列假设：

连接板件为绝对刚性，螺栓为弹性体；

连接板件绕螺栓群形心旋转，各螺栓所受剪力大小与该螺栓至形心距离 r_i 成正比，其方向则与连线 r_i 垂直，如图 5-34 （c）所示。

螺栓 1 距形心 O 最远，其所受剪力 N_{1T} 最大：

$$N_{1T} = A_1 \tau_{1T} = A_1 \frac{T r_1}{I_{\mathrm{p}}} = A_1 \frac{T r_1}{A_1 \sum r_i^2} = \frac{T r_1}{\sum r_i^2} \qquad (5\text{-}32)$$

式中　A_1——一个螺栓的截面积；

τ_{1T}——螺栓 1 的剪应力；

I_{p}——螺栓群截面对形心 O 的极惯性矩；

r_i——任一螺栓至形心的距离。

将 N_{1T} 分解为水平分力 N_{1Tx} 和垂直分力 N_{1Ty}：

$$N_{1Tx} = N_{1T} \cdot \frac{y_1}{r_1} = \frac{T \cdot y_1}{\sum r_i^2} = \frac{T \cdot y_1}{\sum x_i^2 + \sum y_i^2} \qquad (5\text{-}33)$$

$$N_{1Ty} = N_{1T} \cdot \frac{x_1}{r_1} = \frac{T \cdot x_1}{\sum r_i^2} = \frac{T \cdot x_1}{\sum x_i^2 + \sum y_i^2} \qquad (5\text{-}34)$$

由此可得螺栓群偏心受剪时，受力最大的螺栓 1 所受合力为：

$$\sqrt{N_{1Tx}^2 + (N_{1Ty} + N_{1F})^2} = \sqrt{\left[\frac{T \cdot y_1}{\sum x_i^2 + \sum y_i^2}\right]^2 + \left[\frac{T \cdot x_1}{\sum x_i^2 + \sum y_i^2} + \frac{F}{n}\right]^2} \leqslant N_{\min}^b \quad (5\text{-}35)$$

当螺栓群布置在一个狭长带，例如 $y_1 > 3x_1$ 时，可取 $x_i = 0$ 以简化计算，则上式为：

$$\sqrt{\left(\frac{T \cdot y_1}{\sum y_i^2}\right)^2 + \left(\frac{F}{n}\right)^2} \leqslant N_{\min}^b \quad (5\text{-}36)$$

设计中，通常是先按构造要求排好螺栓，再用式（5-35）验算受力最大的螺栓。

【例 5-5】 设计两块钢板用普通螺栓的盖板拼接。已知轴心拉力的设计值 $N = 325kN$，钢材为 Q235-A，螺栓直径 $d = 20mm$（粗制螺栓）。

【解】 （1）一个螺栓的承载力设计值

抗剪承载力设计值：$N_v^b = n_v \dfrac{\pi d^2}{4} f_v^b = 2 \times \dfrac{3.14 \times 20^2}{4} \times 140 = 87900N = 87.9kN$

承压承载力设计值：$N_c^b = d\sum t f_c^b = 20 \times 8 \times 305 = 48800N = 48.8kN$

取 $N_{\min}^b = 48.8kN$

（2）确定螺栓数 $n = \dfrac{N}{N_{\min}} = \dfrac{360}{48.8}$

连接一侧所需螺栓数：取 8 个（图 5-25）。

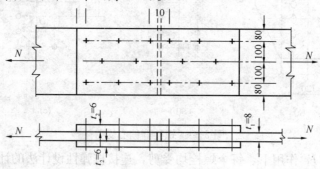

图 5-35 例 5-5 图

【例 5-6】 设计图 5-34 所示的普通螺栓连接。柱翼缘厚度为 10mm，连接板厚度为 8mm，钢材 Q235-B，荷载设计值 $F = 150kN$，偏心距 $e = 250mm$，粗制螺栓 $M = 22$。

【解】

$$\sum x_i^2 + \sum y_i^2 = 10 \times 6^2 + (4 \times 8^2 + 4 \times 16^2) = 1640 cm^2$$

$$T = F \cdot e = \frac{150 \times 25}{10^2} = 37.5kN \cdot m$$

$$N_{1Tx} = \frac{T \cdot y_1}{\sum x_i^2 + \sum y_i^2} = \frac{37.5 \times 16 \times 10^2}{1640} = 36.6kN$$

$$N_{1Ty} = \frac{T \cdot x_1}{\sum x_i^2 + \sum y_i^2} = \frac{37.5 \times 6 \times 10^2}{1640} = 13.7kN$$

$$N_1 = \sqrt{N_{1Tx}^2 + (N_{1Ty} + N_{1F})^2} = \sqrt{36.6^2 + (13.7 + 15)^2} = 46.5kN$$

螺栓直径 $d = 22mm$，一个螺栓的设计承载力为：

螺栓抗剪：$N_v^b = n_v \dfrac{\pi d^2}{4} f_v^b = 1 \times \dfrac{3.14 \times 20^2}{4} \times 140 = 53.2kN > 46.5kN$

构件承压：$N_c^b = d\sum t f_c^b = 22 \times 8 \times 305 = 53700N = 53.7kN > 46.5kN$

（2）普通螺栓的抗拉连接

1）单个普通螺栓的抗拉承载力

抗拉螺栓连接在外力作用下，构件的接触面有脱开趋势。此时螺栓受到沿杆轴方向的拉力作用，故抗拉螺栓连接的破坏形式为栓杆被拉断。

单个抗拉螺栓的承载力设计值为：

$$N_t^b = A_n f_t^b = \frac{\pi d_e^2}{4} f_t^b \tag{5-37}$$

式中　d_e——螺栓的有效直径，按表 5-11 采用；

　　　f_t^b——螺栓抗拉强度设计值。

表 5-11　螺栓螺纹处的有效面积

公称直径	12	14	16	18	20	22	24	27	30
螺栓的有效截面面积 A_e（cm^2）	0.84	1.15	1.57	1.92	2.45	3.03	3.53	4.59	5.61
公称直径	33	36	39	42	45	48	52	56	60
螺栓的有效截面面积 A_e（cm^2）	6.94	8.17	9.76	11.2	13.1	14.7	17.6	20.3	23.6
公称直径	64	68	72	76	80	85	90	95	100
螺栓的有效截面面积 A_e（cm^2）	26.6	30.6	34.6	38.9	43.3	49.5	55.9	62.7	70.0

2）普通螺栓群弯矩受拉

如图 5-36 所示为螺栓群在弯矩作用下的抗拉连接，剪力 V 通过承托板传递。在弯矩作用下，离中和轴越远的螺栓所受拉力越大，而压应力则由弯矩指向一侧的部分端板承受，设中和轴至端板受压边缘的距离为 c，如图 5-36（c）所示。由于端板受压区高度 c 总是很小，因此，在实际计算时可近似地取中和轴位于最下排螺栓 O 处，认为连接变形绕 O 处水平轴转动，螺栓拉力与 O 点算起的纵坐标 y 成正比。在对 O 处水平轴列弯矩平衡方程时，忽略

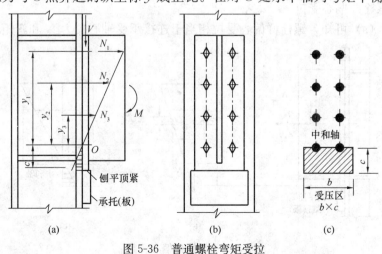

图 5-36　普通螺栓弯矩受拉

端板受压区部分的力矩，只考虑受拉螺栓部分，则得（y 均自 O 点算起）：

$$\frac{N_1}{y_1} = \frac{N_2}{y_2} = \cdots = \frac{N_i}{y_i} = \cdots \frac{N_n}{y_n}$$

$$M = \left(\frac{N_1}{y_1}\right)y_1^2 + \left(\frac{N_2}{y_2}\right)y_2^2 + \cdots + \left(\frac{N_i}{y_i}\right)y_i^2 + \cdots + \left(\frac{N_n}{y_n}\right)_n^2$$

$$= \left(\frac{N_i}{y_i}\right)\sum y_i^2$$

故得螺栓的拉力为：

$$N_i = \frac{My_i}{\sum y_i^2} \tag{5-38}$$

设计师要求受力最大的外排螺栓 1 的拉力不超过一个螺栓的抗拉承载力设计值：

$$N_1 = \frac{My_1}{\sum y_i^2} \leqslant N_t^b \tag{5-39}$$

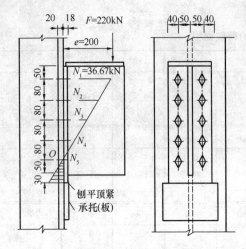

图 5-37　例 5-7 图

【例 5-7】　牛腿与柱用 C 级普通螺栓和承托连接，如图 5-37 所示，承受竖向荷载（设计值）$F = 220\text{kN}$，偏心距 $e = 200\text{mm}$。试设计其螺栓连接。已知构件和螺栓均用 Q235 钢材，螺栓为 M20，孔径 21.5mm。

【解】　牛腿的剪力 $V = F = 220\text{kN}$ 由端板刨平顶紧于承托；传递弯矩 $M = F \times e = 220 \times 200 = 44 \times 10^3 \text{kN} \cdot \text{m}$ 由螺栓连接传递，使螺栓受拉。初步假定螺栓布置如图 5-37 所示。对最下排螺栓 O 轴取矩，最大受力螺栓（最上排 1）的拉力为：

$$N_1 = \frac{My_1}{\sum y_i^2} = \frac{(44 \times 10^3 \times 320)}{[2 \times (80^2 + 160^2 + 240^2 + 320^2)]} = 36.67\text{kN}$$

一个螺栓的抗拉承载力设计值为：

$$N_t^b = A_e f_t^b = 244.8 \times 170 = 41620\text{N} = 41.662\text{kN} > N_1 = 36.67\text{kN}$$

所假定螺栓连接满足设计要求。

3）普通螺栓群偏心受拉

由图 5-38（a）可知，螺栓群偏心受拉相当于连接承受轴心拉力 N 和弯矩 $M = N \times e$ 的

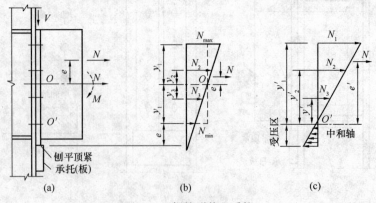

图 5-38　螺栓群偏心受拉

258

联合作用。根据偏心距的大小可能出现小偏心受拉和大偏心受拉两种情况。

①小偏心受拉

对于小偏心情况如图 5-38 (b) 所示，所有螺栓均承受拉力作用，端板与柱翼缘有分离趋势，故在计算时轴心拉力 N 由各螺栓均匀承受；而弯矩 M 则引起以螺栓群形心 O 处水平轴为中和轴的三角形应力分布，如图 5-38 (c) 所示，使上部螺栓受拉，下部螺栓受压；叠加后则全部螺栓均为受拉。这样可得最大和最小受力螺栓的拉力和满足设计要求的公式如下（y_i 均自 O 点算起）：

$$N_{max} = \frac{N}{n} + \frac{Ney_1}{\sum y_i^2} \leqslant N_t^b \tag{5-40}$$

$$N_{min} = \frac{N}{n} - \frac{Ney_1}{\sum y_i^2} \geqslant 0 \tag{5-41}$$

式 (5-40) 表示最大受力螺栓的拉力不超过一个螺栓的承载力设计值；式 (5-41) 则表示全部螺栓受拉，不存在受压区。由此式可得 $N_{min} > 0$ 时的偏心距 $e \leqslant \dfrac{\sum y_i^2}{(ny_1)}$。此即为螺栓有效截面组成的核心距，即 $e \leqslant \rho$ 时为小偏心受拉。

②大偏心受拉

当偏心距 e 较大时，即 $e > \rho = \sum y_i^2 / (ny_1)$ 时，则端板底部将出现受压区，如图 5-38 (c) 所示。由于 $N_1/y_1' = N_2/y_2' = \cdots = N_i/y_i' = \cdots = N_n/y_n'$ 对 O' 取矩，得：

$$Ne' = N_1 y_1' + N_2 y_2' + \cdots + N_i y_i' + \cdots + N_n y_n'$$
$$= (N_1/y_1') y_1'^2 + (N_2/y_2') y_2'^2 + \cdots + (N_i y_i') y_i'^2 + \cdots + (N_n y_n'^2) y_n'^2$$
$$N_1 = Ne' y_1'^2 / \sum y_i'^2 \leqslant N_T^b \quad (N_i = Ne' y_n'/\sum y_n'^2) \tag{5-42}$$

【例 5-8】 如图 5-39 所示为一刚接屋架下弦节点，竖向力由承托承受。螺栓为 C 级，只承受偏心拉力。设 $N = 220\text{kN}$，$e = 100\text{mm}$。螺栓布置如图 5-39 (a) 所示。

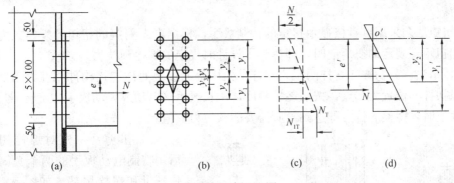

图 5-39 例 5-8 图

【解】 螺栓有效截面的核心距：

$$\rho = \frac{\sum y_i^2}{ny_1} = \frac{4 \times (5^2 + 15^2 + 25^2)}{12 \times 25} = 11.7\text{cm} > e = 100\text{mm}$$

即偏心力作用在核心距以内，属小偏心受拉

$$N_1 = \frac{N}{n} + \frac{N \cdot e}{\sum y_i^2} \cdot y_1 = \frac{250}{12} + \frac{250 \times 10 \times 25}{4 \times (5^2 + 15^2 + 25^2)} = 38.7\text{kN}$$

需要的有效面积为 $A_e = \dfrac{51.1 \times 10^3}{170} = 300.6\text{mm}^2 < 303.4\text{mm}^2$

5.2.6 高强度螺栓连接的性能和计算

5.2.6.1 高强度螺栓连接的性能

高强度螺栓连接和普通螺栓连接的主要区别是：普通螺栓连接抗剪时依靠杆身承压和螺栓的抗剪来传递剪力，在扭紧螺帽时螺栓产生的预拉力很小，其影响可以不计。而高强度螺栓除与普通螺栓受力相同为外，在扭紧螺帽时螺栓产生的预拉力很大，使被连接构件的接触面之间产生挤压力，而在垂直螺栓杆的方向有很大摩擦力，如图 5-40 所示。这种挤压力和摩擦力对外力的传递有很大影响。预拉力、抗滑移系数和钢材的重量都直接影响高强度螺栓连接的承载力。

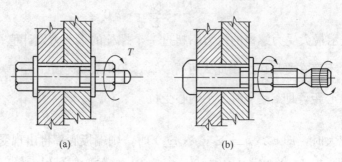

图 5-40　高强度螺栓连接

高强度螺栓连接，从受力特征分为摩擦型高强度螺栓、承压型高强度螺栓和承拉力型高强度螺栓连接。

（1）高强度螺栓的预拉力

高强度螺栓的预拉力，是通过扭紧螺帽实现的。一般采用扭矩法、转角法或扭剪法来控制预拉力。

1）扭矩法。采用可直接显示扭矩的特制扳手，根据事先测定的扭矩和螺栓拉力之间的关系施加扭矩至规定的扭矩值时，即达到了设计时规定的螺栓预拉力。

2）转角法。分初拧和终拧两步。初拧是先用普通扳手使被连接构件相互紧密贴合，终拧就是以初拧的位置为起点，按照终拧角度，用长扳手（电动或风动扳手）旋转螺母，拧至预定角度值时，螺栓的拉力即达到了所需要的预拉力数值。

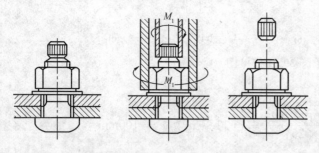

图 5-41　扭剪型高强度螺栓连接副的安装过程

3）扭剪法。先对螺栓初拧，然后用特制电动扳手的两个套筒分别套住螺母和螺栓尾部，如图 5-41 所示，操作时，大套筒正转施加紧固扭矩，小套筒则施加紧固反扭矩，将螺栓紧固后，再进而沿尾部槽口将梅花卡头拧掉。由于螺栓尾部槽口深度是按终拧扭矩和预拉力之间的关系确定，故当梅花拧掉螺栓即达到规定的预拉力值。这种螺栓施加预拉力简单、准确，在我国得到广泛应用。

高强度螺栓的设计预拉力值由材料强度和螺栓有效截面确定，每个高强度螺栓预拉力设计值 P 见表 5-12。

表 5-12　一个高强螺栓的设计预拉力值（kN）

螺栓的性能等级	螺栓公称直径					
	M16	M20	M22	M24	M27	M30
8.8 级	80	125	155	180	230	285
10.9 级	100	155	190	225	290	355

（2）高强度螺栓连接的摩擦面抗滑移系数

摩擦型高强度螺栓连接完全依靠被连接构件间的摩擦阻力传力，而摩擦阻力的大小与螺栓的预拉力和连接件间的摩擦面的抗滑移系数有关。

规范规定的摩擦面抗滑移系数 μ 值见表 5-13。

表 5-13　摩擦面的抗滑移系数 μ

在连接处接触面的处理方法	构件的钢号		
	Q235 钢	Q345 钢、Q390 钢	Q420 钢
喷砂	0.45	0.50	0.50
喷砂后涂富锌漆	0.35	0.40	0.40
喷砂后生赤漆	0.45	0.50	0.50
钢丝刷除浮锈或未经处理的干净轧制表面	0.30	0.35	0.40

5.2.6.2　高强度螺栓连接计算

（1）每个高强螺栓的设计值

在抗剪连接中，每个高强螺栓的承载力设计值，按下式计算：

摩擦型高强度螺栓 $\qquad\qquad N_v^b = 0.9 n_f \mu P$ $\qquad\qquad$ (5-43)

承压型高强螺栓 $\qquad\qquad N_v^b = n_v \dfrac{\pi d^2}{4} f_v^b$ $\qquad\qquad$ (5-44)

$$N_v^b = d \Sigma t \cdot f_c^b \qquad\qquad (5\text{-}45)$$

在螺栓杆轴向受拉连接中，每个高强螺栓的承载能力设计值，按下式计算：

摩擦型高强度螺栓 $\qquad\qquad N_v^t = 0.8 P$ $\qquad\qquad$ (5-46)

承压型高强螺栓 $\qquad\qquad N_t^b = \dfrac{\pi d_e^2}{4} f_t^b$ $\qquad\qquad$ (5-47)

（2）高强度螺栓连接的受剪连接计算

在轴心力作用时，螺栓连接所需螺栓数目应由下式确定：

$$n \geqslant \frac{N}{N_{min}^b}$$

对摩擦型连接，N_v^b 按式（5-43）计算；

对承压型连接，N_v^b 分别按式（5-44）和式（5-47）计算，并取其较小值。

（3）高强度螺栓群的抗拉计算

1）轴心力作用时

高强度螺栓群连接所需螺栓数目：

$$n \geqslant \frac{N}{N_t^b}$$

式中　N_t^b——在杆轴方向受拉力时，一个高强度螺栓（摩擦型或承压型）的承载力设计值。

2）高强度螺栓群因弯矩受拉

高强度螺栓（摩擦型和承压型）的外拉力总是小于预拉力 P，在连接受弯矩而使螺栓沿栓杆方向受力时，被连接构件的接触面一直保持紧密贴合，因此，可认为中和轴在螺栓群的形心轴上，如图 5-42 所示，最外排螺栓受力最大。按照普通螺栓小偏心受拉中，关于弯矩使螺栓产生的最大拉力的计算方法，可得高强度螺栓群因弯矩受拉时，最大拉力验算式为：

$$N_1 = \frac{M \cdot y_1}{\sum y_i^2} \leqslant N_t^b \tag{5-48}$$

式中　y_1——螺栓群形心轴至螺栓的最大距离；

$\sum y_i^2$——形心轴上、下各螺栓至形心轴距离的平方和。

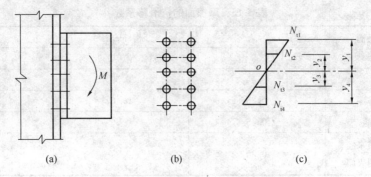

图 5-42　承受弯矩的高强度螺栓连接
(a) 构件受力图；(b) 螺栓位置图；(c) 螺栓受力图

5.3　轴心受力构件

5.3.1　轴心受力构件应用以及截面形式

钢结构中，轴心受力构件的应用十分广泛，例如桁架、塔架和网架、网壳等的杆件体系。这类结构通常假设其节点为铰接连接，当无节间荷载作用时，只受轴向拉力和压力的作用，分别称为轴心受拉构件和轴心受压构件。如图 5-43 即为轴心受力构件在工程中应用的一些实例。

轴心压杆也经常用做工业建筑的工作平台支柱。柱由柱头、柱身和柱脚三部分组成，如图 5-44 所示。柱头用来支承平台梁或桁架，柱脚的作用是将压力传至基础。

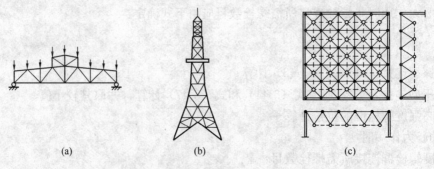

图 5-43　轴心受力构件在工程中的应用
(a) 桁架；(b) 塔架；(c) 网架

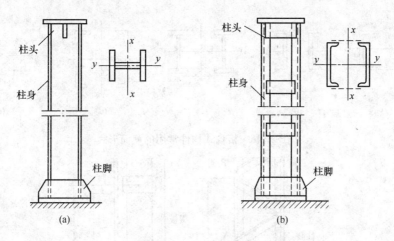

图 5-44　柱的组成

　　轴心受力构件的常用截面形式可分为实腹式和格构式两大类。

　　实腹式构件制作简单，与其他构件连接也较方便，其常用截面形式很多。可直接选用单个型钢截面，如圆钢、钢管、角钢、T 型钢、槽钢、工字钢、H 型钢等，如图 5-45（a）所示，也可选用由型钢和钢板组成的组合截面，如图 5-45（b）所示。一般桁架结构中的弦杆和腹杆，除 T 型钢外，常采用角钢和双角钢组合截面，如图 5-45（c）所示，在轻型结构中则可采用冷弯薄壁型钢截面，如图 5-45（d）所示。以上这些截面中，截面紧凑（如圆钢和组成板件宽厚比较小截面）或对两主轴刚度相差悬殊者（如单槽钢、工字钢），一般只可能用于轴心受拉构件。而受压构件通常采用较为开展、组成板件宽而薄的截面。

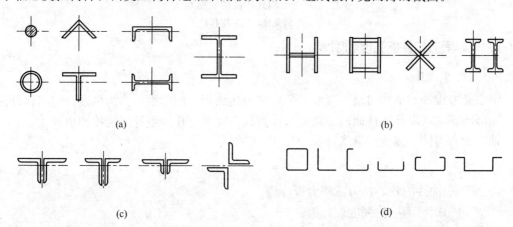

(a)　　　　　　　　　　　　　　　　(b)

(c)　　　　　　　　　　　　　　　　(d)

图 5-45　轴心受力实腹式构件的截面形式

（a）单个型钢截面；（b）型钢和钢板组合截面；（c）角钢和双角钢组合截面；（d）冷弯薄壁型钢截面

　　格构式构件容易使压杆实现两主轴方向的等稳定性，刚度大，抗扭性能也好，用料较省。其截面一般由一个或多个型钢肢件组成，如图 5-46 所示，肢件间采用缀条，如图 5-47（a）所示，或缀板，如图 5-47（b）所示，连成整体，缀板和缀条称为缀材。

　　在进行轴心受力构件的设计时，应进行承载能力计算，受拉构件一般以强度控制，而受压构件需同时满足强度和稳定性的要求。同时还应保证构件的刚度。因此，按其受力性质的不同，轴心受拉构件的设计需分别进行强度和刚度的验算，而轴心受压构件的设计需分别进行强度、稳定性和刚度的验算。

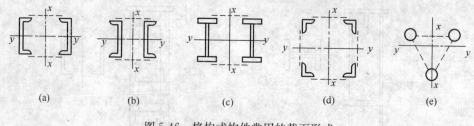

（a）　　　　（b）　　　　（c）　　　　（d）　　　　（e）

图 5-46　格构式构件常用的截面形式

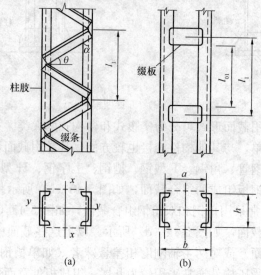

（a）　　　　　　　（b）

图 5-47　格构式构件的缀材布置

（a）缀条柱；（b）缀板柱

5.3.2　轴心受力构件的强度和刚度

5.3.2.1　强度计算

轴心受力构件的承载力是以截面的平均应力达到钢材的屈服应力为极限。但当构件的截面有局部削弱时，以其净截面的平均应力达到其强度限值作为设计时的控制值。

轴心受力构件的强度按下式计算：

$$\sigma = \frac{N}{A_n} \leqslant f \tag{5-49}$$

式中　N——构件的轴心拉力或压力设计值；

　　　f——钢材的抗拉强度设计值；

　　　A_n——构件的净截面面积。

当轴心受力构件采用普通螺栓（或铆钉）连接时，若螺栓（或铆钉）为并列布置，如图 5-48（a）所示，A_n 按最危险的正交截面（I—I 截面）计算。若螺栓错列布置，如图 5-48

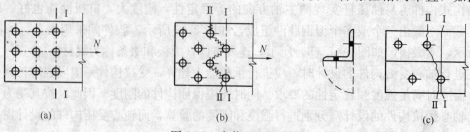

（a）　　　　　　　　　（b）　　　　　　　　　（c）

图 5-48　净截面面积计算

264

（b）、（c）所示，构件既可能沿正交截面Ⅰ—Ⅰ破坏，也可能沿齿状截面Ⅱ—Ⅱ破坏。A_n 应取Ⅰ—Ⅰ和Ⅱ—Ⅱ截面的较小面积计算。

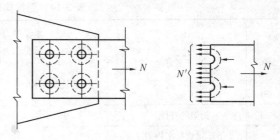

图 5-49　高强度螺栓的孔前传力

对于摩擦型高强度螺栓连接的杆件，验算净截面强度时应考虑截面上每个螺栓所传之力的一部分已经由摩擦力在孔前传走，如图 5-49 所示，净截面上所受内力应扣除已传走的力。因此，验算最外列螺栓处危险截面的强度时，应按下式计算：

$$\sigma = \frac{N'}{A_n} \leqslant f \qquad (5-50)$$

$$N' = N\left(1 - \frac{0.5 n_1}{n}\right) \qquad (5-51)$$

式中　　n——连接一侧的高强度螺栓总数；

n_1——计算截面（最外列螺栓处）上的高强度螺栓数；

0.5——孔前传力系数。

摩擦型高强度螺栓连接的拉杆，除按式 5-50 验算净截面强度外，还应按下式验算毛截面强度：

$$\sigma = \frac{N'}{A} \leqslant f \qquad (5-52)$$

式中　A——构件的毛截面面积。

5.3.2.2　刚度计算

为满足结构的正常使用要求，轴心受力构件不应做得过分柔细，而应具有一定的刚度以保证构件不会产生过度的变形。

受拉和受压构件的刚度是以保证其长细比限值 λ 来实现的，即：

$$\lambda = \frac{l_0}{i} \leqslant [\lambda] \qquad (5-53)$$

式中　λ——构件的最大长细比；

l_0——构件的计算长度；

i——截面的回转半径；

$[\lambda]$——构件的容许长细比。

当构件的长细比太大时，会产生下列不利影响：

①在运输和安装过程中产生弯曲或过大的变形；

②使用期间因其自重而明显下挠；

③在动力荷载作用下发生较大的振动；

④压杆的长细比过大时，除具有前述各种不利因素外，还使得构件的极限承载力显著降低，同时，初弯弯曲和自重产生的挠度也将对构件的整体稳定带来不利影响。

《钢结构规范》在总结了钢结构长期使用经验的基础上，根据构件的重要性和荷载情况，对受拉构件的容许长细比规定了不同的要求和数值，见表 5-14。规范对压杆容许长细比的规定更为严格，见表 5-15。

表 5-14　受拉构件的容许长细比

项次	构件名称	承受静力荷载或间接承受动力荷载的结构		直接承受动力荷载的结构
		一般建筑结构	有重级工作制吊车的厂房	
1	桁架的杆件	350	250	250
2	吊车梁或吊车桁架以下的柱间支撑	300	200	—
3	其他拉杆、支撑、系杆等（张紧的圆钢除外）	400	350	

注：1. 承受静力荷载的结构中，可仅计算受拉构件在竖向平面内的长细比。

　　2. 在直接或间接承受动力荷载的结构中，计算单角钢受拉构件的长细比时，应采用角钢的最小回转半径；但在计算交叉杆件平面外的长细比时，应采用与角钢肢边平行轴的回转半径。

　　3. 中、重级工作制吊车桁架下弦杆的长细比不宜超过200。

　　4. 在设有夹钳吊车或刚性料耙吊车的厂房中，支撑（表中第2项除外）的长细比不宜超过300。

　　5. 受拉构件在永久荷载与风荷载组合作用下受压时，其长细比不宜超过250。

　　6. 跨度等于或大于60m的桁架，其受拉弦杆和腹杆的长细比不宜超过300（承受静力荷载）或250（承受动力荷载）。

表 5-15　受压构件的容许长细比

项次	构件名称	容许长细比
1	柱、桁架和天窗架构件	150
	柱的缀条、吊车梁或吊车桁架以下的柱间支撑	
2	支撑（吊车梁或吊车桁架以下的柱间支撑除外）	200
	用以减小受压构件长细比的杆件	

注：1. 桁架（包括空间桁架）的受压腹杆，当其内力等于或小于承载能力的50%时，容许长细比值可取为200。

　　2. 计算单角钢受压构件的长细比时，应采用角钢的最小回转半径；但在计算交叉杆件平面外的长细比时，应采用与角钢肢边平行轴的回转半径。

　　3. 跨度等于或大于60m的桁架，其受压弦杆和端压杆的容许长细比值宜取为100，其他受压腹杆可取为150（承受静力荷载）或120（承受动力荷载）。

5.3.2.3　轴心拉杆的设计

受拉构件没有整体稳定和局部稳定问题，极限承载力一般由强度控制，所以，设计时只考虑强度和刚度。

钢材比其他材料更适合于受拉，所以钢拉杆不但用于钢结构，还用于钢与钢筋混凝土或木材的组合结构中。此种组合结构的受压构件用钢筋混凝土或木材制作，而拉杆用钢材做成。

【例 5-9】　如图 5-50 所示，一有中级工作制吊车的厂房屋架的双角钢拉杆，截面为 2L100×10，角钢上有交错排列的普通螺栓孔，孔径 $d = 20$mm。试计算此拉杆所能承受的最大拉力及容许达到的最大计算长度。钢材为

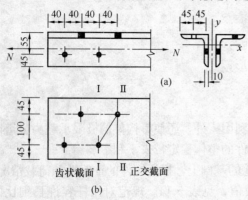

图 5-50　例 5-9 图

Q235 钢。

【解】 查型钢表附录 1L100×10 角钢，$i_x = 3.05\text{cm}$，$i_y = 4.52\text{cm}$，$f = 215\text{kN/mm}^2$，角钢的厚度为 10mm，在确定危险截面之前先把它按中面展开，如图 5-48 （b）所示。

正交净截面的面积为：

$$A_n = 2 \times (4.5 + 10 + 4.5 - 2) \times 1.0 = 34.0\text{cm}^2$$

齿状净截面的面积为：

$$A_n = 2 \times (4.5 + \sqrt{10^2 + 4^2} + 4.5 - 2 \times 2) \times 1.0 = 31.5\text{cm}^2$$

危险截面是齿状截面，此拉杆所能承受的最大拉力为：

$$N = A_n f = 31.5 \times 10^2 \times 215 = 677000\text{N} = 677\text{kN}$$

容许的最大计算长度为：

对 x 轴，$i_{0x} = [\lambda] \cdot i_x = 350 \times 30.5 = 10675\text{mm}$

对 y 轴，$i_{0y} = [\lambda] \cdot i_y = 350 \times 45.2 = 15820\text{mm}$

5.3.3 轴心受压构件的稳定

轴心受压构件整体稳定是确定构件截面的重要因素。

5.3.3.1 整体稳定的计算

（1）计算公式

$$\frac{N}{\varphi A} \leqslant f \tag{5-54}$$

式中 N——轴向压力；

       A——构件的毛截面面积；

       f——钢材的抗压强度设计值；

       φ——轴心受压构件的稳定系数。

（2）轴心受压构件稳定系数 φ

1）轴心受压构件的截面分类

压杆的极限承载力不仅与长细比有关，而且还与残余应力、初弯曲和初偏心等因数有关。即使长细比相同的构件，随着截面形状、弯曲方向、残余应力水平及分布情况的不同，构件的极限承载能力有很大差异。《钢结构规范》根据计算资料，结合工程实际，将这些柱子截面合并归纳为四类，即 a、b、c、d 类。

组成板件厚度 $t < 40\text{mm}$ 的轴心受压构件的截面分类见表 5-16，而 $t \geqslant 40\text{mm}$ 的截面分类见表 5-17。

表 5-16   轴心受压构件的截面分类（板件 $t < 40\text{mm}$）

截 面 形 式	对 x 轴	对 y 轴
轧制	a 类	a 类
$b/h \leqslant 0.8$ 轧制	a 类	a 类

截 面 形 式			对 x 轴	对 y 轴
轧制	焊接，翼缘为焰切边	焊接	b 类	b 类
	轧制	轧制等边角钢		
轧制，焊接（板件宽厚比压构件＞20）	轧制或焊接			
焊接	轧制截面和翼缘为焰切边的焊接截面			
格构式	焊接，板件边缘焰切			
焊接，翼缘为轧制或剪切边			b 类	c 类
焊接，板件边缘轧制或剪切	焊接板件宽厚比≤20		c 类	c 类

表 5-17　轴心受压构件的截面分类（板件 $t \geqslant 40\text{mm}$）

截面情况		类	别
轧制工字钢或 H 形截面	$t < 80\text{mm}$	b 类	c 类
	$t \geqslant 40\text{mm}$	c 类	d 类
焊接工字形截面	翼缘为焰切边	b 类	b 类
	翼缘为轧制剪切边	c 类	d 类
焊接箱形截面	板件宽厚比＞20	b 类	b 类
	板件宽厚比≤20	c 类	c 类

2）确定稳定系数 φ

稳定系数 φ 按表 5-18～表 5-21 采用。

表 5-18　a 类截面轴心受压构件的稳定系数

$\lambda\sqrt{\dfrac{f_y}{235}}$	0	1	2	3	4	5	6	7	8	9
0	1.000	1.000	1.000	1.000	0.999	0.999	0.998	0.998	0.997	0.996
10	0.995	0.994	0.993	0.992	0.991	0.989	0.988	0.986	0.985	0.983
20	0.981	0.979	0.977	0.976	0.974	0.972	0.970	0.968	0.966	0.964
30	0.963	0.961	0.959	0.957	0.955	0.952	0.950	0.948	0.946	0.944
40	0.941	0.939	0.937	0.934	0.932	0.929	0.927	0.924	0.921	0.919
50	0.916	0.913	0.910	0.907	0.904	0.900	0.897	0.894	0.890	0.886
60	0.883	0.879	0.875	0.871	0.867	0.863	0.858	0.854	0.849	0.844
70	0.839	0.834	0.829	0.824	0.818	0.813	0.807	0.801	0.795	0.789
80	0.783	0.776	0.770	0.763	0.757	0.750	0.743	0.736	0.728	0.721
90	0.714	0.706	0.699	0.691	0.684	0.676	0.668	0.661	0.653	0.645
100	0.638	0.630	0.622	0.615	0.607	0.600	0.592	0.585	0.577	0.570
110	0.563	0.555	0.548	0.541	0.534	0.527	0.520	0.514	0.507	0.500
120	0.494	0.488	0.481	0.475	0.469	0.463	0.402	0.397	0.392	0.387
130	0.434	0.429	0.423	0.418	0.364	0.360	0.356	0.351	0.347	0.343
140	0.383	0.378	0.373	0.369	0.364	0.360	0.356	0.312	0.309	0.305
150	0.339	0.335	0.331	0.327	0.323	0.320	0.316	0.312	0.309	0.305
160	0.302	0.298	0.295	0.292	0.289	0.285	0.282	0.279	0.276	0.273
170	0.270	0.267	0.264	0.262	0.259	0.256	0.253	0.251	0.248	0.246
180	0.243	0.241	0.238	0.236	0.233	0.231	0.229	0.226	0.224	0.222
190	0.220	0.218	0.215	0.213	0.211	0.209	0.207	0.205	0.203	0.201
200	0.199	0.198	0.196	0.194	0.192	0.190	0.189	0.187	0.185	0.183
210	0.182	0.180	0.179	0.177	0.175	0.174	0.172	0.171	0.169	0.168
220	0.166	0.165	0.164	0.162	0.161	0.159	0.158	0.157	0.155	0.154
230	0.153	0.152	0.150	0.149	0.148	0.147	0.146	0.144	0.143	0.142
240	0.141	0.140	0.139	0.138	0.136	0.135	0.134	0.133	0.132	0.131
250	0.130									

表 5-19　b 类截面轴心受压构件的稳定系数

$\lambda\sqrt{\frac{f_y}{235}}$	0	1	2	3	4	5	6	7	8	9
0	1.000	1.000	1.000	0.999	0.999	0.998	0.997	0.996	0.995	0.994
10	0.992	0.991	0.989	0.987	0.985	0.983	0.981	0.978	0.976	0.973
20	0.970	0.967	0.963	0.960	0.957	0.953	0.950	0.946	0.943	0.939
30	0.936	0.932	0.929	0.925	0.922	0.918	0.914	0.910	0.906	0.903
40	0.899	0.895	0.891	0.887	0.882	0.878	0.874	0.870	0.865	0.861
50	0.856	0.852	0.847	0.842	0.838	0.833	0.828	0.823	0.818	0.813
60	0.807	0.802	0.797	0.791	0.786	0.780	0.774	0.769	0.763	0.757
70	0.751	0.745	0.739	0.732	0.726	0.720	0.714	0.707	0.701	0.694
80	0.688	0.681	0.675	0.668	0.661	0.655	0.648	0.641	0.635	0.628
90	0.621	0.614	0.608	0.601	0.594	0.588	0.581	0.575	0.568	0.561
100	0.555	0.549	0.542	0.536	0.529	0.523	0.517	0.511	0.505	0.499
110	0.493	0.487	0.481	0.475	0.470	0.464	0.458	0.453	0.447	0.442
120	0.437	0.432	0.426	0.421	0.416	0.411	0.406	0.402	0.397	0.392
130	0.387	0.383	0.378	0.374	0.370	0.365	0.361	0.357	0.353	0.349
140	0.345	0.341	0.337	0.333	0.329	0.326	0.322	0.318	0.315	0.311
150	0.308	0.304	0.301	0.298	0.295	0.291	0.288	0.285	0.282	0.279
160	0.276	0.273	0.270	0.267	0.265	0.262	0.259	0.256	0.254	0.251
170	0.249	0.246	0.244	0.241	0.239	0.236	0.234	0.232	0.229	0.227
180	0.225	0.223	0.220	0.218	0.216	0.214	0.212	0.210	0.208	0.206
190	0.204	0.202	0.200	0.198	0.197	0.195	0.193	0.191	0.190	0.188
200	0.186	0.184	0.183	0.181	0.180	0.178	0.176	0.175	0.173	0.172
210	0.170	0.169	0.167	0.166	0.165	0.163	0.162	0.160	0.159	0.158
220	0.156	0.155	0.154	0.153	0.151	0.150	0.149	0.148	0.146	0.145
230	0.144	0.143	0.142	0.141	0.140	0.138	0.137	0.136	0.135	0.134
240	0.133	0.132	0.131	0.130	0.129	0.128	0.127	0.126	0.125	0.124
250	0.123									

表 5-20　c 类截面轴心受压构件的稳定系数

$\lambda\sqrt{\frac{f_y}{235}}$	0	1	2	3	4	5	6	7	8	9
0	1.000	1.000	1.000	0.999	0.999	0.998	0.997	0.996	0.995	0.993
10	0.992	0.990	0.988	0.986	0.983	0.981	0.978	0.976	0.973	0.970
20	0.966	0.959	0.953	0.947	0.940	0.934	0.928	0.921	0.915	0.909
30	0.902	0.896	0.890	0.884	0.877	0.871	0.865	0.858	0.852	0.846
40	0.839	0.833	0.826	0.820	0.814	0.807	0.801	0.794	0.788	0.781
50	0.775	0.768	0.762	0.755	0.748	0.742	0.735	0.729	0.722	0.715
60	0.709	0.702	0.695	0.689	0.682	0.676	0.669	0.662	0.656	0.649
70	0.643	0.636	0.629	0.623	0.616	0.610	0.604	0.597	0.591	0.584
80	0.578	0.572	0.566	0.559	0.553	0.547	0.541	0.535	0.529	0.523
90	0.517	0.511	0.505	0.500	0.494	0.488	0.483	0.477	0.472	0.467
100	0.463	0.458	0.454	0.449	0.445	0.441	0.436	0.432	0.428	0.423
110	0.419	0.415	0.411	0.407	0.403	0.399	0.395	0.391	0.387	0.383
120	0.379	0.375	0.371	0.367	0.364	0.360	0.356	0.353	0.349	0.346
130	0.342	0.339	0.335	0.332	0.328	0.325	0.322	0.319	0.315	0.312
140	0.309	0.306	0.303	0.300	0.297	0.294	0.291	0.288	0.285	0.282
150	0.280	0.277	0.274	0.271	0.269	0.266	0.264	0.261	0.258	0.256
160	0.254	0.251	0.249	0.246	0.244	0.242	0.239	0.237	0.235	0.233
170	0.230	0.228	0.226	0.224	0.222	0.220	0.218	0.216	0.214	0.212
180	0.210	0.208	0.206	0.205	0.203	0.201	0.199	0.197	0.196	0.194
190	0.192	0.190	0.189	0.187	0.186	0.184	0.182	0.181	0.179	0.178
200	0.176	0.175	0.173	0.172	0.170	0.169	0.168	0.166	0.165	0.163
210	0.162	0.161	0.159	0.158	0.157	0.156	0.154	0.153	0.152	0.151
220	0.150	0.148	0.147	0.146	0.145	0.144	0.143	0.142	0.140	0.139
230	0.138	0.137	0.136	0.135	0.134	0.133	0.132	0.131	0.130	0.129
240	0.128	0.127	0.126	0.125	0.124	0.124	0.123	0.122	0.121	0.120
250	0.119									

表 5-21 d 类截面轴心受压构件的稳定系数

$\lambda\sqrt{\dfrac{f_y}{235}}$	0	1	2	3	4	5	6	7	8	9
0	1.000	1.000	0.999	0.999	0.998	0.996	0.994	0.992	0.990	0.987
10	0.984	0.981	0.978	0.974	0.969	0.965	0.960	0.955	0.949	0.944
20	0.937	0.927	0.918	0.909	0.900	0.891	0.883	0.874	0.865	0.857
30	0.848	0.840	0.831	0.823	0.815	0.807	0.799	0.790	0.782	0.771
40	0.766	0.759	0.751	0.743	0.735	0.728	0.720	0.712	0.705	0.697
50	0.690	0.683	0.675	0.668	0.661	0.654	0.646	0.639	0.632	0.625
60	0.618	0.612	0.605	0.598	0.591	0.585	0.578	0.572	0.565	0.559
70	0.552	0.546	0.540	0.534	0.528	0.522	0.516	0.510	0.504	0.498
80	0.493	0.487	0.481	0.476	0.470	0.465	0.460	0.454	0.449	0.444
90	0.439	0.434	0.429	0.424	0.419	0.414	0.410	0.405	0.401	0.397
100	0.394	0.390	0.387	0.383	0.380	0.376	0.373	0.370	0.366	0.363
110	0.359	0.356	0.353	0.350	0.346	0.343	0.340	0.337	0.334	0.331
120	0.328	0.325	0.322	0.319	0.316	0.313	0.310	0.307	0.304	0.301
130	0.299	0.296	0.293	0.290	0.288	0.285	0.282	0.280	0.277	0.275
140	0.272	0.270	0.267	0.265	0.262	0.260	0.258	0.255	0.253	0.251
150	0.248	0.246	0.244	0.242	0.240	0.237	0.235	0.233	0.231	0.229
160	0.227	0.225	0.223	0.221	0.219	0.217	0.215	0.213	0.212	0.210
170	0.208	0.206	0.204	0.203	0.200	0.199	0.197	0.196	0.194	0.192
180	0.191	0.189	0.188	0.186	0.184	0.183	0.181	0.180	0.178	0.177
190	0.176	0.174	0.173	0.171	0.170	0.168	0.167	0.166	0.164	0.163
200	0.162									

5.3.3.2 轴心受压构件的局部稳定

轴心受压构件不仅有丧失整体稳定的可能性，而且也有丧失局部稳定的可能性。组成构件的板件，如工字形截面构件的翼缘和腹板，它们的厚度与板其他两个尺寸相比很小。在均匀压力的作用下，当压力到达某一数值时，板件不能继续维持平面平衡状态而产生凸曲现象，如图 5-51 所示。因为板件只是构件的一部分，所以把这种屈曲现象称为丧失局部稳定。丧失局部稳定的构件还可能继续维持着整体稳定的平衡状态，但因为有部分板件已经屈曲，所以会降低构件的承载力，可能导致构件的提前破坏。因此，《钢结构规范》规定，受压构件中板件的局部稳定以板件屈曲不先于构件的整体屈曲为条件，并以限制板件的宽厚比来加以控制，见表 5-22。

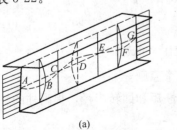

(a)　　　　　　　　　(b)

图 5-51 轴心受压构件的局部失稳

表 5-22　轴心受压构件板件宽厚比限值

截面及板件尺寸	宽厚比限值
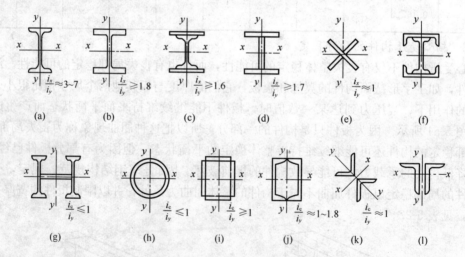	$\dfrac{b}{t}\left(\text{或}\dfrac{b_1}{t}\right)\leqslant(10+0.1\lambda)\sqrt{\dfrac{235}{f_y}}$ $\dfrac{b_1}{t}\leqslant(15+0.2\lambda)\sqrt{\dfrac{235}{f_y}}$ $\dfrac{h_0}{t_w}\leqslant(25+0.5\lambda)\sqrt{\dfrac{235}{f_y}}$
	$\dfrac{b_0}{t}\left(\text{或}\dfrac{h_0}{t_w}\right)\leqslant40\sqrt{\dfrac{235}{f_y}}$
	$\dfrac{d}{t}\leqslant100\left(\dfrac{235}{f_y}\right)$

注：对两板焊接 T 形截面，其腹板高厚比应满足 $b_1/t_1\leqslant(13+0.17\lambda\sqrt{235/f_y})$。

5.3.4　实腹式轴心受压柱的设计

5.3.4.1　截面形式

实腹式轴心受压柱一般采用双轴对称截面，以避免弯扭失稳。常用截面形式有轧制普通工字钢、H 型钢、焊接工字形截面、型钢和钢板的组合截面、圆管和方管截面等，如图5-52所示。

图 5-52　轴心受压实腹柱常用截面

选择轴心受压实腹柱的截面时，应考虑以下几个原则：

（1）面积的分布应尽量开展，以增加截面的惯性矩和回转半径，提高柱的整体稳定性和刚度；

（2）使两个主轴方向等稳定性，即使 $\varphi_x=\varphi_y$，以达到经济的效果；

（3）便于与其他构件进行连接；

（4）尽可能构造简单，制造省工，取材方便。

5.3.4.2 截面设计

截面设计时，首先按上述原则选定合适的截面形式，再初步选择截面尺寸，然后进行强度、整体稳定、局部稳定、刚度等的验算。具体步骤如下：

（1）假定柱的长细比 λ，求出需要的截面积 A。一般假定 $\lambda = 50 \sim 100$，当压力大而计算长度小时取较小值，反之取较大值。根据 λ、截面分类和钢种可查得稳定系数 φ，则需要的截面面积为：

$$A = \frac{N}{\varphi f} \tag{5-55}$$

（2）求两个主轴所需要的回转半径。

$$\lambda_x = \frac{l_{0x}}{\lambda} \quad \lambda_y = \frac{l_{0y}}{\lambda}$$

（3）由已知截面面积 A、两个主轴的回转半径 λ_x 和 λ_y，优先选用轧制型钢，如普通工字钢、H 型钢等。当现有型钢规格不满足所需截面尺寸时，可以采用组合截面，这时需先初步定出截面的轮廓尺寸，一般是根据回转半径确定所需截面的高度 h 和宽度 b。

α_1、α_2 为系数，表示 h、b 和回转半径 i_x、i_y 之间的近似关系，常用截面可由表 5-23 查得。

表 5-23　各种截面回转半径的近似值

截　面							
$i_x = \alpha_1 h$	0.43h	0.38h	0.38h	0.40h	0.30h	0.28h	0.32h
$i_y = \alpha_2 b$	0.24b	0.44b	0.60b	0.40b	0.215b	0.24b	0.20b

（4）由所需要的 A、h、b 等，再考虑构造要求、局部稳定以及钢材规格等，确定截面的初选尺寸。

（5）构件强度、稳定和刚度验算

1）当截面有削弱时，需进行强度验算：

$$\sigma = \frac{N}{A_n} \leqslant f$$

式中　A_n——构件的净截面面积。

2）整体稳定验算：

$$\sigma = \frac{N}{\varphi A} \leqslant f$$

3）局部稳定验算

如上所述，轴心受压构件的局部稳定是以限制其组成板件的宽厚比来保证的。对于热轧型钢截面，由于其板件的宽厚比较小，一般能满足要求，可不验算。对于组合截面，则应根据表 5-22 的规定对板件的宽厚比进行验算。

4）刚度验算

轴心受压实腹柱的长细比应符合规范所规定的容许长细比要求。事实上，在进行整体稳定验算时，构件的长细比已预先求出，以确定整体稳定系数 φ，因而刚度验算可与整体稳定验算同时进行。

5.3.4.3　构造要求

当实腹柱的腹板高厚比 $h_0/t_w > 80$ 时，为防止腹板在施工和运输过程中发生变形，提高柱的抗扭刚度，应设置横向加劲肋。横向加劲肋的间距不得大于 $3h_0$，其截面尺寸要求为：双侧加劲肋的外伸宽度 b_s 应不小于 $(h_0/30 + 40)$mm，厚度 t_s 应大于外伸宽度的 1/15。

轴心受压实腹柱的纵向焊缝（翼缘与腹板的连接焊缝）受力很小，不必计算，可按构造要求确定焊缝尺寸。

【例 5-10】　如图 5-53 所示为一管道支架，其支柱的设计压力为 $N = 1600$kN（设计值），柱两端铰接，钢材为 Q235，截面无孔眼削弱。试设计此支柱的截面：①用普通轧制工字钢；②用热轧 H 型钢；③用焊接工字形截面，翼缘板为焰切边。

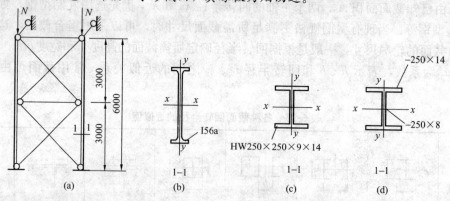

图 5-53　例 5-10 图

(a) 支架；(b) 普通轧制工字钢；(c) 热轧 H 型钢；(d) 焊接工字形截面

【解】　支柱在两个方向的计算长度不相等，故取如图 5-51(b) 所示的截面朝向，将强轴顺 x 轴方向，弱轴顺 y 轴方向。这样，柱在两个方向的计算长度分别为：

$$l_{0x} = 600\text{cm}; \quad l_{0y} = 300\text{cm}$$

（1）轧制工字钢如图 5-53(b) 所示。

1）试选截面

假定 $\lambda = 90$，对于轧制工字钢，当绕 x 轴失稳时属于 a 类截面，由表 5-18 查得 $\varphi_x = 0.714$；绕 y 轴失稳时属于 b 类截面，由表 5-19 查得 $\varphi_y = 0.621$。需要的截面几何量为：

$$A = \frac{N}{\varphi_{\min} f} = \frac{1600 \times 10^3}{0.621 \times 215 \times 10^2} = 119.8\text{cm}^2$$

$$i_x = \frac{l_{0x}}{\lambda} = \frac{600}{90} = 6.67\text{cm}$$

$$i_y = \frac{l_{0y}}{\lambda} = \frac{300}{90} = 3.33\text{cm}$$

由附录 1 中不可能选出同时满足 A、i_x 和 i_y 的型号，可适当照顾到 A 和 i_y，进行选择。现试选 I56a，$A = 135\text{cm}^2$，$i_x = 22.0\text{cm}$，$i_y = 318\text{cm}$。

274

2）截面验算

因截面无孔眼削弱，可不验算强度。又因轧制工字钢的翼缘和腹板均较厚，可不验算局部稳定，只需进行整体稳定和刚度验算。

长细比：

$$i_x = \frac{l_{0x}}{\lambda_x} = \frac{600}{22.0} = 27.3 < [\lambda] = 150$$

$$i_y = \frac{l_{0y}}{\lambda_y} = \frac{300}{3.18} = 94.3 < [\lambda] = 150$$

i_y 远大于 i_x，故由 i_y 查表 5-19 得 $\varphi = 0.591$。

$$\frac{N}{\varphi A} = \frac{1600 \times 10^3}{0.591 \times 135 \times 10^2} = 200.5 \text{N/mm}^2 < f = 205 \text{N/mm}^2$$

（2）热轧 H 型钢

1）试选截面如图 5-51(c)所示。

由于热轧 H 型钢可以选用宽翼缘的形式，截面宽度较大，因此长细比的假设值可适当减小，假设 $\lambda = 60$，对宽翼缘 H 型钢，因 $\frac{b}{h} > 0.8$，所以不论对 x 轴或 y 轴都属于 b 类截面，当 $\lambda = 60$ 时，由表 5-18 查得 $\varphi = 0.807$，所需截面几何量为：

$$A = \frac{N}{\varphi f} = \frac{1600 \times 10^3}{0.807 \times 215 \times 10^2} = 92.2 \text{cm}^2$$

$$i_x = \frac{l_{0x}}{\lambda} = \frac{600}{60} = 10.0$$

$$i_y = \frac{l_{0y}}{\lambda} = \frac{300}{6.29} = 47.7$$

由附录 1 选 HW250×250×9×14，$A = 92.18 \text{cm}^2$，$i_x = 10.8 \text{cm}$，$i_y = 6.29 \text{cm}$。

2）截面验算

因截面无孔眼削弱，可不验算强度。又因为热轧型钢，亦可不验算局部稳定，只需进行整体稳定和刚度验算。

$$\lambda_x = \frac{l_{0x}}{i_x} = \frac{600}{10.8} = 55.6 < [\lambda] = 150$$

$$\lambda_y = \frac{l_{0y}}{i_y} = \frac{300}{6.29} = 47.7 < [\lambda] = 150$$

因对 x 轴和 y 轴 φ 值均属 b 类，故由长细比的较大值 $\lambda_x = 55.6$ 查表 5-19 得 $\varphi = 0.830$。

$$\frac{N}{\varphi A} = \frac{1600 \times 10^3}{0.83 \times 92.18 \times 10^2} = 209 \text{N/mm}^2 < f = 215 \text{N/mm}^2$$

（3）焊接工字形截面如图 5-53(d)所示。

1）试选截面

参照 H 型钢截面，选用截面如图 5-51(d)所示，翼缘 2—250×14，腹板 1—250×8，其截面面积

$$A = 2 \times 25 \times 1.4 + 25 \times 0.8 = 90 \text{cm}^2$$

$$I_x = \frac{1}{12}(25 \times 27.8^2 - 24.2 \times 25^3) = 13250 \text{cm}^4$$

$$I_y = 2 \times \frac{1}{12} \times 1.4 \times 25^3 = 3650 \text{cm}^4$$

$$i_x = \sqrt{\frac{13250}{90}} = 12.13\text{cm}$$

$$i_y = \sqrt{\frac{3650}{90}} = 6.37\text{cm}$$

2）整体稳定和长细比验算

长细比：

$$\lambda_x = \frac{l_{0x}}{i_x} = \frac{600}{12.13} = 49.5 < [\lambda] = 150$$

$$\lambda_y = \frac{l_{0y}}{i_y} = \frac{300}{6.37} = 47.1 < [\lambda] = 150$$

因对 x 轴和 y 轴值均属 b 类，故由长细比的较大值，查表 5-19 得 $\varphi = 0.859$

$$\frac{N}{\varphi A} = \frac{1600 \times 10^3}{0.859 \times 90 \times 10^2} = 207\text{N/mm}^2 < f = 215\text{N/mm}^2$$

3）局部稳定验算

翼缘外伸部分：$\dfrac{b}{t} = \dfrac{12.5}{1.4} = 8.9 < (10 + 0.1\lambda)\sqrt{\dfrac{235}{f}} = 14.95$

腹板的局部稳定：$\dfrac{h_0}{t_w} = \dfrac{25}{0.8} = 31.25 < (25 + 0.5\lambda)\sqrt{\dfrac{235}{f}} = 49.75$

截面无孔削弱，不必演算强度。

4）构造

因腹板高厚比小于 80，故不必设置横向加劲肋。

以上我们采用三种不同截面的形式对本例中的支柱进行了设计，由计算结果可知，轧制普通工字钢截面要比热轧 H 型钢截面和焊接工字形截面大约 50%，这是由于普通工字钢绕弱轴的回转半径太小。在本例情况中，尽管弱轴方向的计算长度仅为强轴方向计算长度的 1/2，前者的长细比仍远大于后者，因而支柱的承载能力是由弱轴所控制的，对强轴则有较大富裕，这显然是不经济的，若必须采用此种截面，宜再增加侧向支撑的数量。对于轧制 H 型钢和焊接工字形截面，由于其两个方向的长细比非常接近，基本上做到了等稳性，用料最经济。但焊接工字形截面的焊接工作量大，在设计轴心受压实腹柱时宜优先选用 H 型钢。

5.3.5 柱脚

如图 5-54 所示，梁与柱的铰接连接。柱脚的构造应使柱身的内力可靠地传给基础，并和基础有牢固的连接。轴心受压柱的柱脚主要传递轴心压力，与基础的连接一般采用铰接，如图 5-54 所示。

图 5-54 是几种常用的平板式铰接柱脚。由于基础混凝土强度远比钢材低，所以必须把柱的底部放大，以增加其与基础顶部的接触面积。图 5-54（a）是一种最简单的柱脚构造形式，在柱下端仅焊一块底板，柱中压力由焊缝传至底板，再传给基础。这种柱脚只能用于小型柱，如果用于大型柱，底板会太厚。一般的铰接柱脚常采用图 5-54（b）、（c）、（d）的形式，在柱端部与底板之间增设一些中间传力零件，如靴梁、隔板和肋板等，以增加柱与底板的连接焊缝长度，并且将底板分隔成几个区格，使底板的弯矩减小，厚度减薄。图 5-54（b）中，靴梁焊于柱的两侧，在靴梁之间用隔板加强，以减小底板的弯矩，并提高靴梁的稳定性。图

5-54(c)是格构柱的柱脚构造。图 5-54(d)中，在靴梁外侧设置肋板，底板做成正方形或接近正方形。

布置柱脚中的连接焊缝时，应考虑施焊的方便与可能。柱脚是利用预埋在基础中的锚栓来固定其位置的。

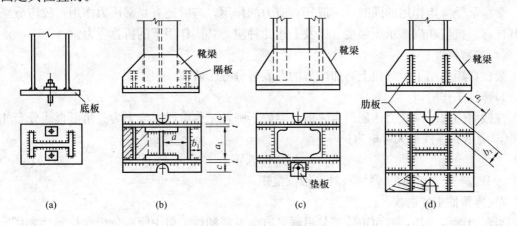

图 5-54　平板式铰接柱脚

5.4　受弯构件

5.4.1　受弯构件的形式

受弯构件主要承受横向荷载，在钢结构中多做成实腹式构件，即通称的钢梁。钢梁按截面形式可分为型钢梁和组合梁两类，如图 5-55 所示。

型钢梁加工简单，成本较低，当跨度与荷载较小时应优先采用。型钢梁通常采用的型钢有工字钢、槽钢和 H 型钢，如图 5-55（a）、（b）、（c）所示。由于型钢梁规格有一定的限制，当不能满足要求时，需采用组合梁。

组合梁最常用的是由三块钢板焊成的双轴对称工字形截面，如图 5-55(d)所示。为了提高梁的侧向刚度和稳定性，也可采用加强受压翼缘的单轴对称工字形截面，如图 5-55(e)所示。若荷载或跨度较大，而梁高又受限制或抗扭要求较高时，可采用箱形截面，如图 5-55(f)所示。

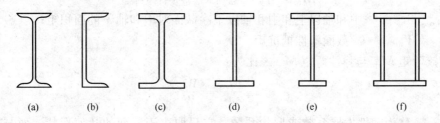

图 5-55　梁的截面形式

钢梁按支承情况可分为简支梁、连续梁和伸臂梁等。简支梁制造和安装均较方便，而且不受支座沉陷和温度变化的影响，故应用最为广泛。

钢梁按荷载作用情况可分为只在一个主平面内受弯的单向弯曲梁和在两个主平面内受弯的双向弯曲梁。

5.4.2 梁的强度和刚度

梁的设计应满足强度、刚度、整体稳定和局部稳定四方面的要求。

5.4.2.1 梁的强度

梁在承受弯矩作用的同时，一般还有剪力的作用，有时还有局部压力作用，故应分别计算其抗弯、抗剪和局部承压强度，以及上述几种应力共同作用下的折算应力。

（1）抗弯强度

梁在弯矩作用下，截面上弯曲应力的发展可分三个阶段：

1）弹性工作阶段

在截面边缘纤维应力达屈服点之前，梁处于弹性工作阶段。应力为三角形直线分布如图5-56(a)所示。弹性最大弯矩为：

$$M_{xe} = f_y W_{nx} \tag{5-56}$$

式中　W_{nx}——净截面（弹性）对 x 轴抵抗矩。

2）弹塑性工作阶段

当弯矩继续增加，截面边缘部分沿深度方向发展塑性，但中间部分仍保持弹性如图5-56(b)所示。

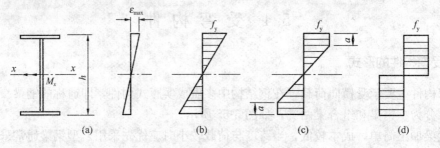

图 5-56　梁受荷时各阶段弯曲应力的分布

3）塑性工作阶段

当弯矩再继续增加，截面的塑性区逐渐向内扩展，直到弹性核心完全消失，全部截面达到塑性状态，如图 5-56(c)所示。此时梁产生较大变形，再也不能承受更大的弯矩，达到抗弯承载能力的极限状态。弯矩为：

$$M_{xp} = f_y (S_{1nx} + S_{2nx}) = f W_{pnx} \tag{5-57}$$

式中　S_{1nx}、S_{2nx}——中和轴以上和中和轴以下净截面对中和轴 x 的面积矩；

　　　　W_{nx}——净截面塑性抵抗矩。

塑性铰弯矩 M_{xp} 与弹性弯矩 M_{xe} 之比为：

$$\gamma = \frac{M_{xp}}{M_{xe}} = \frac{W_{pnx}}{W_{nx}} \tag{5-58}$$

式中　γ——称为塑性发展系数或形状系数，它只取决于截面的几何形状，而与材料的强度无关。如矩形截面 $\gamma=1.5$；工字形截面（对强轴）$\gamma=1.17\sim1.1$（因翼缘和腹板的面积比而异）。

梁按塑性设计具有一定的经济效益。对承受静力荷载或间接承受动力荷载的简支梁，若按截面形成塑性铰来设计，将导致梁的挠度过大，因此只能考虑部分截面发展塑性。对两个主轴分别用定值的截面塑性发展系数 γ_x、γ_y 进行控制。因此，在主平面内受弯的实腹梁，其抗弯强度应按下列规定进行计算：

① 承受静力荷载或间接承受动力荷载：

在弯矩 M_x 作用下

$$\frac{M_x}{\gamma_x W_{nx}} \leqslant f \tag{5-59}$$

在弯矩 M_y 作用下

$$\frac{M_x}{\gamma_x W_{nx}} + \frac{M_y}{\gamma_y W_{ny}} \leqslant f \tag{5-60}$$

式中　M_x，M_y ——绕 x 轴和 y 轴的弯矩（对工字形截面：x 轴为强轴，y 轴为弱轴）；

　　　W_{nx}，W_{ny} ——对 x 轴和 y 轴的净截面抵抗矩；

　　　　γ_x，γ_y ——截面塑性发展系数：对工字形截面以 $\gamma_x = 1.05$，$\gamma_y = 1.20$，$\gamma_x = \gamma_y = 1.05$；对其他截面按表可按表 5-24 采用。

　　　　　f ——钢材的抗弯强度设计值。

② 直接承受动力荷载时，仍按式（5-58）和式（5-59）计算，但应取 $\gamma_x = \gamma_y = 1.0$。

表 5-24　截面属性发展系数

截面形式		γ_x	γ_y	截面形式	γ_x	γ_y
		1.05	1.2	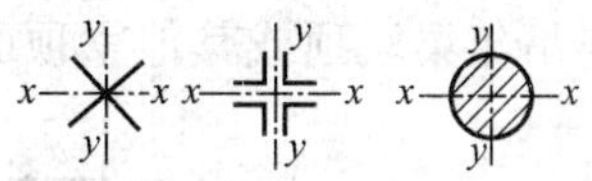	1.2	1.2
			1.05	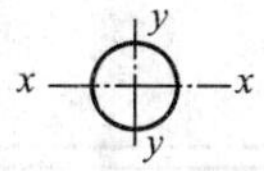	1.15	1.15
		$\gamma_{x1}=1.05$	1.2	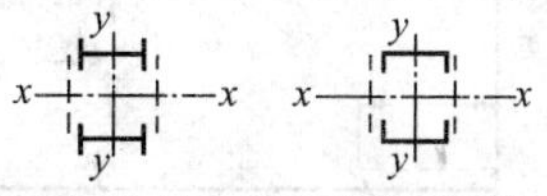	1.0	1.05
		$\gamma_{x2}=1.2$	1.05	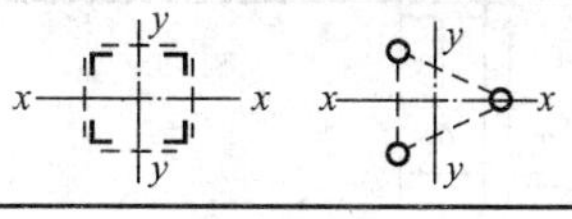		1.0

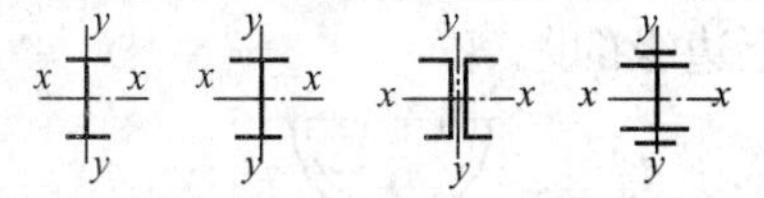

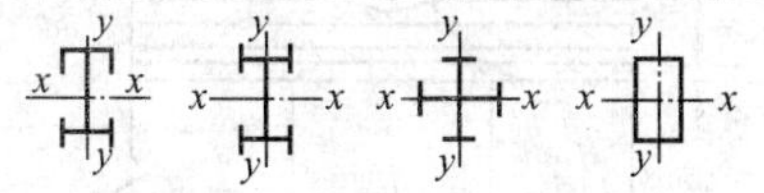

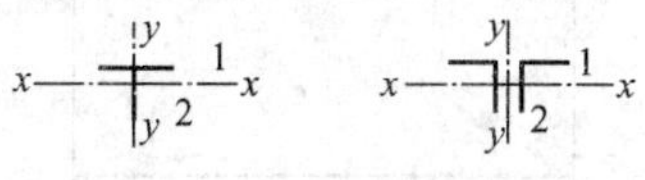

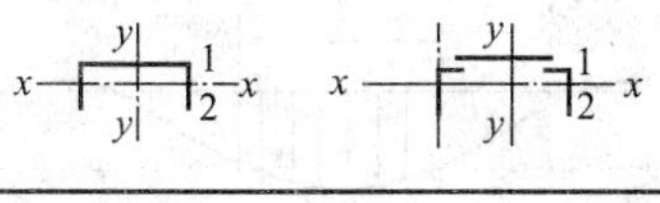

（2）抗剪强度

梁在剪力作用下，截面上最大剪应力分布如图 5-57 所示。截面上的最大剪应力发生在腹板中和轴处。因此，在主平面受弯的实腹构件，其抗剪强度按下式计算：

$$\tau_{max} = \frac{VS}{I t_w} \leqslant f_v \tag{5-61}$$

式中　V ——计算截面沿腹板平面作用的剪力；

　　　I ——毛截面惯性矩；

　　　S ——计算剪应力处以上毛截面对中和轴的面积矩；

　　　t_w ——腹板厚度；

　　　f_v ——钢材的抗剪强度设计值。

（3）局部承压强度

当梁上翼缘受有沿腹板平面作用的固定集中荷载，且该荷载处又未设置支承加劲肋时如图 5-58（a）所示；或受有移动集中荷载（如吊车轮压）作用时如图 5-58（b）所示。腹板上边缘

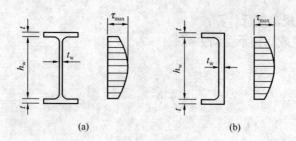

图 5-57 梁截面剪应力

局部范围的压应力可能达到钢材的抗压屈服点。因此，梁的局部承压强度可按下式计算：

$$\sigma_c = \frac{\psi F}{t_w l_z} \leqslant f \tag{5-62}$$

式中　　F——集中荷载，对动力何载应考虑动力系数；

　　　　ψ——集中荷载增大系数：对重级工作制的轮压 $\psi = 1.35$；其他荷载 $\psi = 1.0$；

　　　　l_z——集中荷载在腹板计算高度边缘的假定分布长度，其计算方法如下；

　　　　跨中集中荷载　　　　　　　$l_z = a + 5h_y + 2h_R$

　　　　梁端支反力　　　　　　　　$l_z = a + 2.5h_y + a_1$

　　　　a——集中荷载沿梁跨度方向的支承长度，对吊车轮压可取为 50mm；

　　　　h_y——自吊年梁轨顶或其他梁顶面至腹板计算高度上边缘的距离。

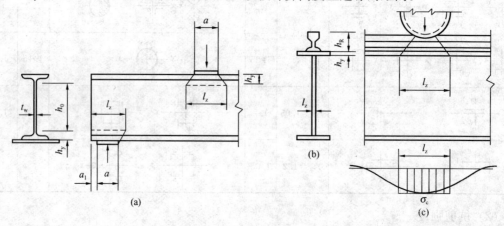

图 5-58 局部承压强度

腹板的计算高度：轧制型钢梁为腹板与上、下翼缘相接处两内弧起点；焊接组合梁为腹板高度，如图 5-59 所示。

在梁的支座处：当不设置支承加劲肋时，也应按式（5-62）计算腹板计算高度下边缘的局部承压强度，但取 $\psi = 1.0$。支座集中反力的假定分布长度，应根据支座具体尺寸结合式（5-63）计算。

当局部承压强度不满足式（5-62）的要求时，在固定集中荷载处（包括支座处），若支承长度不作增加，则应设置支承加劲肋；对移动集中荷载，则应增加腹板厚度。

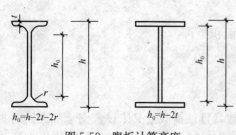

图 5-59 腹板计算高度

280

（4）折算应力

在组合梁的腹板计算高度边缘处，若同时受有较大的弯曲应力 σ、τ 剪应力和局部挤压应 σ_c，应按复杂应力状态用下式计算折算应力；

$$\sqrt{\sigma^2 + \sigma_c^2 - \sigma\sigma_c + 3\tau^2} \leqslant \beta_1 f \tag{5-63}$$

式中　σ, σ_c, τ——腹板计算高度边缘同一点上同时产生的弯曲应力、局部压应力和剪应力；

β_1——计算折算应力的强度设计值增大系数；当 σ 与 σ_c 异号时，取 $\beta_1 = 1.2$；当 σ 与 σ_c 同号或 $\sigma_c = 0$ 时，取 $\beta_1 = 1.0$。

5.4.2.2　梁的刚度

梁的刚度用荷载作用下的挠度大小来度量。梁的刚度不足，就不能保证正常使用。如楼盖梁的挠度超过正常使用的某一限值时，一方面给人们一种不舒服和不安全的感觉，另一方面可能使其上部的楼面及下部的抹灰开裂，影响结构的功能。因此，应按下式验算梁的刚度：

$$v \leqslant [v] \tag{5-64}$$

式中　v——由荷载标准值（不考虑荷载分项系数和动力系数）产生的最大挠度；

$[v]$——梁的容许挠度值，对某些常用的受弯构件，规范根据实践经验规定的容许挠度值见表 5-25。

表 5-25　受弯构件的容许挠度

项次	构　件　类　别	挠度容许值	
		$[v_t]$	$[v_q]$
1	吊车梁和吊车桁架（按自重和起重量最大的一台吊车计算挠度） （1）手动吊车和单梁吊车（含悬挂吊车） （2）轻级工作制式桥式吊车 （3）中级工作制式桥式吊车 （4）重级工作制式桥式吊车	$l/500$ $l/800$ $l/1000$ $l/1200$	
2	手动或电动葫芦的轨道梁	$l/400$	
3	有重轨（质量≥38kg/m）轨道的工作平台梁 有轻轨（质量≤24kg/m）轨道的工作平台梁	$l/600$ $l/400$	
4	楼（屋）盖梁或桁架，工作平台梁（第3项除外）和平台梁 （1）主梁或桁架（包括设有悬挂起重设备的梁和桁架） （2）抹灰顶棚的次梁 （3）除（1）、（2）外的其他梁 （4）屋盖檩条 　支承无积灰的瓦楞铁和石棉瓦者 　支承压型金属板、有积灰的瓦楞铁和石棉瓦等屋面者 　支承其他屋面材料者 （5）平台板	$l/400$ $l/250$ $l/250$ $l/150$ $l/150$ $l/200$ $l/150$	$l/500$ $l/350$ $l/300$
5	墙梁构件 （1）支柱 （2）抗风桁架（作为连续支柱的支承时） （3）砌体墙的横梁（水平方向） （4）支承压型金属板、瓦楞铁和石棉瓦墙下的横梁（水平方向） （5）带有玻璃窗的横梁（竖直和水平方向）	 $l/200$	$l/400$ $l/1000$ $l/300$ $l/200$ $l/200$

注：1. l 为受弯构件的跨度（对悬臂梁和伸臂梁为悬伸长度的2倍）。

2. $[v_t]$ 为全部荷载标准值产生的挠度（如有起拱应减去拱度）的容许值。

$[v_q]$ 为可变荷载标准值产生的挠度的容许值。

5.4.3 梁的整体稳定和局部稳定

5.4.3.1 梁的整体稳定

（1）丧失整体稳定的现象

在一个主平面内弯曲的梁，其截面常设计得窄而高，这样可以更有效地发挥材料的作用。如图 5-60 所示的工字形截面钢梁，在梁的最大刚度平面内，受有垂直荷载作用时，如果梁的侧面没有支承点或支承点很少时，当荷载增加到某一数值时，梁将突然发生侧向弯曲（绕弱轴的弯曲）和扭转，并丧失继续承载的能力。这种现象常称为梁的弯曲扭转屈曲（弯扭屈曲）或梁丧失整体稳定。使梁丧失整体稳定的弯矩或荷载称为临界弯矩或临界荷载。

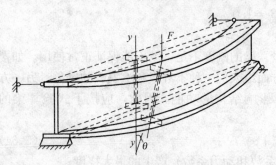

图 5-60　荷载位置对整体稳定的影响

（2）整体稳定性的保证

梁丧失整体稳定是突然发生的，事先并无明显预兆，因而比强度破坏更为危险，设计、施工中要特别注意。在实际工程中，梁的整体稳定常由铺板或支撑来保证。梁常与其他构件相互连接，有利于阻止梁丧失整体稳定。《钢结构规范》规定，当符合下列情况之一时，可不计算梁的整体稳定性。

1）有铺板（各种钢筋混凝土板和钢板）密铺在梁的受压翼缘上并与其牢固相连，能阻止梁的受压翼缘的侧向位移时。

2）H 型钢或等截面工字形简支梁受压翼缘自由长度 l_1 与其宽度 b_1 之比不超过表 5-26 所规定的数值时。

表 5-26　H 型钢或等截面工字截面简支梁不需计算整体稳定性的最大 l_1/b_1 值

钢　号	跨中无侧向支承点的梁		跨中有侧向支承点的梁，不论荷载作用于何处
	荷载作用在上翼缘	荷载作用在下翼缘	
Q235 钢	13	20	16
Q345 钢	10.5	16.5	13.0
Q390 钢	10.0	15.5	12.5
Q420 钢	9.5	15.0	12.0

注：其他钢号的梁不需要计算整体稳定的最大 l_1/b_1 值，应取 Q235 钢的数值乘以 $\sqrt{\dfrac{235}{f_y}}$；对跨中无侧向支承点的梁，l_1 为其跨度；对跨中有侧向支承点的梁，l_1 为受压翼缘侧向支承点间的距离（梁的支座处视为有侧向支承）。

为了提高梁的稳定性，任何钢梁在其端部支承处都应采取构造措施，以防止其端部截面的扭转，在梁的上翼缘设置可靠的侧向支撑，如图 5-61（b）所示的梁，其下翼缘连于支座，上翼缘也用钢板连于支承构件上，以防止侧向移动和梁截面扭转。厂房结构中的钢吊车梁就常采用这种做法。高度不大的梁也可以靠在支

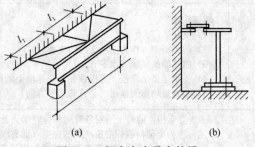

(a)　　　　　(b)

图 5-61　侧向有支承点的梁

282

座截面处设置的支承加劲肋来防止梁端的扭转。

对于不符合上述任一条件的梁，则应进行整体稳定性计算，可参见有关资料。

5.4.3.2　梁的局部稳定和腹板加劲肋

组合梁一板由翼缘和腹板等构件组成，如果这些板件不适当地减薄和加宽，板中的应力或剪应力达到某一数值时，腹板或受压翼缘有可能偏离其平面位置，出现波形鼓曲，如图5-62所示，这种现象称为梁的局部失稳。

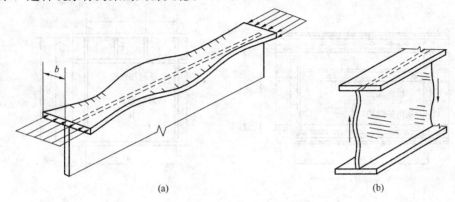

(a)　　　　　　　　　　　　(b)

图 5-62　梁的局部失稳

热轧型钢由于轧制条件，其板件宽厚比较小，都能满足局部稳定要求，不需要设置加劲肋。组合梁要根据板件的宽厚比的比值来确定是否按构造设置或按计算设置加劲肋。

（1）梁受压翼缘的宽厚比限值

梁的翼缘远离截面形心，强度一般能够得到比较充分的利用。同时，翼缘板发生局部屈曲，会很快导致梁丧失继续承载的能力，因此，常用限制翼缘宽厚比的办法，来防止其局部失稳。

《钢结构规范》规定：受压翼缘自由外伸宽度与其厚度之比，即宽厚比应满足下式要求，如图5-63所示。

$$\frac{b}{t} \leqslant 15 \sqrt{\frac{235}{f_y}} \tag{5-65}$$

（2）腹板的局部稳定和加劲肋设置

1）加劲肋的类型

腹板加劲肋有横向加劲肋、纵向加劲肋和短加劲肋，如图5-64所示。

2）加劲肋的设置

① 当 $h_0/t_w \leqslant 80\sqrt{235/f_y}$ 时，应按构造要求设置横向加劲肋（$a \leqslant 0.7h_0$），如图5-64(a)所示。

② 当 $h_0/t_w > 80\sqrt{235/f_y}$ 时，应按计算配置横向加劲肋，如图5-64(a)所示。

③ 当 $h_0/t_w > 170\sqrt{235/f_y}$ 时（受压区受到约束，如连有刚性铺板、制动板或焊有钢轨时）或 $h_0/t_w > 150\sqrt{235/f_y}$（其他情况时）

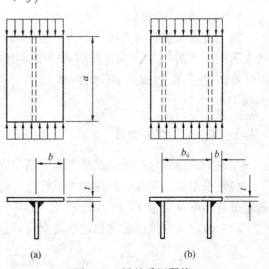

(a)　　　　　　(b)

图 5-63　梁的受压翼缘

283

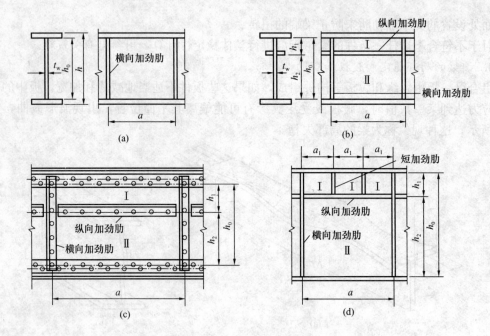

图 5-64 腹板加劲肋的布置
（a）横向加劲肋；（b）纵向、横向加劲肋；（c）纵向、横向加劲肋；
（d）纵向、横向、短加劲肋

或按计算需要时，应在弯矩较大区格的受压区增加配置纵向加劲肋，如图 5-64(b)、（c）所示。局部压应力横搭的梁，必要时要在受压区配置短线加劲肋，如图 5-64(d)所示。

任何情况下，h_0/t_w 均不应超过 $250\sqrt{235/f_y}$。

④ 梁在支座处和上翼缘受到较大的固定的击中荷载处，宜设置支承加劲肋。对按计算配置加劲肋，其计算方法可参见有关资料 。

以上叙述中，h_0 成为腹板计算高度，对焊接梁 h_0 等于 h_w；对铆接梁为腹板与上下翼缘连接铆接的最近距离，如图 5-64 所示。对单轴对称梁，第 3 款中的 h_0 应取腹板受压区高度 h_c 的 2 倍。

3）加劲肋布置要求

加劲肋宜在腹板两侧成对布置，也可以单侧布置。横向加劲肋的最小间距应为 $0.5h_0$，最大间距应为 $2h_0$（对无局部压应力的梁，当 $h_0/t_w \leqslant 100$ 时可采用 $2.5h_0$）。纵向加劲肋至腹板计算高度受压边缘的距离在 $(h_c/2.5) \sim (h_c/2)$ 的范围内，短加劲肋的最小间距为 $0.75h_0$。

5.4.4 单向型钢梁的设计

型钢梁的设计包括截面选择和验算两个内容，可按下列步骤进行：

（1）根据梁的荷载、跨度和支承情况，计算梁的最大弯矩设计值 M_{max}，并按所选的钢号确定抗弯强度设计值 f。

（2）按抗弯强度或整体稳定性要求计算型钢需要的净截面抵抗矩：

$$W_{nx} = \frac{M_{max}}{\gamma_n f} \quad \text{或} \quad W_x = \frac{M_{max}}{\varphi_b f}$$

284

然后由 W_x 查型钢表，选择与 W_x 相近的型钢（尽量选用 a 类）。

1）截面强度计算

抗弯强度按式（5-59）计算，抗剪强度按式（5-60）计算，局部承压强度按式（5-61）计算。

2）整体稳定

若没有能阻止梁受压翼缘侧向位移的铺板，且受压翼缘的自由长度 l_1 与其宽度 b 之比超过表 5-25 规定的数值时，应计算整体稳定性。

（3）刚度验算

5.4.5 梁的连接

5.4.5.1 梁的拼接

梁的拼接有工厂拼接和工地拼接两种。由于钢材尺寸的限制，必须将钢材接长或拼大，这种拼接常在工厂中进行，称为工厂拼接。由于运输或安装条件的限制，梁必须分段运输，然后在工地拼装连接，称为工地拼接。

型钢梁的拼接可采用对接焊缝拼接，如图 5-65(a) 所示，但由于翼缘与腹板连接处不易焊透，故有时采用拼接板拼接，如图 5-65(b) 所示。上述拼接位置均宜放在弯矩较小处。

焊接组合梁的工厂拼接，翼缘和腹板的拼接位置最好错开并用直对接焊缝相连。腹板的拼接焊缝与横向加劲肋之间至少应相距 $10t_w$，如图 5-66 所示。对接焊缝施焊时宜加引弧板，并采用一级或二级焊缝，这样焊缝基本可与金属等强。

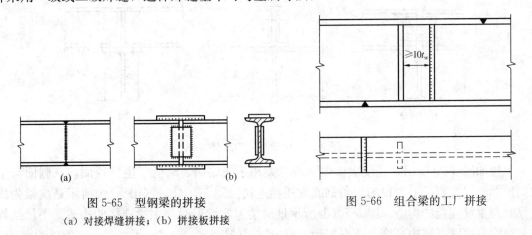

图 5-65　型钢梁的拼接
（a）对接焊缝拼接；（b）拼接板拼接

图 5-66　组合梁的工厂拼接

梁的工地拼接应使翼缘和腹板基本上在同一截面处断开，以便分段运输。高大的梁在工地施焊时不便翻身，应将上、下翼缘的拼接边缘均做成向上开口的 V 形坡口，以便俯焊，如图 5-67 所示。有时将翼缘和腹板的接头略为错开一些，如图 5-67(b) 所示，这样受力情况较好，但运输单元突出部分应特别保护，以免碰损。图 5-67 中，将翼缘焊缝留一段不在工厂施焊，是为了减少焊缝收缩应力。注明的数字是工地施焊的适宜顺序。由于现场施焊条件较差，焊缝质量难于保证，所以较重要或受动力荷载的大型梁，其工地拼接宜采用高强度螺栓，如图 5-68 所示。

当梁拼接处的对接焊缝不能与基本金属等强时，例如采用三级焊缝时，应对受拉区翼缘焊缝进行计算，使拼接处弯曲拉应力不超过焊缝抗拉强度设计值。

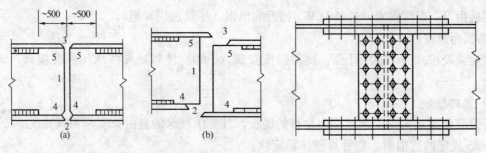

图 5-67　组合梁的工地拼接　　　　　图 5-68　采用高强度螺栓的工地拼接

对用拼接板的接头，如图 5-65(b)、图 5-67 所示，应按下列规定的内力进行计算：翼缘拼接板及其连接所承受的内力 N_1 为翼缘板的最大承载力：

$$N_1 = A_{fn}f$$

式中　A_{fn}——被拼接的翼缘板净截面积。

5.4.5.2　次梁与主梁的连接

次梁与主梁的连接形式有叠接和平接两种。

叠接如图 5-69 所示是将次梁直接搁在主梁上面，用螺栓或焊缝连接，构造简单，但需要的结构高度大，其使用常受到限制。图 5-69(a) 所示是次梁为简支梁时与主梁连接的构造，而图 5-69(b) 所示是次梁为连续梁时与主梁连接的构造示例。如次梁截面较大时，应另采取构造措施防止支承处截面的扭转。

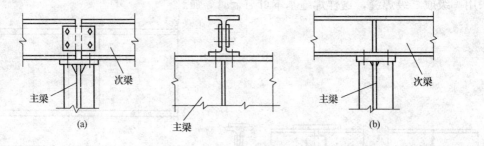

图 5-69　次梁与主梁的叠接

平接如图 5-70 所示，是使次梁顶面与主梁相平或略高、略低于主梁顶面，从侧面与主梁的加劲肋或在腹板上专设的短角钢或支托相连接。图 5-70(a)、(b)、(c) 所示是次梁为简支梁时与主梁连接的构造，图 5-70(d) 所示是次梁为连续梁时与主梁连接的构造。平接虽构造复杂，但可降低结构高度，故在实际工程中应用较广泛。

5.4.5.3　梁与柱的连接

梁与轴心受压柱的连接只能是铰接，若为刚接，则柱将承受较大弯矩成为受压受弯柱。梁与柱铰接时，梁可支承在柱顶上，如图 5-71(a)、(b)、(c) 所示。亦可连于柱的侧面，如图 5-71(d)、(e) 所示。梁支于柱顶时，梁的支座反力通过柱顶板传给柱身。顶板与柱身用焊缝连接，顶板厚度一般取 16～20mm。为了便于安装定位，梁与顶板用普通螺栓连接。图 5-71(a) 所示的构造方案，将梁的反力通过支承加劲肋直接传给柱的翼缘。两相邻梁之间留一空隙，以便于安装，最后用夹板和构造螺栓连接。这种连接方式构造简单，对梁长度尺寸的制作要求不高。缺点是当柱顶两侧梁的反力不等时将使柱偏心受压。图 5-71(b) 所示的构造方案，梁的反力通过端部加劲肋的突出部分传给柱的轴线附近，因此即使两相邻梁的反力

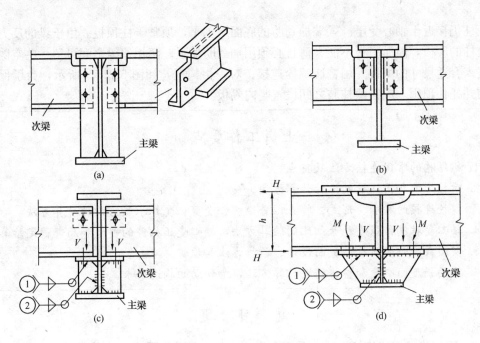

图 5-70 次梁与主梁的平接

(a) 次梁与主梁铰接连接构造；(b) 次梁与主梁铰接连接构造；(c) 次梁与主梁铰接连接构造；
(d) 次梁为连续梁时与主梁的连接构造

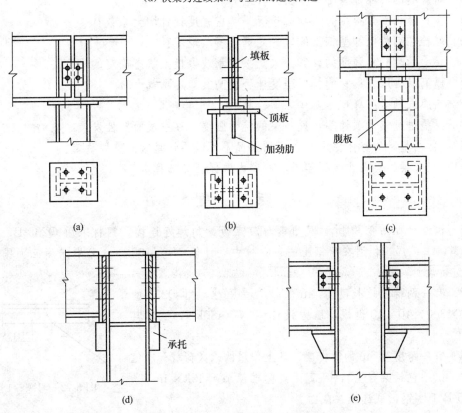

图 5-71 梁与柱的铰接连接

(a) 梁支承柱顶时连接构造；(b) 梁支承柱顶时连接构造；(c) 梁支承柱顶时连接构造；
(d) 梁支承柱侧面的连接构造；(e) 梁支承柱侧面的连接构造

287

不等，柱仍接近于轴心受压。梁端加劲肋的底面应刨平，顶紧于柱顶板。由于梁的反力大部分传给柱的腹板，因而腹板不能太薄且必须用加劲肋加强。两相邻梁之间可留一些空隙，安装时嵌入合适尺寸的填板并用普通螺栓连接。对于格构柱，如图 5-71(c)所示，为了保证传力均匀并托住顶板，应在两柱肢之间设置竖向隔板。

上岗工作要点

1. 钢结构的常用连接方法及特点。
2. 对接焊缝和角焊缝的设计计算方法。
3. 螺栓连接的种类、形式、特点，普通螺栓受剪、受拉承载力设计计算方法。
4. 轴心受拉构件强度和长细比的验算方法，轴心受压构件的整体和局部稳定验算。
5. 实腹式轴心受压构件截面设计、验算方法和步骤。
6. 梁的强度、刚度和整体稳定计算方法，加劲肋的构造要求。

复 习 题

5-1 钢结构常用的连接方法有哪几种？它们各在哪些范围应用比较合适？

5-2 说明常用焊缝符号表示的含义？

5-3 角焊缝的尺寸都有哪些要求？

5-4 在计算正面角焊缝时，什么情况下考虑强度设计增大系数？

5-5 螺栓在钢板上和型钢上的容许距离有哪些规定？

5-6 轴心受力构件强度的计算公式是按其承载力极限状态确定的吗？

5-7 提高轴心压杆钢材的抗压强度能否提高其稳定承载力？

5-8 实腹式轴心压杆需作哪些方面验算？

5-9 梁需进行哪几项计算，说明梁的抗弯强度计算中截面塑性发展系数的含义？

5-10 什么是梁的整体稳定？在何种情况下可以不计算梁的整体稳定？

5-11 组合梁的翼缘和腹板各采取哪些办法保证局部稳定？

习 题

5-1 试设计如图 5-72 所示双角钢与节点板的角焊缝连接。钢材采用 Q235-B，焊条采用 E43 型，手工焊，作用在角钢上的轴心拉力设计值 $N=1100$kN，分别采用三面围焊和两面侧焊进行设计。

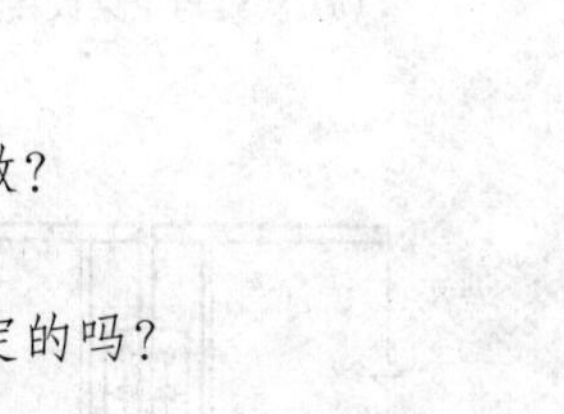

5-2 有一两端铰接长度为 4m 的轴心受压柱，用 Q235 的 HW300×300×10×15 做成，压力设计值 $N=480$kN，试算其承载力。

5-3 有一跨度为 5m 的简支梁，其上作用的永久荷载标准值 $g_k=8$kN/m(不包括梁自重)，可变荷载标准值 $p_k=15$kN/m，采用 Q235-B 工字钢，试选择梁截面。

图 5-72 习题 5-1 图

第6章 建筑结构抗震

重 点 提 示

　　1. 了解震级、烈度和抗震设防烈度的概念，抗震设防的一般目标、抗震设防的分类和标准。理解抗震设计的基本要求。

　　2. 了解多层砖混结构的震害，抗震设计的一般规定和构造措施。

　　3. 了解多、高层钢筋混凝土房屋的震害，抗震设计的一般规定和构造措施。

6.1　地震基本知识和抗震设防

6.1.1　地震基本知识

（1）构造地震

在建筑抗震设计中，由于地壳构造运动（岩层构造状态的变动）使岩层发生断裂、错动而引起的地面振动，称为构造地震，简称地震。

强烈的构造地震影响面广，破坏性大，发生频率高，约占破坏性地震总量（除构造地震外，还有由于火山爆发、溶洞陷落等原因引起的地震）的 90% 以上。因此，在建筑抗震设计中，仅限于讨论在构造地震作用下建筑的设防问题。

地壳深处发生岩层断裂、错动的地方称为震源。震源至地面的距离称为震源深度，如图6-1 所示。一般把震源深度小于 60km 的地震称为浅源地震；震源深度为 60～300km 的称为中源地震；大于 300km 的称为深源地震。我国发生的绝大部分地震都属于浅源地震，其深度一般为 5～40km。我国深源地震区分布十分有限，仅在个别地区发生过深源地震，其深度为 400～600km。由于深源地震所释放出的能量，在长距离传播中大部分被损失掉，所以对地面上的建筑影响很小。

震源正上方的地面称为震中。震中邻近地区称为震中区。地面上某点至震中的距离称为

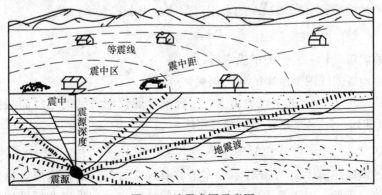

图 6-1　地震术语示意图

震中距。

（2）地震波、震级和地震烈度

1）地震波

当震源岩层发生断裂、错动时，岩层所积累的变形能突然释放，它以波的形式从震源向四周传播，这种波就称为地震波。

地震波按其在地壳传播的空间位置不同，分为体波和面波。

① 体波

在地球内部传播的波称为体波。体波又分为纵波和横波。

纵波是由震源向四周传播的压缩波，又称 P 波。介质的质点振动方向与波的传播方向一致。这种波的周期短，振幅小，波速快，在地壳内它的速度一般为 200～1400m/s。纵波一般引起地面垂直方向的振动。

横波是由震源向四周传播的剪切波，又称 S 波。介质的质点的振动方向与波的传播方向垂直。这种波的周期长，振幅大，波速慢，在地壳内它的速度一般为 100～800m/s。横波一般引起地面水平方向的振动。

② 面波

在地球表面传播的波称为面波，又称 L 波。它是体波经地层界面多次反射、折射形成的次生波。其波速较慢，约为横波波速的 0.9 倍。所以，它在体波之后到达地面。这种波的介质质点振动方向复杂，振幅比体波的大，对建筑物的影响也比较大。

图 6-2 为某次地震由地震仪记录下来的地震曲线图，从图中可以看出，纵波（P 波）首先到达，横波（S 波）次之，面波（L 波）最后到。分析地震曲线图上 P 波与 S 波的到达时间差，可确定震源的距离。

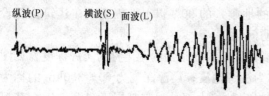

图 6-2　地震曲线图

2）震级

地震的震级是衡量一次地震大小的等级，用符号 M 表示。

由于人们所能测到的只是地震时传播到地表的振动，这也正是对我们有直接影响的那一部分地震能量所引起的地面振动。因此，也就自然地用地面振动振幅大小来度量地震的震级。1935 年里希特（Richte）首先提出了震级的定义：震级大小系利用标准地震仪（指固有周期为 0.8s，阻尼系数为 0.8，放大倍数 2800 的地震仪），在距震中 100km 处的坚硬地面上，记录到的以微米（$1\mu m = 10^{-3}$ mm）为单位的最大水平地面位移（振幅）A 的常用对数值。用下式表示：

$$M = \lg A \tag{6-1}$$

式中　M——地震震级，一般称为里氏震级；

　　　A——由地震曲线图上量得的最大振幅，μm。

例如，在距震中 100km 处坚硬地面上，用标准地震仪记录到的地震曲线图上的最大振幅 $A = 10$mm（即 $10^4 \mu m$）。于是，该次地震震级为

$$M = \lg A = \lg 10^4 = 4$$

实际上，地震时距震中 100km 处不一定恰好有地震台站，而且地震台站也不一定有上述的标准地震仪。因此，对于震中距不是 100km 的地震台站和采用非标准地震仪时，需按

修正后的震级计算公式确定震级。

震级与地震释放的能量有下列关系：

$$\lg E = 1.5M + 11.8 \tag{6-2}$$

式中　E——地震释放的能量，尔格。

由式（6-1）和式（6-2）计算可知，当地震震级相差 1 级时，地面振幅增加约 10 倍，而能量增加近 32 倍。

一般地说，$M < 2$ 的地震，人们感觉不到，称为微震；$M = 2 \sim 4$ 的地震称为有感地震；$M > 5$ 的地震，对建筑物就会引起不同程度的破坏，统称为破坏性地震；$M > 7$ 的地震称为强烈地震或大地震；$M > 8$ 的地震称为特大地震。

3）地震烈度和烈度表

地震烈度是指地震时在一定地点震动的强烈程度。相对震源而言，地震烈度也可以理解为地震场的强度。

用什么尺度来衡量地震烈度？在没有地震仪器观测的年代，只能由地震宏观现象，如人的感觉、器物的反应、地表和建筑物的影响和破坏程度等，总结出宏观烈度表来评定地震烈度。由于宏观烈度表未能提供定量的数据，因此不能直接用于工程抗震设计。随着科学技术的发展，地震仪的问世，使人们有可能用记录到的地面运动参数，如地面运动加速度峰值、速度峰值来确定地震烈度，从而出现了含有物理指标的定量烈度表。由于地表不可能随处取得仪器记录，所以用定量烈度表评定现场烈度还有一定的困难。最好的方法是将两种烈度表结合起来，使之兼有两者的功能，以便于工程应用。

由国家地震局颁布实施的《中国地震烈度表》，就属于将宏观烈度与地面运动参数建立起联系的地震烈度表。所以，新烈度表既有定性的宏观标志，又有定量的物理标志，兼有宏观烈度表和定量烈度表两者的功能。《中国地震烈度表》见表 6-1。

表 6-1　中国地震烈度表

烈度	在地面上人的感觉	房屋震害程度		其他震害现象	水平向地面运动	
		震害现象	平均震害指数		峰值加速度（m/s²）	峰值速度（m/s）
I	无感					
II	室内个别静止中人有感觉					
III	室内少数静止中人有感觉	门、窗轻微作响		悬挂物微动		
IV	室内多数人、室外少数人有感觉，少数人梦中惊醒	门、窗作响		悬挂物明显摆动，器皿作响		
V	室内普遍、室外多数人有感觉，多数人梦中惊醒	门窗、屋顶、屋架颤动作响，灰土掉落，抹灰出现微细裂缝，有檐瓦掉落，个别屋顶烟囱掉砖		不稳定器物摇动或翻倒	0.31（0.22~0.44）	0.03（0.02~0.04）

291

烈度	在地面上人的感觉	房屋震害程度		其他震害现象	水平向地面运动	
		震害现象	平均震害指数		峰值加速度 (m/s²)	峰值速度 (m/s)
Ⅵ	多数人站立不稳，少数人惊逃户外	损坏——墙体出现裂缝，檐瓦掉落，少数屋顶烟囱裂缝、掉落	0~0.10	河岸和松软土出现裂缝，饱和砂层出现喷砂冒水；有的独立砖烟囱轻度裂缝	0.63 (0.45~0.89)	0.06 (0.05~0.09)
Ⅶ	大多数人惊逃户外，骑自行车的人有感觉，行驶中的汽车架乘人员有感觉	轻度破坏——局部破坏，开裂，小修或不需要修理可继续使用	0.11~0.300	河岸出现坍方；饱和砂层常见喷砂冒水，松软土地上地裂缝较多；大数独立砖烟囱中等破坏	1.25 (0.90~1.77)	0.13 (0.10~0.18)
Ⅷ	多数人摇晃颠簸，行走困难	中等破坏——结构破坏，需要修复才能使用	0.31~0.50	干硬土上亦出现裂缝；大多数独立砖烟囱严重破坏；树稍折断；房屋破坏导致人畜伤亡	2.50 (1.78~3.53)	0.25 (0.19~0.35)
Ⅸ	行动的人摔倒	严重破坏——结构严重破坏，局部倒塌，修复困难	0.51~0.70	干硬土上出现许多地方有裂缝；基岩可能出现裂缝、错动；滑坡坍塌常见；独立砖烟囱许多倒塌	5.00 (3.54~7.07)	0.50 (0.36~0.71)
Ⅹ	骑自行车的人会摔倒，处不稳状态的人会摔离原地，有抛起感	人多数倒塌	0.71~0.90	山崩和地震断裂出现；基岩上拱桥破坏；大多数独立砖烟囱从根部破坏或倒塌	10.00 (7.08~14.14)	1.00 (0.72~1.41)
Ⅺ		普通倒塌	0.91~1.00	地震断裂延续很长；大量山崩滑坡		
Ⅻ				地面剧烈变化，山河改观		

注：表中的数量词："个别"为10%以下，"少数"为10%~50%，"多数"为50%~70%，"大多数"为70%~90%；"普遍"为90%以上。

4）基本烈度、烈度规划图和设防烈度

强烈地震是一种破坏性很大的自然灾害，它的发生具有很大的随机性。因此，采用概率统计方法预测某地区在未来一定时间内可能遭遇的地震危险程度是具有工程意义的。为此，《建筑抗震设计规范》（GB 50011—2001）（以下简称《建筑抗震规范》）提出了新的基本烈度的概念。

一个地区的基本烈度是指该地区在50年期限内，一般场地条件（是指该地区内普遍分布的场地条件及一般的地形、地貌、地质构造等条件）下，可能遭遇超越概率为 10％的地震烈度。

国家地震局和原建设部于 1992 年联合发布了新的《中国地震烈度区划图》（1990）。该图给出了全国各地的基本烈度的分布，可供国家经济建设和国土利用规划、一般工业与民用建筑抗震设计及制定减轻和防御地震灾害对策时使用。

设防烈度是作为一个地区抗震设防依据的地震烈度，取值一般可直接采用《中国地震烈度区划图》（1990）的基本烈度。

6.1.2 抗震设防

（1）建筑重要性分类

在进行建筑抗震设计时，应根据建筑使用功能重要性的不同，采取不同的建筑抗震设防标准。《建筑抗震规范》将建筑按重要性的不同，分为以下四类：

甲类建筑——属于重大建筑工程和地震时可能发生严重次生灾害的建筑。

乙类建筑——属于地震时使用功能不能中断或需尽快恢复的建筑。

丙类建筑——属于甲、乙、丁类以外的建筑。

丁类建筑——次要建筑。

（2）抗震设防标准

抗震设防是对建筑进行抗震设计，包括地震作用、抗震承载力计算、变形验算和采取抗震措施，以达到抗震效果。抗震设防标准的依据是设防烈度。各抗震设防类别建筑的设防标准，应符合下列要求：

1）甲类建筑。地震作用应高于本地区抗震设防烈度的要求，其值应按批准的地震安全性评价结果确定；抗震措施，当抗震设防烈度为 6～8 度时，应符合本地区抗震设防烈度提高一度的要求，当为 9 度时，应符合比 9 度抗震设防更高的要求。

2）乙类建筑。地震作用应符合本地区抗震设防烈度的要求；抗震措施，一般情况下，当抗震设防烈度为 6～8 度时，应符合本地区抗震设防烈度提高一度的要求，当为 9 度时，应符合比 9 度抗震设防更高的要求。对较小的乙类建筑，当其结构改用抗震性能较好的结构类型时，应允许仍按本地区抗震设防烈度的要求采取抗震措施。

3）丙类建筑。地震作用和抗震措施均应符合本地区抗震设防烈度的要求。

4）丁类建筑。一般情况下，地震作用仍应符合本地区抗震设防烈度的要求；抗震措施应允许比本地区抗震设防烈度的要求适当降低，但抗震设防烈度为 6 度时不应降低。

抗震设防烈度为 6 度时，除《建筑抗震规范》有具体规定外，对乙、丙、丁类建筑可不进行地震作用计算。

（3）抗震设防目标

在建筑使用期间，对不同频度和强度的地震，要求建筑具有不同的抵抗能力。即对一般较小的地震，由于其发生的可能性大，因此要求遭遇到这种多遇地震时，结构不受损坏。这在技术和经济上都是可以做到的。对于罕遇的强烈地震，由于其发生的可能性小，当遭遇到这种强烈地震时，要求做到结构完全不损坏，这在经济上是不合算的。比较合理的做法是，应允许损坏，但在任何情况下，不应导致建筑倒塌。

《建筑抗震规范》提出了"三水准"的设防目标。

第一水准：当遭受到多遇的低于本地区设防烈度的地震（简称"小震"）影响时，

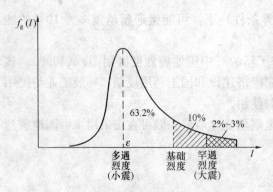

图 6-3 我国地震烈度概率密度函数图

建筑一般应不受损坏或不需修理仍能继续使用。

第二水准：当遭受到本地区设防烈度地震影响时，建筑可能有一定的损坏，经一般修理或不经修理仍能继续使用。

第三水准：当遭受到高于本地区设防烈度的罕遇地震（简称"大震"）时，建筑不致倒塌或发生危及生命的严重破坏。

在进行建筑抗震设计时，原则上应满足"三水准"抗震设防目标的要求，在具体做法上，为了简化计算起见，《建筑抗震规范》采取了二阶段设计法，即：

第一阶段设计：按小震作用效应和其他荷载效应的基本组合验算构件的承载力，以及在小震作用下验算结构的弹性变形，以满足第一水准抗震设防目标的要求。

第二阶段设计：在大震作用下验算结构的弹塑性变形，以满足第三水准抗震设防目标的要求。

至于第二水准抗震设防目标的要求，只要结构按第一阶段设计，并采取相应的抗震措施，即可得到满足。这已为工程实践所证实。

概括起来，"三水准、二阶段"的抗震设防目标的通俗说法是："小震不坏、中震可修、大震不倒"。

6.1.3 抗震设计的基本要求

6.1.3.1 地震的破坏现象

（1）地表的破坏现象

1）地裂缝。在强烈地震作用下，地面常常产生裂缝。地裂缝分为重力地裂缝和构造地裂缝两种。

2）喷砂冒水。在地下水位较高、砂层或粉土层埋深较浅的平原地区，地震时地震波的强烈振动使地下水压力急剧增高，地下水夹带砂土或粉土经地裂缝或土质松软的地方冒出地面，形成喷砂冒水现象。

3）地面下沉（震陷）。在强烈地震作用下，地面往往发生震陷，使建筑物破坏。

4）河岸、陡坡滑。在强烈地震作用下，常引起河岸、陡坡滑坡，有时规模很大，造成公路堵塞、岸边建筑物破坏。

（2）建筑物的破坏

在强烈地震作用下，各类建筑物遭到严重破坏，按其破坏形态及直接原因，可分为：

1）结构丧失整体性；

2）承重结构强度不足引起破坏；

3）地基失效；

（3）次生灾害

地震除直接造成建筑物的破坏外，还可能引起火灾、水灾、污染等严重的次生灾害，有时这比地震直接造成的损失还大。在城市，尤其是在大城市这个问题已越来越引起人们的关注。

6.1.3.2 抗震设计的基本要求

在强烈地震作用下，建筑物的破坏机理和过程是十分复杂的。20 世纪 70 年代以来，人们在总结大地震灾害经验中提出了"概念设计"，并认为它比"数值设计"更为重要。

概念设计是指正确地解决总体方案、材料使用和细部构造，以达到合理抗震设计的目的。根据概念设计原理，在进行抗震设计时，应遵循下列要求。

（1）选择对抗震有利的场地、地基和基础

选择建筑场地时，应根据工程需要，掌握地震活动情况、工程地质等有关资料，作出综合评价。宜选择有利地段，避开不利地段，无法避开时应采取适当的抗震措施；不应在危险地段建造甲、乙、丙类建筑。

建筑抗震有利地段，一般是指坚硬土或开阔平坦、密实均匀的中硬土等地段；不利地段，一般是指软弱土、液化土、条状突出的山嘴、高耸孤立的山丘、非岩质的陡坡、河岸和边坡边缘、在平面分布上成因、岩性、状态明显不均匀的土层（如故河道、断层破碎带、暗埋的塘浜沟谷及半填半挖地基）等地段；危险地段，一般是指地震时可能发生滑坡、崩塌、地陷、地裂、泥石流等以及地震断裂带上可能发生地表错位的部位等地段。

同一结构单元不宜设置在性质截然不同的地基土上，也不宜部分采用天然地基、部分采用桩基。当地基内有软弱黏性土、液化土、新近填土或严重不均土层时，宜采取措施加强基础整体性和刚性。

（2）选择对抗震有利的建筑平面和立面

为了避免地震时建筑物发生扭转和因应力集中或塑性变形集中而形成薄弱部位，建筑平、立面布置宜规则对称，建筑质量分布和刚度变化宜均匀，楼层不宜错层。

体型复杂的建筑宜设防震缝，将建筑分成规则的结构单元。防震缝应根据烈度、场地类别、房屋类型等留有足够的宽度，其两侧的上部应完全分开；体型复杂的建筑不设防震缝时，应选用符合实际结构的计算模型，进行较精细的抗震分析，估计其局部的应力和变形集中及扭转影响，判别其易损部位，以便采取措施提高抗震能力。

地震区建筑物的伸缩缝、沉降缝还应符合防震缝的要求。

（3）选择技术上、经济上合理的抗震结构体系

抗震结构体系，应根据建筑的重要性、设防烈度、房屋高度、场地、地基、基础、材料和施工等因素，经过技术、经济条件比较综合确定。

1）在选择建筑结构体系时，应符合以下要求：

① 应具有明确的计算简图和合理的地震作用传递途径；

② 宜有多道抗震防线，应避免因部分结构或构件破坏而导致整个体系丧失抗震能力或对重力的承载能力；

③ 应具备必要的强度，良好的变形能力和耗能能力；

④ 宜具有合理的刚度和强度分布，避免因局部削弱或突变形成薄弱部位，产生过大的应力集中或塑性变形集中，对可能出现的薄弱部位，应采取措施提高抗震能力。

2）在选择抗震结构的构件时，应符合下列要求：

① 砌体结构构件，应按规定设置钢筋混凝土圈梁和构造柱、芯柱（指在中小砌块的竖孔内浇筑钢筋混凝土所形成的柱），或采用配筋砌体和组合砌体柱等，以改善结构的抗震能力；

② 混凝土结构构件，应合理地选择尺寸、配置纵向钢筋和箍筋，避免剪切破坏先于弯

曲破坏、混凝土的压碎先于钢筋的屈服等；

③ 钢结构构件应合理控制尺寸，防止局部或整个构件失稳。

3) 在设计结构各构件之间的连接时，应符合下列要求。

① 构件节点的强度，不应低于其连接构件的强度；

② 预埋件的锚固强度，不应低于连接件的强度；

③ 装配式结构的连接，应能保证结构的整体性。

（4）处理好非承重结构构件和主体结构的关系

在抗震设计中，处理好非承重结构构件与主体结构构件之间的关系，可防止附加震害，减少损失。因此，附属结构构件，应与主体结构有可靠的连接和锚固，避免倒塌伤人或砸坏重要设备。围护墙和隔墙应考虑对结构抗震不利或有利影响，应避免设置不合理而导致主体结构的破坏。例如，框架或厂房柱间的填充墙不到顶，会使这些柱子变成短柱，许多震害表明，这些短柱在地震中极易破坏，应予注意。

当需要装饰时，如镶贴或悬吊较重的装饰物时，则应有可靠的防护措施。

（5）注意材料的选择和施工质量

抗震结构在材料选用、施工质量，特别是在材料代用上，有特殊的要求。这是抗震结构施工中一个十分重要的问题。因此，在抗震设计和施工中应当引起足够的重视。

抗震结构对材料和施工质量的要求，应在设计文件上注明。

结构材料性能指标应符合下列最低要求：

1) 黏土砖强度不宜低于 MU7.5，砖砌体的砂浆强度等级不宜低于 M2.5，砖烟囱的砂浆强度等级不宜低于 M5。

2) 混凝土砌块的强度等级，中砌块不宜低于 MU10，小砌块不宜低于 MU5，砌块砌体砂浆强度等级不宜低于 M5。

3) 混凝土强度等级，抗震等级为一级的框架梁、柱和节点不宜低于 C30，构造柱、芯柱、圈梁和基础（桩除外）不宜低于 C15，其他各类构件不宜低于 C20。

4) 钢筋的强度等级，纵向钢筋宜采用 HRB335 级、HRB400 级变形钢筋，钢箍宜采用 HPB235 级、HRB335 级钢筋，构造柱、芯柱可采用 HPB235 级或 HRB335 级钢筋。

在钢筋混凝土结构中，往往因缺乏设计规定的钢筋规格型号，而需用另外规格型号代替时，应注意不宜以屈服强度更高的钢筋代替原设计中的主要钢筋。当需要替换时，宜按照构件截面实际屈服强度进行换算，并注意替代后的构件截面屈服强度不应高于原设计的截面屈服强度。这样，可以避免造成薄弱部位的转移，以及构件在有影响的部位混凝土发生脆性破坏，如混凝土被压碎、剪切破坏等。

构造柱、芯柱和底层框架砖房的砖填充墙和框架的施工，应先砌墙后浇混凝土柱。

砌体结构的纵、横墙交接处应同时咬槎砌筑或采取拉结措施，以免在地震中开裂或外闪倒塌。

6.2　砌体结构房屋抗震设计

6.2.1　砌体结构房屋的震害

地震对建筑物的破坏作用主要是由于地震波在土中传播引起强烈的地面运动而造成的。由地震引起的建筑物破坏情况主要有：受震破坏、地基失效引起的破坏和次生效应引起的破坏。

砌体结构房屋受震害破坏的情况是，地震时，在地震作用下，主要是水平地震作用影响下，砌体结构房屋的破坏情况随着结构类型和抗震构造措施的不同而不同。破坏的情况可以归划为两大类：一类是由于结构或构件承载力不足而引起的破坏。对于多层砌体结构的房屋，当水平地震作用沿着房屋的横向时，水平地震作用主要通过楼盖传至横墙，再传至基础和地基，这时，横墙主要受到剪切，当地震作用在墙内产生的剪力超过砌体所能承担的抗剪承载力时，墙体就会产生斜裂缝或交叉裂缝。当水平地震作用沿着房屋的纵向时，它主要通过楼盖传至纵墙，再传至基础和地基，如果窗间墙很宽，纵墙将仍以剪切破坏为主，如果窗间墙很窄，就可以会产生压弯破坏。

另一类破坏是因为房屋结构布置不当或在构造上存在缺陷，比如内外墙之间以及楼板与墙体之间缺乏可靠的联结，在地震时联结破坏，房屋丧失了整体性，墙体发生了"出平面"的倾倒，楼板随之由墙上滑落等，这种现象在地震中也是常见的。因此，在砌体结构房屋的抗震设计中，应用计算理论对结构进行强度验算是一个重要的方面。另一方面，还应对房屋的体型、平面布置、材料、结构形式等进行合理选择，对构件间的联结采取加强措施，并从结构强度着眼，使构件布局合理，从而获得整个房屋的最大抗震能力。

6.2.2　多层砌体结构房屋抗震设计的一般规定

6.2.2.1　房屋总高度、层数和层高的限制

随着房屋高度的增大，地震作用也将增大，因而，房屋的破坏将加重。震害调查表明，房屋的破坏程度随层数的增多而加重，六层房屋的震害较四层、五层房屋明显加重，而二层、三层房屋的震害又较四层、五层房屋轻得多。基于砌体材料的脆性性能和震害经验，限制其层数和高度是主要的抗震措施。

（1）一般情况下，多层砌体结构房屋的层数和总高度不应超过表6-2的规定。

表 6-2　房屋的层数和总高度（m）限值

房屋类别	最小厚度 (mm)	设 防 烈 度							
		6		7		8		9	
		高度	层数	高度	层数	高度	层数	高度	层数
普通黏土砖	240	24	8	21	7	18	6	12	4
多孔砖	240	21	7	21	7	18	6	12	4
多孔砖	190	21	7	18	6	15	5	—	—
混凝土小砌块	190	21	7	21	7	18	6	—	—

注：1. 房屋的总高度指室外地面到檐口或屋面板顶的高度。半地下室可从地下室室内地面算起，全地下室和嵌固条件好的半地下室可从室外地面算起，带阁楼的坡屋面应算到山尖墙的1/2高度处。

2. 室内外高差大于0.6时，房屋总高度可比中数据增加1m。

（2）对医院、教学楼等横墙较少的多层砌体房屋总高度，应比表6-2的规定降低3m，层数相应减少一层，各层横墙很少的多层砌体房屋，还应根据具体情况再适当降低总高度和减少层数。（注：横墙较少指同一层内开间大于4.2m的房间占该层总面积的40%以上）

（3）横墙较少的多层住宅楼，当按规定采取加强措施并满足抗震承载力要求时，其高度和层数应允许仍按表6-2采用。

（4）砖和砌块砌体承重房屋的层高，不应超过3.6m。

6.2.2.2 房屋高宽比的限制

随着房屋高宽比（总高度与总宽度之比）的增大，地震作用效应将增大，由整体弯曲在墙体中产生的附加应力也将增大，房屋的破坏将加重。因此，多层砌体房屋总高度与总宽度的最大比值宜符合表 6-3 的要求。

表 6-3 房屋最大高宽比

设防烈度	6	7	8	9
最大高宽比	2.5	2.5	2.0	1.5

注：1. 单面走廊房屋的总宽度不包括走廊宽度。
　　2. 点式、墩式建筑的高宽比宜适当减小。

6.2.2.3 墙体的布置

墙体是承担地震作用的主要构件，墙体的布置和间距对房屋的空间刚度和整体性影响很大。因而，对建筑物的抗震性能有重大影响。

（1）结构布置

结构布置应优先选用横墙承重或纵横墙共同承重的方案，纵横墙的布置应均匀对称，沿平面内宜对齐，沿竖向应上下连续，同一轴线上的窗间墙宽度宜均匀。

（2）横墙间距

震害调查表明，在横向水平地震作用的影响下，如果楼盖有足够的刚度，横墙间距较密且有足够的承载力，则纵墙承受的地震作用是很小的，一般不至于出现水平裂缝。如果楼盖刚度较差或横墙间距很大或横墙承载能力不足而先行破坏，则纵墙承受的地震作用将较大，因而，在纵墙上就会出现水平裂缝，裂缝的位置一般是在两横墙之间的中部或靠近先行破坏的横墙的一端。因此，对于横墙除了必须具有足够的抗震能力外，还必须使其间距能满足楼盖对传递水平地震作用所需的水平刚度的要求。也就是说，横墙间距必须根据楼盖的水平刚度给予一定的限制。多层砌体房屋抗震墙的间距，不应超过表 6-4 的要求。

表 6-4 房屋抗震横墙最大间距（m）

房 屋 类 别	设 防 烈 度			
	6	7	8	9
现浇或装配整体式钢筋混凝土楼、屋盖	18	18	15	11
装配式钢筋混凝土楼、屋盖	15	15	11	7
木楼、屋盖	11	11	7	4

注：1. 多层砌体房屋的顶层，最大横墙间距可适当放宽。
　　2. 小砌块房屋不宜采用木楼、屋盖。

（3）墙段的局部尺寸

从表面上看，墙体的局部尺寸不当，有时仅造成局部破坏，并未影响房屋的整体安全，事实上，它往往降低了房屋总的承载能力。而且，某些重要部位墙体的局部破坏，往往牵动全局，直接引起房屋的倒塌。震害调查表明，沿房屋纵向地面运动的结果，常导致纵墙的薄弱部分——窗间墙的开裂。随着地震烈度的增高，地震荷载成倍地增长，窗间墙的破坏程度也越重。因此，按地震烈度控制墙面开洞率是必要的。震害调查还表明，地震期间由于沿房屋纵横两个方向地面运动的结果，转角处纵横两个墙面常出现斜裂缝，若地面运动强烈以及持续时间较长时，破裂后的角部块体就会因两个方向的往复错动而被推挤出去而倒塌。不仅房屋两端的四个外墙转角容易发生破坏，平面上其他凸出部位的外墙阳角同样易发生破坏，特别是当楼梯间设在端部时，破坏的情况更为严重。因此，房屋中砌体墙段的局部尺寸限值宜符合表 6-5 的要求。

表 6-5　房屋的局部尺寸限值（m）

部　位	6 度	7 度	8 度	9 度
承重窗间墙最小宽度	1.0	1.0	1.2	1.5
承重外墙尽端至门窗洞边的最小距离	1.0	1.0	1.2	1.5
非承重外墙尽端至门窗洞边的最小距离	1.0	1.0	1.0	1.0
内墙阳角至门窗洞边的最小距离	1.0	1.0	1.5	2.0
无锚固女儿墙（非出入口处）的最大高度	0.5	0.5	0.5	0

注：1. 局部尺寸不足时应采取局部加强措施弥补。
　　2. 出入口处的女儿墙应有锚固。

6.2.2.4　平、立面布置和防震缝的设置

当房屋的平面和立面布置不规则，亦即平面上凹凸曲折、立面上高低错落时，震害往往比较严重。这一方面是由于各部分的质量和刚度分布不均匀，在地震时，房屋各部分将产生较大的变形差异，使各部分连接处的变形突然变化而产生应力集中。另一方面是由于房屋的质量中心和刚度中心不重合，在地震时，地震作用对刚度中心有较大的偏心距，因而，不仅使房屋产生剪切和弯曲，而且还使房屋产生扭转，从而大大加剧了地震的破坏作用。对于突出屋面的细长部位，还将由于鞭梢效应而使地震作用加大，突出部位愈细长（即其平面面积与底部建筑物平面面积之比愈小，其突出高度与底部建筑物高度之比愈大），引起的地震作用也愈大。所以，突出屋面的屋顶间等，破坏往往较为严重。为此，房屋的平、立面布置应遵循下列原则：

（1）房屋的平、立面布置应尽可能简单

在平面布置方面，应避免墙体局部凸出和凹进，若为 L 形或 ［ 形平面，应将转角交叉部分的墙体拉通，使水平地震作用能通过贯通的墙体传到相连的另一侧。如侧翼伸出较长（超过房屋的宽度），则应以防震缝分割成若干独立的单元，以免由于刚度中心和质量中心不一致而引起扭转振动以及在转角处因应力集中而导致破坏。在立面布置方面，应避免局部的突出和错层，如必须布置局部突出的建筑物时，应采取措施，在变截面处加强连接，或采用刚度较小的结构或减轻突出部分结构的自重。

（2）房屋有下列情况之一时宜设防震缝：

① 房屋立面高差在 6m 以上；

② 房屋有错层，且楼板高差较大；

③ 各部分结构刚度、质量截然不同。

防震缝应沿房屋全高设置，两侧应布置墙体，基础可不设防震缝。防震缝的缝宽应根据地震烈度和房屋高度确定，一般取 50～100mm。

（3）楼梯间不宜设置在房屋的尽端和转角处。烟道、风道、垃圾道等不应削弱墙体，当墙体被削弱时，应对墙体采取加强措施；不宜采用无竖向配筋的附墙烟囱及出屋面的烟囱；不宜采用无锚固的钢筋混凝土预制挑檐。

6.2.2.5 材料及截面尺寸要求

（1）砌体材料应符合下列要求

① 普通黏土砖和黏土多孔砖的强度等级不应低于 MU10，砖砌体的砂浆强度等级不应低于 M5。

② 混凝土小型空心砌块的强度等级不应低于 MU7.5，砌块砌体的砂浆强度等级不应低于 M7.5。

③ 料石的强度等级不应低于 MU30，砌筑砂浆的强度等级不应低于 M5。

（2）砌体剪力墙的截面，应符合下列要求

① 烧结普通砖、烧结多孔砖、蒸压灰砂砖、蒸压粉煤灰砖、料石剪力墙的厚度不应小于 240mm；混凝土砌块剪力墙的厚度不应小于 190mm。

② 剪力墙开洞洞口的水平截面积不应超过墙体水平截面面积的 50%。

6.2.3 多层砌体结构房屋抗震计算要点

6.2.3.1 计算简图

地震时，多层砌体房屋的破坏主要是由水平地震作用而引起的。因此，对于多层砌体房屋的抗震计算，一般只考虑水平地震作用的影响，而可不考虑竖向地震作用的影响。

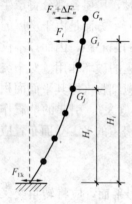

图 6-4 计算简图

在进行结构的抗震计算时，采用底部剪力法等简化方法。当多层砌体房屋的高宽比不大于表 6-3 的规定时，由整体弯曲而产生的附加应力不大。因此，可不做整体弯曲验算，只验算房屋在横向和纵向水平地震作用影响下，横墙和纵墙在其自身平面内的抗剪能力。

多层砌体房屋，可视为嵌固于基础顶面竖立的悬臂梁，并将各层质量集中于各层楼盖处。计算简图如图 6-4 所示。

集中在 i 层楼盖处的重力荷载 G_i 有：i 层楼盖自重和作用在该层楼面上的可变荷载，以及该楼层上下层墙体自重的一半。

计算地震作用时，建筑的重力荷载代表值应取结构和构配件自重标准值和各可变荷载组合值之和。各可变荷载的组合值系数应按表 6-6 采用。

表 6-6　可变荷载组合值系数

可变荷载种类		组合值系数
雪荷载		0.5
屋面积灰荷载		0.5
屋面活荷载		不考虑
按实际情况考虑的楼面活荷载		1.0
按等效均布荷载考虑的楼面活荷载	藏书库、档案库	0.8
	其他民用建筑	0.5
吊车悬吊物重力	硬钩吊车	0.3
	软钩吊车	不考虑

注：硬钩吊车的吊重较大时，组合值系数宜按实际情况采用。

300

6.2.3.2 地震作用

（1）总水平地震作用标准值

结构总水平地震作用标准值应按下列公式确定：

$$F_{Ek} = \alpha_1 G_{eq} \tag{6-3}$$

式中　F_{Ek}——结构总水平地震作用标准值；

　　　α_1——相当于结构基本自振周期的水平地震影响系数，按表 6-7 采用；

　　　G_{eq}——结构等效总重力荷载，单质点应取总重力荷载代表值，多质点可取总重力荷载代表值的 85%。

表 6-7　水平地震影响系数最大值（阻尼比 0.05）

地震影响	设　防　烈　度			
	6	7	8	9
多遇地震	0.04	0.08	0.16	0.32
罕遇地震	—	0.50	0.90	1.40

（2）沿高度 i 质点的水平地震作用

$$F_i = \frac{G_i H_i}{\sum G_j H_j} F_{Ek} \quad (i = 1,2,\cdots,n) \tag{6-4}$$

式中　F_i——质点 i 的水平地震作用标准值；

　　G_i, G_j——分别为集中于质点 i、j 的重力荷载代表值；

　　H_i, H_j——分别为质点 i、j 的计算高度。

对于突出屋面的屋顶间、女儿墙、烟囱等的地震作用效应，宜乘以增大系数 3，此增大部分不应往下传递，但与该突出部分相连的构件应予计入。

6.2.3.3　各楼层水平地震剪力标准值

$$V_{Eki} = \sum_{j=i}^{n} F_i \ (i = 1,2\cdots,n) > \lambda \sum_{j=i}^{n} G_i \tag{6-5}$$

式中　V_{Eki}——第 i 层的楼层水平地震剪力标准值；

　　　λ——剪力系数，7 度时为 0.012，8 度时为 0.024，9 度时为 0.040；

　　　G_i——第 i 层的重力荷载代表值。

6.2.3.4　水平地震剪力的分配

在多层砌体房屋中，屋盖和楼盖如同水平隔板一样，将作用在房屋上的水平地震剪力传给各抗侧力构件。因此，随着楼、屋盖水平刚度的不同和抗倾力构件刚度的不同，分配给各抗侧力构件的水平地震力也不同。集中在各楼层墙体顶部的水平地震剪力应根据楼盖水平刚度的不同，分别按下列原则分配。

（1）横向水平地震剪力的分配

1）刚性楼盖

现浇和装配整体式钢筋混凝土楼、屋盖等刚性楼盖建筑，其各抗侧力构件所承担的水平地震作用效应与其抗侧力刚度成正比。因此，宜按抗侧力构件等效刚度的比例分配。由此可得到第 i 楼层第 m 道墙所承担的水平地震剪力为：

$$V_{im} = \frac{D_{im}}{\sum\limits_{m=1}^{n} D_{im}} V_{Eki} \tag{6-6}$$

301

式中　D_{im}——第 i 层第 m 道墙砌体的剪切模量。

2）柔性楼盖

对于木楼盖、木屋盖等柔性楼盖建筑，可将楼、屋盖视为多跨简支梁，则各抗侧力构件所承担的水平地震剪力将按该抗侧力构件两侧相邻的抗侧力构件之间一半面积上的重力荷载代表值的比例分配，即：

$$V_{im} = \frac{F_{im}}{\sum\limits_{m=1}^{n} F_{im}} V_{Eki} \tag{6-7}$$

式中　F_{im}——第 i 层第 m 道墙承担的重力荷载代表值。

3）中等刚性楼盖

对于采用普通预制板的装配式钢筋混凝土等半刚性楼、屋盖的建筑，可采取上述两种分配结果的平均值，即：

$$V_{im} = \frac{1}{2} \left[\frac{D_{im}}{\sum\limits_{m=1}^{n} D_{im}} + \frac{F_{im}}{\sum\limits_{m=1}^{n} F_{im}} \right] V_{Eki} \tag{6-8}$$

（2）纵向水平地震剪力的分配

当对纵向水平地震剪力进行计算时，由于楼盖沿纵向的水平刚度较横向的水平刚度大得多，因而，在纵向地震作用下，纵墙所承担的地震剪力，不论哪种楼盖，均可按刚性楼盖考虑，纵向水平地震剪力可按纵墙体刚度比例进行分配。即：

$$V_{im} = \frac{D_{im}}{\sum\limits_{m=1}^{n} D_{im}} V_{Eki} \tag{6-9}$$

（3）进行地震剪力分配和截面验算时，砌体墙段的层间抗侧力等效刚度应按下列原则确定：

1）对无洞墙，刚度的计算应计及高宽比的影响。高宽比小于 1 时，可只考虑剪切变形；高宽比不大于 4 且不小于 1 时，应同时考虑弯曲和剪切变形；高宽比大于 4 时，可不考虑刚度。

①当 $h/b < 1$ 时，如图 6-5（a）所示，侧移刚度计算公式如下：

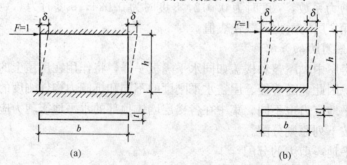

图 6-5　无洞墙体

$$D_{im} = \frac{Ebt}{3h} \tag{6-10}$$

式中　E——砌体的弹性模量；

h——墙体的高度；

b——墙体宽度；

t——墙体的厚度。

②当 $1 \leqslant h/b \leqslant 4$ 时，如图 6-5（b）所示，侧移刚度计算：

$$D_{im} = \frac{Et}{3 \times \frac{h}{b} + \left(\frac{h}{b}\right)^3} \tag{6-11}$$

（注：墙段的高宽比指层高与墙长之比；对门窗洞边的小墙段指洞净高与洞侧墙宽之比。）

2）对有墙洞时，墙段宜按门窗洞口划分，对小开口墙段按毛墙面计算的刚度，可根据开洞率乘以表 6-8 的洞口影响系数。

表 6-8　墙段洞口影响系数

开洞率	0.10	0.20	0.30
影响系数	0.98	0.94	0.88

注：开洞率为洞口面积与墙段毛面积之比，窗洞高度大于层高 50% 时，按门洞对待。

6.2.3.5　墙体抗震承载力的验算

根据《建筑抗震规范》的规定，墙体截面抗震验算的设计表达式为：

$$S \leqslant \frac{R}{\gamma_{RE}} \tag{6-12}$$

式中　S——结构构件内力组合的设计值，包括组合的弯矩，轴向力和剪力设计值；

　　　　R——结构构件承载力设计值；。

　　　　γ_{RE}——承载力抗震调整系数，应按表 6-9 采用。

表 6-9　砌体承载力抗震调整系数

结 构 构 件	受力状态	γ_{RE}
两端均有构造柱、芯柱的抗震墙	受　剪	0.9
其他抗震墙	受　剪	1.0

（1）砌体沿阶梯形截面破坏的抗震抗剪强度

根据《建筑抗震规范》的规定，各类砌体沿阶梯形截面破坏的抗震抗剪强度设计值，应按下式确定：

$$f_{vE} = \zeta_n f_v \tag{6-13}$$

式中　f_{vE}——砌体沿阶梯形截面破坏的抗震抗剪强度设计值；

　　　　f_v——非抗震设计的砌体抗剪强度设计值；

　　　　ζ_n——砌体强度的正应力影响系数，可按表 6-10 采用。

表 6-10　砌体强度的正应力影响系数

砌体类别	σ_0/f_v							
	0.0	1.0	3.0	5.0	7.0	10.0	15.0	20.0
黏土砖、多孔砖	0.80	1.00	1.28	1.50	1.70	1.95	2.32	—
混凝土小砌块	—	1.25	1.75	2.25	2.60	3.10	3.95	4.80

注：σ_0 为对应于重力荷载代表值的砌体截面平均压应力。

（2）黏土砖、多孔砖墙体的截面抗震承载力，应按下列规定验算。

1）一般情况下，应按下式验算：

$$V \leqslant f_{vE}A/\gamma_{RE} \tag{6-14}$$

式中　V ——墙体剪力设计值；

　　　f_{vE} ——砖砌体沿阶梯形截面破坏的抗震抗剪强度设计值；

　　　A ——墙体横截面面积，多孔砖取毛截面面积；

　　　ζ_n ——承载力抗震调整系数。

2）当按式（6-14）验算不满足要求时，除按规定计算水平配筋的提高作用外，可计入设置于墙段中部，截面不小于 240mm×240mm 且间距不大于 4m 的构造柱对受剪承载力的提高作用，按下列简化方法验算。

$$V \leqslant \frac{1}{\gamma_{RE}} \left[\eta_c f_{vE}(A-A_c) + \xi f_t A_c + 0.08 f_y A_s \right] \tag{6-15}$$

式中　A_c ——中部构造柱的横截面总面积（对横墙和内纵墙，当 $A_c > 0.15A$ 时，取 $0.15A$，对外纵墙，当 $A_c > 0.25A$，取 $0.25A$）；

　　　f_c ——中部构造柱的混凝土轴心抗拉强度设计值；

　　　A_s ——中部构造柱的纵向钢筋截面总面积（配筋率大于 1.4% 时取 1.4%）；

　　　f_y ——钢筋抗拉强度设计值；

　　　ξ ——中部构造柱参与工作系数，居中设一根时取 0.5，多于一根时取 0.4；

　　　η_c ——墙体约束修正系数，一般情况取 1.0，构造柱间距不大于 2.8m 时取 1.1。

6.2.4 抗震构造措施

6.2.4.1 多层砖房抗震构造措施

（1）设置钢筋混凝土构造柱

震害分析和试验表明，在多层砖房中的适当部位设置钢筋混凝土构造柱（以下简称构造柱）并与圈梁连接使之共同工作，提高房屋的抗侧力能力，防止或延缓房屋在地震作用下发生突然倒塌，或者减轻房屋的损坏程度。因此，设置构造柱是防止房屋倒塌的一种有效措施。

多层普通黏土砖、多孔黏土砖房屋的现浇钢筋混凝土构造柱（以下简称构造柱）设置，应符合下列要求：

1）构造柱设置部位和要求如图 6-6 所示。

① 构造柱设置部位，一般情况下应符合表 6-11 的要求：

表 6-11　砖房构造柱设置要求

房屋的层数				设置部位	
6 度	7 度	8 度	9 度		
四、五	三、四	二、三	一	外墙四角，错层部位横墙与外纵墙交接处，大洞口两侧，大房间内外墙交接处	7、8 度时，楼、电梯的四角，每隔 15m 左右的横墙或单元横墙与外墙交接处
六、七	五	四	二		隔开间横墙（轴线）与外墙交接处，山墙与内纵墙的交接处，7~9 度时，楼、电梯的四角
八	六、七	五、六	三、四		内墙（轴线）与外墙交接处，内墙的局部较小墙垛处，7~9 度时，楼、电梯的四角，9 度时，内纵墙与横墙（轴线）交接处

注：较大洞口指宽度大于 2m。

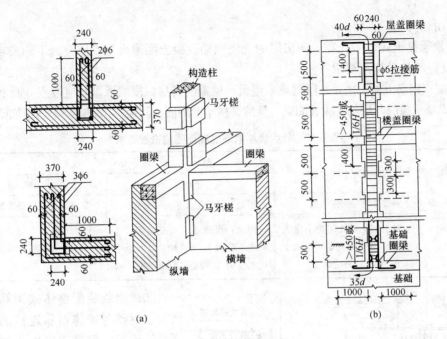

图 6-6　构造柱示意图

②外廊式和单面走廊式的多层房屋，应根据房屋增加一层后的层数，按表 6-11 要求设置构造柱，且单面走廊两侧的纵墙均应按外墙处理。

③当教学楼、医院等横墙较少的房屋，应根据房屋增加一层后的层数，按表 6-11 的要求设置构造柱；当教学楼、医院等横墙较少的房屋为外廊式或单面走廊式时，应按第②要求设置构造柱，但 6 度不超过四层、7 度不超过三层和 8 度不超过二层时，应按增加二层后的层数考虑。

2）多层普通黏土砖、多孔黏土砖房屋构造柱截面尺寸、配筋和连接的要求：

①构造柱最小截面可采用 240mm×180mm，纵向钢筋宜采用 4Φ12，箍筋间距不宜大于 250mm，且在柱上下端宜适当加密；7 度时超过六层、8 度时超过五层和 9 度时，构造柱纵向钢筋宜采用 4Φ14，箍筋间距不应大于 200mm；房屋四角的构造柱可适当加大截面及配筋。

②构造柱与墙连接处应砌成马牙槎，并应沿墙高每隔 500mm 设 2Φ6 拉接钢筋，每边伸入墙内不宜小于 1m。

③构造柱与圈梁连接处，构造柱的纵筋应穿过圈梁，保证构造柱纵筋上下贯通。

④构造柱可不单独设置基础，但应伸入室外地面下 500mm，或与埋深小于 500mm 的基础圈梁相连，如图 6-6（b）所示。

⑤房屋高度和层数接近表 6-2 的限值时，纵横墙内构造柱间距尚应符合下列要求：

A. 横墙内构造柱间距不宜大于层高的二倍，下部 1/3 的楼层的构造柱间距适当减小；

B. 外墙的构造柱间距应每开间设置 1 柱；当开间大于 3.9m 时，应另设加强措施。内纵墙的构造柱间距不宜大于 4.2m。

（2）设置钢筋混凝土圈梁

钢筋混凝土圈梁是增加墙体的连接，提高楼盖、屋盖刚度，抵抗地基不均匀沉降，限制墙体裂缝开展，保证房屋整体性，提高房屋抗震能力的有效构造措施，而且是减小构造柱计算长度、充分发挥抗震作用不可缺少的连接构件。因此，钢筋混凝土圈梁在砌体房屋中获得了广泛应用。

多层普通黏土砖、多孔黏土砖房屋的现浇钢筋混凝土圈梁设置，应符合下列要求。

1）设置部位及构造要求

①装配式钢筋混凝土楼盖、屋盖或木楼盖、屋盖的砖房，横墙承重时应按表6-12的要求设置圈梁。纵墙承重时每层均应设置圈梁，且抗震横墙上的圈梁间距应比表内要求适当加密。

表6-12　砖房现浇钢筋混凝土圈梁设置要求

墙　类	烈　度		
	6、7	8	9
外墙及内纵墙	屋盖处及每层楼盖处	屋盖处及每层楼盖处	屋盖处及每层楼盖处
内横墙	同上；屋盖处间距不应大于7m；楼盖处间距不应大于15m；构造柱对应部位	同上；屋盖处沿所有横墙，且间距不应大于7m；楼盖处间距不应大于7m；构造柱对应部位	同上，各层所有横墙

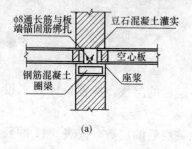

图6-7　楼盖处圈梁的设置

②现浇或装配整体式钢筋混凝土楼盖、屋盖与墙体可靠连接的房屋可不另设圈梁，但楼板沿墙体周边应加强配筋，并应与相应的构造柱钢筋可靠连接。

③圈梁应闭合，遇有洞口应上下搭接，圈梁宜与预制板设在同一标高处或紧靠板底，如图6-7所示。

④圈梁在表6-12中要求的间距内无横墙时，应利用梁或板缝中配筋替代圈梁，如图6-8所示。

2）圈梁截面尺寸及配筋

圈梁的截面高度一般不应小于120mm，配筋应符合表6-13的要求，但在软弱黏性土、液化土、新近填土或严重不均匀土层上的砌体房屋的基础圈梁，截面高度不应小于180mm，配筋不应少于4Φ12。

表6-13　圈梁配筋要求

配　筋	烈　度		
	6、7	8	9
最小纵筋	4Φ10	4Φ12	4Φ14
最大箍筋间距（mm）	250	200	150

（3）楼盖、屋盖构件具有足够的搭接长度和可靠的连接

1）现浇钢筋混凝土楼板或屋面板伸进纵、横墙内的长度，均不宜小于120mm。

2）装配式钢筋混凝土楼板或屋面板，当圈梁未设在板的同一标高时，板

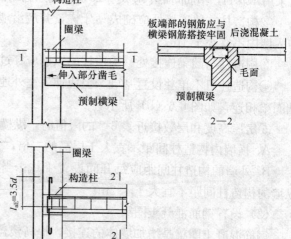

图6-8　预制梁上圈梁的设置

306

端伸进外墙的长度不应小于 120mm，伸进内墙的长度不应小于 100mm，在梁上不应小于 80mm。

3) 当板的跨度大于 4.8m 并与外墙平行时，靠外墙的预制板侧边应与墙或圈梁拉接，如图 6-9 所示。

4) 房屋端部大房间的楼盖，8 度时房屋的屋盖和 9 度时房屋的楼盖、屋盖，圈梁设在板底时，钢筋混凝土预制板应相互拉接，并应与梁、墙或圈梁拉接。

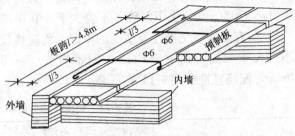

图 6-9　板跨大于 4.8m 时墙与预制板的连接

5) 楼、屋盖的钢筋混凝土梁或屋架，应与墙、柱（包括构造柱）或圈梁可靠连接，梁与砖柱的连接不应削弱柱截面，各层独立砖柱顶部应在两个方向均有可靠连接。

6) 坡屋顶房屋的屋架应与顶层圈梁可靠连接，檩条或屋面板应与墙及屋架可靠连接，房屋出入口的檐口瓦应与屋面构件锚固；8 度和 9 度时，顶层内纵墙顶宜增砌支撑端山墙的踏步式墙垛。

7) 预制阳台应与圈梁和楼板的现浇板带可靠连接，如图 6-10 所示。

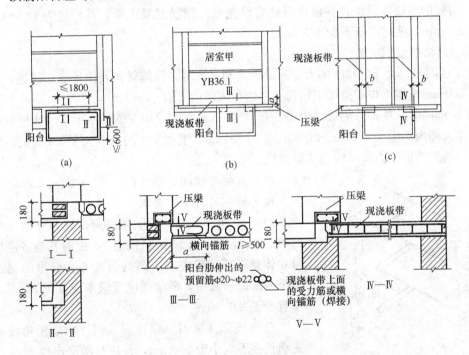

图 6-10　阳台的锚固

8) 门窗洞口不应采用无筋砖过梁，过梁支承长度，6～8 度时不应小于 240mm；9 度时不应小于 360mm。

（4）横墙较少砖房的有关规定与加强措施

1) 房屋的最大开间尺寸不得大于 6.6m。

2) 一个结构单元内横墙错位数量不宜超过总墙数的 1/3，且连续错位不宜多于两道，错位的墙体交接处均应增设构造柱，且楼、屋面板应采用现浇钢筋混凝土板。

3）横墙和内纵横墙上洞口的宽度不宜大于 1.5m，外纵墙上洞口的宽度不宜大于 2.1m 或开间尺寸的一半，内外墙上洞口位置不应影响外纵墙和横墙的整体连接。

4）所有纵横墙均应在楼、屋盖标高处设置加强的现浇钢筋混凝土圈梁，圈梁的截面高度不宜小于 150mm，上下纵筋各不应少于 3Φ10。

5）所有纵横墙交接处及横墙的中部，均应增设满足下列要求的构造柱：在横墙内的柱距不宜大于层高，在纵墙内的柱距不宜大于 4.2m，最小截面尺寸不宜小于 240mm×240mm，配筋宜符合表 6-14 的要求。

表 6-14　构造柱的纵筋和箍筋设置要求

位　　置	纵向钢筋（HPB235 级）			箍　筋		
	最大配筋率（%）	最小配筋率（%）	最小直径（mm）	加密区范围（mm）	加密区间距（mm）	最小直径（mm）
角柱	1.8	0.8	14	全高	100	6
边柱			14	上端 700		
中柱	1.4	0.6	12	下端 500		

6）同一结构单元的楼、屋面板应设置在同一标高处。

7）房屋的底层和顶层，在窗台板处宜设置现浇钢筋混凝土带，其厚度为 60mm，宽度不小于 240mm，纵向钢筋不少于 3Φ6。

（5）墙体之间的连接

1）7 度时长度大于 7.2m 的大房间及 8 度和 9 度时，外墙转角及内外墙交接处，应沿墙高每隔 500mm 配置 2Φ6 拉接钢筋，并每边伸入墙内不宜小于 1m。

2）后砌的非承重砌体隔墙应沿墙高每隔 500mm 配置 2Φ6 钢筋与承重墙或柱拉接，并且每边伸入墙内不应小于 500mm，如图 6-11 所示；8 度和 9 度时长度大于 5.0m 的后砌非承重砌体隔墙的墙顶，尚应与楼板或梁拉接。

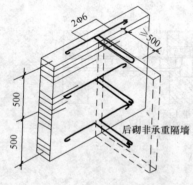

图 6-11　后砌非承重墙与承重墙的拉接

（6）加强楼梯间的整体性

楼梯间应符合下列要求：

1）8 度和 9 度时，顶层楼梯间横墙和外墙应沿墙高每隔 500mm 设 2Φ16 通长钢筋；9 度时其他各层楼梯间可在休息板平台或楼层半高处设置 60mm 厚的钢筋混凝土带或配筋砂浆带，砂浆强度等级不应低于 M7.5，钢筋不宜少于 2Φ10。

2）8 度和 9 度时，楼梯间及门厅内墙阳角处的大梁支承长度不应小于 500mm，并应与圈梁连接。

3）装配式楼梯段应与平台板的梁可靠连接，不应采用墙中悬挑式踏步或踏步竖肋插入墙体的楼梯，不应采用无筋砖砌栏板。

4）突出屋顶的楼、电梯间，构造柱应伸到顶部，并与顶部圈梁连接，内外墙交接处应沿墙高每隔 500mm 设 2Φ6 拉接钢筋，且每边伸入墙内不应小于 1m。

（7）采用同一类型的基础

同一结构单元的基础（或桩、承台），宜采用同一类型的基础，底面宜埋在同一标高上，否则应增设基础圈梁并应按1：2的台阶逐步放坡。

6.2.4.2　多层砌块房屋构造措施

（1）设置钢筋混凝土芯柱

为了增加混凝土小砌块房屋的整体性和延性，提高其抗震能力，可结合空心砌块的特点，在墙体的适当部位将砌块竖孔浇筑成钢筋混凝土芯柱。

1）芯柱设置部位及数量

混凝土小砌块房屋应按表6-15要求设置钢筋混凝土芯柱；对医院、教学楼等横墙较少的房屋，应根据房屋增加一层后的层数按表6-15要求设置芯柱。

表 6-15　混凝土小砌块房屋芯柱设置要求

房屋层数			设置部位	设置数量
6 度	7 度	8 度		
四、五	三、四		外墙转角，楼梯间四角；大房间内外墙交接处；隔15m或单元横墙与外纵墙交接处	外墙转角灌 3 个孔；内外墙交接处灌实 4 个孔
六	五	四	外墙转角，楼梯间四角，大房间内外墙交接处，山墙与内纵墙交接处，各开间横墙（轴线）与外纵墙交接处	
七	六	五	外墙转角，楼梯间四角；各内墙（轴线）与外纵墙交接处；8度、9度时，内纵墙与横墙（轴线）交接处和洞口两侧	外墙转角，灌实 5 个孔；内外墙交接处，灌实 4 个孔；内墙交接处，灌实 4～5 个孔；洞口两侧各灌实 1 个孔
	七	六	同上；横墙内芯柱间距不宜大于2m	外墙转角，灌实 7 个孔；内外墙交接处，灌实 5 个孔；内墙交接处，灌实 4～5 个孔；洞口两侧各灌实 1 个孔

注：外墙转角、内外墙交接处、楼电梯间四角等部位，应允许采用钢筋混凝土构造柱替代部分芯柱。

2）芯柱截面尺寸、混凝土强度等级和配筋

① 混凝土小砌块房屋芯柱截面尺寸不宜小于120mm×120mm。

② 芯柱混凝土强度等级不应低于C20。

③ 芯柱竖向钢筋应贯通墙身且与圈梁连接，插筋不应小于1Φ12；7度时超过五层、8度时超过四层和9度时，插筋不应小于1Φ14。

④ 芯柱应伸入室外地面下500mm，或与埋深小于500mm的基础圈梁相连。

⑤ 为提高墙体抗震受剪承载力而设置的芯柱，宜在墙体内均匀布置，最大净距不宜大于2.0m。

（2）砌块房屋中替代芯柱的钢筋混凝土构造柱，应符合下列构造要求：

1）构造柱最小截面可采用190mm×190mm，纵向钢筋宜采用4Φ12，箍筋间距不宜大于250mm，且在柱上、下端宜适当加密；7度时超过五层、8度时超过四层和9度时，构造柱纵向钢筋宜采用4Φ14，箍筋间距不应大于200mm；外墙转角的构造柱可适当加大截面及配筋。

2）构造柱与砌块墙连接处应砌成马牙槎，与构造柱相邻的砌块孔洞，6度时宜填实，7度时应填实，8度时应填实并插筋；沿墙高每隔600mm应设拉接钢筋网片，每边伸入墙内不宜小于1m。

3）构造柱与圈梁连接处，构造柱的纵筋应穿过圈梁，保证构造柱纵筋上下贯通。

4）构造柱可不单独设置基础，但应伸入室外地面下500mm，或与埋深小于500mm的基础圈梁相连。

（3）设置钢筋混凝土圈梁

砌块房屋均应设置现浇钢筋混凝土圈梁，圈梁截面尺寸、混凝土强度等级和配筋应符合下列要求：

1）圈梁宽度不应小于190mm。

2）配筋不应小于4Φ12，箍筋间距不应大于200mm，并按表6-16要求设置。

表6-16　混凝土小砌块房屋现浇钢筋混凝土圈梁设置要求

墙的类别	烈　度	
	6、7	8、9
外墙及内纵墙	屋盖处及每层楼盖处	屋盖处及每层楼盖处
内横墙	同上；屋盖处沿所有横墙；楼盖处间距不应大于7m；构造柱对应部位	同上；各层所有横墙

（4）砌块墙体的拉接

砌块房屋墙体交接处或芯柱与墙体连接处应设置拉接钢筋网片，网片可采用直径4mm的钢筋点焊而成，沿墙高每隔600mm设置，每边伸入墙内不宜小于1m。

（5）设置钢筋混凝土带

砌块房屋的层数，6度时七层、7度时超过五层、8度时超过四层，在底层和顶层的窗台标高处，沿纵横墙应设置通长的水平现浇钢筋混凝土带，其截面高度不小于60mm，纵筋不少于2Φ10，并应有分布拉接筋，其混凝土强度等级不低于C20。

（6）其他构造措施

砌块房屋其他构造措施，如楼板和屋面板伸入墙内长度、钢筋混凝土加强柱的设置，以及加强楼梯间的整体性等，与多层砖房相应要求相同。

6.3　多高层钢筋混凝土房屋的抗震规定

6.3.1　抗震设计的一般规定

（1）房屋最大适用高度

《建筑抗震规范》在考虑地震烈度、场地土、抗震性能、使用要求及经济效果等因素和总结地震经验的基础上，对地震区多高层房屋的最大适用高度给出了规定，见表6-17。平面和竖向均不规则的结构，适用的最大高度应适当降低。

表6-17　现浇钢筋混凝土房屋最大适用高度

结构类型	烈　度			
	6	7	8	9
框架	60	55	45	25
框架-抗震墙	130	120	100	50

结构类型	烈　度			
	6	7	8	9
抗震墙	140	120	100	60
部分框支抗震墙	120	100	80	不应采用
抗震-核心筒	150	130	100	70
筒中筒	180	150	120	80
板柱-抗震墙	40	35	30	不应采用

注：1. 房屋高度指室外地面到主要屋面板板顶的高度（不包括局部突出屋顶部分）。

2. 框架-核心筒结构指周边稀柱框架与核心筒组成的结构。

3. 部分框支抗震墙指首层或底部两层框支抗震墙结构。

4. 乙类建筑可按本地区抗震设防烈度确定适用的最大高度。

5. 超过表内高度的房屋，应进行专门研究和论证，采取有效的加强措施。

（2）结构的抗震等级

综合考虑建筑物重要性、设防烈度、结构类型和房屋高度等主要因素，《建筑抗震规范》将钢筋混凝土结构房屋划分为一、二、三、四共四个抗震等级。

（3）防震缝布置

震害调查表明，设有防震缝的建筑，地震时由于缝宽不够，仍难免使相邻建筑发生局部碰撞，建筑装饰也易遭破坏。但缝宽过大，又给立面处理和抗震构造带来困难，故多高层钢筋混凝土房屋，宜避免采用不规则的建筑结构方案。当建筑平面突出部分较长、结构刚度及荷载相差悬殊或房屋有较大错层时，可设置防震缝。

1）防震缝最小宽度应符合下列要求：

①框架结构房屋的抗震缝宽度，当高度不超过 15m 时可采用 70mm；超过 15m 时，6度，7度，8度和9度相应每增加高度 5m，4m，3m 和 2m，宜加宽 20mm；

②框架抗震墙结构房屋的抗震缝宽度可采用 1）项规定数值的 70%，抗震墙结构房屋的防震缝宽度可采用 1）项规定数值的 50%；且均不宜小于 70mm；

③防震缝两侧结构类型不同时，宜按需要较宽防震缝的结构类型和较低房屋高度确定缝宽。

2）8度，9度框架结构房屋防震缝两侧结构高度、刚度或层高相差较大时，可在缝两侧房屋的尽端沿全高设置垂直于防震缝的抗撞墙，每一侧抗撞墙的数量不应少于两道，且宜分别对称布置。防震缝两侧抗撞墙的端柱和框架的边柱，箍筋应沿房屋全高加密。

抗震缝应沿房屋全高设置，基础可不分开。一般情况下，伸缩缝、沉降缝和抗震缝尽可能合并布置。抗震缝两侧应布置承重框架。

（4）结构的布置要求

在结构布局上，框架结构和框架-抗震墙结构中，框架和抗震墙均应双向设置，以抵抗两个方向的水平地震作用。柱中线与抗震墙中线、梁中线与柱中线之间偏心距不宜大于柱宽的 1/4。

为了减小地震作用，应尽量减轻建筑物自重并降低其重心位置，尤其是工业房屋的大型设备，宜布置在首层或下部几层。平面上尽量使房屋的刚度中心和质量中心接近，以减轻扭转作用的影响。

311

1）框架结构应符合下列要求

同一结构单元宜将每层框架设置在同一标高处，尽可能不采用复式框架，力求避免出现错层和夹层，造成短柱破坏；为了保证框架结构的可靠抗震，应设计延性框架，遵守"强柱弱梁"、"强剪弱弯"、"强节点、强锚固"等设计原则；框架刚度沿高度不宜突变，以免造成薄弱层。楼电梯间不宜设在结构单元的两端及拐角处，前者由于没有楼板和山墙拉接，既影响传递水平力，又造成山墙稳定性差。后者因角部扭转效应大，受力复杂容易发生震害。

2）框架抗震墙结构中抗震墙设置应符合下列要求

抗震墙宜贯通房屋全高，且横向与纵向的抗震墙宜相连；抗震墙宜设置在墙面不需要开大洞口的位置；房屋较长时，刚度较大的纵向抗震墙不宜设置在房屋的端开间；抗震墙洞口宜上下对齐，洞边距端柱不宜小于300mm。

6.3.2 框架结构的抗震构造措施

（1）框架梁的构造措施

1）梁截面尺寸

为防止梁发生剪切破坏而降低其延性，框架梁的截面尺寸应符合下列要求：梁截面的宽度不宜小于200mm；梁截面高度与宽度的比值不宜大于4；梁净跨与截面高度之比不宜小于4。

2）梁的配筋率

在梁端截面，为保证塑性铰有足够的转动能力，其纵向受拉钢筋的配筋率不应大于2.5%，且计入受压钢筋的梁端混凝土受压区高度和有效高度之比，一级不应大于0.25，二级、三级不应大于0.35。纵向受拉钢筋配筋率不应小于表6-18规定的数值。

表6-18　框架梁纵向受拉钢筋的最小配筋百分率

抗震等级	梁中的位置	
	支　座	跨　中
一级	0.4和 $80f_t/f_y$ 中较大值	0.4和 $80f_t/f_y$ 中较大值
二级	0.3和 $65f_t/f_y$ 中较大值	0.25和 $55f_t/f_y$ 中较大值
三级	0.25和 $55f_t/f_y$ 中较大值	0.2和 $45f_t/f_y$ 中较大值

考虑到受压钢筋的存在，对梁的延性有利，同时在地震作用下，梁端可能产生反向弯矩，因此，要求梁端截面下部与上部钢筋配筋量的比值除按计算确定外，一级框架不应小于0.5，二级、三级框架不应小于0.3，同时也不宜过大，以防止节点承受过大的剪力和避免梁端配筋过多而出现塑性铰向柱端转移的现象。

考虑到在荷载作用下反弯点位置可能有变化，框架梁上部和下部至少应各配置两根贯通全长的纵向钢筋，对一级、二级框架不应小于2Φ14，且不应少于梁上部和下部纵向钢筋中较大截面面积的1/4，三级、四级框架不应少于2Φ12。

3）梁的箍筋

为提高框架梁的抗剪性能和梁端塑性铰区内混凝土的极限压应变值，且为增加梁的延性，梁端的箍筋应加密，如图6-12所示。加密区的长度、箍筋最大间距和最小直径按表6-19采用；当梁端纵向受拉钢筋配筋率大于2%时，表6-19中箍筋最小直径数值应增大2mm。加密区的箍筋肢距，一级框架不宜大于200mm和20倍箍筋直径的较大值，二级、三级框架不宜大于 250mm 和 20 倍箍筋直径的较大值；四级不宜大于 300mm。纵向钢筋每排多于 4 根时，每隔一根宜用箍筋或拉筋固定。箍筋末端应做成不小于 135°的弯钩，弯钩端头平直段长度不应小于 10d（d 为箍筋直径）。

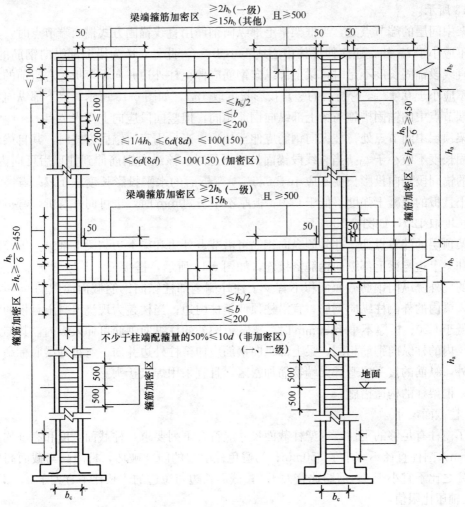

图 6-12　现浇框架箍筋构造

表 6-19　梁端箍筋加密区的构造要求

抗震等级	加密区长度	箍筋的最大间距	箍筋的最小直径
一	$2h_b$，500	$h_b/4, 6d, 100$	10
二	$1.5h_b, 500$	$h_b/4, 8d, 100$	8
三	$1.5h_b, 500$	$h_b/4, 8d, 150$	8
四	$1.5h_b, 500$	$h_b/4, 8d, 150$	6

4）梁内纵筋锚固

在反复荷载作用下，在纵向钢筋埋入梁柱节点的相当范围内，混凝土与钢筋之间的粘结力将发生严重破坏，因此在地震作用下，框架梁中纵向钢筋的锚固长度 l_{aE} 应符合下列要求：

一级、二级抗震等级　　$l_{aE} = 1.15d$

三级抗震等级　　$l_{aE} = 1.05d$

313

四级抗震等级　　　　　　　　$l_{aE} = 1.15d$

框架中间层的中间节点处，框架梁的上部纵向钢筋应贯通中间节点；对一级、二级抗震等级，梁的下部纵向钢筋伸入中间节点的锚固长度不应小于 l_{aE}，且伸过中心线不应小于 $5d$，如图 6-13 所示。

框架中间层的端节点处，当框架梁上部纵向钢筋用直线锚固方式锚入端节点时，其锚固长度除不应小于 l_{aE} 外，还应伸过柱中心线不小于 $5d$，此处，d 为梁上部纵向钢筋的直径。当水平直线段锚固长度不足时，梁上部纵向钢筋应伸至柱外边并向下弯折。弯折前的水平投影长度不应小于 $0.4\, l_{aE}$，弯折后的竖直投影长度取 $15d$，如图 6-13 所示。梁下部纵向钢筋在中间层端节点中的锚固措施与梁上部纵向钢筋相同，但竖向段应向上弯入节点。

框架顶层中间节点处，柱纵向钢筋应伸至柱顶。当采用直线锚固方式时，其自梁底边算起的锚固长度不应小于 l_{aE}，当直线段锚固长度不足时，该纵向钢筋伸到柱顶后可向内弯折，弯折前的锚固段竖向投影长度不应小于 $0.5l_{aE}$，弯折后的水平投影长度取 $12d$；当楼盖为现浇混凝土且板的混凝土强度不低于 C20、板厚不小于 80mm 时，也可向外弯折，弯折后的水平投影长度取 $12d$，如图 6-13 所示。

框架顶层的端节点处，柱外侧纵向钢筋可沿节点外边和梁上边与梁上部纵向钢筋可沿节点外边和梁上边与梁上部纵向钢筋搭接连，如图 6-13 所示，搭接长度不应小于 $1.5l_{aE}$，且伸入梁内的柱外侧纵向钢筋截面面积不宜少于柱外侧全部柱纵向钢筋截面面积的 65%，其中不能伸入梁内的外侧柱纵向钢筋，宜沿柱顶伸至柱内边；当楼盖为现浇混凝土且板的混凝土强度不低于 C20、板厚不小于 80mm 时，梁宽范围外的柱纵向钢筋可伸入板内，其伸入长度与伸入梁内的柱纵向钢筋相同。梁上部纵向钢筋应伸至柱外边并向下弯折到梁底标高。

此外，纵筋的接头应避开梁端箍筋加密区，且宜采用焊接接头。

（2）框架柱的构造措施

1）柱截面尺寸

为了使柱有足够的延性，框架柱截面尺寸应符合下列要求：柱截面宽度和高度均不宜小于 300mm；圆柱直径不宜小于 350mm；为避免柱引起的脆性破坏，柱净高与截面高度（圆柱直径）之比不宜小于 4；剪跨比宜大于 2；截面长边与短边的边长比不宜大于 3。

2）轴压比限值

根据延性要求，柱的轴压比应不超过表 6-20 规定的限值。建造于四类场地且较高的高层建筑，柱轴压比限值应适当减小。

表 6-20　柱轴压比的限制

类　　别	抗 震 等 级		
	一	二	三
框架结构	0.7	0.8	0.9
框架抗震墙、板柱-抗震墙及筒体	0.75	0.85	0.95
部分框架抗震墙	0.6	0.7	—

注：1. 表内限值适用于剪跨比大于 2、混凝土强度等级不高于 C60 的柱，剪跨比不大于 2 的柱轴压比限值应低于 0.05；剪跨比小于 1.5 的柱，轴压比限值应专门研究。

2. 柱轴压比不应大于 1.05。

3）柱纵向钢筋的配置

314

①柱中纵向钢筋宜对称配置。

②对截面尺寸大于 400mm 的柱，纵向钢筋间距不宜大于 200mm。

③柱中全部纵向钢筋的总配筋率不应小于表 6-21 的规定，且不应大于 5%，同时每一侧配筋率不应小于 0.2%。对Ⅳ类场地上较高的高层建筑，表中数值应增加 0.1。另外，柱中纵筋的锚固长度不应小于 l_{aE}。

④边柱、角柱及抗震墙端柱在地震作用组合产生小偏心受拉时，柱内纵筋总截面面积应比计算值增加 25%。

⑤柱纵向钢筋的绑扎接头应避开柱端的箍筋加密区。

表 6-21　柱截面纵向钢筋的最小总配筋率

类　　别	抗 震 等 级			
	一	二	三	四
中柱、边柱	1.0	0.8	0.7	0.6
角柱、框支柱	1.2	1.0	0.9	0.8

注：采用 HRB400R 热轧钢筋时应减小 0.1，混凝土强度等级高于 C60 时应增加 0.1。

4）柱的箍筋要求

在地震力的反复作用下，柱端钢筋保护层往往首先碎落，这时，如无足够的箍筋约束，纵筋就会向外弯曲，造成柱端破坏。箍筋对柱的核心混凝土起着有效的约束作用，提高配箍率可显著提高受压混凝土的极限压应变，从而有效增加柱的延性。因此《建筑抗震规范》对框架柱箍筋构造提出以下要求：

①柱两端的箍筋应加密，加密区的范围应不小于 1/6 柱净高，不小于柱截面长边，且不小于 500mm，如图 6-12 所示；对于底层柱，柱根加密区不小于柱净高的 1/3；在刚性地坪上下各 500mm 高度范围内应加密。框支柱、一级及二级框架的角柱沿全高加密。

②柱加密区的箍筋间距和直径按表 6-22 采用。

表 6-22　柱端箍筋加密区箍筋最大间距和最小直径

抗震等级	箍筋的最大间距	箍筋的最小直径	抗震等级	箍筋的最大间距	箍筋的最小直径
一	$6d$,100	10	三	$8d$,150	8
二	$8d$,100	8	四	$8d$,150（柱根 100）	6（柱根 8）

③加密区内箍筋的肢距，一级不宜大于 200mm，二级、三级不宜大于 250mm 和 20 倍箍筋直径的较大值，四级不宜大于 300mm，且每隔一根纵向钢筋宜在两个方向有箍筋约束。采用拉筋复合箍时，拉筋宜紧靠纵向钢筋并钩住箍筋。

④二级框架柱的箍筋直径不小于 10mm 且箍筋肢距不大于 200mm 时，除柱根外最大间距应允许采用 150mm；三级框架柱的截面尺寸不大于 400mm 时，箍筋最小直径允许采用 6mm；四级框架柱剪跨比不大于 2 时，箍筋直径不应小于 8mm。

⑤框支柱和剪跨比不大于 2 的柱，箍筋间距不应大于 100mm。柱非加密区的箍筋量不宜小于加密区的 50%，且箍筋间距，对一级、二级抗震不应大于 10d，对三级抗震不应大于 15d，d 为纵向钢筋直径。

（3）框架节点

框架节点核心区箍筋的最大间距和最小直径与柱加密区相同。

（4）砌体填充墙

当考虑实心砖填充墙的抗侧力作用时，填充墙的厚度不得小于240mm，砂浆强度等级不得低于M5，墙应嵌砌于框架平面内并与梁柱紧密结合，宜采用先砌墙后浇框架的施工方法。当不考虑填充墙抗震作用时，宜与框架柱柔性连接，但顶部应与框架梁底紧密结合。

砌体填充墙框架应沿框架柱每高500mm配置2Φ6拉接钢筋，拉筋伸入填充墙内的长度为：一级、二级框架宜沿墙全长设置；三级、四级框架不应小于墙长的1/5且不小于700mm；当墙长大于6m时，墙顶部与梁宜有拉接措施；当墙高超过4m时，宜在墙高中部设置与柱相连的通长钢筋混凝土水平墙梁。

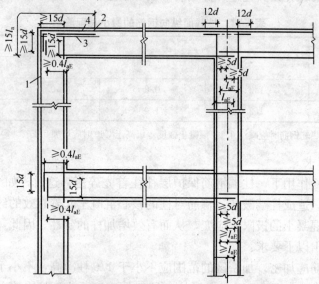

图 6-13　框架梁、柱的纵向钢筋在节点区的锚固

1—柱外侧纵向钢筋，截面面积 d_s；2—梁上部纵向钢筋；3—伸入梁内的柱外侧纵向钢筋截面面积小于 $0.65A_s$；4—不能伸入梁内的柱外侧纵向钢筋，可伸入板内

上岗工作要点

1. 抗震设计的一般规定和构造措施。
2. 基本烈度，设防烈度。
3. 建筑物按其重要性的分类。

复 习 题

6-1　何谓基本烈度、多遇烈度、罕遇烈度？三者之间关系如何？何谓设防烈度？

6-2　《建筑抗震规范》提出的"三水准"设防要求是什么？"二阶段"设计的内容是什么？

6-3　为什么要限制多层砌体房屋的总高度和层数？为什么要控制房屋最大高宽比的数值？

6-4　多层砌体房屋的结构体系应符合哪些要求？

6-5　为什么要限制多层砌体房屋抗震墙的间距？

6-6 多层砌体房屋的局部尺寸有哪些限值?

6-7 怎样进行多层砌体房屋的抗震验算?

6-8 采用底部剪力法对多层砌体房屋进行抗震计算的步骤有哪些? 试画出反映计算步骤的框图。

6-9 构造柱、圈梁在砌体房屋中的作用是什么? 多层黏土砖房的现浇钢筋混凝土构造柱和圈梁应符合哪些要求?

6-10 在建筑抗震设计中为什么要重视构造措施?

6-11 结构的抗震等级如何确定?

6-12 框架结构构造措施有哪些方面的要求?

附 录 1 型 钢 表

附表1.1 普 通 工 字 钢

符号 h—高度；
b—翼缘宽度；
t_w—腹板厚度；
t—翼缘平均厚度；
I—惯性矩；
W—截面模量；
i—回转半径；
S—半截面的静力矩。

长度：型号 10～18，长 5～19m；
型号 20～63，长 6～19m

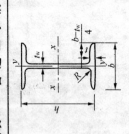

| 型号 | 尺寸 (mm) | | | | | 截面积 (cm²) | 质量 (kg/m) | x—x轴 | | | | y—y轴 | | |
	h	b	t_w	t	R			I_x (cm⁴)	W_x (cm³)	i_x (cm)	I_x/S_x (cm)	I_y (cm⁴)	W_y (cm³)	i_y (cm)
10	100	68	4.5	7.6	6.5	14.3	11.2	245	49	4.14	8.69	33	9.6	1.51
12.6	126	74	5.0	8.4	7.0	18.1	14.2	488	77	5.19	11.0	47	12.7	1.61
14	140	80	5.5	9.1	7.5	21.5	16.9	712	102	5.75	12.2	64	16.1	1.73
16	160	88	6.0	9.9	8.0	26.1	20.5	1127	141	6.57	13.9	93	21.1	1.89
18	180	94	6.5	10.7	8.5	30.7	24.1	1699	185	7.37	15.4	123	26.2	2.00
20 a	200	100	7.0	11.4	9.0	35.5	27.9	2369	237	8.16	17.4	158	31.6	2.11
20 b	200	102	9.0	11.4	9.0	39.5	31.1	2502	250	7.95	17.1	169	33.1	2.07
22 a	220	110	7.5	12.3	9.5	42.1	33.0	3406	310	8.99	19.2	226	41.1	2.32
22 b	220	112	9.5	12.3	9.5	46.5	36.5	3583	326	8.78	18.9	240	42.9	2.27
25 a	250	116	8.0	13.0	10.0	48.5	38.1	5017	401	10.2	21.7	280	48.4	2.40
25 b	250	118	10.0	13.0	10.0	53.5	42.0	5278	422	9.93	21.4	297	50.4	2.36
28 a	280	122	8.5	13.7	10.5	55.4	43.5	7115	508	11.3	24.3	344	56.4	2.49
28 b	280	124	10.5	13.7	10.5	61.0	47.9	7481	534	11.1	24.0	364	58.7	2.44

续表

型号	尺寸 (mm)					截面积 (cm²)	质量 (kg/m)	x—x轴				y—y轴		
	h	b	t_w	t	R			I_x (cm⁴)	W_x (cm³)	i_x (cm)	I_x/S_x (cm)	I_y (cm⁴)	W_y (cm³)	i_y (cm)
32a	320	130	9.5	15.0	11.5	67.1	52.7	11080	692	12.8	27.7	459	70.6	2.62
32b		132	11.5	15.0	11.5	73.5	57.7	11626	727	12.6	27.3	484	73.3	2.57
c		134	13.5			79.9	62.7	12173	761	12.3	26.9	510	76.1	2.53
a	360	136	10.0	15.8	12.0	76.4	60.0	15796	878	14.4	31.0	555	81.6	2.69
36b		138	12.0			83.6	65.6	16574	921	14.1	30.6	584	84.6	2.64
c		140	14.0			90.8	71.3	17351	964	13.8	30.2	614	87.7	2.60
a	400	142	10.5	16.5	12.5	86.1	67.6	21714	1086	15.9	34.4	660	92.9	2.77
40b		144	12.5			94.1	73.8	22781	1139	15.6	33.9	693	96.2	2.71
c		146	14.5			102	80.1	23847	1192	15.3	33.5	727	99.7	2.67
a	450	150	11.5	18.0	13.5	102	80.4	32241	1433	17.7	38.5	855	114	2.89
45b		152	13.5			111	87.4	33759	1500	17.4	38.1	895	118	2.84
c		154	15.5			120	94.5	35278	1568	17.1	37.6	938	122	2.79
a	500	158	12.0	20	14	119	93.6	46472	1859	19.7	42.9	1122	142	3.07
50b		160	14.0			129	101	48556	1942	19.4	42.3	1171	146	3.01
c		162	16.0			139	109	50639	2026	19.1	41.9	1224	151	2.96
a	560	166	12.5	21	14.5	135	106	65576	2342	22.0	47.9	1366	165	3.18
56b		168	14.5			147	115	68503	2447	21.6	47.3	1424	170	3.12
c		170	16.5			158	124	71430	2551	21.3	46.8	1485	175	3.07
a	630	176	13.0	22	15	155	122	94004	2984	24.7	53.8	1702	194	3.32
63b		178	15.0			167	131	98171	3117	24.2	53.2	1771	199	3.25
c		180	17.0			180	141	102339	3249	23.9	52.6	1842	205	3.20

319

符号 h—H型钢截面高度；
b—翼缘宽度；
t₁—腹板厚度；
t₂—翼缘厚度；
W—截面模量；
i—回转半径；
S—半截面的静力矩；
I—惯性矩。

对T型钢：截面高度 h_T，截面面积 A_T，质量 q_T，惯性矩 I_{yT}等于相应 H型钢的 1/2，
HW、HM、HN分别代表宽翼缘、中翼缘、窄翼缘 H型钢；
TW、TM、TN分别代表各自 H型钢剖分的 T型钢。

类别	H型钢规格 $(h \times b \times t_1 \times t_2)$	H型钢 截面积 A cm²	质量 q kg/m	x-x轴 I_x cm⁴	W_x cm³	i_x cm	y-y轴 I_y cm⁴	W_y cm³	i_y,i_{yT} cm	H和T 重心 C_x cm	x_T-x_T轴 I_{xT} cm⁴	i_{xT} cm	T型钢规格 $(h_T \times b \times t_1 \times t_2)$	类别
HW	100×100×6×8	21.90	17.2	383	76.5	4.18	134	26.7	2.47	1.00	16.1	1.21	50×100×6×8	TW
	125×125×6.5×9	30.31	23.8	847	136	5.29	294	47.0	3.11	1.19	35.0	1.52	62.5×125×6.5×9	
	150×150×7×10	40.55	31.9	1660	221	6.39	564	75.1	3.73	1.37	66.4	1.81	75×150×7×10	
	175×175×7.5×11	51.43	40.3	2900	331	7.50	984	112	4.37	1.55	115	2.11	87.5×175×7.5×11	
	200×200×8×12	64.28	50.5	4770	477	8.61	1600	160	4.99	1.73	185	2.40	100×200×8×12	
	#200×204×12×12	72.28	56.7	5030	503	8.35	1700	167	4.85	2.09	256	2.66	#100×204×12×12	
	250×250×9×14	92.18	72.4	10800	867	10.8	3650	292	6.29	2.08	412	2.99	125×250×9×14	
	#250×255×14×14	104.7	82.2	11500	919	10.5	3880	304	6.09	2.58	589	3.36	#125×255×14×14	
	#294×302×12×12	108.3	85.0	17000	1160	12.5	5520	365	7.14	2.83	858	3.98	#147×302×12×12	
	300×300×10×15	120.4	94.5	20500	1370	13.1	6760	450	7.49	2.47	798	3.64	150×300×10×15	
	300×305×15×15	135.4	106	21600	1440	12.6	7100	466	7.24	3.02	1110	4.05	150×305×15×15	
	#344×348×10×16	146.0	115	33300	1940	15.1	11200	646	8.78	2.67	1230	4.11	#172×348×10×16	
	350×350×12×19	173.9	137	40300	2300	15.2	13600	776	8.84	2.86	1520	4.18	175×350×12×19	
	#388×402×15×15	179.2	141	49200	2540	16.6	16300	809	9.52	3.69	2480	5.26	#194×402×15×15	
	#394×398×11×18	187.6	147	56400	2860	17.3	18900	951	10.0	3.01	2050	4.67	#197×398×11×18	
	400×400×13×21	219.5	172	66900	3340	17.5	22400	1120	10.1	3.21	2480	4.75	200×400×13×21	
	#400×408×21×21	251.5	197	71100	3560	16.8	23800	1170	9.73	4.07	3650	5.39	#200×408×21×21	
	#414×405×18×28	296.2	233	93000	4490	17.7	31000	1530	10.2	3.68	3620	4.95	#207×405×18×28	
	#428×407×20×35	361.4	284	119000	5580	18.2	39400	1930	10.4	3.90	4380	4.92	#214×407×20×35	

续表

类别	H型钢规格 $(h \times b \times t_1 \times t_2)$	截面积 A cm²	质量 q kg/m	I_x cm⁴	W_x cm³	i_x cm	I_y cm⁴	W_y cm³	$i_y,\ i_{yT}$ cm	重心 C_x cm	I_{xT} cm⁴	i_{xT} cm	T型钢规格 $(h_T \times b \times t_1 \times t_2)$	类别
HM	148×100×6×9	27.25	21.4	1040	140	6.17	151	30.2	2.35	1.55	51.7	1.95	74×100×6×9	TM
	194×150×6×9	39.76	31.2	2740	283	8.30	508	67.7	3.57	1.78	125	2.50	97×150×6×9	
	244×175×7×11	56.24	44.1	6120	502	10.4	985	113	4.18	2.27	289	3.20	122×175×7×11	
	294×200×8×12	73.03	57.3	11400	779	12.5	1600	160	4.69	2.82	572	3.96	147×200×8×12	
	340×250×9×14	101.5	79.7	21700	1280	14.6	3650	292	6.00	3.09	1020	4.48	170×250×9×14	
	390×300×10×16	136.7	107	38900	2000	16.9	7210	481	7.26	3.40	1730	5.03	195×300×10×16	
	440×300×11×18	157.4	124	56100	2550	18.9	8110	541	7.18	4.05	2680	5.84	220×300×11×18	
	482×300×11×15	146.4	115	60800	2520	20.4	6770	451	6.80	4.90	3420	6.83	241×300×11×15	
	488×300×11×18	164.4	129	71400	2930	20.8	8120	541	7.03	4.65	3620	6.64	244×300×11×18	
	582×300×12×17	174.5	137	103000	3530	24.3	7670	511	6.63	6.39	6360	8.54	291×300×12×17	
	588×300×12×20	192.5	151	118000	4020	24.8	9020	601	6.85	6.08	6710	8.35	294×300×12×20	
	#594×302×14×23	222.4	175	137000	4620	24.9	10600	701	6.90	6.33	7920	8.44	#297×302×14×23	
HN	100×50×5×7	12.16	9.54	192	38.5	3.98	14.9	5.96	1.11	1.27	11.9	1.40	50×50×5×7	TN
	125×60×6×8	17.01	13.3	417	66.8	4.95	29.3	9.75	1.31	1.63	27.5	1.80	62.5×60×6×8	
	150×75×5×7	18.16	14.3	679	90.6	6.12	49.6	13.2	1.65	1.78	42.7	2.17	75×75×5×7	
	175×90×5×8	23.21	18.2	1220	140	7.26	97.6	21.7	2.05	1.92	70.7	2.47	87.5×90×5×8	
	198×99×4.5×7	23.59	18.5	1610	163	8.27	114	23.0	2.20	2.13	94.0	2.82	99×99×4.5×7	
	200×100×5.5×8	27.57	21.7	1880	188	8.25	134	26.8	2.21	2.27	115	2.88	100×100×5.5×8	
	248×124×5×8	32.89	25.8	3560	287	10.4	255	41.1	2.78	2.62	208	3.56	124×124×5×8	
	250×125×6×9	37.87	29.7	4080	326	10.4	294	47.0	2.79	2.78	249	3.62	125×125×6×9	

321

续表

类别	H型钢规格 $(h \times b \times t_1 \times t_2)$	截面积 A (cm²)	质量 q (kg/m)	I_x (cm⁴)	W_x (cm³)	i_x (cm)	I_y (cm⁴)	W_y (cm³)	i_y, i_{yT} (cm)	重心 C_x (cm)	I_{xT} (cm⁴)	i_{xT} (cm)	T型钢规格 $(h_T \times b \times t_1 \times t_2)$	类别
	298×149×5.5×8	41.55	32.6	6460	433	12.4	443	59.4	3.26	3.22	395	4.36	149×149×5.5×8	
	300×150×6.5×9	47.53	37.3	7350	490	12.4	508	67.7	3.27	3.38	465	4.42	150×150×6.5×9	
	346×174×6×9	53.19	41.8	11200	649	14.5	792	91.0	3.86	3.68	681	5.06	173×174×6×9	
	350×175×7×11	63.66	50.0	13700	782	14.7	985	113	3.93	3.74	816	5.06	175×175×7×11	
	#400×150×8×13	71.12	55.8	18800	942	16.3	734	97.9	3.21	—	—	—	—	
	396×199×7×11	72.16	56.7	20000	1010	16.7	1450	145	4.48	4.17	1190	5.76	198×199×7×11	
	400×200×8×13	84.12	66.0	23700	1190	16.8	1740	174	4.54	4.23	1400	5.76	200×200×8×13	
	#450×150×9×14	83.41	65.5	27100	1200	18.0	793	106	3.08	—	—	—	—	
HN	446×199×8×12	84.95	66.7	29000	1300	18.5	1580	159	4.31	5.07	1880	6.65	223×199×8×12	TN
	450×200×9×14	97.41	76.5	33700	1500	18.6	1870	187	4.38	5.13	2160	6.66	225×200×9×14	
	#500×150×10×16	98.23	77.1	38500	1540	19.8	907	121	3.04	—	—	—	—	
	496×199×9×14	101.3	79.5	41900	1690	20.3	1840	185	4.27	5.90	2840	7.49	248×199×9×14	
	500×200×10×16	114.2	89.6	47800	1910	20.5	2140	214	4.33	5.96	3210	7.50	250×200×10×16	
	#506×201×11×19	131.3	103	56500	2230	20.8	2580	257	4.43	5.95	3670	7.48	#253×201×11×19	
	596×199×10×15	121.2	95.1	69300	2330	23.9	1980	199	4.04	7.76	5200	9.27	298×199×10×15	
	600×200×11×17	135.2	106	78200	2610	24.1	2280	228	4.11	7.81	5820	9.28	300×200×11×17	
	#606×201×12×20	153.3	120	91000	3000	24.4	2720	271	4.21	7.76	6580	9.26	#303×201×12×20	
	#692×300×13×20	211.5	166	172000	4980	28.6	9020	602	6.53	—	—	—	—	
	700×300×13×24	235.5	185	201000	5760	29.3	10800	722	6.78	—	—	—	—	

注："#"表示的规格为非常用规格。

322

普 通 槽 钢

符号 同普通工字型钢，但 W_y 为对应于翼缘肢尖的截面模量

长度：型号 5～8，长 5～12m；
型号 10～18，长 5～19m；
型号 20～40，长 6～19m

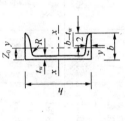

型号	尺寸 h	寸 b	t_w (mm)	t	R	截面积 (cm²)	质量 (kg/m)	$x-x$轴 I_x (cm⁴)	W_x (cm³)	i_x (cm)	$y-y$轴 I_y (cm⁴)	W_y (cm³)	i_y (cm)	y_1-y_1轴 I_{y1} (cm⁴)	Z_0 (cm)
5	50	37	4.5	7.0	7.0	6.92	5.44	26	10.4	1.94	8.3	3.5	1.10	20.9	1.35
6.3	63	40	4.8	7.5	7.5	8.45	6.63	51	16.3	2.46	11.9	4.6	1.19	28.3	1.39
8	80	43	5.0	8.0	8.0	10.24	8.04	101	25.3	3.14	16.6	5.8	1.27	37.4	1.42
10	100	48	5.3	8.5	8.5	12.74	10.00	198	39.7	3.94	25.6	7.8	1.42	54.9	1.52
12.6	126	53	5.5	9.0	9.0	15.69	12.31	389	61.7	4.98	38.0	10.3	1.56	77.8	1.59
14 a	140	58	6.0	9.5	9.5	18.51	14.53	564	80.5	5.52	53.2	13.0	1.70	107.2	1.71
14 b	140	60	8.0	9.5	9.5	21.31	16.73	609	87.1	5.35	61.2	14.1	1.69	120.6	1.67
16 a	160	63	6.5	10.0	10.0	21.95	17.23	866	108.3	6.28	73.4	16.3	1.83	144.1	1.79
16 b	160	65	8.5	10.0	10.0	25.15	19.75	935	116.8	6.10	83.4	17.6	1.82	160.8	1.75
18 a	180	68	7.0	10.5	10.5	25.69	20.17	1273	141.4	7.04	98.6	20.0	1.96	189.7	1.88
18 b	180	70	9.0	10.5	10.5	29.29	22.99	1370	152.2	6.84	111.0	21.5	1.95	210.1	1.84
20 a	200	73	7.0	11.0	11.0	28.83	22.63	1780	178.0	7.86	128.0	24.2	2.11	244.0	2.01
20 b	200	75	9.0	11.0	11.0	32.83	25.77	1914	191.4	7.64	143.6	25.9	2.09	268.4	1.95
22 a	220	77	7.0	11.5	11.5	31.84	24.99	2394	217.6	8.67	157.8	28.2	2.23	298.2	2.10
22 b	220	79	9.0	11.5	11.5	36.24	28.45	2571	233.8	8.42	176.5	30.1	2.21	326.3	2.03

续表

型号	尺寸 (mm)					截面积 (cm²)	质量 (kg/m)	x—x轴			y—y轴			y1—y1轴	
	h	b	t_w	t	R			I_x (cm⁴)	W_x (cm³)	i_x (cm)	I_y (cm⁴)	W_y (cm³)	i_y (cm)	I_{y1} (cm⁴)	Z_0 (cm)
a	250	78	7.0	12.0	12.0	34.91	27.40	3359	268.7	9.81	175.9	30.7	2.24	324.8	2.07
25b		80	9.0	12.0	12.0	39.91	31.33	3619	289.6	9.52	196.4	32.7	2.22	355.1	1.99
c		82	11.0	12.0	12.0	44.91	35.25	3880	310.4	9.30	215.9	34.6	2.19	388.6	1.96
a	280	82	7.5	12.5	12.5	40.02	31.42	4753	339.5	10.90	217.9	35.7	2.33	393.3	2.09
28b		84	9.5	12.5	12.5	45.62	35.81	5118	365.6	10.59	241.5	37.9	2.30	428.5	2.02
c		86	11.5	12.5	12.5	51.22	40.21	5484	391.7	10.35	264.1	40.0	2.27	467.3	1.99
a	320	88	8.0	14.0	14.0	48.50	38.07	7511	469.4	12.44	304.7	46.4	2.51	547.5	2.24
32b		90	10.0	14.0	14.0	54.90	43.10	8057	503.5	12.11	335.6	49.1	2.47	592.9	2.16
c		92	12.0	14.0	14.0	61.30	48.12	8603	537.7	11.85	365.0	51.6	2.44	642.7	2.13
a	360	96	9.0	16.0	16.0	60.89	47.80	11874	659.7	13.96	455.0	63.6	2.73	818.5	2.44
36b		98	11.0	16.0	16.0	68.09	53.45	12652	702.9	13.63	496.7	66.9	2.70	880.5	2.37
c		100	13.0	16.0	16.0	75.29	59.10	13429	746.1	13.36	536.6	70.0	2.67	948.0	2.34
a	400	100	10.5	18.0	18.0	75.04	58.91	17578	878.9	15.30	592.0	78.8	2.81	1057.9	2.49
40b		102	12.5	18.0	18.0	83.04	65.19	18644	932.2	14.98	640.6	82.6	2.78	1135.8	2.44
c		104	14.5	18.0	18.0	91.04	71.47	19711	985.6	14.71	687.8	86.2	2.75	1220.3	2.42

附表 1.4 等边角钢

单角钢　　双角钢

角钢型号	圆角 R (mm)	重心矩 Z₀ (mm)	截面积 A (cm²)	质量 (kg/m)	惯性矩 I_x (cm⁴)	截面模量 W_x^{max} (cm³)	W_x^{min} (cm³)	回转半径 i_x (cm)	i_{x0} (cm)	i_{y0} (cm)	i_y, 当 a 为下列数值 6mm (cm)	8mm	10mm	12mm	14mm
L20×3	3.5	6.0	1.13	0.89	0.40	0.66	0.29	0.59	0.75	0.39	1.08	1.17	1.25	1.34	1.43
4		6.4	1.46	1.15	0.50	0.78	0.36	0.58	0.73	0.38	1.11	1.19	1.28	1.37	1.46
L25×3	3.5	7.3	1.43	1.12	0.82	1.12	0.46	0.76	0.95	0.49	1.27	1.36	1.44	1.53	1.61
4		7.6	1.86	1.46	1.03	1.34	0.59	0.74	0.93	0.48	1.30	1.38	1.47	1.55	1.64
L30×3	4.5	8.5	1.75	1.37	1.46	1.72	0.68	0.91	1.15	0.59	1.47	1.55	1.63	1.71	1.80
4		8.9	2.28	1.79	1.84	2.08	0.87	0.90	1.13	0.58	1.49	1.57	1.65	1.74	1.82
L36×4	4.5	10.0	2.11	1.66	2.58	2.59	0.99	1.11	1.39	0.71	1.70	1.78	1.86	1.94	2.03
4		10.4	2.76	2.16	3.29	3.18	1.28	1.09	1.38	0.70	1.73	1.80	1.89	1.97	2.05
5		10.7	3.38	2.65	3.95	3.68	1.56	1.08	1.36	0.70	1.75	1.83	1.91	1.99	2.08
L40×4	5	10.9	2.36	1.85	3.59	3.28	1.23	1.23	1.55	0.79	1.86	1.94	2.01	2.09	2.18
4		11.3	3.09	2.42	4.60	4.05	1.60	1.22	1.54	0.79	1.88	1.96	2.04	2.12	2.20
5		11.7	3.79	2.98	5.53	4.72	1.96	1.21	1.52	0.78	1.90	1.98	2.06	2.14	2.23
L45×3	5	12.2	2.66	2.09	5.17	4.25	1.58	1.39	1.76	0.90	2.06	2.14	2.21	2.29	2.37
4		12.6	3.49	2.74	6.65	5.29	2.05	1.38	1.74	0.89	2.08	2.16	2.24	2.32	2.40
5		13.0	4.29	3.37	8.04	6.20	2.51	1.37	1.72	0.88	2.10	2.18	2.26	2.34	2.42
6		13.3	5.08	3.99	9.33	6.99	2.95	1.36	1.71	0.88	2.12	2.20	2.28	2.36	2.44
L50×4	5.5	13.4	2.97	2.33	7.18	5.36	1.96	1.55	1.96	1.00	2.26	2.33	2.41	2.48	2.56
4		13.8	3.90	3.06	9.26	6.70	2.56	1.54	1.94	0.99	2.28	2.36	2.43	2.51	2.59
5		14.2	4.80	3.77	11.21	7.90	3.13	1.53	1.92	0.98	2.30	2.38	2.45	2.53	2.61
6		14.6	5.69	4.46	13.05	8.95	3.68	1.51	1.91	0.98	2.32	2.40	2.48	2.56	2.64
L56×4	6	14.8	3.34	2.62	10.19	6.86	2.48	1.75	2.20	1.13	2.50	2.57	2.64	2.72	2.80
4		15.3	4.39	3.45	13.18	8.63	3.24	1.73	2.18	1.11	2.52	2.59	2.67	2.74	2.82
5		15.7	5.42	4.25	16.02	10.22	3.97	1.72	2.17	1.10	2.54	2.61	2.69	2.77	2.85
8		16.8	8.37	6.57	23.63	14.06	6.03	1.68	2.11	1.09	2.60	2.67	2.75	2.83	2.91

续表

单 角 钢　　双 角 钢

角钢型号	圆角 R (mm)	重心距 Z₀ (mm)	截面积 A (cm²)	质量 (kg/m)	惯性矩 I_x (cm⁴)	截面模量 W_x^max (cm³)	截面模量 W_x^min (cm³)	回转半径 i_x (cm)	回转半径 i_x0 (cm)	回转半径 i_y0 (cm)	i_y, 当 a 为下列数值 (cm) 6mm	8mm	10mm	12mm	14mm
4	7	17.0	4.98	3.91	19.03	11.22	4.13	1.96	2.46	1.26	2.79	2.87	2.94	3.02	3.09
5		17.4	6.14	4.82	23.17	13.33	5.08	1.94	2.45	1.25	2.82	2.89	2.96	3.04	3.12
L63×6		17.8	7.29	5.72	27.12	15.26	6.00	1.93	2.43	1.24	2.83	2.91	2.98	3.06	3.14
8		18.5	9.51	7.47	34.45	18.59	7.75	1.90	2.39	1.23	2.87	2.95	3.03	3.10	3.18
10		19.3	11.66	9.15	41.09	21.34	9.39	1.88	2.36	1.22	2.91	2.99	3.07	3.15	3.23
4	8	18.6	5.57	4.37	26.39	14.16	5.14	2.18	2.74	1.40	3.07	3.14	3.21	3.29	3.36
5		19.1	6.88	5.40	32.21	16.89	6.32	2.16	2.73	1.39	3.09	3.16	3.24	3.31	3.39
L70×6		19.5	8.16	6.41	37.77	19.39	7.48	2.15	2.71	1.38	3.11	3.18	3.26	3.33	3.41
7		19.9	9.42	7.40	43.09	21.68	8.59	2.14	2.69	1.38	3.13	3.20	3.28	3.36	3.43
8		20.3	10.67	8.37	48.17	23.79	9.68	2.13	2.68	1.37	3.15	3.22	3.30	3.38	3.46
5	9	20.3	7.41	5.82	39.96	19.73	7.30	2.32	2.92	1.50	3.29	3.36	3.43	3.50	3.58
6		20.7	8.80	6.91	46.91	22.69	8.63	2.31	2.91	1.49	3.31	3.38	3.45	3.53	3.60
L75×7		21.1	10.16	7.98	53.57	25.42	9.93	2.30	2.89	1.48	3.33	3.40	3.47	3.55	3.63
8		21.5	11.50	9.03	59.96	27.93	11.20	2.28	2.87	1.47	3.35	3.42	3.50	3.57	3.65
10		22.2	14.13	11.09	71.98	32.40	13.64	2.26	2.84	1.46	3.38	3.46	3.54	3.61	3.69
5	9	21.5	7.91	6.21	48.79	22.70	8.34	2.48	3.13	1.60	3.49	3.56	3.63	3.71	3.78
6		21.9	9.40	7.38	57.35	26.16	9.87	2.47	3.11	1.59	3.51	3.58	3.65	3.73	3.80
L80×7		22.3	10.86	8.53	65.58	29.38	11.37	2.46	3.10	1.58	3.53	3.60	3.67	3.75	3.83
8		22.7	12.30	9.66	73.50	32.36	12.83	2.44	3.08	1.57	3.55	3.62	3.70	3.77	3.85
10		23.5	15.13	11.87	88.43	37.68	15.64	2.42	3.04	1.56	3.58	3.66	3.74	3.81	3.89
6	10	24.4	10.64	8.35	82.77	33.99	12.61	2.79	3.51	1.80	3.91	3.98	4.05	4.12	4.20
7		24.8	12.30	9.66	94.83	38.28	14.54	2.78	3.50	1.78	3.93	4.00	4.07	4.14	4.22
L90×8		25.2	13.94	10.95	106.5	42.30	16.42	2.76	3.48	1.78	3.95	4.02	4.09	4.17	4.24
10		25.9	17.17	13.48	128.6	49.57	20.07	2.74	3.45	1.76	3.98	4.06	4.13	4.21	4.28
12		26.7	20.31	15.94	149.2	55.93	23.57	2.71	3.41	1.75	4.02	4.09	4.17	4.25	4.32

续表

角钢型号	圆角 R (mm)	重心矩 Z₀ (mm)	截面积 A (cm²)	质量 (kg/m)	惯性矩 I_x (cm⁴)	截面模量 单角钢 W_x^{max} (cm³)	W_x^{min} (cm³)	回转半径 i_x (cm)	i_{x0} (cm)	i_{y0} (cm)	双角钢 i_y，当a为下列数值 6mm (cm)	8mm	10mm	12mm	14mm
6		26.7	11.93	9.37	115.0	43.04	15.68	3.10	3.91	2.00	4.30	4.37	4.44	4.51	4.58
7		27.1	13.80	10.83	131.9	48.57	18.10	3.09	3.89	1.99	4.32	4.39	4.46	4.53	4.61
8		27.6	15.64	12.28	148.2	53.78	20.47	3.08	3.88	1.98	4.34	4.41	4.48	4.55	4.63
L100×10	12	28.4	19.26	15.12	179.5	63.29	25.06	3.05	3.84	1.96	4.38	4.45	4.52	4.60	4.67
12		29.1	22.80	17.90	208.9	71.72	29.47	3.03	3.81	1.95	4.41	4.49	4.56	4.64	4.71
14		29.9	26.26	20.61	236.5	79.19	33.73	3.00	3.77	1.94	4.45	4.53	4.60	4.68	4.75
16		30.6	29.63	23.26	262.5	85.81	37.82	2.98	3.74	1.93	4.49	4.56	4.64	4.72	4.80
7		29.6	15.20	11.93	177.2	59.78	22.05	3.41	4.30	2.20	4.72	4.79	4.86	4.94	5.01
8		30.1	17.24	13.53	199.5	66.36	24.95	3.40	4.28	2.19	4.74	4.81	4.88	4.96	5.03
L110×10	12	30.9	21.26	16.69	242.2	78.48	30.60	3.38	4.25	2.17	4.78	4.85	4.92	5.00	5.07
12		31.6	25.20	19.78	282.6	89.34	36.05	3.35	4.22	2.15	4.82	4.89	4.96	5.04	5.11
14		32.4	29.06	22.81	320.7	99.07	41.31	3.32	4.18	2.14	4.85	4.93	5.00	5.08	5.15
8		33.7	19.75	15.50	297.0	88.20	32.52	3.88	4.88	2.50	5.34	5.41	5.48	5.55	5.62
10		34.5	24.37	19.13	361.7	104.8	39.97	3.85	4.85	2.48	5.38	5.45	5.52	5.59	5.66
L125×12	14	35.3	28.91	22.70	423.2	119.9	47.17	3.83	4.82	2.46	5.41	5.48	5.56	5.63	5.70
14		36.1	33.37	26.19	481.7	133.6	54.16	3.80	4.78	2.45	5.45	5.52	5.59	5.67	5.74
10		38.2	27.37	21.49	514.7	134.6	50.58	4.34	5.46	2.78	5.98	6.05	6.12	6.20	6.27
12		39.0	32.51	25.52	603.7	154.6	59.80	4.31	5.43	2.77	6.02	6.09	6.16	6.23	6.31
L140×14	14	39.8	37.57	29.49	688.8	173.0	68.75	4.28	5.40	2.75	6.06	6.13	6.20	6.27	6.34
16		40.6	42.54	33.39	770.2	189.9	77.46	4.26	5.36	2.74	6.09	6.16	6.23	6.31	6.38
10		43.1	31.50	24.73	779.5	180.8	66.70	4.97	6.27	3.20	6.78	6.85	6.92	6.99	7.06
12		43.9	37.44	29.39	916.6	208.6	78.98	4.95	6.24	3.18	6.82	6.89	6.96	7.03	7.10
L160×14	16	44.7	43.30	33.99	1048	234.4	90.95	4.92	6.20	3.16	6.86	6.93	7.00	7.07	7.14
16		45.5	49.07	38.52	1175	258.3	102.6	4.89	6.17	3.14	6.89	6.96	7.03	7.10	7.18

续表

単角钢

角钢型号	圆角 R	重心矩 Z_0	截面积 A	质量	惯性矩 I_x	截面模量		回转半径			双角钢 i_y，当 a 为下列数值				
						W_x^{max}	W_x^{min}	i_x	i_{x0}	i_{y0}	6mm	8mm	10mm	12mm	14mm
		mm	cm²	kg/m	cm⁴	cm³		cm			cm				
12		48.9	42.24	33.16	1321	270.0	100.8	5.59	7.05	3.58	7.63	7.70	7.77	7.84	7.91
14		49.7	48.90	38.38	1514	304.6	116.3	5.57	7.02	3.57	7.67	7.74	7.81	7.88	7.95
L180×16	16	50.5	55.47	43.54	1701	336.9	131.4	5.54	6.98	3.55	7.70	7.77	7.84	7.91	7.98
18		51.3	61.95	48.63	1881	367.1	146.1	5.51	6.94	3.53	7.73	7.80	7.87	7.95	8.02
14		54.6	54.64	42.89	2104	385.1	144.7	6.20	7.82	3.98	8.47	8.54	8.61	8.67	8.75
16		55.4	62.01	48.68	2366	427.0	163.7	6.18	7.79	3.96	8.50	8.57	8.64	8.71	8.78
L200×18	18	56.2	69.30	54.40	2621	466.5	182.2	6.15	7.75	3.94	8.53	8.60	8.67	8.75	8.82
20		56.9	76.50	60.06	2867	503.6	200.4	6.12	7.72	3.93	8.57	8.64	8.71	8.78	8.85
24		58.4	90.66	71.17	3338	571.5	235.8	6.07	7.64	3.90	8.63	8.71	8.78	8.85	8.92

附表 1.5 不 等 边 角 钢

单 角 钢

角钢型号 (B×b×t)	圆角 R	重心矩		截面积 A	质量	回转半径			双角钢 i_{y1}，当 a 为下列数值				双角钢 i_{y2}，当 a 为下列数值			
		Z_x	Z_y			i_x	i_y	i_{y0}	6mm	8mm	10mm	12mm	6mm	8mm	10mm	12mm
		mm		cm²	kg/m	cm			cm				cm			
L25×16×$\frac{3}{4}$	3.5	4.2	8.6	1.16	0.91	0.44	0.78	0.34	0.84	0.93	1.02	1.11	1.40	1.48	1.57	1.66
		4.6	9.0	1.50	1.18	0.43	0.77	0.34	0.87	0.96	1.05	1.14	1.42	1.51	1.60	1.68
L32×20×$\frac{3}{4}$		4.9	10.8	1.49	1.17	0.55	1.01	0.43	0.97	1.05	1.14	1.23	1.71	1.79	1.88	1.96
		5.3	11.2	1.94	1.52	0.54	1.00	0.43	0.99	1.08	1.16	1.25	1.74	1.82	1.90	1.99

续表

角钢型号 (B×b×t)	圆角 R	重心矩 Z_x (mm)	重心矩 Z_y (mm)	截面积 A (cm²)	质量 (kg/m)	单角钢 回转半径 i_x (cm)	单角钢 回转半径 i_y (cm)	单角钢 回转半径 i_{y0} (cm)	双角钢 i_{y1} 当 a 为下列数值 6mm (cm)	8mm	10mm	12mm	双角钢 i_{y2} 当 a 为下列数值 6mm (cm)	8mm	10mm	12mm
L40×25× 3	4	5.9	13.2	1.89	1.48	0.70	1.28	0.54	1.13	1.21	1.30	1.38	2.07	2.14	2.23	2.31
L40×25× 4		6.3	13.7	2.47	1.94	0.69	1.26	0.54	1.16	1.24	1.32	1.41	2.09	2.17	2.25	2.34
L45×28× 3	5	6.4	14.7	2.15	1.69	0.79	1.44	0.61	1.23	1.31	1.39	1.47	2.28	2.36	2.44	2.52
L45×28× 4		6.8	15.1	2.81	2.20	0.78	1.43	0.60	1.25	1.33	1.41	1.50	2.31	2.39	2.47	2.55
L50×32× 3	5.5	7.3	16.0	2.43	1.91	0.91	1.60	0.70	1.37	1.45	1.53	1.61	2.49	2.56	2.64	2.72
L50×32× 4		7.7	16.5	3.18	2.49	0.90	1.59	0.69	1.40	1.47	1.55	1.64	2.51	2.59	2.67	2.75
L56×36× 3	6	8.0	17.8	2.74	2.15	1.03	1.80	0.79	1.51	1.59	1.66	1.74	2.75	2.82	2.90	2.98
L56×36× 4		8.5	18.2	3.59	2.82	1.02	1.79	0.78	1.53	1.61	1.69	1.77	2.77	2.85	2.93	3.01
L56×36× 5		8.8	18.7	4.42	3.47	1.01	1.77	0.78	1.56	1.63	1.71	1.79	2.80	2.88	2.96	3.04
L63×40× 4	7	9.2	20.4	4.06	3.19	1.14	2.02	0.88	1.66	1.74	1.81	1.89	3.09	3.16	3.24	3.32
L63×40× 5		9.5	20.8	4.99	3.92	1.12	2.00	0.87	1.68	1.76	1.84	1.92	3.11	3.19	3.27	3.35
L63×40× 6		9.9	21.2	5.91	4.64	1.11	1.99	0.86	1.71	1.78	1.86	1.94	3.13	3.21	3.29	3.37
L63×40× 7		10.3	21.6	6.80	5.34	1.10	1.97	0.86	1.73	1.81	1.89	1.97	3.16	3.24	3.32	3.40
L70×45× 4	7.5	10.2	22.3	4.55	3.57	1.29	2.25	0.99	1.84	1.91	1.99	2.07	3.39	3.46	3.54	3.62
L70×45× 5		10.6	22.8	5.61	4.40	1.28	2.23	0.98	1.86	1.94	2.01	2.09	3.41	3.49	3.57	3.64
L70×45× 6		11.0	23.2	6.64	5.22	1.26	2.22	0.97	1.88	1.96	2.04	2.11	3.44	3.51	3.59	3.67
L70×45× 7		11.3	23.6	7.66	6.01	1.25	2.20	0.97	1.90	1.98	2.06	2.14	3.46	3.54	3.61	3.69
L75×50× 5	8	11.7	24.0	6.13	4.81	1.43	2.39	1.09	2.06	2.13	2.20	2.28	3.60	3.68	3.76	3.83
L75×50× 6		12.1	24.4	7.26	5.70	1.42	2.38	1.08	2.08	2.15	2.23	2.30	3.63	3.70	3.78	3.86
L75×50× 8		12.9	25.2	9.47	7.43	1.40	2.35	1.07	2.12	2.19	2.27	2.35	3.67	3.75	3.83	3.91
L75×50× 10		13.6	26.0	11.6	9.10	1.38	2.33	1.06	2.16	2.24	2.31	2.40	3.71	3.79	3.87	3.95

续表

角钢型号 ($B \times b \times t$)	圆角 R (mm)	重心矩 Z_x (mm)	重心矩 Z_y (mm)	截面积 A (cm²)	质量 (kg/m)	单角钢 i_x (cm)	单角钢 i_y (cm)	单角钢 i_{y0} (cm)	i_{y1} 当a为下列数值 6mm (cm)	8mm	10mm	12mm	i_{y2} 当a为下列数值 6mm (cm)	8mm	10mm	12mm
L80×50× 5	8	11.4	26.0	6.38	5.00	1.42	2.57	1.10	2.02	2.09	2.17	2.24	3.88	3.95	4.03	4.10
6		11.8	26.5	7.56	5.93	1.41	2.55	1.09	2.04	2.11	2.19	2.27	3.90	3.98	4.05	4.13
7		12.1	26.9	8.72	6.85	1.39	2.54	1.08	2.06	2.13	2.21	2.29	3.92	4.00	4.08	4.16
8		12.5	27.3	9.87	7.75	1.38	2.52	1.07	2.08	2.15	2.23	2.31	3.94	4.02	4.10	4.18
L90×56× 5	9	12.5	29.1	7.21	5.66	1.59	2.90	1.23	2.22	2.29	2.36	2.44	4.32	4.39	4.47	4.55
6		12.9	29.5	8.56	6.72	1.58	2.88	1.22	2.24	2.31	2.39	2.46	4.34	4.42	4.50	4.57
7		13.3	30.0	9.88	7.76	1.57	2.87	1.22	2.26	2.33	2.41	2.49	4.37	4.44	4.52	4.60
8		13.6	30.4	11.2	8.78	1.56	2.85	1.21	2.28	2.35	2.43	2.51	4.39	4.47	4.54	4.62
L100×63× 6	10	14.3	32.4	9.62	7.55	1.79	3.21	1.38	2.49	2.56	2.63	2.71	4.77	4.85	4.92	5.00
7		14.7	32.8	11.1	8.72	1.78	3.20	1.37	2.51	2.58	2.65	2.73	4.80	4.87	4.95	5.03
8		15.0	33.2	12.6	9.88	1.77	3.18	1.37	2.53	2.60	2.67	2.75	4.82	4.90	4.97	5.05
10		15.8	34.0	15.5	12.1	1.75	3.15	1.35	2.57	2.64	2.72	2.79	4.86	4.94	5.02	5.10
L100×80× 6	10	19.7	29.5	10.6	8.35	2.40	3.17	1.73	3.31	3.38	3.45	3.52	4.54	4.62	4.69	4.76
7		20.1	30.0	12.3	9.66	2.39	3.16	1.71	3.32	3.39	3.47	3.54	4.57	4.64	4.71	4.79
8		20.5	30.4	13.9	10.9	2.37	3.15	1.71	3.34	3.41	3.49	3.56	4.59	4.66	4.73	4.81
10		21.3	31.2	17.2	13.5	2.35	3.12	1.69	3.38	3.45	3.53	3.60	4.63	4.70	4.78	4.85
L110×70× 6	10	15.7	35.3	10.6	8.35	2.01	3.54	1.54	2.74	2.81	2.88	2.96	5.21	5.29	5.36	5.44
7		16.1	35.7	12.3	9.66	2.00	3.53	1.53	2.76	2.83	2.90	2.98	5.24	5.31	5.39	5.46
8		16.5	36.2	13.9	10.9	1.98	3.51	1.53	2.78	2.85	2.92	3.00	5.26	5.34	5.41	5.49
10		17.2	37.0	17.2	13.5	1.96	3.48	1.51	2.82	2.89	2.96	3.04	5.30	5.38	5.46	5.53

续表

<table>
<tr><th rowspan="3">角钢型号
(B×b×t)</th><th rowspan="3">圆角
R</th><th colspan="2">重心距</th><th rowspan="3">截面积
A</th><th rowspan="3">质量</th><th colspan="3">单 角 钢</th><th colspan="8">双 角 钢</th></tr>
<tr><th rowspan="2">Z_x</th><th rowspan="2">Z_y</th><th colspan="3">回转半径</th><th colspan="4">i_{y1}, 当 a 为下列数值</th><th colspan="4">i_{y2}, 当 a 为下列数值</th></tr>
<tr><th>i_x</th><th>i_{x0}</th><th>i_{y0}</th><th>6mm</th><th>8mm</th><th>10mm</th><th>12mm</th><th>6mm</th><th>8mm</th><th>10mm</th><th>12mm</th></tr>
<tr><td></td><td></td><td colspan="2">mm</td><td>cm²</td><td>kg/m</td><td colspan="3">cm</td><td colspan="4">cm</td><td colspan="4">cm</td></tr>
<tr><td rowspan="4">L125×80×</td><td rowspan="4">11</td><td>18.0</td><td>40.1</td><td>14.1</td><td>11.1</td><td>2.30</td><td>4.02</td><td>1.76</td><td>3.13</td><td>3.18</td><td>3.25</td><td>3.33</td><td>5.90</td><td>5.97</td><td>6.04</td><td>6.12</td></tr>
<tr><td>7</td></tr>
</table>

角钢型号 (B×b×t)	圆角 R	重心距 Z_x (mm)	重心距 Z_y (mm)	截面积 A (cm²)	质量 (kg/m)	i_x (cm)	i_{x0} (cm)	i_{y0} (cm)	i_{y1} 6mm	8mm	10mm	12mm	i_{y2} 6mm	8mm	10mm	12mm
L125×80× 7	11	18.0	40.1	14.1	11.1	2.30	4.02	1.76	3.13	3.18	3.25	3.33	5.90	5.97	6.04	6.12
8		18.4	40.6	16.0	12.6	2.29	4.01	1.75	3.13	3.20	3.27	3.35	5.92	5.99	6.07	6.14
10		19.2	41.4	19.7	15.5	2.26	3.98	1.74	3.17	3.24	3.31	3.39	5.96	6.04	6.11	6.19
12		20.0	42.2	23.4	18.3	2.24	3.95	1.72	3.20	3.28	3.35	3.43	6.00	6.08	6.16	6.23
L140×90× 8	12	20.4	45.0	18.0	14.2	2.59	4.50	1.98	3.49	3.56	3.63	3.70	6.58	6.65	6.73	6.80
10		21.2	45.8	22.3	17.5	2.56	4.47	1.96	3.52	3.59	3.66	3.73	6.62	6.70	6.77	6.85
12		21.9	46.6	26.4	20.7	2.54	4.44	1.95	3.56	3.63	3.70	3.77	6.66	6.74	6.81	6.89
14		22.7	47.4	30.5	23.9	2.51	4.42	1.94	3.59	3.66	3.74	3.81	6.70	6.78	6.86	6.93
L160×100× 10	13	22.8	52.4	25.3	19.9	2.85	5.14	2.19	3.84	3.91	3.98	4.05	7.55	7.63	7.70	7.78
12		23.6	53.2	30.1	23.6	2.82	5.11	2.18	3.87	3.94	4.01	4.09	7.60	7.67	7.75	7.82
14		24.3	54.0	34.7	27.2	2.80	5.08	2.16	3.91	3.98	4.05	4.12	7.64	7.71	7.79	7.86
16		25.1	54.8	39.3	30.8	2.77	5.05	2.15	3.94	4.02	4.09	4.16	7.68	7.75	7.83	7.90
L180×110× 10	14	24.4	58.9	28.4	22.3	3.13	5.81	2.42	4.16	4.23	4.30	4.36	8.49	8.56	8.63	8.71
12		25.2	59.8	33.7	26.5	3.10	5.78	2.40	4.19	4.26	4.33	4.40	8.53	8.60	8.68	8.75
14		25.9	60.6	39.0	30.6	3.08	5.75	2.39	4.23	4.30	4.37	4.44	8.57	8.64	8.72	8.79
16		26.7	61.4	44.1	34.6	3.05	5.72	2.37	4.26	4.33	4.40	4.47	8.61	8.68	8.76	8.84
L200×125× 12	14	28.3	65.4	37.9	29.8	3.57	6.44	2.75	4.75	4.82	4.88	4.95	9.39	9.47	9.54	9.62
14		29.1	66.2	43.9	34.4	3.54	6.41	2.73	4.78	4.85	4.92	4.99	9.43	9.51	9.58	9.66
16		29.9	67.0	49.7	39.0	3.52	6.38	2.71	4.81	4.88	4.95	5.02	9.47	9.55	9.62	9.70
18		30.6	67.8	55.5	43.6	3.49	6.35	2.70	4.85	4.92	4.99	5.06	9.51	9.59	9.66	9.74

注：一个角钢的惯性矩 $I_x = Ai_x^2$, $I_y = Ai_y^2$；一个角钢的截面模量 $W_x^{max} = I_x/Z_x$, $W_x^{min} = I_x/(b-Z_x)$；$W_y^{max} = I_y/Z_y$, $W_y^{min} = I_y/(B-Z_y)$。

I—截面惯性矩；

W—截面模量；

i—截面回转半径

尺寸（mm）		截面面	每米	截面特性			尺寸（mm）		截面面	每米	截面特性		
		积 A	质量	I	W	i			积 A	质量	I	W	i
d	t	cm²	kg/m	cm⁴	cm³	cm	d	t	cm²	kg/m	cm⁴	cm³	cm
32	2.5	2.32	1.82	2.54	1.59	1.05		3.0	5.37	4.22	21.88	7.29	2.02
	3.0	2.73	2.15	2.90	1.82	1.03		3.5	6.21	4.88	24.88	8.29	2.00
	3.5	3.13	2.46	3.23	2.02	1.02		4.0	7.04	5.52	27.73	9.24	1.98
	4.0	3.52	2.76	3.52	2.20	1.00	60	4.5	7.85	6.16	30.41	10.14	1.97
38	2.5	2.79	2.19	4.41	2.32	1.26		5.0	8.64	6.78	32.94	10.98	1.95
	3.0	3.30	2.59	5.09	2.68	1.24		5.5	9.42	7.39	35.32	11.77	1.94
	3.5	3.79	2.98	5.70	3.00	1.23		6.0	10.18	7.99	37.56	12.52	1.92
	4.0	4.27	3.35	6.26	3.29	1.21		3.0	5.70	4.48	26.15	8.24	2.14
42	2.5	3.10	2.44	6.07	2.89	1.40		3.5	6.60	5.18	29.79	9.38	2.12
	3.0	3.68	2.89	7.03	3.35	1.38		4.0	7.48	5.87	33.24	10.47	2.11
	3.5	4.23	3.32	7.91	3.77	1.37	63.5	4.5	8.34	6.55	36.50	11.50	2.09
	4.0	4.78	3.75	8.71	4.15	1.35		5.0	9.19	7.21	39.60	12.47	2.08
45	2.5	3.34	2.62	7.56	3.36	1.51		5.5	10.02	7.87	42.52	13.39	2.06
	3.0	3.96	3.11	8.77	3.90	1.49		6.0	10.84	8.51	45.28	14.26	2.04
	3.5	4.56	3.58	9.89	4.40	1.47		3.0	6.13	4.81	32.42	9.54	2.30
	4.0	5.15	4.04	10.93	4.86	1.46		3.5	7.09	5.57	36.99	10.88	2.28
50	2.5	3.73	2.93	10.55	4.22	1.68		4.0	8.04	6.31	41.34	12.16	2.27
	3.0	4.43	3.48	12.28	4.91	1.67	68	4.5	8.98	7.05	45.47	13.37	2.25
	3.5	5.11	4.01	13.90	5.56	1.65		5.0	9.90	7.77	49.41	14.53	2.23
	4.0	5.78	4.54	15.41	6.16	1.63		5.5	10.80	8.48	53.14	15.63	2.22
	4.5	6.43	5.05	16.81	6.72	1.62		6.0	11.69	9.17	56.68	16.67	2.20
	5.0	7.07	5.55	18.11	7.25	1.60		3.0	6.31	4.96	35.50	10.14	2.37
54	3.0	4.81	3.77	15.68	5.81	1.81		3.5	7.31	5.74	40.53	11.58	2.35
	3.5	5.55	4.36	17.79	6.59	1.79		4.0	8.29	6.51	45.33	12.95	2.34
	4.0	6.28	4.93	19.76	7.32	1.77	70	4.5	9.26	7.27	49.89	14.26	2.32
	4.5	7.00	5.49	21.61	8.00	1.76		5.0	10.21	8.01	54.24	15.50	2.30
	5.0	7.70	6.04	23.34	8.64	1.74		5.5	11.14	8.75	58.38	16.68	2.29
	5.5	8.38	6.58	24.96	9.24	1.73		6.0	12.06	9.47	62.31	17.80	2.27
	6.0	9.05	7.10	26.46	9.80	1.71		3.0	6.60	5.18	40.48	11.09	2.48
57	3.0	5.09	4.00	18.61	6.53	1.91		3.5	7.64	6.00	46.26	12.67	2.46
	3.5	5.88	4.62	21.14	7.42	1.90		4.0	8.67	6.81	51.78	14.19	2.44
	4.0	6.66	5.23	23.52	8.25	1.88	73	4.5	9.68	7.60	57.04	15.63	2.43
	4.5	7.42	5.83	25.76	9.04	1.86		5.0	10.68	8.38	62.07	17.01	2.41
	5.0	8.17	6.41	27.86	9.78	1.85		5.5	11.66	9.16	66.87	18.32	2.39
	5.5	8.90	6.99	29.84	10.47	1.83		6.0	12.63	9.91	71.43	19.57	2.38
								3.0	6.88	5.40	45.91	12.08	2.58
								3.5	7.97	6.26	52.50	13.82	2.57
	4.0	6.66	5.23	23.52	8.25	1.88		4.0	9.05	7.10	58.81	15.48	2.55
57	4.5	7.42	5.83	25.76	9.04	1.86	76	4.5	10.11	7.93	64.85	17.07	2.53
	5.0	8.17	6.41	27.86	9.78	1.85		5.0	11.15	8.75	70.62	18.59	2.52
	5.5	8.90	6.99	29.84	10.47	1.83		5.5	12.18	9.56	76.14	20.04	2.50
	6.0	9.61	7.55	31.69	11.12	1.82		6.0	13.19	10.36	81.41	21.42	2.48

尺寸（mm）		截面面积A	每米质量	截面特性			尺寸（mm）		截面面积A	每米质量	截面特性		
d	t			I	W	i	d	t			I	W	i
		cm²	kg/m	cm⁴	cm³	cm			cm²	kg/m	cm⁴	cm³	cm
83	3.5	8.74	6.86	69.19	16.67	2.81	127	4.0	15.46	12.13	292.61	46.08	4.35
	4.0	9.93	7.79	77.64	18.71	2.80		4.5	17.32	13.59	325.29	51.23	4.33
	4.5	11.10	8.71	85.76	20.67	2.78		5.0	19.16	15.04	357.14	56.24	4.32
	5.0	12.25	9.62	93.56	22.54	2.76		5.5	20.99	16.48	388.19	61.13	4.30
	5.5	13.39	10.51	101.04	24.35	2.75		6.0	22.81	17.90	418.44	65.90	4.28
	6.0	14.51	11.39	108.22	26.08	2.73		6.5	24.61	19.32	447.92	70.54	4.27
	6.5	15.62	12.26	115.10	27.74	2.71		7.0	26.39	20.72	476.63	75.06	4.25
	7.0	16.71	13.12	121.69	29.32	2.70		7.5	28.16	22.10	504.58	79.46	4.23
89	3.5	9.40	7.38	86.05	19.34	3.03		8.0	29.91	23.48	531.80	83.75	4.22
	4.0	10.68	8.38	96.68	21.73	3.01	133	4.0	16.21	12.73	337.53	50.76	4.56
	4.5	11.95	9.38	106.92	24.03	2.99		4.5	18.17	14.26	375.42	56.45	4.55
	5.0	13.19	10.36	116.79	26.24	2.98		5.0	20.11	15.78	412.40	62.02	4.53
	5.5	14.43	11.33	126.29	28.38	2.96		5.5	22.03	17.29	448.50	67.44	4.51
	6.0	15.65	12.28	135.43	30.43	2.94		6.0	23.94	18.79	483.72	72.74	4.50
	6.5	16.85	13.22	144.22	32.41	2.93		6.5	25.83	20.28	518.07	77.91	4.48
	7.0	18.03	14.16	152.67	34.31	2.91		7.0	27.71	21.75	551.58	82.94	4.46
95	3.5	10.06	7.90	105.45	22.20	3.24		7.5	29.57	23.21	584.25	87.86	4.45
	4.0	11.44	8.98	118.60	24.97	3.22		8.0	31.42	24.66	616.11	92.65	4.43
	4.5	12.79	10.04	131.31	27.64	3.20	140	4.5	19.16	15.04	440.12	62.87	4.79
	5.0	14.14	11.10	143.58	30.23	3.19		5.0	21.21	16.65	483.76	69.11	4.78
	5.5	15.46	12.14	155.43	32.72	3.17		5.5	23.24	18.24	526.40	75.20	4.76
	6.0	16.78	13.17	166.86	35.13	3.15		6.0	25.26	19.83	568.06	81.15	4.74
	6.5	18.07	14.19	177.89	37.45	3.14		6.5	27.26	21.40	608.76	86.97	4.73
	7.0	19.35	15.19	188.51	39.69	3.12		7.0	29.25	22.96	648.51	92.64	4.71
102	3.5	10.83	8.50	131.52	25.79	3.48		7.5	31.22	24.51	687.32	98.19	4.69
	4.0	12.32	9.67	148.09	29.04	3.47		8.0	33.18	26.04	725.21	103.60	4.68
	4.5	13.78	10.82	164.14	32.18	3.45		9.0	37.04	29.08	798.29	114.04	4.64
	5.0	15.24	11.96	179.68	35.23	3.43		10	40.84	32.06	867.86	123.98	4.61
	5.5	16.67	13.09	194.72	38.18	3.42	146	4.5	20.00	15.70	501.16	68.65	5.01
	6.0	18.10	14.21	209.28	41.03	3.40		5.0	22.15	17.39	551.10	75.49	4.99
	6.5	19.50	15.31	223.35	43.79	3.38		5.5	24.28	19.06	599.95	82.19	4.97
	7.0	20.89	16.40	236.96	46.46	3.37		6.0	26.39	20.72	647.73	88.73	4.95
114	4.0	13.82	10.85	209.35	36.73	3.89		6.5	28.49	22.36	694.44	95.13	4.94
	4.5	15.48	12.15	232.41	40.77	3.87		7.0	30.57	24.00	740.12	101.39	4.92
	5.0	17.12	13.44	254.81	44.70	3.86		7.5	32.63	25.62	784.77	107.50	4.90
	5.5	18.75	14.72	276.58	48.52	3.84		8.0	34.68	27.23	828.41	113.48	4.89
	6.0	20.36	15.98	297.73	52.23	3.82		9.0	38.74	30.41	912.71	125.03	4.85
	6.5	21.95	17.23	318.26	55.84	3.81		10	42.73	33.54	993.16	136.05	4.82
	7.0	23.53	18.47	338.19	59.33	3.79	152	4.5	20.85	16.37	567.61	74.69	5.22
	7.5	25.09	19.70	357.58	62.73	3.77		5.0	23.09	18.13	624.43	82.16	5.20
	8.0	26.64	20.91	376.30	66.02	3.76		5.5	25.31	19.87	680.06	89.48	5.18
121	4.0	14.70	11.54	251.87	41.63	4.14		6.0	27.52	21.60	734.52	96.65	5.17
	4.5	16.47	12.93	279.83	46.25	4.12		6.5	29.71	23.32	787.82	103.66	5.15
	5.0	18.22	14.30	307.05	50.75	4.11		7.0	31.89	25.03	839.99	110.52	5.13
	5.5	19.96	15.67	333.54	55.13	4.09		7.5	34.05	26.73	891.03	117.24	5.12
	6.0	21.68	17.02	359.32	59.39	4.07		8.0	36.19	28.41	940.97	123.81	5.10
	6.5	23.38	18.35	384.40	63.54	4.05		9.0	40.43	31.74	1037.59	136.53	5.07
	7.0	25.07	19.68	408.80	67.57	4.04		10	44.61	35.02	1129.99	148.68	5.03
	7.5	26.74	20.99	432.51	71.49	4.02							
	8.0	28.40	22.29	455.57	75.30	4.01							

尺寸 d (mm)	尺寸 t (mm)	截面面积 A cm²	每米质量 kg/m	截面特性 I cm⁴	截面特性 W cm³	截面特性 i cm
159	4.5	21.84	17.15	652.27	82.05	5.46
	5.0	24.19	18.99	717.88	90.30	5.45
	5.5	26.52	20.82	782.18	98.39	5.43
	6.0	28.84	22.64	845.19	106.31	5.41
	6.5	31.14	24.45	906.92	114.08	5.40
	7.0	33.43	26.24	967.41	121.69	5.38
	7.5	35.70	28.02	1026.65	129.14	5.36
	8.0	37.95	29.79	1084.67	136.44	5.35
	9.0	42.41	33.29	1197.12	150.58	5.31
	10	46.81	36.75	1304.88	164.14	5.28
168	4.5	23.11	18.14	772.96	92.02	5.78
	5.0	25.60	20.10	851.14	101.33	5.77
	5.5	28.08	22.04	927.85	110.46	5.75
	6.0	30.54	23.97	1003.12	119.42	5.73
	6.5	32.98	25.89	1076.95	128.21	5.71
	7.0	35.41	27.79	1149.36	136.83	5.70
	7.5	37.82	29.69	1220.38	145.28	5.68
	8.0	40.21	31.57	1290.01	153.57	5.66
	9.0	44.96	35.29	1425.22	169.67	5.63
	10	49.64	38.97	1555.13	185.13	5.60
180	5.0	27.49	21.58	1053.17	117.02	6.19
	5.5	30.15	23.67	1148.79	127.64	6.17
	6.0	32.80	25.75	1242.72	138.08	6.16
	6.5	35.43	27.81	1335.00	148.33	6.14
	7.0	38.04	29.87	1425.63	158.40	6.12
	7.5	40.64	31.91	1514.64	168.29	6.10
	8.0	43.23	33.93	1602.04	178.00	6.09
	9.0	48.35	37.95	1772.12	196.90	6.05
	10	53.41	41.92	1936.01	215.11	6.02
	12	63.33	49.72	2245.84	249.54	5.95
194	5.0	29.69	23.31	1326.54	136.76	6.68
	5.5	32.57	25.57	1447.86	149.26	6.67
	6.0	35.44	27.82	1567.21	161.57	6.65
	6.5	38.29	30.06	1684.61	173.67	6.63
	7.0	41.12	32.28	1800.08	185.57	6.62
	7.5	43.94	34.50	1913.64	197.28	6.60
	8.0	46.75	36.70	2025.31	208.79	6.58
	9.0	52.31	41.06	2243.08	231.25	6.55
	10	57.81	45.38	2453.55	252.94	6.51
	12	68.51	53.86	2853.25	294.15	6.45
203	6.0	37.13	29.15	1803.07	177.64	6.97
	6.5	40.13	31.50	1938.81	191.02	6.95
	7.0	43.10	33.84	2072.43	204.18	6.93
	7.5	46.06	36.16	2203.94	217.14	6.92
	8.0	49.01	38.47	2333.37	229.89	6.90
	9.0	54.85	43.06	2586.08	254.79	6.87
	10	60.63	47.60	2830.72	278.89	6.83
	12	72.01	56.52	3296.49	324.78	6.77
	14	83.13	65.25	3732.07	367.69	6.70
	16	94.00	73.79	4138.78	407.76	6.64

尺寸 d (mm)	尺寸 t (mm)	截面面积 A cm²	每米质量 kg/m	截面特性 I cm⁴	截面特性 W cm³	截面特性 i cm
219	6.0	40.15	31.52	2278.74	208.10	7.53
	6.5	43.39	34.06	2451.64	223.89	7.52
	7.0	46.62	36.60	2622.04	239.46	7.50
	7.5	49.83	39.12	2789.96	254.79	7.48
	8.0	53.03	41.63	2955.43	269.90	7.47
	9.0	59.38	46.61	3279.12	299.46	7.43
	10	65.66	51.54	3593.29	328.15	7.40
	12	78.04	61.26	4193.81	383.00	7.33
	14	90.16	70.78	4758.50	434.57	7.26
	16	102.04	80.10	5288.81	483.00	7.20
245	6.5	48.70	38.23	3465.46	282.89	8.44
	7.0	52.34	41.08	3709.06	302.78	8.42
	7.5	55.96	43.93	3949.52	322.41	8.40
	8.0	59.56	46.76	4186.87	341.79	8.38
	9.0	66.73	52.38	4652.32	379.78	8.35
	10	73.83	57.95	5105.63	416.79	8.32
	12	87.84	68.95	5976.67	487.89	8.25
	14	101.60	79.76	6801.68	555.24	8.18
	16	115.11	90.36	7582.30	618.96	8.12
273	6.5	54.42	42.72	4834.18	354.15	9.42
	7.0	58.50	45.92	5177.30	379.29	9.41
	7.5	62.56	49.11	5516.47	404.14	9.39
	8.0	66.60	52.28	5851.71	428.70	9.37
	9.0	74.64	58.60	6510.56	476.96	9.34
	10	82.62	64.86	7154.09	524.11	9.31
	12	98.39	77.24	8396.14	615.10	9.24
	14	113.91	89.42	9579.75	701.81	9.17
	16	129.18	101.41	10706.79	784.38	9.10
299	7.5	68.68	53.92	7300.02	488.30	10.31
	8.0	73.14	57.41	7747.42	518.22	10.29
	9.0	82.00	64.37	8628.09	577.13	10.26
	10	90.79	71.27	9490.15	634.79	10.22
	12	108.20	84.93	11159.52	746.46	10.16
	14	125.35	98.40	12757.61	853.35	10.09
	16	142.25	111.67	14286.48	955.62	10.02
325	7.5	74.81	58.73	9431.80	580.42	11.23
	8.0	79.67	62.54	10013.92	616.24	11.21
	9.0	89.35	70.14	11161.33	686.85	11.18
	10	98.96	77.68	12286.52	756.09	11.14
	12	118.00	92.63	14471.45	890.55	11.07
	14	136.78	107.38	16570.98	1019.75	11.01
	16	155.32	121.93	18587.38	1143.84	10.94
351	8.0	86.21	67.67	12684.36	722.76	12.13
	9.0	96.70	75.91	14147.55	806.13	12.10
	10	107.13	84.10	15584.62	888.01	12.06
	12	127.80	100.32	18381.63	1047.39	11.99
	14	148.22	116.35	21077.86	1201.02	11.93
	16	168.39	132.19	23675.75	1349.05	11.86

I—截面惯性矩；

W—截面模量；

i—截面回转半径

尺寸(mm)		截面面积 A	每米质量	截 面 特 性			尺寸(mm)		截面面积 A	每米质量	截 面 特 性		
				I	W	i					I	W	i
d	t	(cm²)	(kg/m)	(cm⁴)	(cm³)	(cm)	d	t	(cm²)	(kg/m)	(cm⁴)	(cm³)	(cm)
32	2.0	1.88	1.48	2.13	1.33	1.06	83	2.0	5.09	4.00	41.76	10.06	2.86
	2.5	2.32	1.82	2.54	1.59	1.05		2.5	6.32	4.96	51.26	12.35	2.85
38	2.0	2.26	1.78	3.68	1.93	1.27		3.0	7.54	5.92	60.40	14.56	2.83
	2.5	2.79	2.19	4.41	2.32	1.26		3.5	8.74	6.86	69.19	16.67	2.81
40	2.0	2.39	1.87	4.32	2.16	1.35		4.0	9.93	7.79	77.64	18.71	2.80
	2.5	2.95	2.31	5.20	2.60	1.33		4.5	11.10	8.71	85.76	20.67	2.78
42	2.0	2.51	1.97	5.04	2.40	1.42	89	2.0	5.47	4.29	51.75	11.63	3.08
	2.5	3.10	2.44	6.07	2.89	1.40		2.5	6.79	5.33	63.59	14.29	3.06
45	2.0	2.70	2.12	6.26	2.78	1.52		3.0	8.11	6.36	75.02	16.86	3.04
	2.5	3.34	2.62	7.56	3.36	1.51		3.5	9.40	7.38	86.05	19.34	3.03
	3.0	3.96	3.11	8.77	3.90	1.49		4.0	10.68	8.38	96.68	21.73	3.01
51	2.0	3.08	2.42	9.26	3.63	1.73		4.5	11.95	9.38	106.92	24.03	2.99
	2.5	3.81	2.99	11.23	4.40	1.72	95	2.0	5.84	4.59	63.20	13.31	3.29
	3.0	4.52	3.55	13.08	5.13	1.70		2.5	7.26	5.70	77.76	16.37	3.27
	3.5	5.22	4.10	14.81	5.81	1.68		3.0	8.67	6.81	91.83	19.33	3.25
53	2.0	3.20	2.52	10.43	3.94	1.80		3.5	10.06	7.90	105.45	22.20	3.24
	2.5	3.97	3.11	12.67	4.78	1.79	102	2.0	6.28	4.93	78.57	15.41	3.54
	3.0	4.71	3.70	14.78	5.58	1.77		2.5	7.81	6.13	96.77	18.97	3.52
	3.5	5.44	4.27	16.75	6.32	1.75		3.0	9.33	7.32	114.42	22.43	3.50
57	2.0	3.46	2.71	13.08	4.59	1.95		3.5	10.83	8.50	131.52	25.79	3.48
	2.5	4.28	3.36	15.93	5.59	1.93		4.0	12.32	9.67	148.09	29.04	3.47
	3.0	5.09	4.00	18.61	6.53	1.91		4.5	13.78	10.82	164.14	32.18	3.45
	3.5	5.88	4.62	21.14	7.42	1.90		5.0	15.24	11.96	179.68	35.23	3.43
60	2.0	3.64	2.86	15.34	5.11	2.05	108	3.0	9.90	7.77	136.49	25.28	3.71
	2.5	4.52	3.55	18.70	6.23	2.03		3.5	11.49	9.02	157.02	29.08	3.70
	3.0	5.37	4.22	21.88	7.29	2.02		4.0	13.07	10.26	176.95	32.77	3.68
	3.5	6.21	4.88	24.88	8.29	2.00	114	3.0	10.46	8.21	161.24	28.29	3.93
63.5	2.0	3.86	3.03	18.29	5.76	2.18		3.5	12.15	9.54	185.63	32.57	3.91
	2.5	4.79	3.76	22.32	7.03	2.16		4.0	13.82	10.85	209.35	36.73	3.89
	3.0	5.70	4.48	26.15	8.24	2.14		4.5	15.48	12.15	232.41	40.77	3.87
	3.5	6.60	5.18	29.79	9.38	2.12		5.0	17.12	13.44	254.81	44.70	3.86
70	2.0	4.27	3.35	24.72	7.06	2.41	121	3.0	11.12	8.73	193.69	32.01	4.17
	2.5	5.30	4.16	30.23	8.64	2.39		3.5	12.92	10.14	223.17	36.89	4.16
	3.0	6.31	4.96	35.50	10.14	2.37		4.0	14.70	11.54	251.87	41.63	4.14
	3.5	7.31	5.74	40.53	11.58	2.35	127	3.0	11.69	9.17	224.75	35.39	4.39
	4.5	9.26	7.27	49.89	14.26	2.32		3.5	13.58	10.66	259.11	40.80	4.37
76	2.0	4.65	3.65	31.85	8.38	2.62		4.0	15.46	12.13	292.61	46.08	4.35
	2.5	5.77	4.53	39.03	10.27	2.60		4.5	17.32	13.59	325.29	51.23	4.33
	3.0	6.88	5.40	45.91	12.08	2.58		5.0	19.16	15.04	357.14	56.24	4.32
	3.5	7.97	6.26	52.50	13.82	2.57	133	3.5	14.24	11.18	298.71	44.92	4.58
	4.0	9.05	7.10	58.81	15.48	2.55		4.0	16.21	12.73	337.53	50.76	4.56
	4.5	10.11	7.93	64.85	17.07	2.53		4.5	18.17	14.26	375.42	56.45	4.55
								5.0	20.11	15.78	412.40	62.02	4.53

续表

尺寸(mm)		截面面积 A	每米质量	截面特性			尺寸(mm)		截面面积 A	每米质量	截面特性		
d	t			I	W	i	d	t			I	W	i
		(cm²)	(kg/m)	(cm⁴)	(cm³)	(cm)			(cm²)	(kg/m)	(cm⁴)	(cm³)	(cm)
140	3.5	15.01	11.78	349.79	49.97	4.83	152	3.5	16.33	12.82	450.35	59.26	5.25
	4.0	17.09	13.42	395.47	56.50	4.81		4.0	18.60	14.60	509.59	67.05	5.23
	4.5	19.16	15.04	440.12	62.87	4.79		4.5	20.85	16.37	567.61	74.69	5.22
	5.0	21.21	16.65	483.76	69.11	4.78		5.0	23.09	18.13	624.43	82.16	5.20
	5.5	23.24	18.24	526.40	75.20	4.76		5.5	25.31	19.87	680.06	89.48	5.18

附录 2

附表 2.1 钢筋的计算截面面积及公称质量

直径 d (mm)	不同根数钢筋的计算截面面积（mm²）									单根钢筋公称质量 (kg/m)
	1	2	3	4	5	6	7	8	9	
3	7.1	14.1	21.2	28.3	35.3	42.4	49.5	56.5	63.6	0.055
4	12.6	25.1	37.7	50.2	62.8	75.4	87.9	100.5	113	0.099
5	19.6	39	59	79	98	118	138	157	177	0.154
6	28.3	57	85	113	142	170	198	226	255	0.222
6.5	33.2	66	100	133	166	199	232	265	299	0.260
7	38.5	77	115	154	192	231	269	308	346	0.302
8	50.3	101	151	201	252	302	352	402	453	0.395
8.2	52.8	106	158	211	264	317	370	423	475	0.432
9	63.6	127	191	254	318	382	445	509	572	0.499
10	78.5	157	236	314	393	471	550	628	707	0.617
12	113.1	226	339	452	565	678	791	904	1017	0.888
14	153.9	308	461	615	769	923	1077	1230	1387	1.21
16	201.1	402	603	804	1005	1206	1407	1608	1809	1.58
18	254.5	509	763	1017	1272	1526	1780	2036	2290	2.00
20	314.2	628	941	1256	1570	1884	2200	2513	2827	2.47
22	380.1	760	1140	1520	1900	2281	2661	3041	3421	2.98
25	490.9	982	1473	1964	2454	2945	3436	3927	4418	3.85
28	615.3	1232	1847	2463	3079	3695	4310	4926	5542	4.83
32	804.3	1609	2418	3217	4021	4826	5630	6434	7238	6.31
36	1017.9	2036	3054	4072	5089	6017	7125	8143	9161	7.99
40	1256.1	2513	3770	5027	6283	7540	8796	10053	11310	9.87

注：表中直径 $d=8.2$mm 的计算截面面积及公称质量仅适用于有纵肋的热处理钢筋。

钢筋间距（mm）	钢筋直径（mm）											
	3	4	5	6	6/8	8	8/10	10	10/12	12	12/14	14
70	101.0	180.0	280.0	404.0	561.0	719.0	920.0	1121.0	1369.0	1616.0	1907.0	2199.0
75	94.2	168.0	262.0	377.0	524.0	671.0	859.0	1047.0	1277.0	1508.0	1780.0	2052.0
80	88.4	157.0	245.0	354.0	491.0	629.0	805.0	981.0	1198.0	1414.0	1669.0	1924.0
85	83.2	148.0	231.0	333.0	462.0	592.0	758.0	924.0	1127.0	1331.0	1571.0	1811.0
90	78.5	140.0	218.0	314.0	437.0	559.0	716.0	872.0	1064.0	1257.0	1483.0	1710.0
95	74.5	132.0	207.0	298.0	414.0	529.0	678.0	826.0	1008.0	1190.0	1405.0	1620.0
100	70.6	126.0	196.0	283.0	393.0	503.0	644.0	785.0	958.0	1131.0	1335.0	1539.0
110	64.2	114.0	178.0	257.0	357.0	457.0	585.0	714.0	871.0	1028.0	1214.0	1399.0
120	58.9	105.0	163.0	236.0	327.0	419.0	537.0	654.0	798.0	942.0	1113.0	1283.0
125	56.5	101.0	157.0	226.0	314.0	402.0	515.0	628.0	766.0	905.0	1068.0	1231.0
130	54.4	96.6	151.0	218.0	302.0	387.0	495.0	604.0	737.0	870.0	1027.0	1184.0
140	50.5	89.8	140.0	202.0	281.0	359.0	460.0	561.0	684.0	808.0	954.0	1099.0
150	47.1	83.8	131.0	189.0	262.0	335.0	429.0	523.0	639.0	754.0	890.0	1026.0
160	44.1	78.5	123.0	177.0	246.0	314.0	403.0	491.0	599.0	707.0	834.0	962.0
170	41.5	73.9	115.0	166.0	231.0	296.0	379.0	462.0	564.0	665.0	785.0	905.0
180	39.2	69.8	109.0	157.0	218.0	279.0	358.0	436.0	532.0	628.0	742.0	855.0
190	37.2	66.1	103.0	149.0	207.0	265.0	339.0	413.0	504.0	595.0	703.0	810.0
200	35.3	62.8	98.2	141.0	196.0	251.0	322.0	393.0	479.0	505.0	668.0	770.0
220	32.1	57.1	89.2	129.0	179.0	229.0	293.0	357.0	436.0	514.0	607.0	700.0
240	29.4	52.4	81.8	118.0	164.0	210.0	268.0	327.0	399.0	471.0	556.0	641.0
250	28.3	50.3	78.5	113.0	157.0	201.0	258.0	314.0	383.0	452.0	534.0	616.0
260	27.2	48.3	75.5	109.0	151.0	193.0	248.0	302.0	369.0	435.0	513.0	592.0
280	25.2	44.9	70.1	101.0	140.0	180.0	230.0	280.0	342.0	404.0	477.0	550.0
300	23.6	41.9	65.5	94.2	131.0	168.0	215.0	262.0	319.0	377.0	445.0	513.0
320	22.1	39.3	61.4	88.4	123.0	157.0	201.0	245.0	299.0	353.0	417.0	481.0

参 考 文 献

[1] 中华人民共和国国家标准. 建筑结构可靠度设计统一标准(GB 50068—2001)[S]. 北京：中国建筑工业出版社，2001.

[2] 中华人民共和国国家标准. 建筑结构荷载规范(GB 5009—2001)[S]. 北京：中国建筑工业出版社，2002.

[3] 中华人民共和国国家标准. 混凝土结构设计规范(GB 50010—2002)[S]. 北京：中国建筑工业出版社，2002.

[4] 中华人民共和国国家标准. 砌体结构设计规范(GB 50003—2001)[S]. 北京：中国建筑工业出版社，2001.

[5] 中华人民共和国国家标准. 钢结构设计规范(GB 50017—2003)[S]. 北京：中国建筑工业出版社，2003.

[6] 中华人民共和国国家标准. 建筑抗震设计规范(GB 50068—2001)[S]. 北京：中国建筑工业出版社，2001.

[7] 中华人民共和国国家标准. 建筑地基基础设计规范(GB 50007—2002)[S]. 北京：中国建筑工业出版社，2001.

[8] 东南大学等. 混凝土结构(第三版)[M]. 北京：中国建筑工业出版社，2005.

[9] 徐占发，马怀忠，王茹. 混凝土与砌体结构[M]. 北京：中国建材工业出版社，2004.

[10] 王毅红. 混凝土与砌体结构[M]. 北京：中国建筑工业出版社，2003.

[11] 宋占海等. 建筑结构基本原理(第二版)[M]. 北京：中国建筑工业出版社，2006.

[12] 魏明钟. 钢结构(第二版)[M]武汉：武汉理工大学出版社，2002.

[13] 东南大学等. 砌体结构(第二版)[M]. 北京：中国建筑工业出版社，1995.